U0329820

0~3岁的贴心护理与科学养育

家庭育儿经

孙晶丹◎主编

新疆人民出版总社
新疆人民卫生出版社

图书在版编目（CIP）数据

图解家庭育儿经/孙晶丹主编. --乌鲁木齐:新疆人民卫生出版社,2015.8
ISBN 978-7-5372-6344-3

Ⅰ.①图… Ⅱ.①孙… Ⅲ.① 婴幼儿—哺育—图解
Ⅳ. ①TS976.31-64

中国版本图书馆CIP数据核字(2015)第165404号

图解家庭育儿经

TUJIE JIATING YUERJING

出版发行	新疆人民出版總社 新疆人民卫生出版社
责任编辑	张 宁
摄影摄像	深圳市金版文化发展股份有限公司
策划编辑	深圳市金版文化发展股份有限公司
封面设计	深圳市金版文化发展股份有限公司
地　　址	新疆乌鲁木齐市龙泉街196号
电　　话	0991-2824446
邮　　编	830004
网　　址	http: //www.xjpsp.com
印　　刷	深圳市雅佳图印刷有限公司
经　　销	全国新华书店
开　　本	173毫米×243毫米　16开
印　　张	20.5
字　　数	250千字
版　　次	2016年6月第1版
印　　次	2016年6月第1次印刷
定　　价	48.00元

宝贝，你好！

“祝贺你，你要当妈妈了！”当听到这句话，相信很多女性都会有一种热泪盈眶的欣喜感。因为怀孕生育可以说是一个女人一生中最值得期待、最幸福的事，当得知自己体内有一个小生命开始孕育的那一刻起，一种神圣而又复杂的感情会油然而生。

本书以时间为序，以图文并茂的形式，详细介绍宝宝从出生到3岁的成长过程中生长发育的特点、喂养的方法和注意事项、语言和行为的习惯培养方法等，同时介绍了宝宝常见疾病的应对方法和意外事故的预防处置。尽管它不能代替专家医生提供的健康检查、治疗和护理，但它为新手爸爸妈妈提供科学的知识，提醒并解决了很多育儿过程中可能被忽略的问题，全面呵护宝宝的健康生长。

在新生儿养育部分，密切关注新生儿的生长发育情况，更对新生儿的饮食喂养、日常养护、疾病预防、益智启蒙以及新生儿给家庭带来的变化等内容进行了详细解析，提供最全面的新生儿养护咨询，保证宝宝健康成长。

在婴幼儿养育部分，为父母介绍了0～1岁婴幼儿和1～3岁婴幼儿的生长发育过程、养育指导、早期启蒙教育等内容，并提供婴幼儿健康饮食的注意事项、饮食习惯的培养方法和不同时期的饮食推荐等。

在婴幼儿疾病护理部分，分类讲解了婴幼儿期间的预防接种和常见疾病的发病原理及护理要点，为呵护宝宝聪明、健康成长提供了保障。

在婴幼儿意外事故预防与处置方面，分类讲解了婴幼儿时期可能发生的意外事故和各种应对方法、各种急救方法、急救用品的使用方法、呼叫救护车的方法等，为保护宝宝的安全提供最大的保障。

本书内容丰富，图文并茂，语言简洁，通俗易懂，科学系统地对育儿方面的知识进行了详细讲解，具有很强的实用性。希望每一位阅读本书的父母都能从中受益，轻松度过一段奇妙而幸福的育儿过程。

使用说明

配有的工具图片，清楚明了，下方也有详细解说，指导意义超强。

贴心的小便签，标记处注意事项和要点，一目了然。

No.13 吸奶器的选择和使用

吸奶器是指用于挤出积聚在乳腺里的母乳的工具。一般适用于婴儿无法直接吮吸母乳，或母亲的乳头发生问题，或者有些母亲尽管在坚持工作，但仍然希望以母乳喂养孩子等情况。吸奶器有电动型、手动型。另外，母乳可能从两侧的乳房同时流出，所以还备有两侧乳房同时使用，以及单侧分别使用两种类型。实际使用时，只要挑选适合自身情况的产品就可以了。

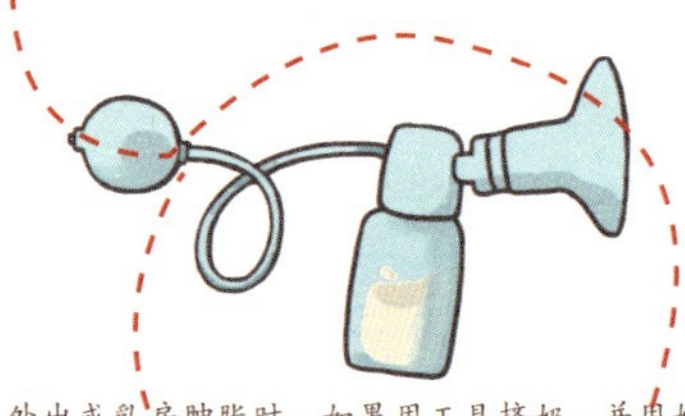

外出或乳房肿胀时，如果用工具挤奶，并用奶瓶保管，其他人也能给宝宝喂母乳。如果使用活塞式挤奶器，就更容易挤奶，而且不需要奶瓶，能直接保存在冰箱内，只要安上奶嘴，就能直接给宝宝喂母乳

1. 挑选吸奶器的要点

具备适当的吸力。
使用时乳头没有疼痛感。
能够细微地调整吸饮的压力。

2. 吸奶器的使用方法

在吸奶之前，用熏蒸过的毛巾使乳房温暖，并进行刺激乳晕的按摩，使乳腺充分扩张。
按照符合自身情况的吸力进行吸奶。
吸奶的时间应控制在20分钟以内。
在乳房和乳头有疼痛感的时候，请停止吸奶。

No.14 妈妈上班时婴儿的喂养方法

一般来说，宝宝出生1～3个月后，妈妈就准备回去工作了，就不便按时给宝宝哺乳了，需要进行混合喂养。这个时期的宝宝体内从母体中带来的一些免疫物质正在不断消耗、减少，若过早中断母乳喂养会导致抵抗力下降、消化功能紊乱，影响宝宝的生长发育。

这个时候正确的喂养方法，一般是在两次母乳之间加喂一次牛奶或其他代乳品。最好的办法是：只要条件允许，妈妈在上班时仍按哺乳时间将乳汁挤出，或用吸奶器将乳汁吸空，以保证下次乳汁能充分地分泌。

吸出的乳汁用消毒过的清洁奶瓶放置在冰箱里或阴凉处存放起来，回家后用温水煮热后仍可喂哺宝宝。即使上班后，妈妈每天至少也应泌乳3次（包括喂奶和挤奶）。

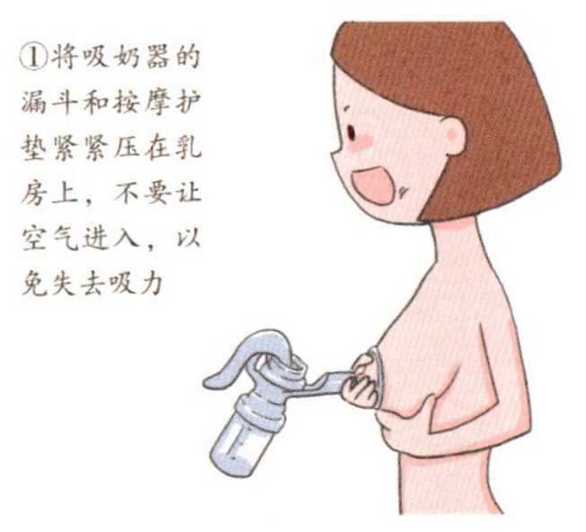

①将吸奶器的漏斗和按摩护垫紧紧压在乳房上，不要让空气进入，以免失去吸力

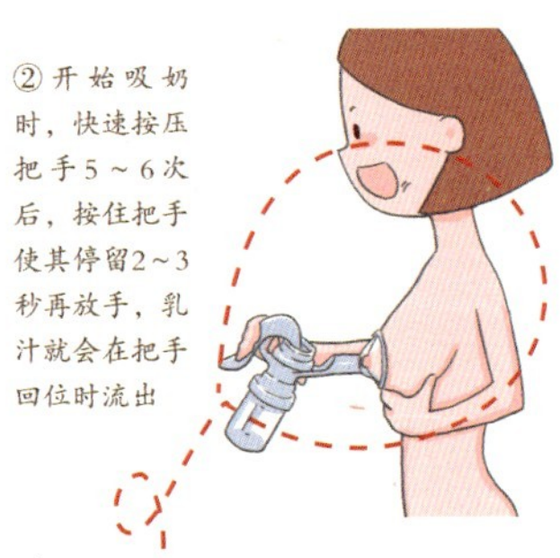

②开始吸奶时，快速按压把手5～6次后，按住把手使其停留2～3秒再放手，乳汁就会在把手回位时流出

漂亮的卡通图片，清楚地画出了吸奶器的操作方法，跟着做就可以，非常实用。

标题清晰醒目，不同级别有固定的颜色和形式，看起来不会混乱，非常明白。

贴心护理你的宝贝

1～3个月的宝宝身体器官发育还不完全，身体调节能力仍较差，大小便的次数较多，小手喜欢到处乱抓等，这些特点也决定了婴儿时刻需要家长的贴心护理。

No.1 适合婴儿的居室环境

1～3个月的宝宝适应外界环境的能力较差，但对外界的任何事物充满感兴趣。那我们如何根据这些特点布置好宝宝周围的环境呢?

① 保持室内采光充足、通风良好

婴儿居室应该采光充足、通风良好、空气新鲜、环境安静、温度适宜。宝宝的居室要经常彻底清扫，床上用品也要经常洗换。

② 鲜艳物品，刺激宝宝视力

1～3个月的宝宝喜欢看人，尤其喜欢看鲜艳的颜色。家长可在宝宝的小床周围放置一两件带有色彩的玩具，在墙上挂带有人脸或图案的彩色画片。玩具和图画要经常变换，以吸引宝宝的注视。

③ 创造语言环境，促进宝宝听力、语言发展

为了促进宝宝听觉的发展，家长应注意创造良好的环境。例如：创造一个有语言的环境，为发展宝宝的语言能力打下基础；创造一个无噪音的环境，这对宝宝神经系统的正常发育非常有好处，因为噪音会使宝宝感到不安。

No.2 给婴儿洗脸和洗手

随着宝宝的长大，小手开始喜欢到处乱抓，同时宝宝的新陈代谢旺盛，容易出汗，有时还喜欢把手放到嘴里，因此宝宝需要经常洗脸、洗手。

首先，给宝宝洗手时动作要轻柔。宝宝的皮肤非常娇嫩，所以洗脸、洗手时，动作一定要轻柔，否则容易使宝宝的皮肤受到损伤甚至发炎。

其次，为宝宝洗脸、洗手一定要准备专用的小毛巾，专用的脸盆在使用前一定要用开水烫一下。洗脸、洗手的水温度不要太热，只要和宝宝的体温相近就行了。给宝宝洗脸、洗手时，一般是先洗脸再洗手。妈妈或爸爸可用左臂把宝宝抱在怀里，或直接让宝宝平卧在床上，右手用洗脸毛巾蘸水轻轻擦洗；也可两人协助，一个人抱住宝宝，另一个人给宝宝洗。洗脸时注意不要把水弄到宝宝的耳朵里，洗完后要用洗脸毛巾轻轻蘸去宝宝脸上的水，不能用力擦。

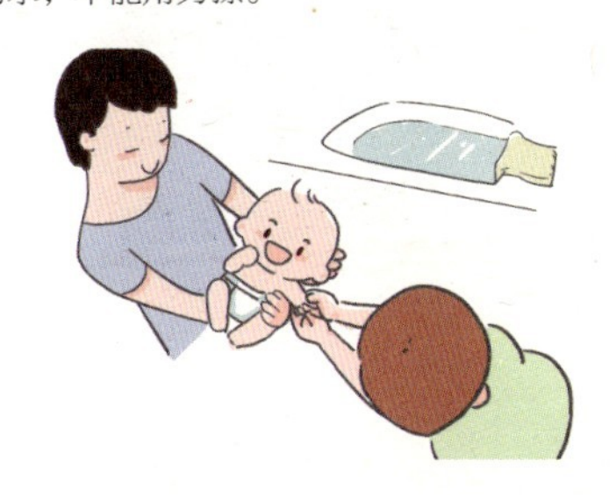

Contents

目录

Part1
新生儿 出生~未满一个月

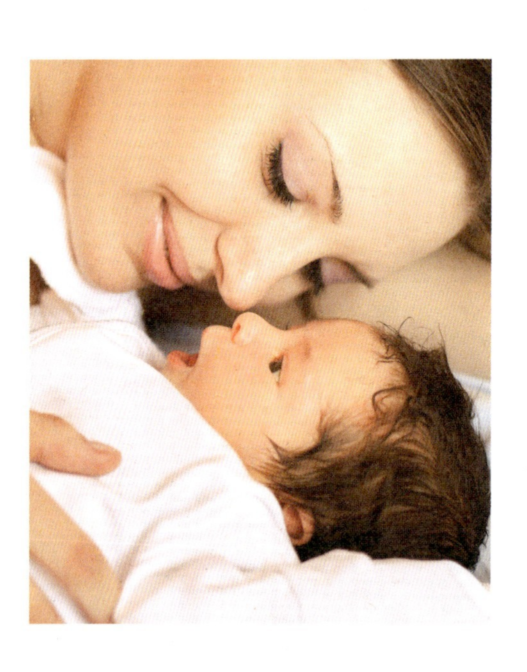

Part2
0~1岁 婴幼儿生长发育与保健

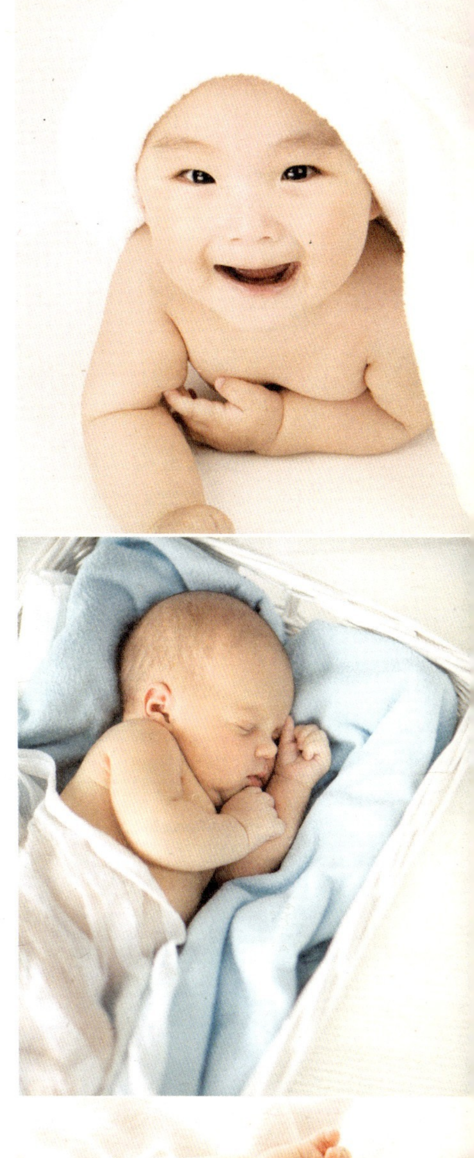

Part3
1～3岁 幼儿生长发育与保健

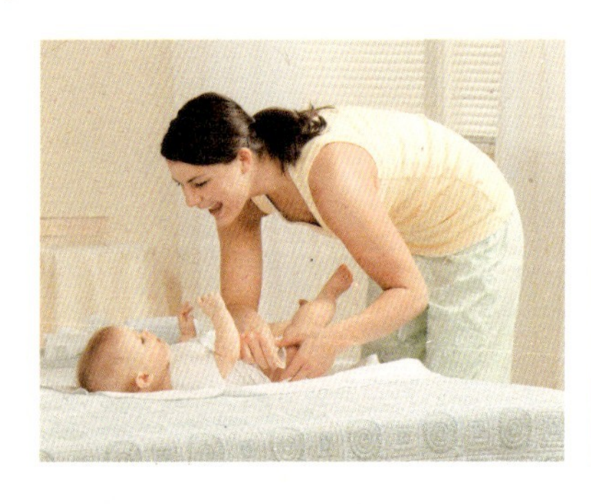

Part4
谨防婴幼儿疾病——呵护好，疾病少

Part5
婴幼儿意外事故预防与处置

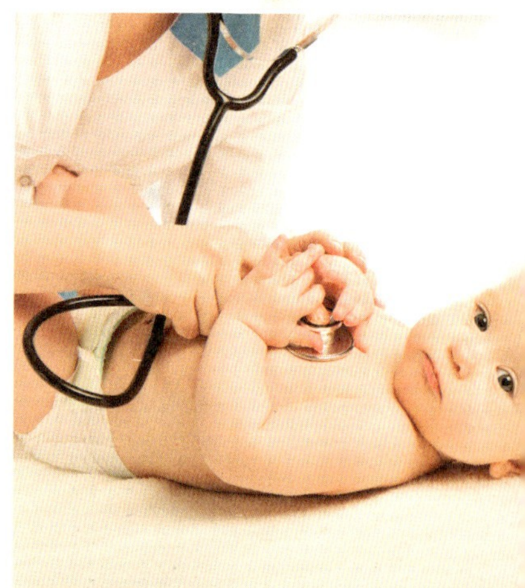

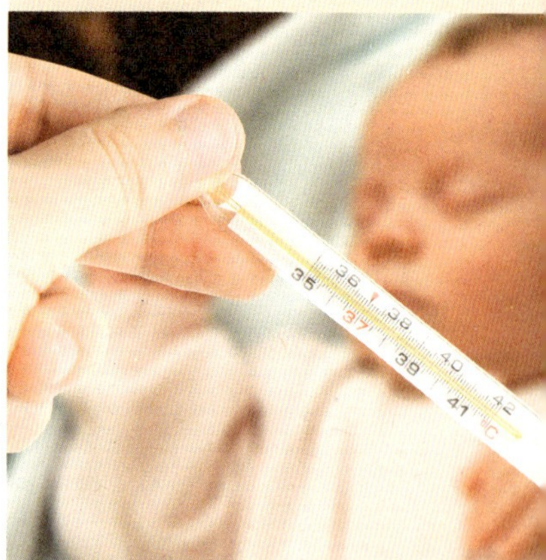

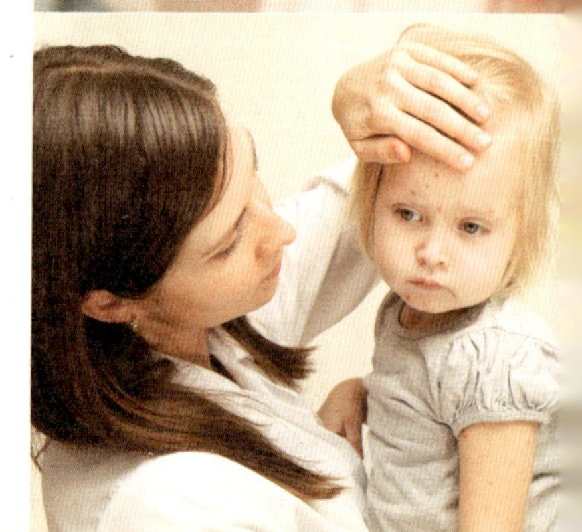

新生儿 出生～未满一个月

- ▲ 新生儿的生长与发育
- ▲ 新生儿喂养与健康
- ▲ 新生儿给家庭带来的变化

1 新生儿的生长和发育

看着这么可爱而又娇小的宝宝，爸爸妈妈还有一些陌生，究竟他有哪些特征，又有什么能力呢？那么，让我们一起来认识一下可爱的新生儿吧！

新生儿的生长发育特点

小儿脱离母体转而独立生存，所处的内外环境发生根本的变化，适应能力尚不完善，发病率高，死亡率高。因此，父母需要给予新生儿特别的护理。

1.新生儿的概念和特点

新生儿是指胎儿自娩出脐带结扎时开始至28天之前的婴儿。这时，新生儿的身长为50～53厘米，平均体重为3～3.3千克，平均头围达35厘米。

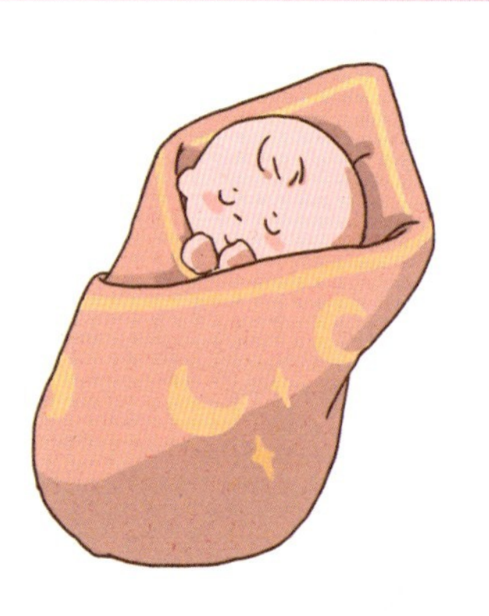

2.新生儿最初的模样

刚出生的宝宝差不多一整天（16～20小时）都在睡觉。第一周，除了吃奶的时间，宝宝几乎都在睡觉，睡觉时蜷缩着身体，非常类似于胎儿在子宫内的姿势。在出生的头几天内，大部分婴儿都采取胎内的姿势睡觉。

头部	刚出生时，婴儿的头部占全身的三分之一，但身长只有成年人的二十分之一。婴儿头顶上的五块头骨还未完全密合，能触摸到囟门和柔软的部分。随着骨骼的成长，囟门会逐渐变小，一岁半左右时基本消失。
眼睛	在出生后6周之内，新生儿看不清周围的事物，但是视力会逐渐好转。在出生的头几天内或出生6周之内，婴儿会偶尔环顾四周，或者注视妈妈的脸。此时的婴儿看事物的焦距只有20～25厘米，这个距离相当于妈妈抱着婴儿时与婴儿之间的距离。
手指甲与脚趾甲	刚出生的婴儿有手指甲与脚趾甲，因此有些人感到很诧异，其实这是正常的现象。

头发 很多婴儿在胎内已长了头发，而过一段时间后，头发可能变色、脱落。但新生儿的头发大部分呈黑色，且头发的生长处于休息期，要到一周岁以后才能长出新头发。

胸部 不管是男婴还是女婴，刺激妈妈乳房的激素也会影响婴儿的乳腺，因此婴儿的乳房都向外凸出，有时还会流出母乳。但过了头几周，就能恢复正常状态。

肚脐 婴儿出生后脐带要被剪断并要捆扎脐带残留的部分。脐带就像透明的果冻一样柔软，但很快就会干瘪，几天后，脐带就会脱落。

3.呼吸、体温、睡眠

◆ 新生儿的呼吸

由于呼吸中枢发育不成熟，肋间肌较弱，新生儿的呼吸运动主要依靠膈肌的上下升降来完成，常表现为呼吸表浅、呼吸节律不齐。新生儿头两周呼吸较快，每分钟约40次以上，个别竟达到每分钟80次，尤其在睡眠时，呼吸的深度和节律呈不规则的周期性改变，甚至可出现呼吸暂停，同时伴有心率减慢，紧接着有呼吸次数增快、心率增快的情况发生。这是正常现象。

◆ 新生儿的体温

由于体温中枢发育尚未完善，体温的调节能力差，因此新生儿的体温不易保持稳定，容易受环境的影响而发生变化。故当新生儿从母体娩出后1～2小时内，体温会下降约2.5℃，然后体温会慢慢回升至正常温度。由于新生儿的皮下脂肪薄，汗腺发育不成熟，较成人散热快，在环境温度过高或保暖过度的情况下，加上新生儿摄入水分不足等因素就会造成新生儿体温升高。相反情况，体温则会下降。

◆ 新生儿的睡眠

由于新生儿脑组织尚未发育完全，所以其神经系统的兴奋持续时间较短，容易疲劳，每天睡眠多达16～20小时。国外有科学家研究指出，新生儿的睡眠可分三种状态。

No. 1 安静睡眠状态

这时的婴儿面部肌肉放松，双眼闭合，全身除偶尔的惊跳及轻微的嘴动以外，没有其他的活动，呼吸均匀，处于完全休息状态。婴儿安静睡眠状态和活动睡眠状态的时间约各占一半。

No. 2 活动睡眠状态

这时婴儿的双眼通常是闭合的，眼睑有时颤动，经常可见眼球在眼睑下快速运动；手臂、腿和整个身体偶尔有些活动；脸上常有微笑、皱眉、努嘴、做怪相等表情；呼吸稍快且不规则。婴儿在睡醒前通常处于这种活动睡眠状态。

No. 3 瞌睡状态

通常发生在入睡前或刚醒后，这时婴儿的双眼半睁半闭，眼睛闭合前眼球通常向上滚动，目光显得呆滞，反应变得迟钝，有时会有微笑、撅嘴、皱眉及轻度惊跳，此时应保持安静的睡眠环境。

4.视觉、听觉、触觉、嗅觉和味觉

◆ 新生儿的视觉

婴儿出生时对光就有反应，眼球呈无目的的运动。1个月的新生儿可注视物体或灯光，并且目光随着物体移动。过强的光线对婴儿的眼睛及神经系统有不良影响，因此新生儿房间的灯光要柔和，不要过亮，光线也不要直射新生儿的眼睛。外出时，眼部应有遮挡物，以免受到阳光刺激。

◆ 新生儿的听觉

刚出生的婴儿，耳鼓腔内充满着黏性液体，妨碍声音的传导，随液体的吸收和中耳腔内空气的充满，听觉的灵敏性逐渐增强。

新生儿睡醒后，妈妈可用轻柔和蔼的语言和他说话，或播放柔美的音乐，但音量要小，因

为新生儿的神经系统尚未发育完善，大的响动会使其四肢抖动或惊跳，因此新生儿的房间内应避免嘈杂的声音，保持安静。

◆ 新生儿的嗅觉和味觉

新生儿的嗅觉比较发达，刺激性强的气味会使他/她皱鼻、不愉快。新生儿还能辨别出妈妈身上的气味。

新生儿的味觉也相当发达，能辨别出甜、苦、咸、酸等味道。因此，从新生儿时期起，喂养婴儿就要注意不要用橘子汁代替白开水，牛奶也不要加糖过多，以免甜味过重，应按5%~8%的比例加糖。

◆ 新生儿的触觉

新生儿的触觉很灵敏。轻轻触动其口唇便会出现吮吸动作，并转动头部。触其手心会立即紧紧握住。哭闹时将其抱起会马上安静下来。

轻轻触动其口唇便会出现吮吸动作，并转动头部。

5.新生儿特有的小便与大便

新生儿在出生过程中或出生后会立即排尿1次。90%的新生儿在出生后24小时内会排尿，如新生儿超过48小时仍无尿，应找原因。新生儿的尿液呈淡黄色且透明，但有时排出的尿会呈红褐色，稍混浊，这是因为尿中的尿酸盐结晶所致，2~3天后会消失。出生几天的新生儿因吃得少，加上皮肤和呼吸可蒸发水分，每日仅排尿3~4次。这时，应该让新生儿多吮吸母乳，或多喂些水，尿量就会多起来。

新生儿会在出生后的12小时之内，首次排出墨绿色大便，这是胎儿在子宫内形成的排泄物，称为胎便。胎儿可排这种大便两三天，以后逐渐过渡到正常新生儿大便。如果新生儿在出生后24小时内都没有排出胎便，就要及时看医生。

正常的新生儿大便，呈金黄色，黏稠，均匀，颗粒小，无特殊臭味，白天排便次数是三四次。喂母乳的婴儿消化情况较好，大便的次数较多；吃奶粉的宝宝大便容易变硬或便秘，最好在两次喂奶间加喂少许开水，可以减少便秘的概率。

6.新生儿的血液循环

胎儿娩出，脐血管结扎，肺泡膨胀并通气，卵圆孔功能闭合，这些变化都使新生儿的血液循环进入了一种新的状态。

诞生后的最初几天，宝宝心脏有杂音，这完全有可能是新生儿动脉导管暂时没有关闭，血液流动发出的声音，父母不必担忧。

新生儿心率波动范围较大，出生后24小时内，婴儿的心率可能会在每分钟85～145次之间波动，许多新手爸妈常常因为宝宝脉跳快慢不均而心急火燎，这是不了解新生儿心率特点造成的。

新生儿血液多集中于躯干，四肢血液较少，所以宝宝四肢容易发冷，血管末梢容易出现青紫，应注意为新生儿肢体保温。

7.新生儿的皮肤

足月新生儿皮肤红润，皮下脂肪丰满。新生儿的皮肤有一层白色黏稠样的物质，称为胎儿皮脂，主要分布在面部和手部。

皮脂具有保护作用，可在几天内被皮肤吸收，但如果皮脂过多地聚积于皮肤褶皱处，应给予清洗，以防对皮肤产生刺激。

新生儿皮肤的屏障功能较差，病原微生物易通过皮肤进入血液，引起疾病，所以应加强皮肤的护理。

出生3～5天，胎脂去净后，可用温水给婴儿洗澡，选用无刺激性的香皂或专用洗澡液，洗完后需用水完全冲去泡沫，并擦干皮肤。

8.新生儿的运动能力

新生儿出生后就具备较强的运动能力。如果让他俯卧，他会慢慢地抬起头转向一侧，这时用手掌抵住他的脚，还会做出爬行的样子。

新生儿有着许多令人惊叹的运动本领。这种运动本领出生后还将在与父母的交往中继续发展。

新生儿觉醒状态时的躯体运动，是宝宝和父母交往的一种方式。当父母和宝宝说话交流时，宝宝会出现与说话节奏相协调的运动，如转头、抬手、伸腿等。这些自发的动作虽然简单，但一点一滴都代表着宝宝身体的发展，所以常使年轻的父母欣喜异常。

9.新生儿的语言能力

宝宝呱呱坠地的第一声啼哭，是他人生的第一个响亮音符。在生命的第一年里，宝宝的语言发展经过了三个阶段：第一阶段（0～3月），为简单发音阶段；第二阶段（4～8月），为连续发音阶段；第三阶段（9～12月），为学话阶段。

宝宝在第1个月内偶尔会吐露ei、ou等声音，第2个月可能会发出m～ma，宝宝的这种咿呀语，很多的时候并不是在模仿大人，他们这样做是为了听到他们自己的声音，用不同的声音表示不同的情绪。咿呀语和真正的语言不同，它不需要去教，但是父母可以通过微笑和鼓励增加宝宝咿咿呀呀的次数，通过与宝宝说话的机会，也可增进与宝宝的感情。

简单发音阶段

连续发音阶段

婴儿学话阶段

10.新生儿的社会关系

婴儿的社会关系，总的来说是非常简单的，他们主要是与照看人发生接触，而一般情况下照看人就是父母。如果是别的人，如保姆、祖父母等，情况也是一样的。

（1）母婴同步

母亲和婴儿之间，彼此不用语言就能很好地交流和沟通。当婴儿需要母亲的时候，母亲似乎总是恰好准备要去看小宝宝；而当母亲去看宝宝的时候，宝宝也似乎总是正在等待着她的到来。这种紧密协调的关系被称为母婴同步。据观察，仅仅出生几个星期的婴儿在接触母亲时就会睁开和合上眼睛。母亲和她的小宝宝之间存在着类似“交谈”的方式。

这样的交流到底是如何进行的呢？一个母亲也许会凝视着她的小宝宝，平静地等待着他/她说话、做动作。当小宝宝天真地做出了反应时，母亲也许通过模仿婴儿的姿势，或者对着婴儿微笑，说某些事情来回答婴儿。母亲每这样做一次，中间都略有停顿，以给婴儿一个轮流“说话”的机会，好像婴儿在这种交流中是一个很有能力的人。

（2）与父亲的相互作用

在对宝宝的影响方面，父亲和母亲确实有很大的差异。比如，父亲和母亲同宝宝玩同样的游戏，但他们的方式不同。父亲的游戏往往倾向于出现激动的情形，比如，有些父亲喜欢忽而把孩子高高举起，忽而又放在床上。同母亲相比，父亲总是喜欢用更多的时间与孩子玩，而不是“交谈”。

但无论是母亲还是父亲，都能以适当的形式与他们的小宝宝之间发生相互作用，这是毋庸置疑的。所以应当相信，父亲和母亲在培养、教育自己的子女中有着同样的义务和能力。因此，留出优质的时间给宝宝吧！

11.新生儿与成人的沟通

新生儿具有和成人沟通的能力，新生儿和父母或看护人沟通的重要方式就是哭。这些正常新生儿的哭有很多原因，如饥饿、口渴、尿布湿等等，还有在睡前或刚醒时不明原因的哭闹，一般婴儿在哭后都会安静入睡或进入觉醒状态。年轻父母经过2 ~ 3周的摸索就能理解小儿哭的原因，并能给予适当处理。新生儿还用表情，如微笑或皱眉等，使父母体会他们的意愿。过去认为在父母和新生儿交往中，父母起主导作用，实际上是新生儿在支配父母的行为。

12.新生儿特有的原始反射

新生儿的反射反应是指婴儿对某种刺激的反应。婴儿的任何反应都成为判断婴儿的神经和肌肉成熟度的宝贵数据。反射反应的种类达几十种，下面只介绍新生儿检查中常用的集中反射反应。一般情况下，婴儿是从这些原始反射反应开始，逐渐发展成复杂、协调、有意识的反应。

No.1 握拳反射

如果轻轻地刺激婴儿的手掌，婴儿就会无意识地用力抓住对方的手指。如果拉动手指，婴儿的握力会愈来愈大，甚至能提起婴儿。脚趾的反应没有手指那样强烈，但是跟握拳反射一样，婴儿能缩紧所有的脚趾。研究结果表明，握拳反射与想抓住妈妈的欲望有密切的关系。一般情况下，婴儿能自由地调节握拳作用后，才能任意抓住事物。

No.2 迈步反射

在一周岁之前，婴儿都不能走路，但是出生后即具有迈步反射能力。让婴儿站立在平整的地面上，然后向前倾斜上身，这样就能做出迈步的动作。另外，如果用脚背接触书桌边缘，就能像上台阶一样向书桌上面迈步。在悬空状态下，婴儿处于非常不安的状态，因此能踩住脚底下的东西。可以说，出生后，婴儿就开始寻找自己站得住脚的地方。

No.3 摩罗反射

该反射是指婴儿保护自己的反射。如果触摸婴儿或抬起婴儿头部，婴儿就会做出特有的反应。在伸直双臂、双腿和手指的情况下，婴儿就像抱妈妈一样，会向胸部靠近手臂，而且向胸部蜷缩膝盖。有时，还会拼命地哭闹。

No.4 觅食反射

觅食反射是饥饿时最容易出现的反射。如果轻轻地刺激婴儿嘴唇附近，婴儿就会自动向刺激方向扭头，然后伸出嘴唇。

No.5 起身反射

抓住婴儿的双手，然后轻轻地拉起，婴儿就会无意中做出用力起身的动作。

13.新生儿对照看人的依恋

依恋是指婴儿和照看人之间亲密的、持久的情绪关系，表现为婴儿和照看人之间相互影响和渴望彼此接近，主要体现在母亲和婴儿之间。

依恋的形成和发展分为四个阶段：前依恋期、依恋建立期、依恋关系明确期、目的协调的伙伴关系。

新生儿期主要表现为前依恋期。前依恋期即出生至两个月，宝宝对所有的人都做出反应，不能将他们进行区分，对特殊的人（如亲人）没有特别的反应。刚出生时，他们用哭声唤起别人的注意，他似乎懂得，大人绝不会对他们的哭声置之不理，肯定会与他们进行接触。随后，他用微笑、注视和“咿呀”语与大人进行交流。这时的婴儿对于前去安慰他的人没什么选择性，所以，此阶段又叫无区别的依恋阶段。

宝宝在妈妈的怀抱中会倍感温馨

14.新生儿的气质

气质是人在心理活动时表现出的行为特征，具体表现在行为速度、强度、灵活性和指向性等方面。每个孩子生下来就带有不同的气质特征，但总体上可以分为以下三类：

No.1 平易型

容易照管的孩子，这类初生婴儿比较温顺，什么时候睡和醒、饥和饱以致大小便排泄都有规律。

No.2 麻烦型

难以照管的孩子，这类婴儿特别好动，不停地哭闹，难以哄住，上述几项生理功能也缺乏规律性。

No.3 发动缓慢型

不活泼的孩子，这类婴儿对外界刺激的反应迟钝，逗笑也引不起激情。

有人对不同气质类型的孩子进行长期的追踪观察，发现以下规律：

（1）“麻烦型”婴儿的激发阈低，反应强烈，容易发生活动过度、注意力不集中和冲动行为，约25%的行为问题发生于这一类型的孩子身上。

（2）“发动缓慢型”婴儿常表现为胆小怕事和进入陌生环境时退缩，且长大后患精神病的较多。

气质是上天赋予的，但可因环境影响和教育训练使之发生一定改变：

（1）“麻烦型”婴儿，要为其安排一个安静的环境，避免强光、噪音和种种不良刺激的干扰。在处理孩子问题的时候，父母要保持心平气和。

（2）“发动缓慢型”婴儿，采用彩色玩具、悦耳的音乐和游戏使其对外界发生兴趣，逐渐活跃。

● 新生儿的特殊生理现象与常见问题处理

宝宝初到人世，身体还很娇弱，需要父母的呵护，宝宝才能健康地成长！在临床上新生儿因一些特殊的症状就诊的并不少见，只是因为年轻的妈妈对新生儿的特殊症状不了解而上医院。因此，父母全面了解正常新生儿的生理特征和特殊的生理现象是十分必要的。

1.新生儿生理性体重下降

出生后几天内，新生儿的体重会有所减轻（减少出生时体重的5%～10%），但是从第七天开始，体重开始重新增加。

如果体重明显减轻或持续减轻，就说明婴儿没有吃饱，或者生病了。如果体重突然减轻，就应该到医院找出导致体重减轻的原因。喂母乳的情况下，如果减少喂乳量，就能刺激婴儿的食欲，而且能刺激母乳的分泌。

2.新生儿生理性黄疸

新生儿出生后2～5天会出现皮肤巩膜黄染现象，在1周内达到高峰，10～14天后逐渐消退，早产儿或低体重儿巩膜黄染现象约持续一个月。

巩膜黄染是由于新生儿肝功能发育尚不完善，出生后从母体接受的多余无用的红细胞破裂，胆红素郁积在血液中不能正常代谢所致，对新生儿的食欲和精神均无影响。在自然光线下肉眼观察时，全身皮肤呈淡黄色，白眼球微带黄色，医学上将其称为“生理性黄疸”。

3.新生儿假月经

部分女婴在出生后5～7天会从阴道流出少量血样分泌物，此称为“假月经”。这是由于孕妇妊娠后雌激素进入胎儿体内，胎儿的阴道及子宫内膜增生，而出生后雌激素的影响中断，增生的上皮及子宫内膜发生脱落所引起的。这些都属于正常生理现象，一般持续1～3天会自行消失。

若宝宝出血量较多，或同时有其他部位的出血，则是异常现象，可能为新生儿出血症，需及时到医院诊治。

4.新生儿生理性乳腺增大

部分新生儿，无论是男孩还是女孩，会在出生后3～5天出现乳腺增大，通常为双侧对称性肿大，大小如蚕豆至鹌鹑蛋大小不等，并且有的还会分泌淡黄色乳汁样液体。这是由于母亲怀孕后期，体内的孕激素、催产素经过胎盘传递到婴儿体内，新生儿出生后体内的雌激素发生改变而引起，一般持续1～2周会自行消失。这属于一种生理现象，家长不必紧张。

5.新生儿鹅口疮

鹅口疮又称为“念珠菌症”，是一种由白色念珠菌引起的疾病。鹅口疮多累及全部口腔的唇、舌、牙跟及口腔黏膜。发病时先在舌面或口腔颊部黏膜出现白色点状物，以后逐渐增多并蔓延至牙床、上腭，并相互融合成白色大片状膜，形似奶块状，若用棉签蘸水轻轻擦拭则不如奶块容易擦去，如强行剥除白膜后，局部会出现潮红、粗糙，甚至出血，但很快又复生。

患鹅口疮的小儿除口中可见白膜外，一般没有其他不舒服，也不发热，不流口水，睡觉吃奶均正常。一般2～3天鹅口疮即可好转或痊愈，如仍未见好转，就应到医院儿科诊治。

引起鹅口疮的原因很多，主要由于婴幼儿抵抗力低下，如营养不良、腹泻及长期用广谱抗生素等所致。感染上霉菌的食具、奶头、手等也可引起鹅口疮，故平时妈妈应注意喂养的清洁卫生。婴幼儿一旦出现鹅口疮，爸爸妈妈们可采用下列方法来进行处理：

（1）先用2%的苏打水溶液少许，清洗口腔。

（2）再用棉签蘸1%的龙胆紫涂在口腔中，每天1～2次。

（3）也可将制霉菌素片1片（每片50万单位）溶于10毫升冷开水中，用来涂婴幼儿的口腔，每天3～4次。

6.新生儿马牙

大多数婴儿在出生后4～6周时，乳牙胚发育到一定程度时，牙板就会破裂，部分被吸收，部分逐渐增生角质化，在牙床上形成小球状的白色颗粒，很像是长出来的牙齿，俗称“马牙”或“板牙”，医学上叫做“上皮珠”。

上皮珠是由上皮细胞堆积而成的，是正常的生理现象，不是病。“马牙”不影响婴儿吃奶和乳牙的发育，它在出生后的数月内会逐渐脱落，有的婴儿因营养不良，“马牙”不能及时脱落，这也没多大妨碍，不需要医治。

7.新生儿脱水热

少数婴儿在出生3～4天后会因体内水分不足而引起发热，热度一般在38～40℃。新生儿表现得烦躁不安、啼哭不止，常伴有面色红、皮肤潮红、口唇黏膜干燥等症状。只需及时补充水分，就可以在短时间内恢复。对个别超热（腋温≥40.5℃）或高烧抽痉者，需急送医院，予以留观或住院，接受供氧和输液治疗。病情得到控制后，1～2天就可恢复正常。

8.新生儿尿布疹

婴儿的下半身常被尿液和其他排泄物弄湿的尿布接触，由于受尿液的主要成分氨的影响，婴儿的皮肤容易出现被称为“氨皮肤病”的发疹。另外，洗尿布时，如果不把洗涤剂冲洗干净，就容易刺激婴儿的皮肤。

一般情况下，由于白色念珠菌感染，容易导致“脂溢性皮炎”。为了防止皮肤发疹，必须经常更换婴儿尿布，涂抹保护婴儿皮肤的护肤霜。如果出现发疹症状，最好去掉尿布，然后在清爽的空气下晾干皮肤。

9.新生儿尿酸梗塞

有的新生儿在出生后的2~5天，出现排尿前啼哭，尿布上出现砖红色渍，这是由尿液中尿酸过多沉积所致。只要多饮水，使尿液稀薄，尿液的颜色很快会恢复正常。

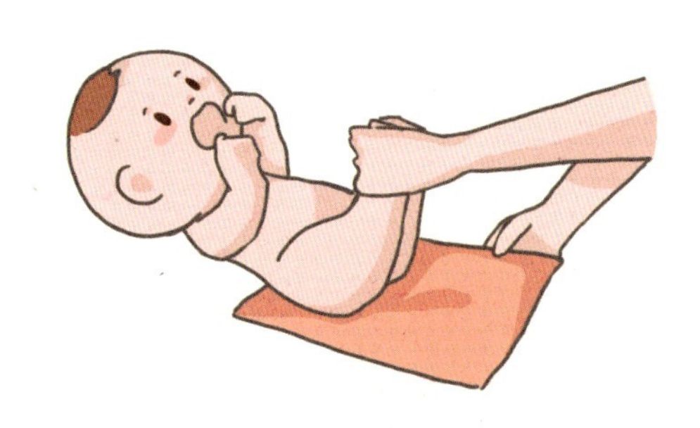

10.新生儿青紫

如果新生儿出现皮肤青紫，并且这种青紫是成斑点状的蓝红色，分布不匀，持续两个星期左右就渐渐消失，那么，很大程度上是得了新生儿血红细胞增多症。这种新生儿血红细胞增多症与分娩时新生儿的脐带切断较晚，使得过多的胎盘血流入新生儿体内有关。

如果新生儿是未成熟儿或新生儿皮肤上有局部性的青紫，则可能是产妇分娩时，这一局部受到压迫所致。一般情况下，这种青紫可渐渐消失。

有些新生儿出现青紫与保暖不好有关：婴儿局部皮肤受冻后，小动脉收缩，也会出现青紫，但这种青紫在保暖后可很快消失。

11.新生儿鼻塞

新生儿的鼻腔黏膜柔软娇嫩，并富有毛细血管，鼻腔通道短而狭窄，所以一旦有鼻涕积聚，逐渐干结后，往往会阻塞鼻孔，影响孩子的呼吸，造成吸奶困难，严重时会影响吃奶。

新生儿遇到轻微的感冒，鼻腔就容易充血、水肿，使原本狭窄的鼻腔显得更加狭窄和闭塞，同时，不断出现的鼻腔分泌物也是鼻子阻塞的常见原因。另外，母亲孕期若服用利血平等降压药，也会间接影响新生儿鼻子的通畅而出现鼻堵塞现象。

（1）新生儿若是鼻黏膜充血、水肿引起鼻塞的：用0.5%麻黄素溶液点鼻，每侧鼻孔点一滴药，两个鼻孔点药的间隔时间为3～5分钟。一般可在睡觉前或喂奶前点药。需要注意的是，点药时，要使小儿头部稍后倾，以保证将药液滴入鼻腔。

（2）新生儿若是由于鼻腔分泌物造成的鼻塞：用棉棍将分泌物轻轻地卷拨出来。若是干性分泌物，应先涂些软膏或眼药膏，使其变得松软和不再粘固在黏膜上时，再用棉棍将其拨出，从而使新生儿鼻腔通畅。

12.新生儿打嗝

新生儿打嗝是由于横膈膜突然用力收缩所造成的，是很常见的情形。新生儿打嗝可由多种原因（如护理不当、外感风寒、乳食不当或进食过急或惊哭之后进食）引起。一般很短时间后会停止打嗝，这对宝宝是无害的，长大些会自然缓解。

直立式拍打嗝

13.过敏性红斑

新生儿红斑又称新生儿过敏性红斑，以前亦称新生儿中毒性红斑，是一种新生儿期极为常见的现象，发生率为30%～70%。

目前对新生儿红斑的发生机理尚不十分清楚，有两种解释：一是认为新生儿经乳汁并通过胃肠道吸收了某些致敏源，或来自母体的内分泌激素而致新生儿产生过敏反应；二是新生儿皮肤娇嫩，皮下血管丰富，角质层发育不完善，当胎儿从母体娩出，从羊水浸泡中来到干燥的环境，同时受到空气、衣服和洗澡用品的刺激，皮肤就有可能出现红斑。新生儿红斑是一种良性的新生儿期的生理现象，孩子的父母和家人无需过分为此担忧，通过加强观察、重视护理，数日后红斑大多可自行消退。

14.新生儿结膜炎

出生后几天内，大部分婴儿的眼睛里会流出淡黄色分泌物，这些分泌物容易凝结在眼睑上方或眼睛的内侧。在这种情况下，最好用温热的湿毛巾擦掉眼睛周围的异物。

如果患有非特异性结膜炎，就会出现严重的分泌物。如果患有结膜炎，眼睑就会红肿，而且容易导致视力障碍，但是用抗生剂或眼药水能轻松地治疗结膜炎。炎症严重时，必须注射抗生剂，或者经常滴眼药水。除了淋球菌或绿脓杆菌引起的结膜炎外，只要适当地治疗，再严重的炎症也不会损伤眼睛。

新生儿由于还没有完全形成从眼睛向鼻腔输送眼泪的鼻泪管，如果没有泪管堵塞，眼泪就从眼睛流出，因此容易导致结膜炎。

为了防止结膜炎，滴入抗生剂或软膏后，最好用手按摩婴儿内眼角部位。如果反复地按摩眼睛和鼻子周围，还能够起到预防泪管堵塞的作用。

15.斜视或眼球震颤

新生儿的眼球运动不能协调，经常见到黑眼睛偏向一侧，或眼球上下、左右快速地颤动。

前一种情况叫"斜视"，也叫"对眼"；后一种情况叫"眼球震颤"。单有这些症状对新生儿来说不是病态，经3～4周就会自行消失，如在新生儿期以后依然存在，或原来没有而在以后才出现，那就不正常了。同时要注意有无其他畸形存在，特别是头颅过小或过大，以及智力或运动发育不正常，那就是全身性的眼部病症了，应带孩子去医院检查原因。

16.油耳朵

正常新生儿的耳道可以分泌一种黄色透明无臭的非脓性分泌物，俗称"油耳朵"。油耳朵是因为皮脂腺分泌旺盛引起的，可以用稀释后的酒精或双氧水轻轻擦拭，慢慢便会自然减少。

17.生理性脱发

新生儿的胎发由母体带出，大部分新儿在出生后的2～3周内会发生明显的脱发现象。这是由于婴儿出生后，大部分头发毛囊在数天内由成长期迅速转为休止期所致。一般经过9～12周后，小儿的毛囊会重新形成毛球，重新长出新发。

18.舌系带

舌系带，俗称舌筋，即孩子张开口翘起舌头时在舌和口底之间的一薄条状组织。正常情况下新生儿的舌系带是延伸到舌尖或接近舌尖的，在舌的发育过程中，舌系带逐渐向舌根部退缩。个别新生儿舌系带长得太靠近舌尖，影响了舌的外伸和上卷，则需就医。

19.出生后无尿

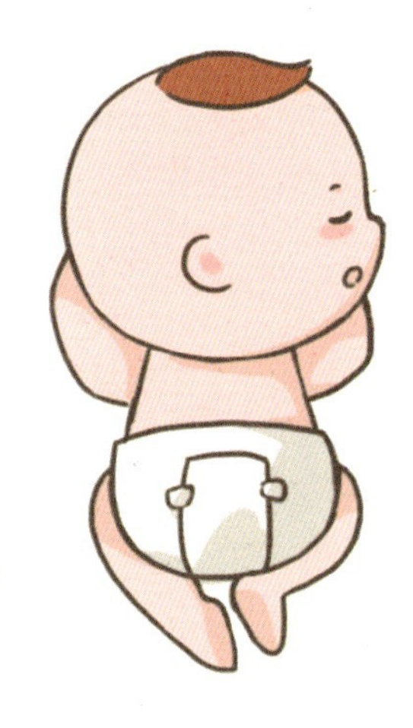

正常新生儿往往于分娩后立即排尿，或在分娩过程中排尿，但有些新生儿在出生后头2～3天内无尿。这可能是新生儿出生后没有喂奶，摄入的液体量太少，或从呼吸排出和皮肤蒸发的水分过多，也可能因新生儿尿液中有较多的尿酸盐结晶，而发生尿酸梗塞所致。因此，新生儿在生后12小时内应该开始喂奶，以保证体内储存足够的水分。

如果超过两天仍无尿，则要考虑有无泌尿系统畸形。给新生儿喂5%的葡萄糖水后仍不排尿，就是不正常的现象，应送往医院检查。

20.红色尿

新生儿出生后2～5天，由于小便较少，加之白细胞分解较多使尿酸盐排泄增加，可使尿液呈红色，并在排尿时出现啼哭，多在尿液染红尿布后被发现。此时可加大哺乳量或多喂温开水以增加尿量，防止结晶和栓塞，这种情况只持续数天就会自行消失。

21.胎记

胎记是新生儿常见的斑疹之一，多发生在腰部、臀部、胸背部和四肢，多为青色或灰青色斑块，也叫“胎生青记”，医学上称为“色素痣”。

胎记的形状不一，多为圆形或不规则形，边缘清晰，用手压不褪色，这是由于出生时皮肤色素沉着或改变引起的，一般在出生后5～6年内自行消失，不需要治疗。

22.鼻上黄色小粒

新生儿出生后，在鼻尖及两个鼻翼上可以见到针尖大小、密密麻麻的黄白色小粒，略高于皮肤表面，医学上称“粟粒疹”。这主要是由于高热闷热环境中出汗过多且不易蒸发，致使汗腺导管口阻塞，汗液潴留后汗管破裂而引起汗液外渗入周围组织引起的浅表性炎症反应。它包括四种类型：白痱或晶形粟粒疹、红疹或红色粟粒疹、脓痱或脓疱性粟粒疹和深痱或深部粟粒疹。有这种小粒，表明孩子已经足月，几乎每个新生儿都可见到，一般在出生后一周就会消退，这属于正常的生理现象，不需要再做任何处理。

23.胎痂

新生儿胎痂是一种常见的婴儿皮肤病，是一种很厚的、覆盖在头皮上的痂，有时甚至蔓延到脸上、耳朵和脖子上。胎痂摸起来有些油腻，但大部分会自然痊愈，属于暂时性的现象。

妈妈可从基本的卫生保健做起，只要用棉球蘸上宝宝油，涂在有痂块的部位数小时，然后可以用小梳子慢慢地轻轻梳理，胎痂就会脱掉，再用温热水轻轻洗头。清除胎痂时动作要轻柔，不可用梳子硬刮或用手硬抠，以免损伤头皮，引起感染。

24.功能性腹胀

小宝宝的肚皮本来就会比成人大，看起来鼓鼓胀胀的，那是因为宝宝的腹壁肌肉尚未发育成熟，在腹肌没有足够力量承担的情况下，却要容纳和成人同样多的内脏器官而造成的，因此显得比较凸出。特别是宝宝被抱着的时候，腹部会显得下垂。此外，宝宝身体前后是呈圆形的，不像大人那样略呈扁平状，这也是让肚子看起来胀鼓鼓的原因之一。

（1）如果宝宝能吃、能拉、没有呕吐的现象、肚子摸起来软软的、活动能力良好、排气正常、体重正常增加，这一类腹胀大多属于功能性腹胀，无需特别治疗，只要采取预防措施就可以了。

（2）新生儿腹胀明显，伴有频繁呕吐、宝宝精神差、不吃奶及腹壁较硬、发亮、发红，有的可以见到小血管显露（医学上称为静脉扩张）、可以摸到肿块。

2

新生儿喂养与健康

恭喜你当妈妈了！接下来就要学习这些新生儿的喂养与护理技巧了，如何给宝宝喂奶，怎样给宝宝换尿布、洗澡等等，与此同时还要注意新生儿容易出现的一些疾病，本节从宝宝的日常饮食、穿衣、运动以及疾病护理等各个方面给予详实的指导。

● 新生儿哺乳时刻

新生儿的喂养是一个充满艰辛与困难的历程，但同时又是充满快乐与幸福的过程。怎样才能正确喂养新生儿，让他健康成长呢？本书详细介绍了新生儿喂养的知识和技巧，为家长提供最全的实用知识，让新手爸爸妈妈学会育儿！

1.新生儿所需的营养素

新生儿期比其他各时期需要的营养素相对较多。新生儿营养是否充足关系到新生儿的生长发育，关系到新生儿的体质和患儿的康复。因此，为了保证新生儿营养的供给，减少或避免新生儿生理性体重减轻，新妈妈应注意新生儿的营养需求。

2.珍惜宝贵的初乳

在妊娠期间，由于孕妇体内的激素变化，乳房会逐渐增大，而且在分娩之前就形成初乳。初乳是一种富含蛋白质的黄色液体。在母亲还没有乳汁分泌之前的头几天，初乳不仅可以保证新生儿的营养需要，而且其中含有非常宝贵的抗体，还能帮助新生儿预防诸如脊髓灰质炎、流行性感冒和呼吸道感染等疾病。另外，初乳还附带有轻泻的作用，能帮助婴儿及早排除胎粪。因此，一定要给新生儿喂初乳。

3.母乳喂养的好处

俗话说：“金水、银水，不如妈妈的奶水。”母乳喂养不仅对婴儿身心的健康发展意义重大，而且也有利于母亲产后尽快恢复。

◆母乳，尤其是初乳，最适合新生儿生长发育的需要。它含有新生儿生长所需的全部营养成分。

◆母乳中含有促进大脑迅速发育的优质蛋白、必需的脂肪酸和乳酸，其中在脑组织发育中起着重要作用的牛硫酸的含量也较高，所以说母乳是新生儿期大脑快速发育的物质保证。

◆母乳中含有大量抵抗病毒和细菌感染的免

疫物质，可以增强新生儿的抵抗能力。母乳中含有帮助消化的酶，有利于新生儿对营养的消化吸收。

◆吃母乳的孩子，不会引起过敏反应，如湿疹。

◆母乳清洁无菌，温度适宜，经济方便，可根据婴儿的需要随时喂哺，可省去煮奶、热奶、消毒奶具等繁琐的家务。

◆母乳还可以在一定月龄内随着婴儿的生长需要而相应变化其成分和数量，满足不同月龄婴儿生长发育之需。在哺乳过程中，母子间肌肤密切接触，互相凝视，可以增进母子间的感情。

◆婴儿对乳房的吮吸刺激，能反射地促进催产素的分泌，有利于产后母亲子宫的收缩和恢复健康。

◆喂母乳的母亲比不喂母乳的母亲患乳腺癌的机会更少。

母乳喂养不仅对婴儿身心的健康发展意义重大，也有利于母亲产后尽快恢复。

4.喂奶前的准备工作

为了保证成功的哺乳，每次喂奶前应做好以下的准备工作：

（1）把已湿的尿布换掉，使婴儿舒适地吃奶，吃奶后可立即入睡。母亲在换完尿布后，把手洗净，以免污染乳头和乳晕。

（2）哺乳时，应使婴儿把乳头和乳晕都含入口内，这样既可使婴儿的两侧口角没有空隙，防止吞入空气，又可以使婴儿的吮吸动作有效地压缩和振动位于乳晕下的乳腺集合管，促使更多的乳汁吸入口内。

5.喂奶的正确姿势

喂奶时，母子都应该采取较舒适的姿势。婴儿在3个月前，母亲采取一边躺着一边哺乳的姿势是不安全的。因为在哺乳中，母亲一旦迷迷糊糊睡着了，乳房就有可能堵住婴儿的鼻子和嘴，使婴儿窒息。只有婴儿长到4个月后有了抵抗力，可以做出抵抗动作，才能使母亲惊醒，采用这种喂奶的姿势才安全。

妈妈喂奶的姿势以盘腿坐和坐在椅子上为好。哺乳时，将婴儿抱起略倾向自己，使婴儿整个身体贴近自己，用上臂托住婴儿头部，将乳头轻轻送入婴儿口中，使婴儿用口含住整个乳头并用唇部贴住乳晕的大部或全部。妈妈要注意用食指和中指将乳头的上下两侧轻轻下压，以免乳房堵住婴儿鼻孔影响呼吸，或因奶流过急呛着婴儿。奶量大，婴儿来不及吞咽时，可让其松开奶头，喘喘气再吃。

正确的喂奶姿势能促进哺乳、保证乳汁的分泌量及预防奶胀和乳头痛。如果姿势不正确，婴儿只吸住乳头，不仅不易吸出奶汁，而且还会吮破乳头或使乳头破裂，而且婴儿每次吮吸的奶水不多，还会导致乳房滞乳而继发奶水不足。

喂奶姿势看似简单，但其中却包含了很多问题，喂奶姿势的正确与否直接关系到宝宝能否健康成长。

6.母乳喂养的时间和次数安排

分娩后30分钟内哺乳为宜，研究表明，尽早开始喂奶对母子健康好处多，可以促进母乳分泌和子宫恢复。新生儿（出生28天内）是要按需哺乳的，“不要看表，应该看婴儿”。喂母乳的时间跟数学公式不同，没有唯一的正确答案。新生儿刚出生的前几周内，由于吮吸母乳的速度和次数无规律，有时哺乳次数仅间隔1小时左右。在现实生活中，经常看到婴儿含着乳头睡30分钟后继续吮吸母乳的情况。

出生后6周内，最好间隔两个小时哺乳一次。随着月龄的增加，再逐渐减少哺乳次数。在前几周内，未确定合适的哺乳次数和婴儿所需的摄取量之前，只要婴儿想吃奶，就应该随时喂母乳。

7.判断新生儿是否吃饱

喂母乳1个月之后，大部分妈妈都能知道婴儿是否吃饱了，但是出生后几周内，很难判断婴儿的吃奶情况。下面为第一次当妈妈的产妇介绍几种判断婴儿吃奶状态的方法。

喂母乳一个月后，大部分妈妈都能知道婴儿是否吃饱了

No.1 检查排尿量

出生后3天内，如果充分地喂母乳，不添加任何辅食的婴儿每天能用6~8张（纸质尿布4~6张）尿布。如果婴儿能充分地排尿，就不用担心脱水症状。

No.2 观察大便的颜色

婴儿的大便会从黏糊糊的黑色大便转变成绿色、褐色大便。如果母乳变成深乳白色，婴儿的大便也会变成黄色。只要婴儿的大便呈黄色，就说明婴儿充分地吃奶了。

No.3 测量宝宝体重

新生儿时期，宝宝每天体重能够增加30克。一般家庭缺乏精密的体重仪，可以一周给宝宝称一次，如果体重增加在200克以上，就说明宝宝吃饱了。

8.新生儿打嗝与溢奶

让新生儿打嗝的益处是将吸入的空气排出来。孩子可能会因为吃奶时或吃奶前啼哭而吸入空气，因此，哺乳后，应该立起婴儿，并轻轻拍打后背，这样就可以减少孩子的不舒服感。

新生儿经常发生溢奶现象，这是由于下食管、胃底肌发育差，胃容量较少，呈水平位所致。要防止溢奶，应于喂奶后将孩子竖直抱起，轻轻拍背部，使孩子打个嗝，把吃奶吸进胃里的空气排出来。假如溢奶不严重，婴儿体重在增加，又未发现其他不良现象，就不必紧张，随着婴儿胃容量的逐渐增大，在出生后3~4个月后溢奶会自行停止。

9.怎样保证母乳充足

怎样保证有充足的奶水，这是许多母亲和即将做母亲者最关心的问题。首先，最重要的一点就是，自怀孕之日起，母亲要有自信心，相信自己有足够的奶水喂哺婴儿，这是极其重要的内在动力。

◆婴儿吮吸乳头是促进乳汁分泌的最好生理刺激。所以产妇要做到尽早喂（即要在感到奶胀前就让婴儿吸奶）、勤喂、坚持喂，早晚奶水才会源源不断。这可以说是保证奶水充足的窍门。

◆注意夜间喂养，因为夜间产生的泌乳素是白天的50倍。夜间哺乳可以保证乳汁持续的分泌。

◆饮食要保持平衡和富含蛋白质，孕期不宜吃大量过精的和经过加工的碳水化合物，还需适量进食粗粮。

◆产妇应尽可能多休息，应与孩子保持“同步”。也就是说，孩子饿了，就喂哺；孩子睡了，产妇就应把握时间休息。特别是在产后前几周更是如此。

◆采用母乳喂养孩子时，每天应多喝些液体补充水分。

◆如果由于外出或者生病不能给孩子喂奶时，应该把乳汁挤出，以保持乳腺管畅通。

◆在哺乳期间避孕时最好不要服避孕药，它会减少乳汁供应，避孕方法则可咨询医生。

10.每次哺乳时间多长为宜

给新生儿喂奶是每侧乳房10分钟、两侧20分钟最佳。因为就一侧乳房喂奶10分钟来看，最初2分钟内新生儿可吃到总奶量的50%；初4分钟内可吃到80%~90%；8~10分钟后，乳汁分泌极少。故每次喂奶不宜超过10分钟。

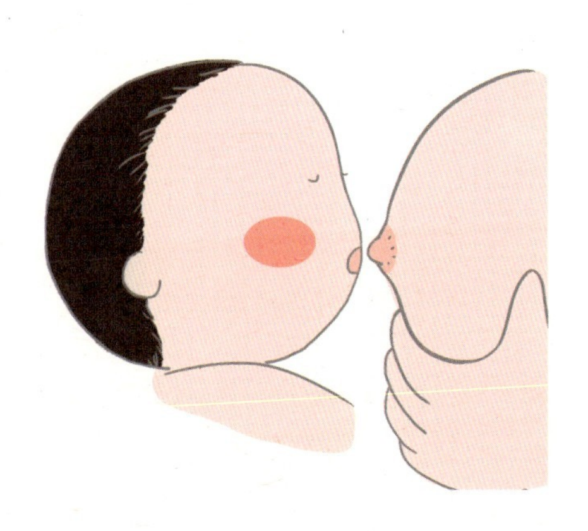

虽然就新生儿从一侧乳房补充到的总奶量来说只需4分钟就够了，但后面的6分钟也是必须的。这是因为通过新生儿吸吮可刺激催乳素释放，增加下一次母亲的乳汁分泌量，而且可增加母婴之间的感情。此外，从心理学的角度来看，它还能满足新生儿在口欲期口唇吸吮的需求。

11.促进母乳分泌的乳房管理

母乳喂养是哺乳婴儿的最佳方法，母乳中的营养物质可以保证出生后6个月内婴儿的营养需要。母乳中含有多种抗体，能够增强婴儿抵抗疾病的能力。为了确保产后进行良好的母乳喂养，产前的乳房护理及产后的乳房按摩都显得尤为重要。

（1）分娩第二天开始按摩乳房一般情况下，从妊娠期间开始按摩乳房，但是在分娩后，为了促进乳汁的分泌，必须全面地按摩乳房。

（2）母乳不足时，按摩乳房可以促进乳汁分泌。如果婴儿吮吸困难，每天按照以下方法按摩一两次，而且每侧乳房按摩15分钟。

（3）缺乏母乳时，上述按摩方式是非常有效。但是如果乳房出现硬块，就应该停止按摩。另外，出现乳腺炎时，也是绝对不能按摩乳房的。

No.1 分娩后的乳房按摩

首先，用同一侧的手抓住乳房，然后用另一侧手的拇指和食指按住乳晕，向乳房的内侧用力按压。按摩时就像挤奶一样，向外拉乳晕。以上动作需要重复4次，然后改变手指位置，并反复按摩。

No.2 母乳不足的按摩法

先在乳房上面敷热毛巾，把另一侧手（按摩右侧乳房时，用左手）放在乳房侧面，并把同侧手放在上面。再用双手向内侧压乳房，把下方的手指放在乳房下面，然后从下往上推乳房。用手托住乳房，双手推乳房。

No.3 乳房出现硬块时

当乳汁的分泌过多的时候，聚集在乳腺里的乳汁就容易形成硬块，乳管的出口就会堵塞，导致乳房痛症。在这种情况下，应该停止按摩，并涂抹护肤油，然后尽量挤掉乳房内的母乳。

12.夜间喂奶应注意的问题

夜间喂奶是每个新妈妈们所必然面临的问题。由于宝宝在夜间对于母乳的需求，在其一天所需营养中占有相当大的比重，而且晚上妈妈体内泌乳素的产量非常大，所以，对于很多刚生产不久的新手妈妈来说，夜间喂养宝宝是件辛苦而又非常必要的事情。

但是，在给宝宝夜间喂奶时需要注意一些问题。首先，不要让宝宝整夜含着奶头，这样会造成宝宝不良的吃奶习惯。另外，在妈妈熟睡翻身的时候，乳房可能会盖住宝宝的鼻子，导致宝宝呼吸困难甚至窒息。其次，夜间给宝宝喂奶，很容易感冒，所以在给宝宝喂奶前，要用条较厚的毛毯把宝宝裹好。最后，夜间要按需喂养宝宝，逐渐调整夜间授乳的次数。同时，在喂奶的时候，尽量把灯光调到最低程度，不要刺激宝宝。

13.新生儿喂奶前不宜喂糖水

过去，很多人主张在母亲来奶之前，给婴儿用奶瓶喂些糖水，以防婴儿饥饿和脱水。其实这是没有必要的。因为婴儿在出生前，体内已贮存了足够的营养和水分，完全可以维持到母亲初乳产生的时候。而且，只要尽早给婴儿哺乳，少量的初乳就能满足刚出生的正常婴儿的需要，不需再另外补充营养。

如果开奶前就用奶瓶给新生儿喂糖水，婴儿用过橡皮奶头后，可能就不愿再吮吸母亲的乳头了，而且由于糖水比母乳甜，也会影响婴儿对吃母乳的兴趣。

如果新生儿不吃母乳，对母亲和婴儿双方都有不好的方面。婴儿不吮吸母亲的乳汁就得不到初乳内丰富的免疫物质，发生感染或疾病的概率就会增加。而母亲不喂奶也容易发生奶胀或乳腺炎。因此，新生儿喂奶前不适宜喂糖水，在非常有必要给婴儿补充水分时，可以用小勺喂少量的白开水即可。

14.喂母乳能提高妈妈的成就感

喂母乳是妈妈与婴儿互动适应的育儿过程，是婴儿在子宫内通过妈妈的脐带摄取营养的延续，因此分娩并不是妊娠的终结点，一般情况下，断奶才是真正地结束妊娠过程。

看着认真吃奶的婴儿，妈妈就能够得到很大的成就感。虽然很多女性感到疲劳，有时还会惧怕，但是在掌握喂养母乳要领的过程中，能逐渐形成习惯。只要根据育儿习惯适当地调节生活节奏，很快就能熟悉喂母乳的要领。在这个时期，婴儿的发育速度很快，因此会让妈妈欣喜若狂。

15.喂母乳时常见问题的解决方法

对妈妈和婴儿来说，喂母乳是非常幸福的事情。虽然奶粉的质量不断地提高，但是始终无法完全替代母乳。婴儿所摄取的营养不同，发育状态会有明显的差异。要想培养健康的婴儿，母亲应该充分地摄取营养，用母乳帮助婴儿成长发育。如果了解了喂母乳时常见的问题，将有利于母乳的喂养。

（1）哺乳过程中婴儿哭闹

有些妈妈不知道婴儿不舒服的原因，在哺乳过程中，经常遇到婴儿哭闹的情况。一般来说，只要抱着婴儿说话，就能使他平静下来。如果婴儿的腹部充满气体，就会导致严重的腹痛，因此引起他强烈的哭闹。在这种情况下，如果到医院诊察，医生就会开镇定剂等药物。

（2）乳头干裂或疼痛

如果母亲用不自然的姿势哺乳，容易导致乳头干裂或疼痛的症状。如果乳头疼痛严重，就应该向医生咨询，然后采用正确的姿势喂乳。只要采取正确的姿势，大部分情况下乳头干裂或疼痛的症状都能好转。另外，喂母乳时，如果吃奶姿势不舒服，婴儿就会咬乳头，因此最好让婴儿用硬口盖和舌头挤压乳晕部位，而且把乳头深深地放入婴儿的口腔内。乳房严重肿胀时，也会出现乳房痛症。一般情况下，妈妈的乳头进入婴儿的口腔之前，即准备哺乳时会出现严重的痛症。在这种情况下，最好用手或挤奶器挤掉部分母乳。

（3）流下母乳

婴儿吃一侧乳房内的母乳时，有些妈妈的另一侧乳房也会流下母乳。在这种情况下，应该用吸水纸擦拭乳头，或者在文胸内放纱布。如果听到婴儿的哭声（或者听到其他婴儿的哭声），或者到了哺乳时间，有些妈妈的乳房就会出现这些症状。一般情况下，在哺乳初期容易出现这种情况，之后会逐渐消失。

（4）乳房严重肿胀

在婴儿出生后一周内，第一次生成母乳时，流向乳房的血液会急剧增多，因此母乳的生产量和婴儿的摄取量不平衡。在这种情况下，容易出现乳房肿胀的现象，也说明母乳的分泌量远远超过婴儿的摄取量。换句话说，乳晕下方的乳房组织内充满了乳液。出现这种情况时，可用拇指和食指轻轻地挤压乳晕内侧，就能挤出乳晕部位的母乳。一般情况下，可用手或者电动挤奶器挤出母乳。如果乳房疼痛，就可以用热水洗澡，这样能促进母乳的分泌。另外，还可以在乳房上面敷冷水或冰块。

16.婴儿患病时如何进行母乳喂养

当婴儿生病时，家长除了对疾病本身关心和着急外，另一件关心的事一定是婴儿的喂养问题。生病后多数婴儿都会不思饮食，这时家长就会不知所措。专家建议婴儿患病时，只要宝宝想吃，就可以坚持用母乳喂养。

No.1 发烧

母乳喂养的婴儿由于不断从母乳中得到许多人工喂养儿所不能得到的免疫物质，所以受感染的机会相对减少，发烧的发生率也低，程度也低，恢复健康也快。因此，当孩子发烧时，母亲也完全不必停止婴儿的母乳喂养，反而应该增加哺乳次数。

虽然发烧时往往会出现婴儿拒奶现象，但此时是最需要补充液体的时候，所以作为母亲要耐心地、尽可能多给予婴儿充分地喂奶。同时母亲需要注意把余奶挤出，以使日后乳汁的分泌量不至于减少。退烧后婴儿常感口渴，这时需抓紧时机勤喂奶。

No.2 腹泻

婴儿患轻度腹泻时，应该坚持母乳喂养。如有轻度脱水现象时，在两次喂奶期间可添加糖盐水。只有在婴儿拒绝吃奶并伴有呕吐时，才可暂停母乳喂养12～24小时。待婴儿能饮水时，即可恢复母乳喂养。

No.3 肠绞痛

肠绞痛多发生在3个月内的婴儿中，主要表现为：在特定的时期内阵发性的哭闹，两腿屈曲，轻度腹胀，可听到肠鸣音。

发生肠绞痛时，可用手掌在孩子的腹部按顺时针方向慢慢揉动，或用手指按揉肩胛区的天宗穴，以消除痉挛，帮助肠内气体排出。

No.4 上呼吸道感染

婴儿主要用鼻子呼吸，当鼻子堵塞时就会发生呼吸困难，尤其是哺乳时，婴儿往往啼哭、拒绝，有时候甚至会出现青紫症状。

引起上呼吸道感染最常见的原因是感冒。感冒时，婴儿的鼻黏膜分泌物增多，从而堵塞鼻腔而引致呼吸困难。

母亲可以将母乳50～100毫升挤在小碗中，隔水蒸5～10分钟（可闻到葱香味），放凉后用小匙喂给婴儿，可以有解毒通窍，治疗感冒、鼻塞的作用。

17.特殊情况下的母乳喂养

母乳是宝宝最好的营养食物，可是在我们的日常生活中，难免出现一些特殊情况，遇到这些情况年轻的妈妈们往往会不知所措，以致影响母乳喂养。那么特殊情况下母乳喂养的妈妈需要注意什么呢?

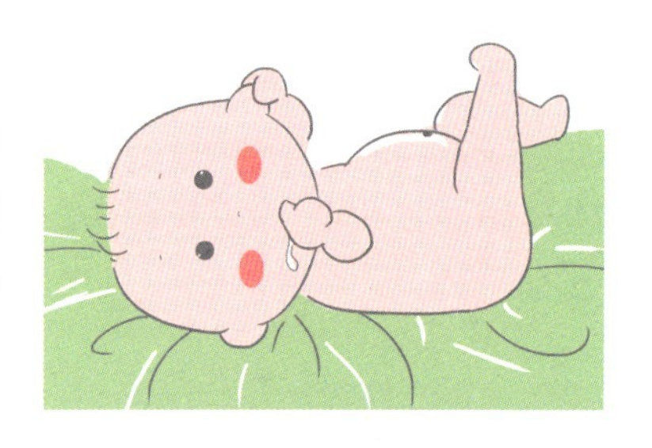

No.1 剖腹产

剖腹产手术后，如果母亲和婴儿都很健康的话，仍可以进行母乳喂养的。但母亲有心脏损害或有其他生命危险的情况下，就不能进行母乳喂养。

如果婴儿出生48小时后，母亲仍需止痛药，应在哺乳后服用。

No.2 早产儿

早产儿不成熟的程度及机体的健康程度会影响哺乳喂养的效果。母亲应该用手挤奶或用吸奶器来维持供奶，直到婴儿能够在乳房上进行正常吮吸。

被挤出或吸出的奶水应该妥善贮存，用卫生干净的软管或者小匙、小杯喂养婴儿。

No.3 双胞胎

对双胞胎也能成功地进行母乳喂养。有些母亲可同时喂养两个婴儿，这时喂养姿势显得尤其关键。

无论母亲坐着或躺着，要保证婴儿能靠着母亲腹部垫的枕头支撑着。关于宝宝的喂养，也可请教保健医生。

● 细心呵护新生宝宝

对初产妇来说，看护新生儿是非常劳累的事情。要想熟悉换尿布、哄婴儿睡觉、换衣服、洗澡等看护新生儿的方法，需要比较长的时间。在这种情况下，需要家人的帮助与参与。

1.小心对待宝宝的囟门

婴儿囟门指婴儿出生时头顶有两块没有骨质的“天窗”，医学上称为“囟门”。一般情况下，婴儿头顶有两个囟门，位于头前部的叫前囟门，位于头后部的叫后囟门。前囟门于1~1.5岁时闭合；后囟门于生后2~4个月自然闭合。囟门是人体生长过程中的正常现象，用手触摸前囟门时有时会触到如脉搏一样的搏动感，这是由于皮下血管搏动引起的。

很多人把新生儿囟门列为禁区，不摸不碰也不洗。其实，必要的保护是应该的，但是连清洗都不允许，反而会对新生儿健康有害。新生儿出生后，皮脂腺的分泌加上脱落的头皮屑，常在前后囟门部位形成结痂，若不及时洗掉反而会影响皮肤的新陈代谢，引发脂溢性皮炎，对新生儿健康不利。正确的保护是要经常地清洗，清洗的动作要轻柔、敏捷，不可用手抓挠；要保证用具和水清洁卫生，水温和室温都要适宜。

婴儿囟门平时不可用手按压，也不可用硬物碰撞，以防碰破出血和感染。

2.不宜给新生儿刮眉

有些父母希望新生儿将来的眉毛长得更浓密、更好看，于是想给新生儿刮掉眉毛。这是不适当的，因为眉毛的主要功能是保护眼睛，防止尘埃进入，如果刮掉眉毛，短时间内会对眼睛形成威胁。其次，由于新生儿的皮肤非常娇嫩，刮眉毛时，好动的宝宝未必能安静地配合，稍有不慎就会伤及新生儿的皮肤。

新生儿抵抗力弱，如果眉毛部位的皮肤受伤没有得到及时处理，很容易导致伤口感染溃烂，使周围的毛囊遭到破坏，以后就不能再长眉毛了。再者，如果眉毛根部受到损伤，再生长时，就会改变其形态与位置，从而失去原来的自然美。

新生儿的眉毛一般在5个月左右就会自然脱落，重新长出新眉毛来，因此完全没有必要给宝宝刮眉毛。

3.新生儿口腔、眼睛的护理

◆新生儿的眼部要保持清洁，洗脸前应先将眼睛擦洗干净，平时也要及时将分泌物擦去。若分泌物过多，可滴氯霉素眼药水进行护理，每眼每次滴药1滴，每日4次。

◆新生儿刚出生时，口腔里常带有一定的分泌物，这是正常的。妈妈可定时给新生儿喂点白开水，就可清洁口腔中的分泌物了。

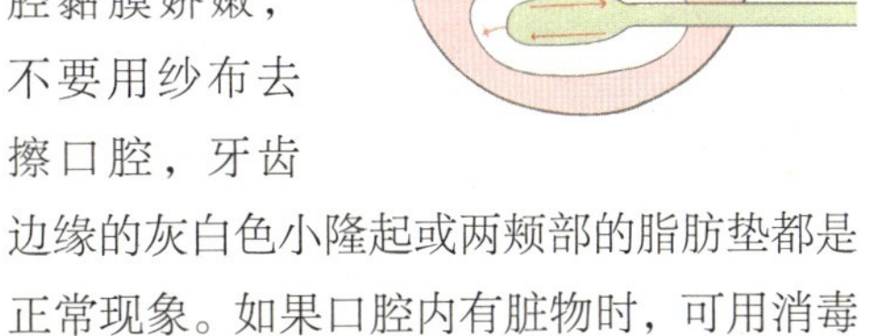

◆新生儿的口腔黏膜娇嫩，不要用纱布去擦口腔，牙齿边缘的灰白色小隆起或两颊部的脂肪垫都是正常现象。如果口腔内有脏物时，可用消毒棉球进行擦拭，但动作要轻柔。

4.新生儿的脐带护理

脐带脱落前：

新生儿出生后必须密切观察脐部的情况，每天仔细护理，包扎脐带的纱布要保持清洁，如果湿了要及时换干净的。要注意观察包扎脐带的纱布有无渗血现象。渗血较多时，应将脐带扎紧一些并要保持局部干燥；脐带没掉之前，注意不要随便打开纱布。

脐带脱落后：

可以给婴儿洗盆浴。洗澡后必须擦干婴儿身上的水分，并用70%的酒精擦拭肚脐，保持清洁和干燥。根部痂皮需待其自然脱落，若露出肉芽肿就可能妨碍创面愈合，可用5%～10%的硝酸银水或硝酸银棒点灼一下，再擦点消炎药膏。脐带根部发红或是脱落以后伤口总不愈合，脐部湿润流水，这常是脐炎的初期症状。这时可擦点1%的紫药水，以消毒纱布包扎。为了防止细菌感染，不能用手指摸婴儿的肚脐。若脐眼有些潮湿或血痂，可用牙签卷消毒棉蘸75%酒精擦拭，再覆盖消毒纱布。

新生儿经常吐口水及吐奶，平时应多用柔软湿润的毛巾，替新生儿擦净面颊

5.新生儿的皮肤护理

宝宝刚生下来时皮肤结构尚未发育完全，不具备成人皮肤的许多功能，因此妈妈在照料时一定要细心护理，有时稍有不慎，便会惹出不少麻烦，给妈妈和宝宝的生活带来很大的烦恼。

No.1 脸部皮肤

新生儿经常都会吐口水或者吐奶，因此平时应该多用柔软湿润的毛巾，替新生儿擦净面颊。

秋冬时更应该及时涂抹润肤膏，增强肌肤抵抗力，防止肌肤红肿或皲裂。

No.2 臀部护理

新生儿的臀部非常娇嫩，要注意及时更换尿片。更换尿片时最好用小儿柔润湿纸巾清洁臀部残留的尿渍、屎渍，然后涂上儿童专用的护臀霜。

No.3 耳朵护理

耳朵内的污垢也采用棉签旋转的方法取出，但注意，限于较浅的部位，不能插进过深，防止损伤鼓膜和外耳道。

No.4 身体和四肢

给宝宝更换衣服时，发现有薄而软的小皮屑脱落，这是皮肤干燥引起的。浴后在皮肤上涂一些润肤露，可防止皮肤皲裂、受损。夏季要让宝宝在通风和凉爽的地方进行活动，浴后在擦干的身上涂抹少许爽身粉，预防痱子。

6.小新生儿的生殖器护理

男婴包皮往往较长，很可能会包住龟头，内侧由于经常排尿而湿度较大，容易隐藏脏物，同时还会形成一种白色的物质（称为包皮垢），具有致癌作用。因此，在为宝宝清洗生殖器时，需要特别注意对此处的清洗。清洗时动作要轻柔，将包皮往上轻推，露出尿道外口，用棉签蘸清水绕着龟头作环形擦洗。擦洗干净后再将包皮恢复原状。阴囊与肛门之间的部位叫会阴，这里也会积聚一些残留的尿液或是肛门排泄物，也需用棉签蘸清水擦洗干净。

在为女婴清洗生殖器时要将其阴唇分开，用棉签蘸清水由上至下轻轻擦洗。在清洗新生婴儿生殖器时忌用含药物成分的液体和皂类，以免引起外伤、刺激和过敏反应。

7.抱新生儿的方法

父母既想亲近新生儿，却又怕姿势不当。正确的姿势应该是抱新生儿时，以一手托住颈部，另一只手托住臀部。可让新生儿侧卧于自己的胸腹前，也可将新生儿以直立的姿势抱于怀中。最好还是采用侧抱的方式，注意的是一定要托住新生儿的头部，常变换姿势。不要总是侧向一边，这样会不利于新生儿骨骼的发展。

8.新生儿的指甲护理

新生儿的指甲长得非常快，有时一个星期要修剪两三次，为了防止新生儿抓伤自己或他人，应及时为其修剪。洗澡后指甲会变得软软的，此时也比较容易修剪。修剪时一定要牢牢抓住宝宝的手，可以用小指甲压着新生儿手指肉，并沿着指甲的自然线条进行修剪，不要剪得过深，以免刺伤手指。一旦刺伤皮肤，可以先用干净的棉签擦去血渍，再涂上消毒药膏。另外，为防止新生儿用手指划破皮肤，剪指甲时要剪成圆形，不留尖角，保证指甲边缘光滑。如果修剪后的指甲过于锋利，最好给婴儿带上手套。

9.不宜久抱新生儿

有些父母喜欢抱孩子，认为这是一种乐趣，同时能培养同婴儿的感情。其实，抱着孩子去室外晒晒太阳，呼吸新鲜空气，对促进宝宝的健康成长是非常有益的。但是，如果长时间把孩子抱在怀里，对孩子的正常发育有很大危害。

（1）新生儿的骨骼发育非常快，可塑性很强，经常抱着新生儿会使他的肢体活动量减少，血液流通受阻，影响各种物质的输送，严重妨碍骨骼肌肉的发育。

（2）常抱新生儿走路还容易使新生儿大脑受到震动，加上强烈的光线、色彩和噪音等刺激，使新生儿长期处于兴奋状态，心肺负担加重，身体抵抗力下降，很容易导致疾病发生。

（3）新生儿的胃呈水平位，如果喂奶后立即抱起，则会引起吐奶。新生的宝宝每天大部分的时间都在睡觉，所以，除了喂奶、换尿布等特殊情况下，不要过多抱宝宝。

10.给新生儿洗澡

初产妇最烦恼的事情之一就是给宝宝洗澡。其实，给宝宝洗澡也不是很难的事情，只要从容易洗的部位开始慢慢地洗，就能轻松地给宝宝洗澡。

（1）洗澡前的准备

首先要做的是将洗浴中需要的物品备齐。例如消毒脐带的物品，预换的婴儿包被、衣服、尿片以及小毛巾、大浴巾、澡盆、冷水、热水、婴儿爽身粉等。同时检查一下自己的手指甲，以免擦伤宝宝，再用肥皂洗净双手。

新生宝宝是娇嫩的，他刚离开最安稳的母亲子宫不久，所以得十分细心地为他创造一个理想的环境和适宜的温度。最好使室温维持在一般人觉得最舒适的26 ~ 28℃，水温则以37 ~ 42℃为宜。可在盆内先倒入冷水，再加热水，再用手腕或手肘试一下，使水温恰到好处。

值得注意的是，沐浴时要避免阵风的正面吹袭，以防着凉生病。沐浴时间应安排在给婴儿哺乳1 ~ 2小时后，否则易引起呕吐。

（2）洗澡的顺序

先洗头面部，将婴儿用布包好后把身体托在前臂上置于腋下，用手托住头，手的拇指和中指放在婴儿耳朵的前缘，以免洗澡水流入耳道。用清水轻洗面部，由内向外擦洗。头发可用婴儿皂清洗，然后再用清水冲洗干净。

给宝宝洗澡，水温应在37-42℃为宜

洗完头面部后，脐带已经脱落的新生儿可以撤去包布，将身体转过来，用手和前臂托住新生儿的头部和背部，把婴儿身体放入水中，注意头颈部分不要浸入到水里，以免洗澡水呛入口鼻。清洗时由上向下，重点清洗颈部、腋下、肘窝和腹股沟等处。

洗完腹面再洗背面，用手托住婴儿的胸部和头，由上到下清洗背部，重点洗肛周和腘窝。洗毕立即用干浴巾包裹，然后在皮肤皱褶处涂少许爽身粉。刚出生的新生儿尤其是早产儿，体温调节功能差，当环境温度改变程度超越机体调节能力时，则会造成新生儿发烧，或体温过低。

11.新生儿不宜与母亲同睡

有些母亲为了夜间喂养方便，或是出于对孩子的疼爱，总是喜欢和新生儿睡在一张床上。爱子之心可以理解，这种做法却有很多不合理和不科学的地方。

（1）母亲与新生儿同睡一张床时，母亲会习惯性地紧靠在其身边，这样就会限制其睡眠时的空间，影响其正常的生长发育。

（2）由于母亲和新生儿的距离很近，母亲呼出的气体会被新生儿吸入，这样会严重影响新生儿的健康。

（3）母亲和新生儿同睡，容易使新生儿养成醒来就吃奶的坏习惯，从而影响新生儿的食欲和消化功能。更严重的是母亲的奶头可能会堵塞新生儿的鼻孔，造成新生儿窒息意外。

12.新生儿衣物的清洗

新生儿的皮肤娇嫩，如不注意对衣物的清洁与保存，就容易引发小儿皮肤发痒、红疹、脂溢性皮肤炎。正确清洗新生儿衣物，需注意以下几点。

宝宝的衣物应与大人的衣服分开洗

1.新衣服需清洗

新生儿的衣物买回来就要先清洗，清洗一方面能减少服装加工过程中的化学品残留，另一方面可以通过紫外线杀菌消毒。

2.宝宝衣物与成人分开

要将宝宝的衣物和成人的衣物分开洗，避免交叉感染。因为成人活动范围广，衣物上的细菌也更多，同时洗涤细菌会传染到孩子衣服上。婴幼儿抵抗力差，稍不注意就会引发宝贝的皮肤问题。

3.洗衣液代替洗衣粉

宝宝的贴身衣物会直接接触宝宝娇嫩的皮肤，而洗衣粉含有磷、苯、铅等多种对人体有害的物质，长时间穿着留有这些有害物的衣物会使宝宝皮肤粗糙、发痒，甚至引起接触性皮炎、婴儿尿布疹等疾病。因此，建议使用洗衣液代替洗衣粉来清洗宝宝衣物。洗衣液清洗的衣物较为柔软，并且残留有害物较少。

4.漂白剂要慎用

借助漂白剂使衣服显得干净的办法并不可取，因为它对宝宝皮肤极易产生刺激，漂白剂进入人体后，能和人体中的蛋白质迅速结合，不易排出体外。

5.反复漂洗很重要

用清水反复过水洗两三遍，直到水清为止。残留在衣物上的洗涤剂或肥皂才能完全洗净。

6.及时清理污垢

孩子的衣服沾上奶渍、果汁、菜汁、巧克力是常有的事。洒上了马上就洗，是保持衣物干净如初的有效方法；也可把衣服用苏打水浸一段时间后，再用手搓。

7.阳光是最好的消毒剂

阳光是天然的杀菌消毒剂，衣物最佳的晾晒时间为早上十点到下午三点。天气不好时，晾过的衣服摸起来会凉凉的，建议在穿之前用吹风机吹一下，让衣服更为干爽。

13.新生儿衣物忌放樟脑丸

新生儿皮肤角质较薄，皮下毛细血管丰富，体表血流量多。新生儿如果穿上留有樟脑丸粉末的衣服，或闻到樟脑丸挥发出来的气味，就能经过呼吸道和皮肤黏膜的吸收而引起新生儿急性溶血。临床表现为急性贫血、重度黄疸，持续很长时间不退。严重的患儿会出现口唇紫绀、嗜睡、精神呆钝等症，甚至出现惊厥、抽风等神经症状，医学上称为“核黄疸”。如不及时救治，往往会危及生命。

保暖+舒适+透气

14.给新生儿正确穿脱衣裤

给宝宝穿衣脱衣是父母每日的必修课。通常小宝宝不喜欢穿衣脱衣，他会四肢乱动， 不予配合。妈妈在给宝宝穿脱衣服时，可先给宝宝一些预先的信号，先抚摸他的皮肤， 和他轻轻说说话，与他交谈，如“宝宝，我们来穿上衣服”或“宝宝，我们来脱去衣服”等，使他心情愉快，身体放松。然后轻柔地开始给他穿脱衣服。

穿衣服时，让宝宝躺在床上，先将你的左手从衣服的袖口深入袖笼，使衣袖缩在你的手上，右手握住婴儿的手臂递交给左手，然后右手放开婴儿的手臂，左手引导着婴儿的手从衣袖中出来，右手将衣袖拉上婴儿的手臂。脱衣服时，同样先用一只手在衣袖内固定婴儿的上臂，然后另一手拉下袖子。穿脱裤子的方法与上相同，也是需要一手在裤管内握住小腿，另一手拉上或脱下裤子。

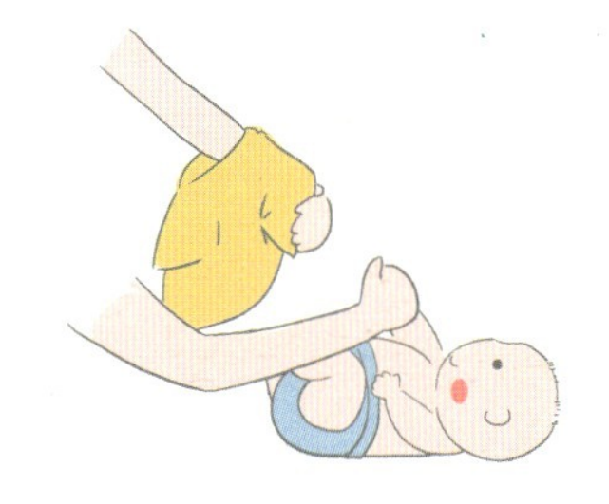

婴儿的衣服宜选购质软保暖透气的，内衣裤最好选购棉布质地的，款式宽松舒适。穿衣服时不要用长带子绕胸背捆缚，也不要穿很紧的松紧带裤子，以免穿着不当，阻碍胸部发育。

15.正确包裹新生儿

优质的包裹是新生儿保温必要的装备，不当的包裹只会给新生儿带来很多不利的影响。很多家长喜欢把婴儿严严实实地包起来，外面再用布带子将新生儿捆起来，像一根蜡烛一样，俗称“蜡烛包”。这样抱起来是挺容易了，但是对新生儿来说有害无益。

新生儿离开母体后，四肢仍处于外展屈曲的状态，强行将新生儿下肢拉直不仅妨碍其活动，也影响皮肤散热，汗液及粪便的污染也易引起皮肤感染。很多人认为将伸直的两下肢包起来，再结结实实地捆上带子，可以防止发生“罗圈腿”。“罗圈腿”发生的原因是体内缺乏维生素D和钙，这样做只会引起新生儿髋关节脱位。因此，应提倡让新生儿四肢处于自然放松的体位，任其自由活动。新生儿如需包裹，应以保暖舒适、宽松为原则。

16.新生儿发热的处理

新生儿发热时，不要轻易使用各种退热药物，应当以物理降温为主。

首先应调节婴儿居室的温暖，若室温高于25℃，应设法降温，同时要减少或解开婴儿的衣服和包被，以便热量的散发。当新生儿体温超过39℃时，可用温水擦浴前额、颈部、腋下、四肢和大腿根部，促进皮肤散热。有人主张新生儿不宜使用酒精擦浴，以防体温急剧下降，反而造成不良效果。

新生儿发热时，还应经常喂些白开水。如经上述处理仍不降温时，应及时送医院做进一步的检查治疗。

退热药

17.给新生儿测体温

父母需要经常给宝宝量体温，使用体温计是最简单易行的方法。其中有一种儿童专用的液晶体温计，只需要在宝宝的前额或颈部轻轻一压，保持15秒，液晶颜色停止变化，即可读取温度。

此外，一些数字型的电子体温计也非常适合宝宝使用。可电子体温计也有一些不足之处，精确度不够高，有些用电池的体温计因电量过低，也会影响数据的阅读。

除电子体温计外，传统的水银玻璃体温计由于测量结果较准确，许多家庭还在使用。使用水银玻璃体温计前，先将读数甩到35℃以下，用75%的乙醇消毒。在量体温前，不要让宝宝剧烈活动，以免影响测量结果。

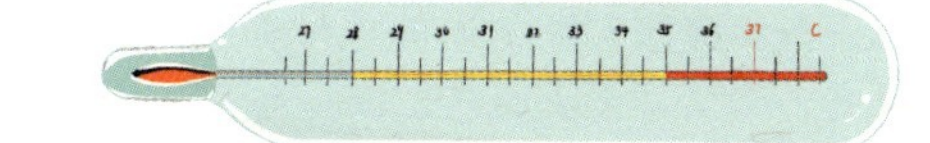

18.新生儿呕吐的原因及处理

新生儿呕吐的原因很多，类型也不一样，常见的有以下几种情况。

①孕期胎儿胃中进入羊水过多或产道血性物进入胃内刺激胃黏膜，都可能导致婴儿呕吐。这种呕吐多在婴儿出生后1～2天内发生，呕吐物为白色黏液或血性咖啡样物。这种呕吐并无其他异常症状，过两三天即可自愈。

② 吸奶时母亲的乳头凹陷会致使新生儿吃奶费劲，吸入较多空气；或用奶瓶喂奶时，奶汁未能充满这个奶嘴，而使婴儿吸入空气，从而导致婴儿呕吐。因此，喂奶后将婴儿竖直抱起，轻拍其背部，让他打出嗝来。

③ 食量过大、奶汁太凉、喂奶次数过于频繁或一次喂奶量过多，都会对新生儿的胃增加刺激，导致呕吐。若喂奶姿势不当，致使婴儿体位不当，也会使其胃中奶汁倒流，导致生理性呕吐。如果宝宝有先天性畸形，往往在出生后就出现频繁呕吐的现象，不能进乳且无胎便。这就是消化道先天畸形引起的呕吐，需经手术方能缓解。

④ 如果新生儿发生胃肠道感染及其他部位感染，都能够引起消化道功能紊乱而发生呕吐，这一类的呕吐常常伴有发热，需做抗感染治疗。

⑤ 服药后呕吐。由于药液对婴儿的舌、咽、胃黏膜等都有刺激作用，新生儿服用后容易引起反射性呕吐。

19.正确对待新生儿哭泣

对一个哭叫着的婴儿决不能置之不理，随他去哭。婴儿哭泣的原因很多，大致有以下几种，有心的母亲只要仔细观察分辨，很快就会熟悉婴儿用哭声发出的种种信号。

No.1 饥饿是最普遍的原因

宝宝一哭，首先要检查一下他是否饿了，如果不是，再找其他原因。

No.2 寻求保护

婴儿哭泣只是想要你把他抱起来。这种寻求保护的需要对婴儿来说，与吃奶一样必不可少，妈妈应尽量满足婴儿的这种需要，以使他有一种安全感。

No.3 不舒服

太热或太冷都会使婴儿哭泣。妈妈可用手摸摸宝宝的腹部，如果发凉，说明宝宝觉得很冷，应该给他加盖一条温暖的毛毯或被子。如果气温高，宝宝看上去面色发红，烦躁不安，可以给他扇扇子或用温水洗个澡。此外，如果尿布湿了也会使宝宝觉得不舒服而哭泣，应马上给他换上干净的。

No.4 消化不良和腹绞痛

婴儿因腹胀而哭泣，通常与饮食有关。婴儿因消化不良而哭闹时，可试着喂些热水，或轻轻按摩婴儿的腹部。人工喂养的婴儿要注意调整奶粉的配方。

No.5 感情发泄

和成人一样，婴儿也需要发泄他们的情感，他们一般也是以哭的方式进行。

此外，蚊虫叮咬、婴儿睡床上有异物，甚至母亲紧张、烦躁的情绪，都会引起婴儿啼哭。

20.早产儿的护理

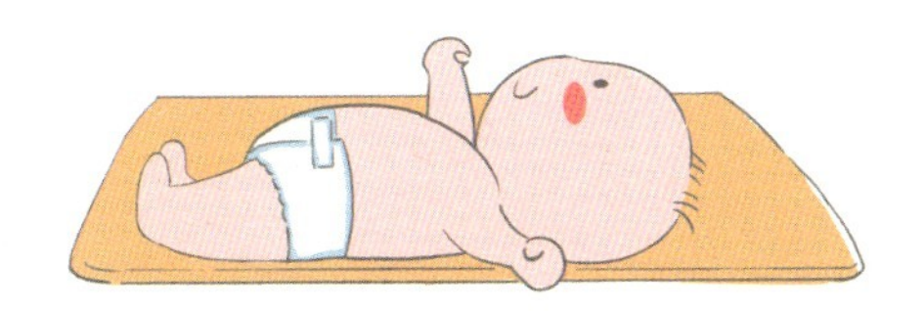

胎儿未满37周，体重小于2500克、身长不足45厘米的婴儿，称为早产儿。宝宝提前降生到世间，各种器官和生理功能都不成熟，因此，需要父母非常小心地加以护理。

（1）注意呼吸

早产儿因呼吸中枢未成熟，故呼吸不规则，常会出现停止现象，如果停止时间超过20秒以上，伴有紫绀，就是局部或全身因血液中缺氧，皮肤和黏膜变成了青色的症状。

这是早产儿出现的危险信号，父母要特别地留心，如有这种情况时，要及时到医院就诊，千万不要耽搁。

（2）注意保暖

早产儿因体温调节中枢发育不全，皮下脂肪少，易散热，加上基础代谢低，因此体温常为低温状态，因此特别要注意维持体温正常，同时要注意洗澡时的室内温度和水温。

（3）注意喂养

哺乳早产儿以母乳为最佳，如果实在不能进行母乳喂养，可用蒸发乳代替。一份蒸发乳加一半水，再加5%～10%的蔗糖，比较适宜，母乳化奶粉也可使用。母乳喂养不可限次数，按需喂哺。对不能吮乳的早产儿，可用滴管缓缓滴入，待有能力吮乳后，再直接喂哺母乳，或用奶瓶喂养。由于早产儿体内的铁和钙均无储备或储备不足，因而出生不久即可出现贫血或佝偻病，故早期对宝宝一定要增加维生素A、维生素D的补充。

（4）防止感染

由于早产宝宝全身各个器官的发育不够成熟，故对各种感染的抵抗力极弱，即使轻微感染也可能会发展为败血症。因此，在护理时，除了专门照看宝宝的人外，最好不要让其他人接近早产儿，减少病毒传播的机会。专门照看宝宝的人，在给宝宝喂奶或做其他事情的时候，要换上干净清洁的衣服，洗净双手后再接触宝宝，以避免交叉感染。

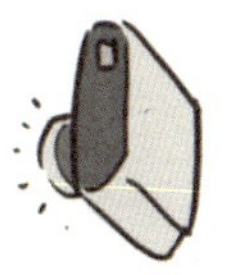

21.拍照避免强光刺眼

新生儿出生后，父母或家人都想拍些照片作为纪念。由于室内光线较弱，有人便借助于电子闪光灯为新生儿拍照。其实，这种做法是很不可取的，对新生儿的危害很大。因为新生儿对光的刺激非常敏感，而且新生儿的视觉系统还没有发育完全，对于较强光线的刺激还不能进行保护性的调节，所以，新生儿遇到直射的强光，如电子闪光灯的灯光等，可能会导致眼底视网膜和角膜灼伤，甚至有失明的危险。

22.新生儿易发生的意外事故

新生儿没有一点自卫能力，时刻需要成人的精心照料，稍有疏忽，就可能发生意外。但只要稍加注意，是完全可以避免的。

（1）防止窒息

最常见的新生儿窒息是妈妈搂着孩子睡觉，乳房压住了婴儿的口鼻造成窒息；或者是家长带新生儿外出或去医院看病时，用被子包得太严，密不透气，造成新生儿窒息；也可能婴儿仰卧吐出的奶呛进气管。以上几种情况均可能引起窒息死亡。

（2）防止外伤

有宝宝的家庭最好不要养小动物，因为动物有可能会抓伤、咬伤宝宝，动物的某些疾病也会传染给宝宝。

（3）防止烫伤

新生儿的皮肤很娇嫩，对温度的适应能力较低。如果保暖使用的热水袋，由于疏忽瓶盖未拧紧，热水流出时就极易烫伤宝宝皮肤。或由于热水袋太烫、太近也会烫伤宝宝。所以，暖水器中的水温应小于60℃，暖水器外要包布。在给宝宝洗澡时，水温要合适，洗澡中途加热水时，应先抱出宝宝，调好温度再给宝宝洗澡。

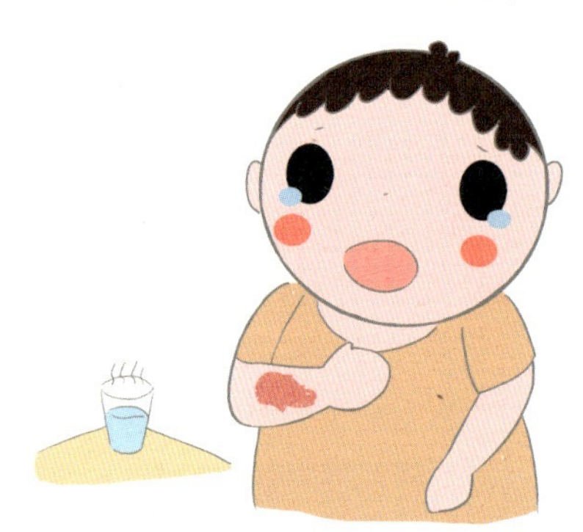

● 从小培养宝宝良好的行为习惯

虽然新生儿出生不久，每天只知道吃奶、睡觉、玩耍，但是父母要从这时开始利用宝宝最初的条件反射，让宝宝逐渐养成一些良好的生活习惯。

1.培养新生儿的睡眠习惯

对于精力旺盛的宝宝来说，睡觉不是件容易的事情。

（1）白天运动很必要

白天要适当让宝宝活动一下，翻翻身，抬抬头，做做操，每次时间不要太长，这样，体力被消耗了的宝宝就很容易睡觉，但注意不要让宝宝玩得太累。

（2）晚上睡觉要定点

晚上睡觉的时间应该要尽量统一，定点睡觉，不要抱着睡或边拍边睡、摇晃床、口含乳头或吮吸手指。

（3）左侧卧的睡姿更好

因为新生儿出生时会保持在胎内的姿势，四肢仍屈曲，为了使其把出生时吸入的羊水等顺着体位流出，应该让宝宝采用左侧卧的姿势，头部可适当放低些，以免羊水呛入呼吸道内。但是，如果新生儿有颅内出血症状，就不能够把头放低了。

（4）了解新生儿喜欢的睡姿

平时不应勉强将新生儿的手脚拉直或捆紧，否则会使新生儿感到不适，影响睡眠、情绪和进食，健康就得不到保证了。

2.培养良好的卫生习惯

一个月的新生儿新陈代谢很快，每天排出的汗液、尿液与流液等会刺激他的皮肤，而新生儿的皮肤十分娇嫩，表皮呈微酸性。如果不注意皮肤清洁，一段时间后，在皮肤皱褶处如耳后、颈项、腋下、腹股沟等处容易形成溃烂甚至感染。臀部包裹着尿布，如不及时清洗，易患尿布皮炎。因此，要经常替他洗去乳汁、食物及汗液、尿液与粪便。当然，最好能每天洗澡，也应每天洗脸、手及臀部。在冬天每周可洗澡1～2次。开始宝宝可能不适应水，父母也会紧张，但是，渐渐地宝宝会适应的。

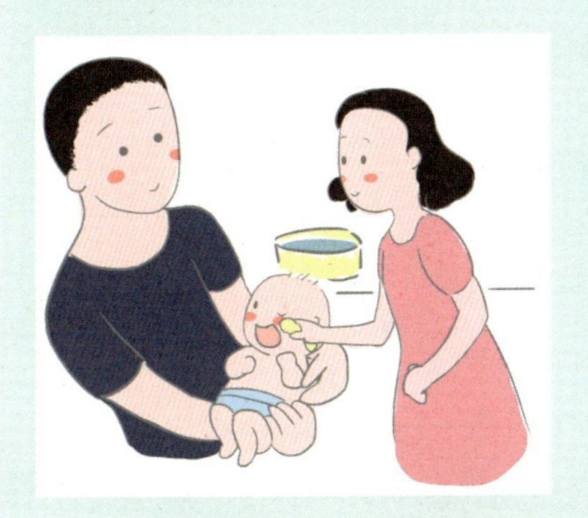

3.培养良好的饮食习惯

婴儿消化系统薄弱，胃容量小，胃壁肌肉发育还不健全，从小培养婴儿良好的饮食习惯，使其饮食有规律，吃好吃饱，更好地吸收营养，才能满足身体的需要，促进生长发育。

母乳的前半部分富含蛋白质、维生素、乳糖、无机盐，后半部分则富含脂肪，它们是新生儿生长发育所必需的营养物质。因此，平时应该坚持让宝宝吃空一侧的母乳再吃另一侧，这样既可使婴儿获得全面的营养，又能保证两侧乳房乳汁的正常分泌。

如果奶水充足，宝宝在一侧再也吃不到的时候，也就知道哺乳过程结束了，就会渐渐睡去。倘若来回换着吃，反而会弄醒宝宝。这样，容易让宝宝变得敏感，很难睡着，妈妈也会觉得疲劳。如果晚上宝宝饿醒了，要及时抱起喂奶，但尽量少和他说话。

4.训练新生儿的排便习惯

新生儿大小便次数多，可以有意识地进行训练，定时把大小便，还可以用声音刺激排便。同时，要注意清洁新生儿的屁股，保持干爽卫生。

● 锻炼体格，强健身体

宝宝的运动能力始于胎儿时期，在新生儿期也表现出很复杂的运动能力，这时父母应该给孩子足够的活动空间，给孩子进行适当的体格锻炼，才能使宝宝更加活跃、身体更强健。

1.新生儿体格锻炼有助于生长发育

婴儿体质的好坏，不仅受先天因素的影响，而且受后天营养和锻炼的影响。体格锻炼是利用自然因素和体育、游戏活动来促进儿童生长发育，增进健康、增强体质的积极措施。

新生儿满月后可抱到户外接触新鲜空气，晒一下太阳。晒太阳时应避免直晒头部，避免强光刺眼。夏季出生后2～4周即可开始抱到户外，户外活动不仅有更多的机会接触大自然，并且机体不断受到自然因素的刺激，从而达到促进生长发育、预防佝偻病的目的。

2.如何进行体格锻炼

抱、逗、按、捏都是婴儿健身简便易行的有效方法，对婴儿的身心健康都是有着良好的作用。

（1）“抱”出母子感情

抱是传递母子感情信息、对婴儿最轻微得体的活动。当婴儿在哭闹不止的情况下，恰恰是最需要抱，从而得到精神安慰的时候。为了培养婴儿的感情思维，特别是在哭闹的特殊语言的要求下，不要挫伤幼儿心灵，应该多抱抱婴儿。

逗可以使婴儿高兴得手舞足蹈

（2）“逗”是最好的娱乐

逗可以活跃气氛、丰富感情，是婴儿一种最好的娱乐方式。逗可以使婴儿高兴得手舞足蹈，使全身的活动量进一步加强，而且对周围事物的反应也显得更加灵活敏锐。

在逗戏婴儿时，笑态表情自然大方，

不要做过多的挤眉、斜眼、歪嘴等怪诞不堪的动作，以避免婴儿模仿形成不良的病态习惯，将来不好纠正。

（3）“按”也是一种锻炼

按是指家长用手指对婴儿做轻微按摩。按不仅能增加胸背腹肌的锻炼，减少脂肪细胞的沉积，促进全身血液循环，还可以增强心肺活动量和肠胃的消化功能。

（4）“捏”出紧实肌肉

捏是家长用手指对婴儿进行捏揉，较按稍加用力，可以使全身和四肢肌肉更紧实。一般先从上肢至两下肢，再从两肩至胸腹，每行10～20次。在捏揉过程中，小儿胃激素的分泌和小肠的吸收功能均有改变，特别是对脾胃虚弱、消化功能不良的婴儿效果更加显著。

除了抱以外，逗、按、捏均不宜在婴儿进食当中或食后不久进行，以免食物呛入气管，时间一般应选择进食2小时后进行。操作手法要轻柔，不要过度用力。

3.新生儿按摩

当妈妈和新生儿互相熟悉时，就可以做按摩。一般从抚摸头部或后背的动作开始，第一次按摩时，把身体的主要部位按摩几分钟。熟练之后，就慢慢地按摩其他部位。

把左手放在婴儿的胸部上方，然后用手指沿着顺时针方向按摩胸部和肋骨

No.1 抚摸头部

在盘腿的状态下，让婴儿靠着大腿仰卧，然后用一只手支撑婴儿的头部，用另一只手沿着顺时针方向柔和地抚摸婴儿的头部。

No.2 按摩胸部

把左手放在婴儿的胸部上方，然后用手指沿着顺时针方向按摩胸部和肋骨。另外，上下活动支撑婴儿的腿部。

No.3 肩部和手臂

用一只手轻轻地抬起婴儿，并用手臂抬起婴儿的头部、后背和臀部。用另一只手揉婴儿的肩部和手臂，然后上下活动抱婴儿的手臂。用同样的方法反复按摩4～5次。

No.4 按摩后背

让婴儿趴在妈妈的手臂和大腿上面，然后用另一只手沿着顺时针方向轻轻地抚摸婴儿的后背。此时，上下活动妈妈的腿部，并摇晃婴儿。

No.5 按摩侧腰

用按摩后背的姿势上下摇晃婴儿，然后用手按摩婴儿的侧腰。沿着顺时针方向轻轻地抚摸后背，然后按摩连接脊椎和盆骨的部位，以及侧腰部位。在脐带完全脱离之前，不能触摸肚脐部位。

4.腹部运动

这是个敏感部位，按摩能帮助解决胃痛问题。一般也能使宝宝感觉舒服，但是有些宝宝并不会觉得舒服。先开始顺时针划圆圈，用一只手的指尖划圈，做了几次之后，手放松，再在腹部从左到右、顺时针划圆圈。另外一只手呈杯状，水平地放在宝宝的肚子上，然后轻柔地在宝宝的臀部和最下面一根肋骨之间向一旁拉。再用手指肚轻轻拉回。

从宝宝左侧的臀部和下边肋骨之间一节一节地按摩，按摩到肚脐；右边重复动作。

5.屈腿运动

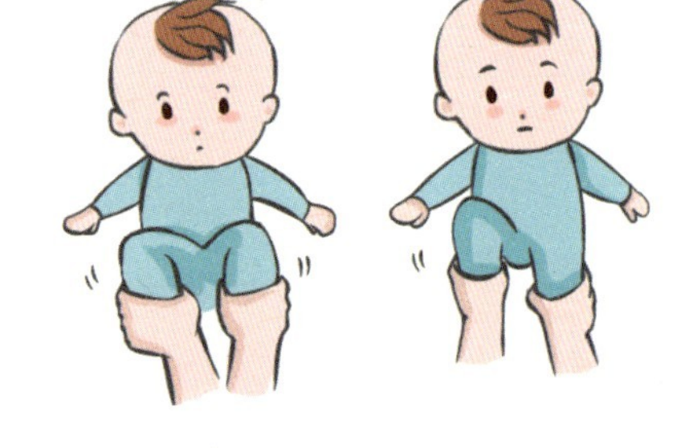

让宝宝平躺在床上，轻轻抓住宝宝的脚腕，将两腿拉直，再将两膝盖弯曲。开始做时，要小心，动作要轻。

6.双臂交叉运动

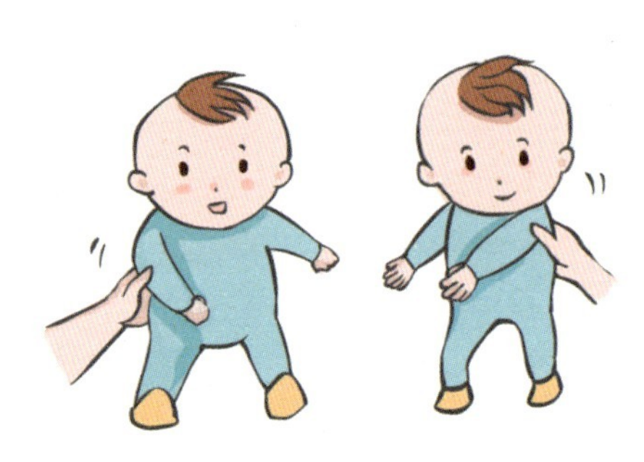

孩子仰卧在床上，妈妈将大拇指插入孩子的小拳头里，其余四指扣在孩子的手腕上，轻轻地将孩子的胳膊从肘关节处微微弯曲，活动1～2次。最后，将孩子的双臂在胸部交叉，再活动1～2次。

7.新生儿户外运动

抱新生儿到户外去，可以呼吸到新鲜空气。新鲜空气中氧气含量高，能促进宝宝新陈代谢。同时，室外温度比室内低，宝宝到户外受到冷空气刺激，可使皮肤和呼吸道黏膜不断受到锻炼，从而增强宝宝对外界环境的适应能力和对疾病的抵抗能力。新生儿在户外看到更多的人和物，在观察与交流中可促进他的智力发育。

一般夏天出生的婴儿出生后7～10天，冬天出生的宝宝满月后就可抱到户外。刚开始要选择室内外温差较小的好天气，时间每日1～2次，每次3～5分钟，以后根据宝宝的耐受能力逐渐延长。应根据不同季节决定宝宝到户外的时间。夏天最好选择早、晚时间；冬天选择中午外界气温较高的时候到户外去。出去时衣服穿得不要太多，包裹得也不要太紧。如果室外温度在10℃以下或风很大，就不要抱宝宝到户外去，以免受凉感冒。

8.新生儿体操

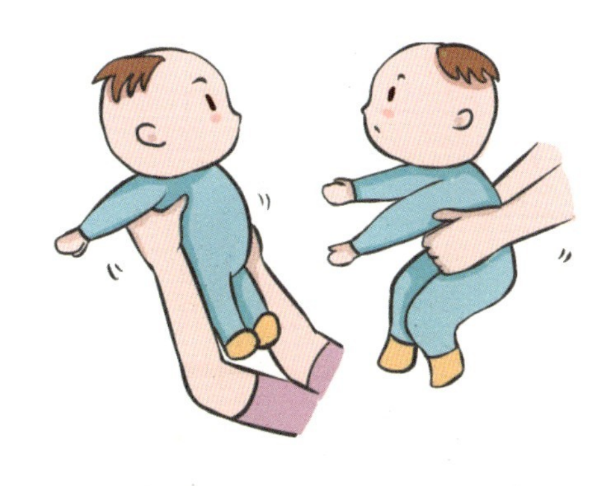

最好是在孩子睡觉之前给他做操，他可能会睡得更香。吃饱了之后不要动他，在两顿餐之间，可以让他活动一下。

婴儿操不同于婴儿抚触。婴儿抚触是局部的皮肤抚摸、按摩。它需要手有一定的力度，进行全身皮肤的抚摸。新生儿被动操是全身运动，包括骨骼和肌肉。抚触孩子刚生出来就可以做，而婴儿被动操是在10天左右才开始做。室内温度最好在21～22度。月子里每节操做6～8次，一天一次，甚至两天一次也可以。

上肢运动	把孩子平放在床上，妈妈的两只手握着宝宝的两只小手，伸展他的上肢，上、下、左、右进行练习。
下肢运动	妈妈的两只手握着宝宝的两只小腿，使他的膝关节往上弯曲，然后拉着他的小脚往上提一提，伸直。
胸部运动	妈妈把右手放在宝宝的腰下边，把他的腰部托起来，手向上轻轻抬一下，宝宝的胸部就会跟着动一下。
腰部运动	把宝宝的左腿抬起来，放在右腿上，让宝宝扭一扭，腰部就会跟着运动。然后再把右腿放在左腿上，做同样的运动。
颈部运动	让宝宝正趴下，孩子就会抬起头来。这样颈部就可以得到锻炼。
臀部运动	让宝宝趴下，妈妈用手抬孩子的小脚丫，小屁股就会随着一动一动的。

需要注意的是，给宝宝做操时不要有大幅度的动作，一定要轻柔。

● 能力训练，让宝宝更聪明

新生儿能力训练是按照宝宝大脑发展的规律通过游戏和训练得到最适宜的锻炼，让宝宝在最适当的时期学到应掌握的本领，从而开发宝宝的潜能。还可以通过新生儿在能力训练时的表现来判断新生儿是否出现一些异常情况。

1.新生儿早期教育的必要性

早期教育必须从0岁开始，这是由婴儿发育的特殊性决定的。这些特殊性表现为大脑发育的可塑性。大脑的可塑性是大脑对环境的潜在适应能力，是人类终身具有的特性。年龄越小，可塑性也越大。3岁前，尤其是出生的第一年是大脑发育最迅速的时期，从0岁开始的外部刺激，将成为大脑发育的导向。早期形成的行为习惯，将编织在神经网络之中，而将来若改变已形成的习惯却要困难很多。

据国内外研究表明，孩子刚出生时大脑发育已经完成了25%，而5岁时大脑的发育将达到90%，因此，现在的家长特别注重孩子的早期教育。婴儿以上的特性也使0岁教育成为可能和必要。

在新生儿时期，可以锻炼宝宝的听觉、视觉、情绪反应，妈妈可以通过喂奶时的话语或对着新生儿唱歌、肢体动作的训练、良性的刺激等来开发新生儿大脑的潜能。

2.新生儿视觉能力训练

新生儿的视力虽弱，但他能看到周围的东西，甚至能记住复杂的图形，喜欢看鲜艳有动感的东西，所以家长这时要采取一些方法来锻炼宝宝的视觉能力。宝宝在吃奶时，可能会突然停下来，静静地看着妈妈，甚至忘记了吃奶，如果此时妈妈也深情地注视着宝宝，并面带微笑，宝宝的眼睛会变得很明亮。这是最基础的视觉训练法，也是最常使用的方法。

宝宝喜欢左顾右盼，极少注意面前的东西，可以拿些玩具在宝宝眼前慢慢移动，让宝宝的眼睛去追视移动的玩具。宝宝的眼睛和追视玩具的距离以15~20厘米为宜。训练追视玩具的时间不能过长，一般控制在每次1~2分钟，每天2~3次为宜。

除了用玩具训练宝宝学习追视外，还可以把自己的脸一会儿移向左，一会儿移向右，让宝宝追着你的脸看，这样不但可以训练宝宝左右转脸追视，还可以训练他仰起脸向上方的追视，而且也使宝宝的颈部得到了锻炼。

3.新生儿听觉能力训练

胎儿在妈妈体内就具有听的能力，并能感受声音的强弱、音调的高低和分辨声音的类型。因此，新生儿不仅具有听力，还具有声音的定向能力，能够分辨出发出声音的地方。所以，在新生儿期进行宝宝的听觉能力训练是切实可行的。

除自然存在的声音外，我们还可人为地给婴儿创造一个有声的世界，例如给婴儿买些有声响的玩具，如拨浪鼓、八音盒、会叫的鸭子等等。此外，可让婴儿听音乐，有节奏的、优美的乐曲会给婴儿安全感，但放音乐的时间不宜过长，也不宜选择过于吵闹的音乐。

母亲和家人最好能和婴儿说话，亲热和温馨的话语能让婴儿感觉到初步的感情交流。新妈妈可以和新生儿面对面地谈话，让他注视你的脸，慢慢移动头的位置，设法吸引新生儿的视线追随你移动。

4.新生儿触觉能力训练

触觉是宝宝最早发展的能力之一，丰富的触觉刺激对智力与情绪发展都有着重要影响。爸爸妈妈应该多与宝宝接触，这样不但能增进亲子关系，更能为宝宝未来的成长和学习打下坚实的基础。

越是年龄小的宝宝，越需要接受多样的触觉刺激。父母平时可以多给宝宝一些拥抱和触摸，一方面传递爱的讯息，一方面增加宝宝的触觉刺激。还可以用不同材质的毛巾给宝宝洗澡，让宝宝接触多种材质的衣服、布料、寝具等，给宝宝不同材质的玩具玩。

5.新生儿动作能力训练

新生儿已经具有很复杂的运动能力，但是包裹在襁褓中，极大地限制了新生儿运动能力的正常发育，应该让新生儿有足够的活动空间，这样才能促进运动能力的发展。

（1）新生儿抬头训练

宝宝只有抬起头，视野才能开阔，智力才能得到更大发展。不过，由于新生儿没有自己抬头的能力，还需要爸爸妈妈的帮助。

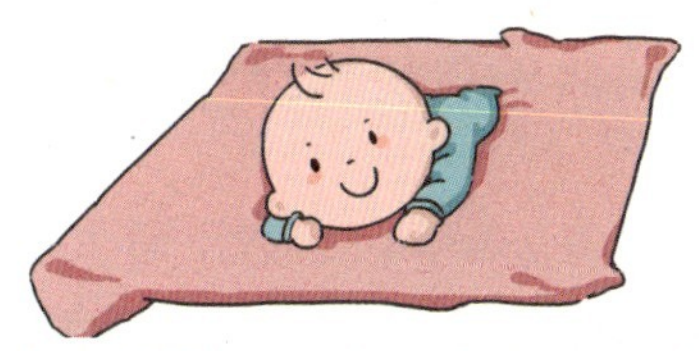

宝宝只有抬起头，视野才能开阔，智力才可得到更大发展

一种方法是当宝宝吃完奶后，妈妈可以让他把头靠在自己肩上，然后轻轻移开手，让宝宝自己竖直片刻，每天可做四五次。另一种方法是，让宝宝自然俯卧在妈妈的腹部，将宝宝的头扶至正中，两手放在头两侧，逗引他抬

头片刻。也可以让宝宝空腹趴在床上，用小铃铛、拨浪鼓或叫宝宝乳名引他抬头。

在室内墙上挂一些彩画或色彩鲜艳的玩具，当宝宝醒来时，爸爸妈妈把宝宝竖起来抱抱，让宝宝看看墙上的画及玩具，这种方法可以锻炼宝宝头颈部的肌肉，对抬头的训练也有积极作用。当宝宝做完锻炼后，应轻轻抚摸宝宝背部，既放松肌肉，又是爱的奖励。如果宝宝练得累了，就应让他休息片刻。

（2）新生儿迈步训练

宝宝在新生儿期就有向前迈步的先天条件反射，宝宝如果健康没病，情绪又很好时，就可以进行迈步运动的训练。做迈步运动训练时，爸爸或妈妈托住宝宝的腋下，并用两个大拇指控制好宝宝的头，然后让宝宝光着小脚丫接触桌面等平整的物体，这时宝宝就会做出相应而协调的迈步动作。

尽管宝宝的脚丫还不能平平地踩在物体上，更不能迈出真正意义上的一步，但这种迈步训练对宝宝的发育和成长无疑是有益的。所以，在进行训练时，你要表现得温柔一点，时间控制在每天3～4次、每次3分钟较为适宜。如果宝宝不配合，千万不要勉强。

6.新生儿语言能力训练

虽然这时的宝宝还没有说话的能力，但父母要经常和宝宝讲话，听到父母的声音，宝宝会感到舒适愉快。

经常给孩子微笑的表情，注视孩子的眼睛。孩子发出咿呀的声音时，要给孩子积极的回应，还要经常让孩子适当地哭一哭。

宝宝啼哭时，父母要发出与其哭声相同的声音。这时宝宝会试着再发声，几次对答，宝宝渐渐地学会了叫而不是哭。这时父母把口张大一点，用“啊”来诱导宝宝对答，对宝宝发出的第一个元音，家长要以肯定、赞扬的语气用回声给以巩固强化。

7.为新生儿选购开发智能的玩具

有的父母可能会认为，新生儿不会玩，没有必要买玩具。其实，玩具对新生儿来说，并不是意味着玩，而是提供对视觉、听觉、触觉等的刺激。

新生儿可通过看玩具的颜色、形状及听玩具发出的声音，抚摸玩具的软硬等，向大脑输送各种刺激，促进脑功能的发育。因此，家长应从婴儿大脑发育的需要以及开发大脑

功能方面，来认识新生儿选购玩具的重要性和必要性。为新生儿选择玩具还应该注意以下几点：

（1）挑选牢固、耐玩及便于洗涤、揩拭，并

且符合卫生要求的益智玩具，选择能看又能听的吊挂式玩具。

（2）颜色要鲜艳，最好是以红、黄、蓝三颜色为基本色调。

（3）能发出悦耳的声音，同时造型也要精美。这种同时刺激视觉与听觉的玩具，对婴儿的发展十分有益。

（4）刚出生的婴儿最需要母爱和安全感，因此，父母可为新生儿购买一些造型简单、手感柔软温暖、体积较大的绒布或棉布制填充玩具，这样会给他一种温暖与安全感。

（5）婴儿最喜欢看的图案是人脸， 所以，父母可以准备一些大娃娃放在小床周围及新生儿能看得到的地方。

新生儿急诊室

新生儿期容易出现一些常见的疾病与症状。常见的疾病中有很多急需到医院接受治疗，但是过一段时间，大部分症状都能自然地消失。本书详细介绍了新生儿常见疾病的主要症状，以及相应的治疗方法。

1.产伤

新生儿产伤是指分娩过程中因机械因素对胎儿或新生儿造成的损伤。主要包括以下两种：

产瘤（先锋头）	产瘤是头部先露部位头皮下的局限性水肿，又称为头颅水肿。主要是由于产程过长，先露部位软组织受压迫所致，最常见的表现为头顶部形成一个质软的隆起。产瘤在数日内可消失，无需特殊治疗，更不用穿刺，以免引起继发感染。
头颅血肿	头颅血肿是头颅骨膜下出血形成的血肿，是由于分娩时胎头与骨盆磨擦，或负压吸引时颅骨骨膜下血管破裂，血液积留在骨膜下所致。表现为新生儿出生后数小时到数天颅骨出现肿物，迅速增大，数日内达极点，以后逐渐缩小。头颅血肿不需治疗，一般数月后会自行消失。

2.颅内出血

新生儿颅内出血由缺氧及产伤引起。出血部位多在硬脑膜下、蛛网膜下、脑室和脑组织的任何部位。凡怀疑新生儿为颅内出血者，应及时去医院检查治疗，并保持室内安静，抬高患儿的头部，并尽量减少搬动。

主要表现为：新生儿出生后兴奋或嗜睡、面色苍白或青紫、不吃奶、吐奶，随病情出现烦躁、尖声哭叫的现象。严重者还会出现惊厥、脖子硬、呼吸不规律、前囟饱满或凸起、瞳孔改变等。

3.缺氧缺血性脑病

新生儿缺氧缺血性脑病是在准妈妈怀孕晚期和胎儿出生前后，缺氧和缺血等因素导致的新生儿脑损伤，临床出现一系列脑病表现。本症不仅严重威胁着新生儿的生命，并且是新生儿期后病残儿中最常见的病因之一。

新生儿缺氧缺血性脑病的根本原因是神经细胞的损伤或死亡。但使已经死亡的神经细胞恢复是非常困难的，故对新生儿缺氧缺血性脑病的预防远重于治疗。

4.先天性感染

孕妇受到某些病原体感染，可导致胎儿发育异常或先天性畸形。1971年，Nahmias等学者将这些病原体用五个英文字的首个字母为其命名，称之为“TORCH感染”。其中，T指弓形体，O为其他（包括梅毒螺旋体及其他微小病毒），R代表风疹病毒，C代表人类巨细胞病毒，H代表单纯疱疹病毒。

TORCH感染的特点是：孕妇患其中任何一种疾病之后，多数自身症状轻微，甚至无明显症状，但这几种病原体却可能使胎儿、新生儿呈现严重症状，以致流产、死胎、死产、胎儿先天性畸形或新生儿遗留神经障碍等疾病，甚至死亡。故这一组疾病也叫“TORCH综合征”。

5.出血性疾病

新生儿特别是早产儿，凝血功能不成熟，较易发生出血性疾病，最常见的原因是维生素K缺乏所致的新生儿出血症和多种原因所致的血小板减少症，重者可危及生命，因此及时诊断和处理甚为重要。

这些病表现为：呕吐咖啡色样物，粪便暗红，重者可颅内出血。新生儿出血症可用维生素K_1肌内注射或静脉滴入。发现孩子有出血倾向，应及时去医院就诊，配合医生的检查，以便及早诊断。

6.肚脐炎症

分娩时剪切的脐带留在婴儿的肚脐上，但是过几天就会脱落。一般情况下，脐带脱落的部位有很小的伤痕，但是很快就会痊愈。如果脐带周围被细菌感染，肚脐会潮湿，而且流出分泌物。

大多数能自然地恢复，但感染严重时就需要进行治疗。在日常生活中，必须保持肚脐周围的清洁，如果被细菌感染，最好到医院就诊。

7.新生儿溶血

新生儿溶血病是新生儿血液系统疾病，通常是指母亲与胎儿血型不合，母血中抗体进入新生儿的血液循环并进入破坏新生儿的红细胞，导致发生溶血性贫血的一类疾病。临床表现为皮肤黄疸，严重的出生时就已经有明显的水肿、贫血。

至今发现的人类26个血型系统中，以A、B、O血型不合新生儿溶血病为最常见，其次为Rh血型系统。本病死亡率极高，很容易留下后遗症。患儿需住院治疗，光照疗法和换血疗法比较有效。若处理得当、治疗及时，就能够很快痊愈。

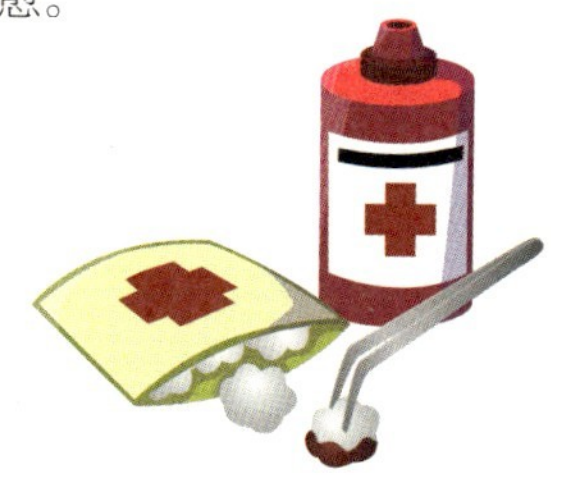

8.新生儿黄疸

50%的新生儿出生后都可能会出现黄疸。黄疸首先出现在头部，随着胆红素水平升高，可扩展到全身。

引起新生儿黄疸的原因有：

（1）产伤

如果分娩时有产伤，婴儿可能会患上黄疸，因为大量血液在损伤处分解会形成更多胆红素。

（2）早产儿

早产儿因为肝脏不成熟，婴儿肝脏不能快速代谢胆红素，从而导致黄疸。

（3）其他原因

感染、肝脏疾病、血型不相容等也会引起黄疸，但并不常见。

黄疸分为生理性和病理性黄疸：

（1）生理性黄疸

出生后2～3天出现，4～6天达到高峰，7～10天消退，早产儿持续时间较长，除有轻微食欲不振外，无其他临床症状。

（2）病理性黄疸

出生后24小时即出现黄疸，2～3周仍不退，甚至加深加重，或消退后重复出现，或生后一周至数周内才开始出现黄疸，均为病理性黄疸。严重时可引起核黄疸，愈后可造成神经系统损害，甚至可能引起死亡。

9.新生儿佝偻病

佝偻病是婴幼儿常见疾病，身体里缺少维生素D是得此病的主要原因。佝偻病患儿爱哭闹、睡眠不安、多汗、不爱吃奶、易受惊，病情严重的还会出现方头顶、罗圈腿等现象。发育比较慢，抵抗力也低。

预防小儿佝偻病首先要预防先天性佝偻病。孕妇要多食含钙丰富的食物，多晒太阳；其次，婴儿出生后要多到户外太阳光下活动。冬天中午前后阳光充足，户外活动时应让幼儿露出手、脸；夏天则应在荫凉处，避免暴晒。另外，因母乳中钙、磷比例适宜，提倡母乳喂养；乳类中维生素D含量极少，喂食乳类的婴儿，要及时增服浓缩鱼肝油。

10.新生儿硬肿病

新生儿硬肿症是一种综合征，由于寒冷损伤、感染或早产引起的皮肤和皮下脂肪变硬，常伴有低体温，甚至出现多器官功能损害。其中寒冷损伤最多见，以皮下脂肪硬化和水肿为特征。

新生儿硬肿症多发生在寒冷季节，但由于早产、感染等因素引起者亦可见于夏季。绝大多数发生于出生后不久或生后7～10天内。新生儿硬肿症做好预防措施非常重要。如新生儿一旦娩出即用预暖的毛巾包裹，移至保暖床上处理；做好围生期保健工作，加强产前检查，减少早产儿的发生等。

11.新生儿败血症

新生儿败血症多在出生后1～2周发病，是一种严重的全身性、感染性疾病。此病主要是因细菌侵入血液循环后繁殖并产生毒素而引起，常并发肺炎、脑膜炎，危及新生儿生命。病情严重时常是肺炎、脐炎、脓疱疹等多方面的感染同时存在，出现发热持续时间较长或体温不升、面色灰白、精神委靡、吃奶不好、皮肤黄疸加重或两周后尚不消退以及腹胀等症状。

12.新生儿肺炎

新生儿肺炎是临床常见病，四季均易发生，以冬春季为多。如治疗不彻底，易反复发作，影响孩子发育。小儿肺炎临床表现为发热、咳嗽、呼吸困难，也有不发热而咳喘重者。其根据致病原因可分为吸入性肺炎和感染性肺炎。

新生儿在患肺炎后，多出现拒乳、拒食现象，因此要注意为患儿补充营养，保证摄入足够的热能及蛋白质，多给新生儿喂水，以弥补机体脱失的水分。在喂奶时要注意，由于患儿容易出现呛奶、溢奶现象，所以要控制吃奶速度，不要采取平卧的方式喂奶。同时喂奶不要过饱，喂奶后不要过度摇晃婴儿。

13.新生儿化脓性脑膜炎

新生儿化脓性脑膜炎，大多由新生儿败血症引起，是常见的危及新生儿生命的疾病。其发病原因包括：产前母亲患有严重的细菌感染；出生时分娩时间长，羊膜早破或助产过程中消毒不严格，出生后细菌通过脐部皮肤、黏膜、呼吸道及消化道侵入人体而发病。

临床症状不典型（尤其是早产儿），主要表现为烦躁不安、哭闹尖叫，严重者昏迷抽搐。有时表现为反应低下、嗜睡拒奶等症状。故疑有化脓性脑膜炎时，应及早检查脑脊液早期诊断，及时彻底治疗，以减少死亡率和后遗症。

14.新生儿肺透明膜病

新生儿肺透明膜病，又称新生儿呼吸窘迫综合征，是指新生儿出生后不久即出现进行性呼吸困难、青紫、呼气性呻吟、吸气性三凹征和呼吸衰竭。主要见于早产儿，因肺表面活性物质不足导致进行性肺不张。其病理特征为肺泡壁至终末细支气管壁上富有嗜伊红透明膜。

15.新生儿破伤风

破伤风是由破伤风杆菌感染伤口所致。新生儿破伤风可通过脐部伤口感染而得，主要是由新生儿断脐时消毒不彻底引起，所以一定要到医院接受无菌接生法，强调新法接生。

新生儿破伤风的起病时间多在婴儿出生后4~7天，所以俗称“四六风”或“七月风”。发病时间越早，病情越重，预后越差。

16.新生儿窒息

新生儿窒息，是指胎儿娩出后仅有心跳而无呼吸或未建立规律呼吸的缺氧状态。严重窒息是导致新生儿伤残和死亡的重要原因之一。

新生儿窒息与胎儿在子宫内环境及分娩过程密切相关，凡影响母体和胎儿间血液循环和气体交换的原因都会造成胎儿缺氧而引起窒息。

No.1 出生前的原因

母亲患妊娠高血压综合征，先兆子痫、急性失血、心脏病、急性传染病等疾病；子宫因素，如子宫过度膨胀、痉挛和出血；胎盘原因，如胎盘功能不全、前置胎盘等；脐带原因，如脐带扭转、打结、绕颈等。

No.2 难产

如骨盆狭窄、头盆不对称、胎位异常、羊膜早破、助产不顺利等。

胎儿因素：

如新生儿呼吸道堵塞、颅内出血、肺发育不成熟以及严重的中枢神经系、心血管系畸形等也可导致新生儿窒息。

17.新生儿便秘

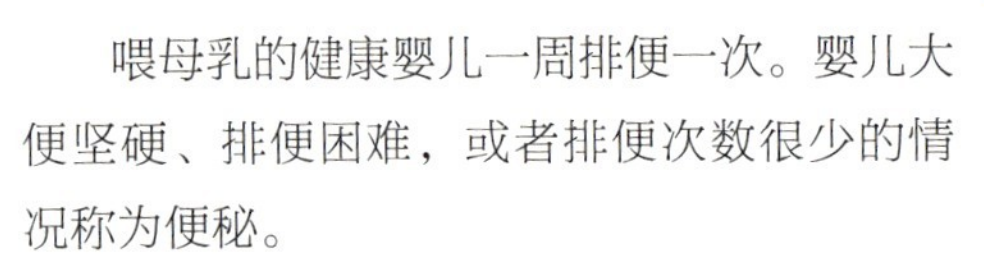

喂母乳的健康婴儿一周排便一次。婴儿大便坚硬、排便困难，或者排便次数很少的情况称为便秘。

如果排出坚硬的大便，婴儿就会很疼痛，而且偶尔会导致肛裂、出血等症状。目前还没有发现导致便秘的真正原因，但是在以下情况下，容易出现便秘症状。比如，母乳的摄取量不足，或者因呕吐等原因大量地损失水分。另外，先天性巨结肠是直肠下部局部闭锁的疾病，这种病也是导致便秘的主要原因之一。

如果出现便秘症状，就应该找出根本原因。如果找不出便秘的原因，新生儿首先要补充足够的水分。比如，给婴儿喂白糖水，或者单独喂蔬菜汁、果汁。另外，可以使用专治便秘的药。

18.新生儿湿疹

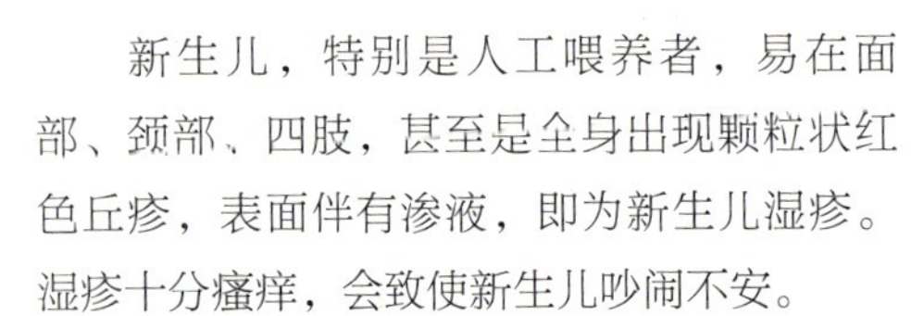

新生儿，特别是人工喂养者，易在面部、颈部、四肢，甚至是全身出现颗粒状红色丘疹，表面伴有渗液，即为新生儿湿疹。湿疹十分瘙痒，会致使新生儿吵闹不安。

湿疹在出生后10～15天即可出现，以2～3个月的宝宝最严重。病因多与遗传或过敏有关，患湿疹的宝宝长大后可能对某些食物过敏，如鱼、虾等，家长要留心观察。一般不严重的湿疹，可不做特别的治疗，只要注意保持宝宝皮肤清洁，清水清洗就可以了；如果宝宝的湿疹比较严重，父母可用硼酸水湿敷。

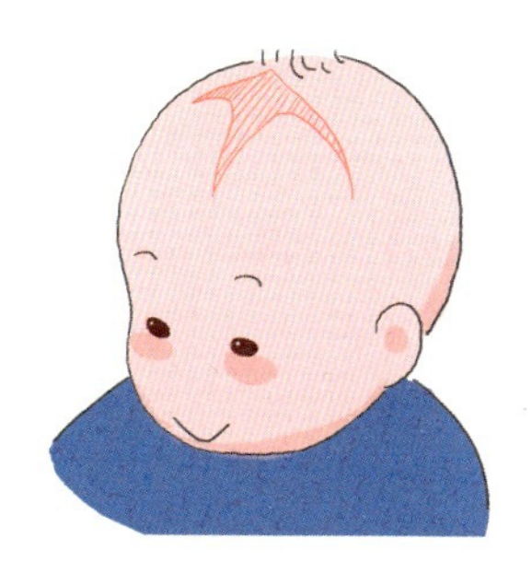

19.新生儿囟门异常

宝宝的囟门虽然不大，却是家长观察宝宝健康与否的非常重要的一个窗口。在宝宝1岁之内，通过观察这个小窗口，可及早发现多种疾病，从而让宝宝早日得到诊断和治疗。

囟门鼓起

宝宝的前囟门正常是平的，如果突然间鼓起来，尤其是在宝宝哭闹时，用手摸上去，囟门还有紧绷绷的感觉，同时伴有发烧、呕吐，甚至抽搐的情况，表明宝宝的颅内压力增高了，需要尽早就医。

囟门凹陷

如果宝宝的囟门在短时间内凹陷下去，最常见的原因是宝宝的身体内缺水，需要尽快请儿科专业医生为宝宝补充液体。由于喂养不当或疾病的影响导致宝宝营养不良、消瘦，也会出现凹陷的现象，应在医生的指导下，合理膳食，及时治疗。

囟门早闭

囟门早闭是指囟门在五六个月前过早闭合。母亲如果发现宝宝囟门早闭时，必须请医生为宝宝测量其头围大小。囟门早闭常见于头小、畸形。

囟门迟闭

囟门迟闭是指宝宝已经过了18个月，前囟门还未关闭。囟门迟闭常见于脑积水、佝偻病、呆小病等，少数生长过速的婴儿也会出现这种情况。

囟门过小

囟门过小是指宝宝出生后不久的前囟门仅有手指尖大，或小得摸不到囟门。宝宝囟门过小时要定期测量头围，观察在满月前头围是否在正常范围内。如果宝宝头围的发育正常，即使囟门偏小一些，也不会影响大脑的发育。

囟门过大

囟门过大是指宝宝出生后不久前囟逐渐增大，可达4～5厘米。囟门过大，首先可能是宝宝存在着先天性脑积水，其次也可能是先天性佝偻病所致。

3 新生儿给家庭带来的变化

孩子的降临给家庭带来了翻天覆地的变化，整个家庭从此围着宝宝转。究竟怎样才能形成适合宝宝生活的家庭环境呢？夫妻又该如何完成由伴侣到为人父母的转变，并维护好夫妻感情呢？本节将为您详细介绍这些方面的内容。

新生儿的日常用品

宝宝刚刚出生，日常生活中哪些用品是必不可少的呢？要为新生儿准备什么呢？每一个妈妈在孕期都在考虑这个问题，只有详细地了解了这方面的内容才能更好地照顾宝宝。

1.新生儿衣服的选择

为新生儿准备衣服时，必须注意以下两点：第一，婴儿成长的速度很快，因此要尽量买大一点的衣服；第二，根据自己的生活水平购买合适的婴儿衣服。

第一次购买婴儿衣服时，最好准备稍微大一点的衣服。亲手给婴儿制作衣服时，最好制作出生6个月的婴儿能穿的衣服。但是如果给新生儿穿一岁婴儿的衣服，新生儿就会被埋在衣服里面，因此要选择合身的衣服。

室内温度较高时，可不穿毛衣。最好选择便于穿戴的衣服。棉料衣服比毛料衣服好。

在幼儿期，如果头部暴露在外面容易失去热量，因此外出时最好戴帽子。另外，一定要穿内衣。一般情况下，要准备开襟内衣。

第一次购买婴儿衣服时，最好准备稍微大一点的衣服

2.新生儿尿布的选择

婴儿新陈代谢旺盛，大小便次数多，尿布是新生儿和小婴儿必备的日常用品，因此新生宝宝尿布的选择不可忽视。

应选用柔软、吸水性强、耐洗的棉织品，如旧棉布、床单、衣服都是很好的备选材料。也可用新棉布，充分揉搓后再用。

新生宝宝尿布的颜色以白、浅黄、浅粉为宜，忌用深色，尤其是蓝、青、紫色的。

尿布不宜太厚或过长，以免长时间夹在腿间造成下肢变形，也容易引起污染。

尿布使用前要清洗消毒，在阳光下晒干。纸尿裤要选择透气好且符合宝宝身材的。

使用布料尿布时，为了防止尿液渗漏，最好使用能防水的尿布套。

3.新生儿尿布的使用

男孩需要把尿布多叠几层放在会阴前面，女孩可在屁股下面多叠几层尿布，以增加特殊部位的吸湿性。

穿戴完毕后，要检查调整腰部的粘扣是否合身，大腿根部尿布是否露出，松紧是否合适，太松会造成尿液侧漏。在给宝宝扎尿布时，过紧有碍宝宝活动，也影响宝宝的呼吸；过松的话，粪便会外溢污染周围。

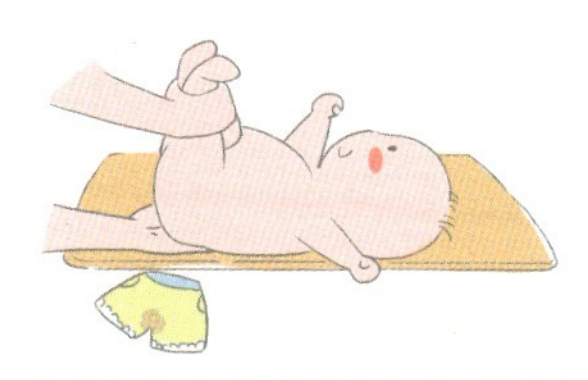

换尿布垫可防止换尿布期间，宝宝突然撒尿拉屎

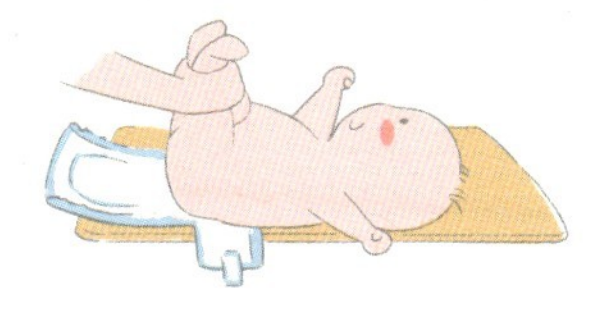

将尿布垫在宝宝的屁股底下

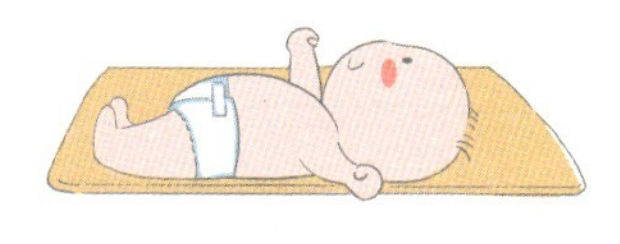

尿布的长度不要超过肚脐

4.布尿布的清洗

在洗尿布之前，最好用热水浸泡一段时间。为了彻底洗净尿布上的斑痕，要尽量马上洗尿布，而且每周用开水消毒两次。

沾有大便的尿布，首先要刮掉大便，然后再用热水清洗。洗尿布时，最好用香皂或婴儿专用洗涤剂彻底地搓洗大便痕迹，然后用开水消毒。

洗尿布时，如果使用香皂，必须彻底地冲洗干净。冲洗尿布的目的是为了彻底地洗掉残留在布料尿布里面的氨细菌。

为了提高尿布的触感，有些人使用纤维柔顺剂，但是纤维柔顺剂容易导致皮肤湿疹，因此要避免使用。

5.纸质尿布的处理

对于纸质尿布，应该先抖掉大便，然后把沾有大小便的部分向内侧折叠，并用胶带固定。折叠得越小，垃圾量越少。折叠好的纸质尿布可以直接放入垃圾袋内。

6.婴儿床和褥子

婴儿用床分为新生儿用床和大孩子用床，而且垫子也有高矮之分。如果使用高床垫，可便于看护婴儿；如果使用低床垫，等婴儿稍微长大后，能防止婴儿爬出床外。有些婴儿床还有收藏婴儿物品的空间。不管怎么样，最好购买较高的床垫。

大部分婴儿不需要枕头，而且新生儿讨厌枕头。布置婴儿床时，只要能让婴儿舒服就可以了。

很多人喜欢准备婴儿用褥子，但是所准备的婴儿褥子不能过于柔软，这样反而不适合婴儿。因为刚出生的婴儿不能任意活动颈部，如果褥子过于柔软，容易导致窒息。另外，婴儿用褥子不一定选择浅颜色。如果用各种图案的布料制作褥子，能刺激婴儿的视觉。

7.婴儿的沐浴用品

婴儿的沐浴用品包括婴儿浴缸，无刺激性的婴儿香皂、沐浴露、洗发水，婴儿用护肤霜。洗澡用毛巾可以利用纱布或海绵毛巾。另外，为了保持合适的水温，应该准备体温计。

可以购买一个简单的婴儿用浴缸，也可以购买带有辅助装置的浴缸，或者便于使用的沐浴用秋千。

8.婴儿车和其他携带婴儿的用品

为婴儿购买重要物品时，必须选择适合婴儿生活模式的用品。在婴儿经常随父母坐车的情况下，最好使用折叠式婴儿车。

（1）必须选择又轻又坚固，而且带有篮子的婴儿车。篮子里可以携带简单的婴儿用品和喂奶用品。

（2）大部分婴儿车都自带厚厚的垫子和安全带，如果没有这些物品，应该单独购买。使用婴儿车时，必须使用垫子。

（3）春季最好购买带有遮阳板的婴儿车。

（4）如果在汽车座椅上安装了固定装置，就能用安全带固定婴儿。选择固定装置时，必须购买带有安全装置的固定装置。

婴儿经常随父母坐车的情况下，最好使用折叠式婴儿车

（5）外出时，可以方便地使用婴儿背带或包布。背婴儿时，可以从前面或后面系婴儿背带。另外，在家中哄宝宝睡觉时，可以使用包布。

（6）购买步行器材时，应该选择根据婴儿的身高可以调节高度的步行器。有轮子的自锁装置，在危险的地方能防止婴儿到处走。

（7）刚出生的婴儿喜欢环顾四周，因此最好准备能便于移动的摇椅。

9.婴儿用品储藏柜

如果有能单独储藏尿布、衣服等婴儿用品的箱子或篮子，将会非常方便。婴儿用品储物柜能储藏被褥、衣服或沐浴用品，因此便于管理。

另外，必须准备两三个塑料箱子，其中要有一个带有盖子的箱子，这样就能非常干净地保管尿布等婴儿用品。

10.婴儿房的装饰

新生儿的到来给家庭带来了欢乐，家长们都会满怀喜悦地为宝宝准备一个温馨的婴儿房。那么，该如何装饰婴儿房呢？以下有几点可供家长们参考。

（1）父母和婴儿共用一个空间的情况

有些父母认为，应该睡在婴儿身旁，这样便于换尿布或哺乳。在这种情况下，就要把婴儿床放在父母床旁边，或者利用厚被褥单独准备婴儿睡觉的空间。一般情况下，家中的矮柜子可以作为婴儿用品的储物柜，等婴儿稍微长大后，还可以利用其他家具。

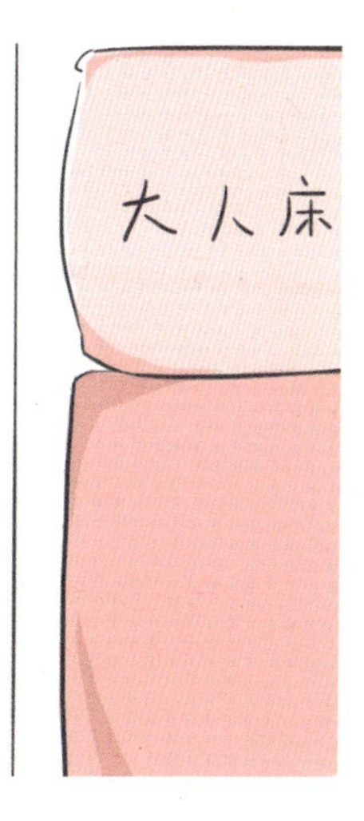

（2）利用帘子分割空间的情况

没有多余房间时，可以利用父母的卧室给婴儿准备单独空间。如果没有婴儿床，可以用厚被褥或床垫铺床，然后在墙壁上安装支架，这样就形成了很好的婴儿房。给婴儿铺床时，为了防止婴儿撞墙，应该用被子隔离墙壁与婴儿。

（3）给婴儿准备单独空间的情况

即使给婴儿准备单独空间，床铺也应该布置在开门就能看到的地方。另外，婴儿房最好布置在距离父母的卧室最近的地方，这样父母才能安心地睡觉。

购买婴儿用品时，最好选择长大后也能继续使用的大床，以及较大的储藏柜。

● 家有宝宝的新生活

期待已久的宝宝终于顺利出生了，接下来将是幸福无比的产后育儿生活，同时，育儿的一些烦恼和夫妻关系的变化也相继出现，但只有这样才是完整幸福的家庭生活，所以，加油吧！

1.在固定的时间哺乳

给婴儿哺乳是消耗最多精力和时间的事情。一般情况下，要根据妈妈和婴儿的状态选择哺乳方式。

首先尝试母乳喂养的方法。根据一天的日　程，每天至少按时喂母乳一次。比如，计划在早上9点钟哺乳，然后每天都在这个时间喂婴儿。

如果婴儿能按时醒过来当然最好，如果

过了9点钟婴儿还继续睡觉，最好轻轻地叫醒孩子，然后给他／她洗脸洗脚，且在他／她睡觉之前充分地哺乳。相反，如果婴儿提前睡醒，比如8点就想吃奶，就应哄婴儿忍耐1小时。家人也可帮忙哄宝宝。一般妈妈在身边，婴儿暂时能忍耐饥饿。

①首选母乳喂养
②每天至少按时喂母乳一次
③让宝宝逐步适应这一规律

如果各种方法都无效，婴儿还继续哭闹，就应先哺乳，然后改天再尝试。大部分婴儿会逐渐适应一定的规律，因此能固定喂母乳的时间，但也有些婴儿不能适应有规律的生活，在这种情况下，妈妈就应该耐心地诱导和教育婴儿。

2.根据婴儿的睡眠时间调节生活节奏

在育儿过程中，几乎所有的妈妈都为婴儿半夜起过床。在出生满1个月之前，大部分婴儿会在夜间睡醒几次。只要给婴儿喂母乳，孩子很快就能重新入睡。

喂奶粉的情况下，为了让白天辛苦的妻子多休息，最好由爸爸给婴儿喂奶粉。当然，白天丈夫在单位工作，可能比妻子还要疲倦，因此除了周末外，会产生很大的压力。

如果妈妈睡不好，白天就会很疲倦，因此最好利用婴儿睡觉的时间充分地睡午觉。

3.请周围的人帮忙做家务

一般情况下，爸爸和妈妈都在孩子出生1个月后较稳定的情况下大扫除。刚分娩后，不能过于劳累，只有充分地休息后才能做家务。

如果经济条件允许，可以雇佣保姆，或者推迟做沉重家务的时间。丈夫可以帮妻子购物、买菜、做饭，使妻子能集中全部精力看护宝宝。在分娩前后，如果丈夫能休假几周，会给妻儿的实际生活带来很多帮助。

育儿的父母如果能得到亲戚朋友的帮助，自然会非常高兴。其中，能给他们最大帮助的还是育儿经验丰富而且了解产妇的妈妈（或婆婆），或者正在养孩子的年轻妈妈。这些人非常了解分娩后的各种问题，因此能轻松地解决产妇将面对的复杂问题。

4.爸爸要积极地参与分娩育儿的过程

很多男人觉得生孩子是女人的事情。其实陪同妻子分娩，和妻子共同感受痛苦，感受新生儿诞生时的喜悦，不仅能够让丈夫更加体谅妻子，而且也会萌生对妻子的敬意。

当婴儿从医院回到家，家人、朋友、亲戚、妈妈的关心全都集中在婴儿身上。丈夫应该跟妻子一起地参与育儿过程，尽量跟妻子一起学习育儿，建议丈夫积极地帮助妻子看护婴儿。

给婴儿喂奶粉、换尿布、洗澡等，爸爸也能感到自己也在育儿，也会产生成就感。

0~1岁 婴幼儿生长发育与保健

- ▲ 1～3个月婴儿，每天都有新模样
- ▲ 4～6个月婴儿，乳牙萌出会翻身
- ▲ 7～9个月婴儿，爬来爬去能力强
- ▲ 10～12个月婴儿，开口说话乖宝宝

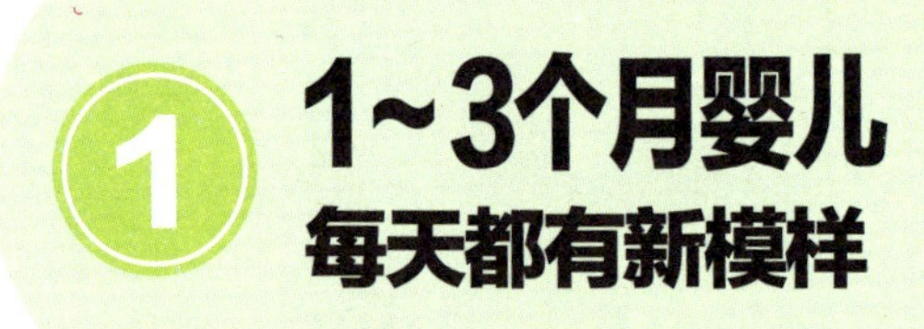

1~3个月婴儿 每天都有新模样

从宝宝出生到3个月是胎儿期与新生儿期的延续，宝宝要经历由原来单纯地依赖母亲寄生到独立生活的转变，这个阶段的宝宝机体非常脆弱，消化系统尚未完善，但生长发育却特别快，让我们来看看宝宝生长发育的迅速程度吧。

1个月宝宝的生长发育特点
满一个月～两个月

No.1 身高、体重的增加

在满一个月时宝宝体重增加约1千克，身长增加约4厘米，这些都是平均值。全身

出生时身高、体重的平均值：男53.6～59.1厘米，4.30～5.82千克；女52.8～58.3厘米，4.03～5.37千克

比刚出生时更为松软，如果每天重量增加在20～30克以下，应该注意是否母乳不足。

No.2 运动、感觉机能

由于宝宝此时的肌肉还处于紧绷状态，因此，宝宝的手足会相当好动，到处乱动乱伸，也会常常将头部抬起。

此时，宝宝的视力和听力都在快速发展，能定定地看着妈妈的脸，会根据声音和明亮的光线进行脸部的移动。宝宝的表情也会变得更加丰富，能经常看到宝宝的满足笑容。

No.3 哭声、笑声、语言

宝宝会将妈妈的声音与温暖、食物和舒服联系在一起，因此宝宝很喜欢妈妈的声音。刚满一个月的时候，宝宝的表达方式主要为啼哭和哼叫，肚子饿了、感觉热了、尿布脏了或觉得疼痛都会使宝宝啼哭，家长要细心观察宝宝所需。踏入两个月的时候，呼唤宝宝名字，宝宝会发出“嗯哪、嗯哪”“唔、啊”等最初的语言。

No.4 哺乳的诀窍

每天每隔3～4小时哺乳一次，一般每天6～7次。除此之外，如果宝宝食欲佳，可以用汤匙或奶瓶喂温开水，每次最多500毫升。

在洗澡后、日光浴、散步等活动后，应该注意为宝宝补充水分。

No.5 睡眠的节奏

此时宝宝仍然比较嗜睡，一般吃过奶，歇息过后就会入睡。但渐渐的，宝宝的睡眠和起床时间会变得有规律，此时，父母应该注意适当给宝宝区分白天黑夜的意识。

2个月宝宝的发育特点
满两个月～三个月

No.1 身高、体重的增加

在这个月内，孩子的体重将增加0.7～0.9千克，身长将增加2.5～4.0厘米，头围将增加1.25厘米，虽然与前一个月相比略有减少，但也是很不错的增长率了。

满2个月时身高、体重的平均值：男 57.2～63.0厘米，5.25～7.06千克；女 55.9～61.7厘米，4.76～6.40千克

No.2 运动、感觉机能

此时，宝宝能够握住拨浪鼓2～3秒钟不松手；让宝宝做俯卧时，宝宝能够用胳膊支撑，并将头和肩抬起来。宝宝也能看着自己的手指，弯曲手指，也会吮吸手指。宝宝视觉集中的现象渐渐明显，目光能够追随物体而转移视线，对近至眼前的物体会有眨眼的动作（眨眼反射）。

宝宝对于电话铃声或音乐、响声的反应敏锐，有响声发出，就会变得集中精神，有时会发笑。

No.3 哭声、笑声、语言

此时的宝宝会自己调节呼吸的节奏，并努力尝试发出声音、表达想法。当喃语发达时，能够渐渐将其联结起来，并已经能分辨出妈妈的声音。

No.4 哺乳的诀窍

此时，由于添加辅食，哺乳的次数可减少到每天5次左右，并适当添加易消化的辅食，如肉汤、婴儿食品、果汁、米粉类的流质食物。用汤匙进行喂食母乳及牛奶之外的食物，能够防止宝宝吃得过多，也可以丰富宝宝的食物结构。

No.5 睡眠的节奏

宝宝仍然是睡醒了、吃饱了又睡，每天重复，但睡眠时间会渐渐固定下来，晚上所占的时间会稍长。父母可以白天带宝宝出去散步、日光浴，晚上则创造一个宁静的环境，可以有助于宝宝形成白天和黑夜的生活节奏。

3个月宝宝的发育特点
满三个月~四个月

No.1 身高、体重的增加

满三个月时，体重大约平均为出生时的两倍（大致为6千克），身高增加10厘米左右，由于累积了皮下脂肪，感觉有些粗壮。男宝宝体重平均为6.0千克，身长平均61.1厘米，头围约41.0厘米；女宝宝体重平均为5.4千克，身长平均为59.5厘米，头围40.0厘米。

No.2 运动、感觉机能

宝宝头部大致稳定，可以直着将其抱起。如果将宝宝放在地上，头会朝上抬，双脚会朝上翘起，做出踢的动作。宝宝会仔细看自己的小手，会把双手握在胸前玩；除了吮吸手指，宝宝还会吸吮自己的拳头和被子的边角。能够完全辨认出妈妈的样子，当父母逗弄时，会发出咯咯的笑

声，而陌生人逗弄他的时候则会哭闹，这也是宝宝情绪表达能力发育的一个标志。

No.3 哭声、笑声、语言

能够发出清晰的元音，如啊、噢、呜等，如果妈妈对他说话，会以“嗯啦”、“噗、噗”等喃语做出回应，这时，父母可以和宝宝面对面，让他看着你的嘴形，重复发出单音，让他模仿。也可以在宝宝身旁不同的方向用说话声、玩具声来逗他，或用不同的语调和宝宝说话，也能促进他对语言的感知能力。

No.4 哺乳的诀窍

哺乳次数应该为每天4~5次，因为已经形成了半夜哺乳的习惯，应该设法使其再次入睡。

No.5 睡眠的节奏

此时，宝宝的清醒时间和睡眠时间的间隔会逐渐加大，因此，帮助宝宝养成良好的睡眠作息时间非常重要。晚上睡觉前将宝宝喂饱，也可以减少宝宝半夜哺乳的次数。

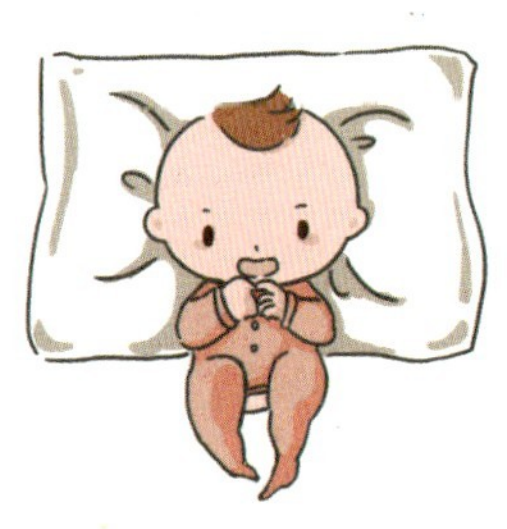

1~3个月婴儿的饮食与喂养

No.1 提高母乳质量的方法

母乳是由母体营养转化而成的，母乳分泌的多少及质量的高低，与母亲自身的营养状况、精神状况以及生活起居有着密切的关系。

① 妈妈应该对自己有信心

作为保证泌乳的重要内在动力就是妈妈自身怀有哺乳婴儿的强烈愿望。妈妈一定要有信心，相信自己能够有足够的奶水哺育孩子，这是保证泌乳充分的前提。

② 乳母应保持心情舒畅、精神愉快

乳母如果经常处于紧张、忧虑、烦躁的状态，会使乳量减少甚至回奶，因此，乳母应该保持心情的舒畅、愉快。家庭气氛和睦，家庭成员体贴关心，也会使乳母情绪稳定，保证乳汁的分泌。

③ 乳母的生活应该有规律

充足的睡眠、适当的运动，都能有助于增加泌乳量；而过度的操劳会使乳汁分泌减少。因此，应该合理安排乳母的工作、学习、家务和休息，劳逸结合。

④ 乳母应该加强营养，合理饮食

产后母亲的膳食，既要补充母体因怀孕分娩消耗所造成的损失，又要保证乳汁量，因此，乳母的营养供给应高于一般人。乳母要吃高蛋白、优质蛋白和富含维生素、矿物质的食物，如乳制品、蛋类、鱼类、大豆制品等。同时，乳母应该要多喝水，多喝一些营养丰富、容易发奶的汤类。乳母不宜食用生冷食物，但蔬菜及水果是适宜食用的。乳母忌偏食或忌口，应少吃油腻、辛辣的食物。

⑤ 乳母忌烟、酒、茶等刺激食物

烟中的尼古丁会减少乳汁的分泌，而酒中的酒精，茶中的咖啡因、茶碱等成分，可通过乳汁进入婴儿体内，会造成婴儿兴奋不安，因此均不宜食用。另外，乳母的内衣不宜过紧，以免压迫乳房，影响泌乳。

No.2 混合喂养的方法

混合喂养是在确定母乳不足的情况下，以其他乳类或代乳品来补充喂养婴儿的方法。混合喂养虽然不如母乳喂养好，但在一定程度上能保证母亲的乳房按时受到婴儿吸吮的刺激，从而维持乳汁的正常分泌，使婴儿每天能吃到2～3次母乳，对婴儿的健康仍然有很多好处。混合喂养每次补充其他乳类的数量应根据母乳缺少的程度来定。

喂养方法有两种。一种是补授法，先喂母乳，接着补喂一定量的牛奶或有机奶粉，适用于6个月以前的婴儿。婴儿先吸吮母乳，使母亲乳房按时受到刺激，可保持乳汁的分泌。另一种是代授法，一次喂母乳，一次喂牛奶或奶粉，轮换间隔喂食，适用于6个月以后的婴儿。这种方法容易使母乳减少，并逐渐用牛奶、奶粉、稀饭、烂面条代授，可以培养孩子的咀嚼习惯，也能为后续断奶做好准备。

混合喂养不论采取哪种方法，每天一定要让婴儿定时吸吮母乳，补授或代授的奶量及食物量要充足，并注意卫生和安全。

No.3 奶粉的选择方法

购买奶粉的途径有很多，如超市、商场，代购等，对此，我们都要留好发票、物流单等凭据。打开奶粉后注意观察：

（1）奶粉应该是白色略带淡黄色，如果色深或带有焦黄色的为次品。

（2）注意包装是否完整，有无标识商标、生产厂名、生产日期、批号、保存期限等。

（3）用手捏奶粉应该是松散柔润的。如果奶粉结块或者一捏就碎，表示受潮了；如果结块大而硬，捏不碎，说明已经变质了。

（4）奶粉应该是带有轻淡的乳香气的，如果有腥味、霉味、酸味，说明奶粉已经变质。

（5）用开水冲调奶粉后放置5分钟，如果没有沉淀说明奶粉质量正常；反之，有沉淀物或表面有悬浮物，说明已变质，不能给宝宝进食。

婴幼儿期是妈妈和婴儿身体接触的最重要时期

我们为婴儿选择合适奶粉，应该注意以下几点：

1 越接近母乳成分的越好

我们挑选奶粉时，看它们的成分是否接近母乳，是否能模拟母乳的功能。α－乳清蛋白能提供最接近母乳的氨基酸组合，因此可以根据α－乳清蛋白含量与母乳的接近程度来选择配方奶粉。

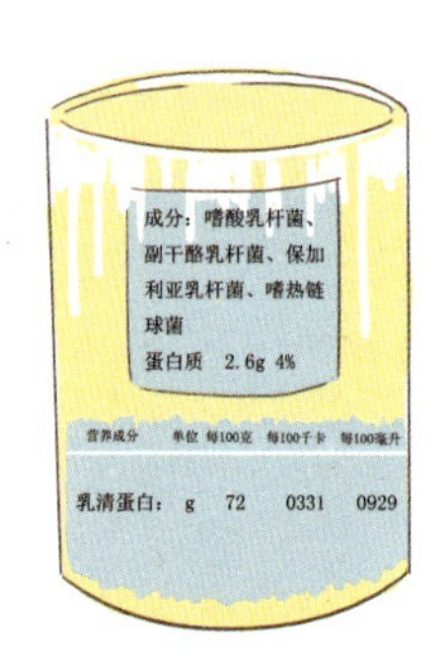

2 了解奶源和成分

奶源是奶粉的源头，也决定着奶粉的生产工艺和质量。奶粉生产企业可以分为三种：一是本身没有奶源，全部是使用进口奶粉加工制作而成的；二是拥有部分奶源，部分奶源则从农户采购所得；三是企业完全有自己的奶源基地。拥有充足奶源的企业采用湿法生产，产品营养均衡、口感新鲜。选购时还要注意奶粉的组成成分和成分之间的比例，有无添加香精等，最好选择信誉好的厂家和品牌。

3 生产日期和保质期

奶粉的包装上都会标注有制造日期和保存期限，家长应仔细查看，避免购进过期变质的产品。

4 有无变质、冲调性

用手去捏奶粉，若手感凹凸不平，并有不规则大小块状物，则该产品为变质产品。质量好的奶粉冲调性好，冲后无结块，液体呈乳白色，奶香味浓；而质量差或乳成分很低的奶粉冲调性差，即所谓的冲不开，品尝奶香味差甚至无奶的味道，或有香精调香的香味。淀粉含量较高的产品冲后呈糨糊状。

5 按宝宝的年龄选择

0～6个月的婴儿可选用婴儿配方乳粉Ⅱ或Ⅰ段婴儿配方奶粉，6～12个月的婴儿可选用婴儿配方乳粉Ⅰ或Ⅱ段婴儿配方奶粉，12个月以上至36个月的幼儿可选用Ⅲ段婴幼儿配方乳粉等产品（具体可根据奶粉说明书介绍进行筛选），过敏宝宝应选择全植物

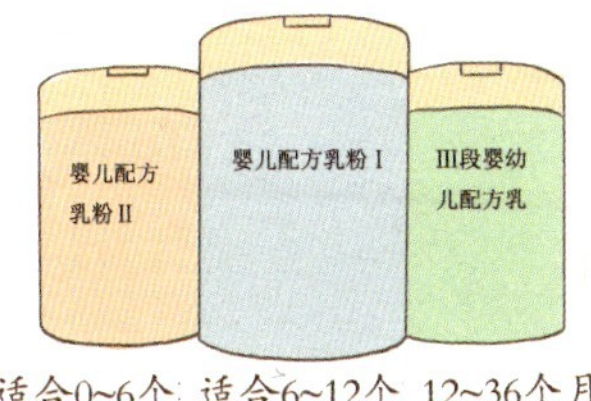

适合0~6个月的宝宝　适合6~12个月的宝宝　12~36个月的宝宝

6 按宝宝的健康需要选择

对于早产儿，其消化系统的发育较差，可以选择早产儿奶粉，待体重发育至正常（大于2500克）才可更换成婴儿配方奶粉；对缺乏乳糖酶的宝宝、患有慢性腹泻导致肠黏膜表层乳糖酶流失的宝宝、有哮喘和皮肤疾病的宝宝，适宜选择脱敏奶粉，又称为黄豆配方奶粉；对患有急性或长期慢性腹泻或短肠症的宝宝，由于肠道黏膜受损，多种消化酶缺乏，适宜水解蛋白配方奶粉；对缺铁的孩子，可补充高铁奶粉。以上选择，最好是在医生的指导下进行。

No.4 喂奶粉时的卫生要求

①总体卫生要求

母乳喂养的婴儿在进食母乳时，能够吸收母乳内的抗体，防止细菌感染，增加免疫力。而人工哺乳的婴儿抵抗疾病能力相对较差，因此，更要注意宝宝的奶瓶和奶嘴的消毒卫生，每次喂养前妈妈也要注意清洁双手，喂养结束后应该用干净的毛巾或纸巾擦拭。

②加强奶瓶和奶嘴的清洗与消毒

为了宝宝的健康，必须掌握彻底消毒喂乳工具的方法。可能清洗消毒方法比较繁琐，但细致的清洁能够为宝宝提供一个更安全的喂食环境。

奶瓶与奶嘴的清洗方法：喂奶后，消毒前必须先用凉水彻底地清洗奶瓶和奶嘴。因为奶瓶和奶嘴的奶粉残渣适合细菌的繁殖，容易导致细菌感染。为了彻底清除奶嘴上面的残渣，必须用凉水从奶嘴外侧开始清洗，然后用同样的方法再清洗奶瓶里面，但不宜用热水清洗。

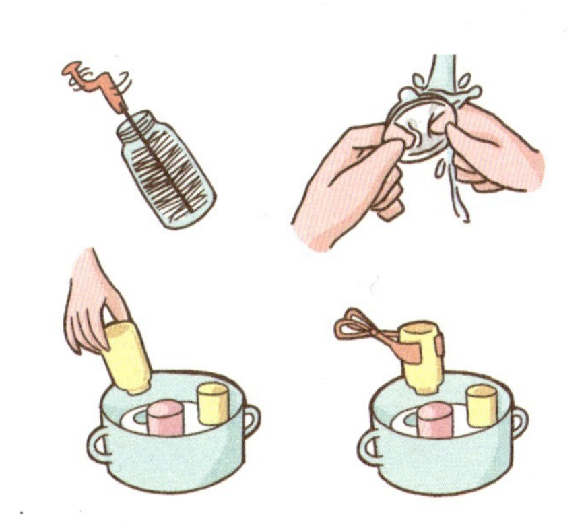

奶瓶与奶嘴的消毒方法：在锅内倒满水，烧开后放入奶瓶和奶嘴消毒几秒钟，这是很多家庭采用的较为传统和简便的方法——热汤消毒法。另外，也可以选择电磁波消毒器或电气消毒器的方法。具体操作方法是：把清洗好的奶瓶和奶嘴放入电磁波消毒器内，然后用电磁波消毒一段时间，就能结束消毒；如果是电气消毒器，放入需要消毒的哺乳工具后，只要插上电就能消毒，因此非常方便。

No.5 冲奶粉的注意事项

1 保证奶瓶、奶嘴的严格消毒和正确控制奶粉量

使用配方奶粉喂养宝宝时，应该按照商品说明书上的要求用开水冲奶粉，每次保持相同的量，正确控制奶粉量，不应以大人的口味擅自增加或减少奶粉量。同时，要严格彻底消毒奶瓶、奶嘴，具体要领前面已经有介绍。

2 为了防止细菌繁殖，应该采取瞬间冷却或加热的方法

需要一次准备多顿牛奶的，可采取瞬间冷却或加热的方法。可以多备几个奶瓶，用快速冷冻的方法在冰箱内保存，在临近哺乳时间，就用开水加热冷藏的牛奶，这样可以节约时间。此外，牛奶必须采取瞬间冷却或加热的方法，如果婴儿还小，就应该购买小奶瓶，然后放在阴凉的地方保存。

No.6 喂奶粉的注意事项

在给宝宝喂奶粉的过程中，会有这样那样的问题。妈妈们一定要认清奶粉喂养的误区，不要让自己对宝宝的关爱变成对宝宝的伤害。

① 看着宝宝喂奶

在喂奶粉的过程中，婴儿会凝视妈妈的脸。婴儿虽不能熟练地聚焦，但能看到近处的妈妈。妈妈拿起奶瓶向前稍微弯曲身体，默默看着婴儿，这也会形成无言的对话。

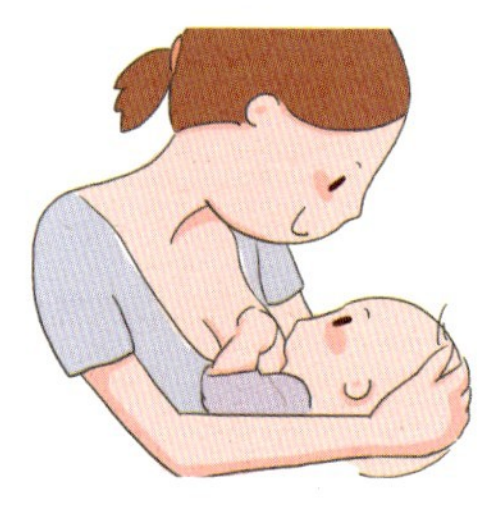

② 妈妈和婴儿采取最自然的姿势——对视

喂奶粉的另一种姿势是“母婴对视”。妈妈舒适地坐在床、沙发或椅子上面，使婴儿的头部朝向自己的膝盖，婴儿的腿部朝向妈妈的腹部。妈妈用一只手抬起婴儿的头部，然后用另一只手抓住奶瓶。这种姿势妈妈能看着婴儿，形成便于交流的气氛。这种姿势能自然地注视对方的眼睛。

③ 密切关注婴儿

在喂奶粉的过程中，大部分婴儿希望妈妈能全神贯注地看着自己。通过观察宝宝可以发现，如果妈妈只关注电视节目，婴儿就会拒绝吃奶。此外，有些妈妈在过于疲劳时，会用床沿支撑奶瓶，但是这样容易挤压婴儿的鼻子，导致窒息现象，尤为危险。这样也会失去和婴儿交流的宝贵机会。

④ 不宜让婴儿通过奶瓶吸入大量的空气

大部分妈妈会使用大口径玻璃奶瓶或塑料奶瓶给婴儿喂奶。这时，如果奶瓶口充满空气，婴儿就会通过奶瓶吸入大量的空气，容易导致腹痛症状。

⑤ 适量多冲一点奶粉

每次冲奶粉时，应比婴儿正常的摄取量多冲一点。如果间隔两小时或者需要更频繁地给婴儿喂奶，就说明婴儿没有吃饱。

No.7 如何调节喂奶粉的时间

如果按时喂奶粉，就容易让婴儿形成有规律的生活习惯，只要规定好喂奶粉的时间，然后就严格地按照时间喂奶。其实，这种认识是不正确的。正是由于过分地担心婴儿，才导致这种错误的认识。

研究结果表明，喂奶粉的时间和婴儿的性格没有太大的关系，因此在哺乳初期，最好跟喂母乳的婴儿一样管理喂奶粉的婴儿。在形成一种习惯之前，应该适当地调节喂奶粉的时间，然后顺其自然遵守喂奶的时间。

No.8 如何调节喂奶粉的量

很多妈妈不遵循奶粉公司对用量的规定，按照自己的想法任意喂奶，这样就会经常导致严重的后果。

持续高温或宝宝发烧的情况下，如果过多地喂奶粉，婴儿的肾脏就不能正常地排泄盐分，因此婴儿的体重会急剧增加。

为了延长婴儿的睡眠时间，有些妈妈在奶粉里添加谷物粉，而这种方法却容易导致婴儿肥胖。所以喂奶粉时，必须控制好喂奶粉的时间间隔，以及每次喂奶粉的量，这样才是真正为婴儿的营养健康着想。

No.9 注意奶嘴口的大小

喂牛奶时不能让婴儿过于疲劳，因此要倒立奶瓶，观察奶嘴是否滴出牛奶。在静静地倒立奶瓶时，最好每2~3秒滴下1滴牛奶。如果滴下的速度过快，就说明奶嘴孔过大；相反，如果牛奶滴下的速度过慢，就说明奶嘴孔过小或被堵塞了。

如果购买的奶嘴孔过小，可在钢针的一端插木塞，然后抓住木塞烧红钢针的另一端，用烧红的钢针扩大奶嘴孔。

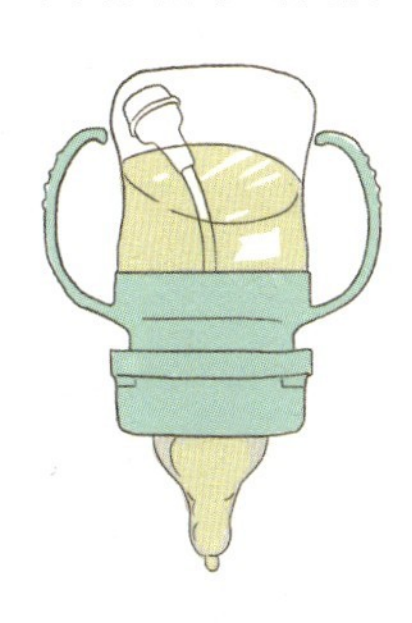

2~3秒滴出一滴牛奶，比较适合宝宝，不至于太快而导致宝宝疲劳

No.10 让婴儿打嗝的方法

由于婴儿吃奶时或吃奶前啼哭而吸入空气，因此，吃奶后必须让婴儿打嗝，将吸入的空气排出，也能防止溢奶现象。打嗝的方法：

（1）把婴儿放在妈妈的大腿上面，然后轻轻地拍打婴儿的后背。

（2）抱起婴儿，使婴儿的头部位于妈妈的肩部上面，然后轻轻地拍打婴儿的后背。

（3）把婴儿放在膝盖上面，然后用双手分别支撑婴儿的头部和后背，同时轻轻地拍打后背。此时婴儿应能独自支撑头部。

No.11 辅食的添加

1 不宜过早添加辅食

添加辅食的时间应与宝宝的月龄相适应，此时对于宝宝而言，母乳的营养是最好的。辅食添加太早会使母乳的吸收量相对减少，宝宝也会因为消化功能欠成熟而出现呕吐、腹泻等现象；过晚添加辅食则会导致宝宝营养不良，甚至会拒绝食用母乳或乳类外的食品。

宝宝添加辅食表：

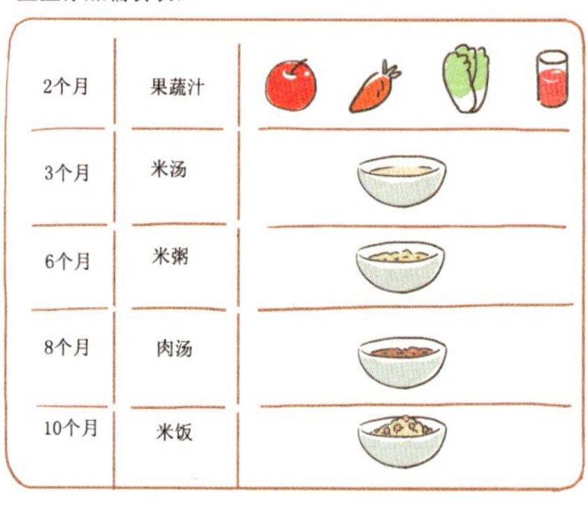

2个月	果蔬汁	
3个月	米汤	
6个月	米粥	
8个月	肉汤	
10个月	米饭	

不要过早添加辅食，添加新的辅食要先让宝宝适应后再继续添加第二种。

2 由单纯到混合

按照宝宝的营养需求和消化能力，遵照循序渐进的原则进行添加。一种辅食应该经过5天的适应期，再添加另一种食物，适应后再由一种食物到多种食物混合食用。此时，可以观察宝宝的消化情况、排便是否正常，再进行尝试另一种食物，不要在短时间内一下增加好几种食物，也要注意宝宝是否对某一种食物过敏。

3 由稀到稠

在开始添加辅食时，宝宝还没有长出牙齿，因此给宝宝添加辅食时，应该先从流质开始添加到半流质再到固体，如开始添加米粉时可以冲调稀一些，使之容易吞咽。

4 从少量到多量

每次给宝宝添加新的食物时，一天只能喂一次，最好是在两次喂奶之间，而且量不要大，开始的时候可以用温开水稀释，第一天每次1汤匙，第二天每次2汤匙，直至第10天，即10汤匙。观察宝宝的接受程度，大便正常等适应以后再逐渐增加食用量。

5 质地由细到粗

食物的质地开始时可以先制作成汁或泥，口感要嫩滑，锻炼宝宝的吞咽能力，为以后过渡到固体食物打下基础。当宝宝乳牙长出来后，可以选择适当粗一点、硬一点的食物，这样有利于促进宝宝牙齿的生长，锻炼宝宝的咀嚼能力。

6 吃流质或泥状食物时间不宜过长

不适宜长时间给宝宝吃流质或泥状的食物，这样很容易使宝宝错过发展咀嚼能力的关键时期，可能会导致宝宝在咀嚼食物方面产生障碍。

7 遇到不适要立刻停止添加

宝宝吃了新的食物后，应该要密切留意宝宝的消化情况，如果出现腹泻或排便不正常，应该立即暂停该食物的添加，并确定宝宝是否对该食物过敏。

8 不能强迫进食

给宝宝喂辅食时，如果宝宝不愿意再吃某种食物时，可以改变方式，比如在宝宝口渴时给予新的饮料、饿的时候给予新的食物等，但不能强迫宝宝进食，应创造一个快乐和谐的进食环境。

9 单独制作，保证卫生

宝宝的辅食应该要单独制作，少用盐或不用盐，添加的食物要注意食品安全和卫生。喂给宝宝的食物最好是现吃现做，不要喂隔夜或剩下的食物。

10 不可以很快让辅食替代乳类

6个月以内，宝宝的食物来源应该是以母乳或配方奶粉为主，其他食物作为补充食品，不应该让辅食替代乳类。

11 鱼肝油的添加

母乳中所含的维生素D较少，不能满足婴儿的发育及需求。维生素D主要是依靠晒太阳获得的，食物中也含有少量的维生素D，特别是浓缩的鱼肝油中含量较多。婴儿出生后2周就要开始添加鱼肝油，添加时应从少量开始，观察大便形状、有无腹泻发生。也可征求医生的相关建议进行添加补充。

宝宝要及时补充维生素D，预防佝偻病的发生

No.12 水分的补充

宝宝除了从妈妈的奶水中获取水分外，还需要额外补充水分，并且宝宝的身体比大人更需要水分。

对于宝宝，最好的补水方法就是白开水。白开水是比较安全的日常人体补充水分的重要液体，具有调节电解质平衡和协助营养成分的消化吸收等重要生理作用。因此，适时提供宝宝温的白开水可以有效地补充水分。

3个月开始后，为了宝宝后续的断奶，可以开始让他喝一些稀释过的果汁，最好是家里鲜榨的果汁，但是要注意控制食用量，不宜过多，否则会影响宝宝的正常食欲。父母应该注意观察，如果宝宝不断用舌头舔嘴，或者宝宝在散步、洗澡后等活动后，父母都应该及时给宝宝补充水分。

水不烫手即可，每次应控制在10～50毫升以内

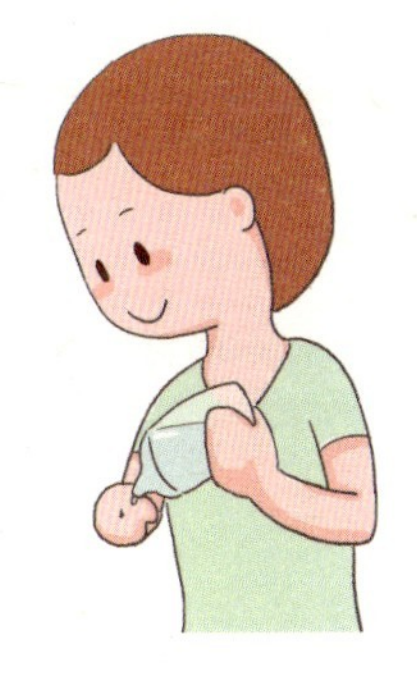

No.13 吸奶器的选择和使用

吸奶器是指用于挤出积聚在乳腺里的母乳的工具。一般适用于婴儿无法直接吮吸母乳，或母亲的乳头发生问题，或者有些母亲尽管在坚持工作，但仍然希望以母乳喂养孩子等情况。吸奶器有电动型、手动型。另外，母乳可能从两侧的乳房同时流出，所以还备有两侧乳房同时使用，以及单侧分别使用两种类型。实际使用时，只要挑选适合自身情况的产品就可以了。

外出或乳房肿胀时，如果用工具挤奶，并用奶瓶保管，其他人也能给宝宝喂母乳。如果使用活塞式挤奶器，就更容易挤奶，而且不需要奶瓶，能直接保存在冰箱内，只要安上奶嘴，就能直接给宝宝喂母乳

1. 挑选吸奶器的要点

具备适当的吸力。
使用时乳头没有疼痛感。
能够细微地调整吸饮的压力。

2. 吸奶器的使用方法

在吸奶之前，用熏蒸过的毛巾使乳房温暖，并进行刺激乳晕的按摩，使乳腺充分扩张。
按照符合自身情况的吸力进行吸奶。
吸奶的时间应控制在20分钟以内。
在乳房和乳头有疼痛感的时候，请停止吸奶。

No.14 妈妈上班时婴儿的喂养方法

一般来说， 宝宝出生1~3个月后，妈妈就准备回去工作了，就不便按时给宝宝哺乳了，需要进行混合喂养。这个时期的宝宝体内从母体中带来的一些免疫物质正在不断消耗、减少，若过早中断母乳喂养会导致抵抗力下降、消化功能紊乱，影响宝宝的生长发育。

这个时候正确的喂养方法，一般是在两次母乳之间加喂一次牛奶或其他代乳品。最好的办法是：只要条件允许，妈妈在上班时仍按哺乳时间将乳汁挤出，或用吸奶器将乳汁吸空，以保证下次乳汁能充分地分泌。

吸出的乳汁用消毒过的清洁奶瓶放置在冰箱里或阴凉处存放起来，回家后用温水煮热后仍可喂哺宝宝。即使上班后，妈妈每天至少也应泌乳3次（包括喂奶和挤奶）。

①将吸奶器的漏斗和按摩护垫紧紧压在乳房上，不要让空气进入，以免失去吸力

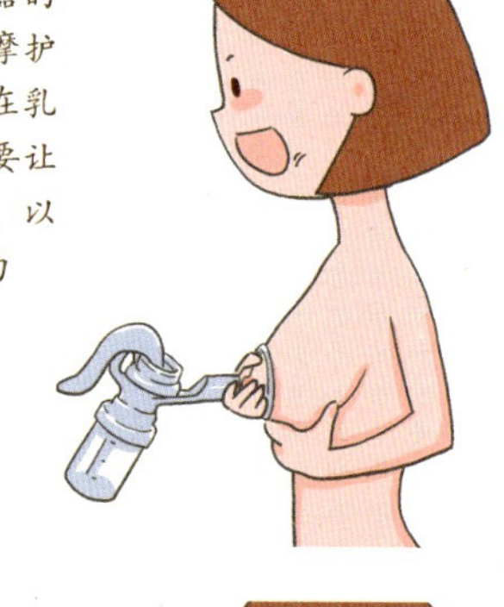

②开始吸奶时，快速按压把手5~6次后，按住把手使其停留2~3秒再放手，乳汁就会在把手回位时流出

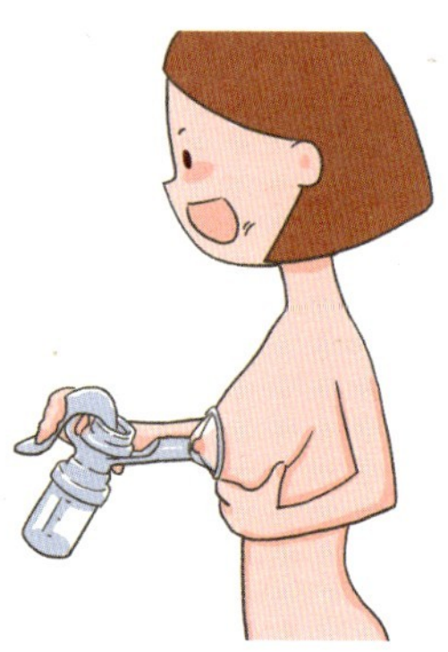

贴心护理你的宝贝

1~3个月的宝宝身体器官发育还不完全，身体调节能力仍较差，大小便的次数较多，小手喜欢到处乱抓等，这些特点也决定了婴儿时刻需要家长的贴心护理。

No.1 适合婴儿的居室环境

1~3个月的宝宝适应外界环境的能力较差，但对外界的任何事物充满感兴趣。那我们如何根据这些特点布置好宝宝周围的环境呢?

① 保持室内采光充足、通风良好

婴儿居室应该采光充足、通风良好、空气新鲜、环境安静、温度适宜。宝宝的居室要经常彻底清扫，床上用品也要经常洗换。

② 鲜艳物品，刺激宝宝视力

1~3个月的宝宝喜欢看人，尤其喜欢看鲜艳的颜色。家长可在宝宝的小床周围放置一两件带有色彩的玩具，在墙上挂带有人脸或图案的彩色画片。玩具和图画要经常变换，以吸引宝宝的注视。

③ 创造语言环境，促进宝宝听力、语言发展

为了促进宝宝听觉的发展，家长应注意创造良好的环境。例如：创造一个有语言的环境，为发展宝宝的语言能力打下基础；创造一个无噪音的环境，这对宝宝神经系统的正常发育非常有好处，因为噪音会使宝宝感到不安。

No.2 给婴儿洗脸和洗手

随着宝宝的长大，小手开始喜欢到处乱抓，同时宝宝的新陈代谢旺盛，容易出汗，有时还喜欢把手放到嘴里，因此宝宝需要经常洗脸、洗手。

首先，给宝宝洗手时动作要轻柔。宝宝的皮肤非常娇嫩，所以洗脸、洗手时，动作一定要轻柔，否则容易使宝宝的皮肤受到损伤甚至发炎。

其次，为宝宝洗脸、洗手一定要准备专用的小毛巾，专用的脸盆在使用前一定要用开水烫一下。洗脸、洗手的水温度不要太热，只要和宝宝的体温相近就行了。给宝宝洗脸、洗手时，一般是先洗脸再洗手。妈妈或爸爸可用左臂把宝宝抱在怀里，或直接让宝宝平卧在床上，右手用洗脸毛巾蘸水轻轻擦洗；也可两人协助，一个人抱住宝宝，另一个人给宝宝洗。洗脸时注意不要把水弄到宝宝的耳朵里，洗完后要用洗脸毛巾轻轻蘸去宝宝脸上的水，不能用力擦。

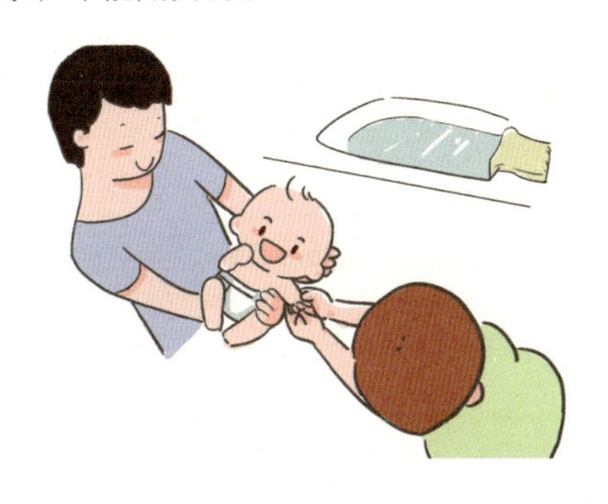

No.3 给婴儿洗头和理发

一般每天给宝宝洗头一次，在洗澡前进行。可根据季节适当调整，比如在炎热的夏天，宝宝出汗多，可在每次洗澡时都洗一下头，但不用每次都用洗发水，只用清水淋洗一下就可以了；在寒冷的冬季可2~3天洗一次。宝宝洗头宜选用婴儿专用洗发水或婴儿专用肥皂。

很多宝宝不喜欢洗头发，妈妈要善于引导，分散宝宝的注意力

洗头时，父母可把婴儿挟在腋下，用手托着婴儿的头部，然后用另外一只手为婴儿轻轻洗头。注意不要让水流到婴儿的眼睛及耳朵里面。洗完之后赶紧用干的软毛巾擦干头上的水分。

宝宝第一次理发，理发师的理发技艺和理发工具尤为重要。妈妈们一定要注意选择理发师，应了解理发师是否有经验，是否通过健康检查，是否受过婴儿理发、医疗双重培训，是否使用婴儿专用理发工具并在理发前已进行严格消毒。

宝宝的颅骨比较软，头皮柔嫩，宝宝也不懂得配合，稍有不慎会很容易弄伤宝宝的头皮，导致头皮发炎或形成毛囊炎，甚至影响头发的生长，因此，选择有经验的理发师和安抚好宝宝理发过程的情绪是尤为重要的。

No.4 坚持每天给宝宝洗澡

洗澡对宝宝来说好处很多，不仅可以清洁皮肤，促进全身血液循环，保证皮肤健康，提高宝宝对环境的适应能力，还可以全面检查宝宝皮肤有无异常，同时能按摩和活动全身。

1 水温

宝宝脱衣前应该先将洗澡水的温度和深度调整好，洗澡以清水最好，冬天洗澡应不间断地加热水以保持水温。

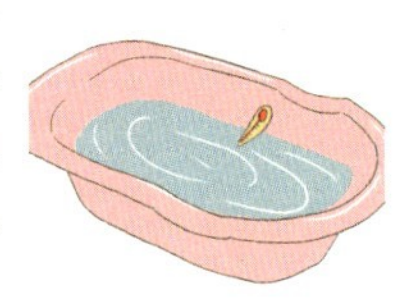

2 沐浴产品

宝宝专用的沐浴产品也并非是绝对安全、无刺激的，因此用量不宜过多，也不能直接涂在宝宝身上或小毛巾上，最好是滴入备好的清水中，稀释后再用。

3 洗澡时间

宝宝的洗澡时间不宜过长，一般在10分钟左右，时间太长，宝宝会感到疲惫。

4 浴巾的使用

洗完后，用干浴巾包好宝宝，抱出澡盆，让浴巾吸干体表的水分，避免用浴巾用力擦搓宝宝的皮肤。

5 补水

宝宝洗澡后10分钟，应该给宝宝喂一些温水或奶，以补充丢失的水分。

6 以下情况不宜给宝宝洗澡

发热、呕吐、频繁腹泻时不能给宝宝洗澡；发烧经过治疗退烧后不到48小时不宜给宝宝洗澡，以免再次受寒；打完预防针当天或接下来的几天内最好不要给宝宝洗澡；宝宝发生烧伤、烫伤、外伤或有脓疱疮、荨麻疹、水痘、麻疹等不宜洗澡。

No.5 更换尿布的诀窍

1 宝宝纸尿裤的使用指南

纸尿裤不宜过紧或过松，应该以腰部松紧程度为准，可以竖着放进两个手指头为宜，在腹股沟处能够平放入一根食指为好。一般选择透气性好、吸收快的纸尿裤，注意春夏季和秋冬季节使用的纸尿裤的厚度是有所不同的，注意区分选购，并尽量在正规的商场或超市等场所选购正规、信誉好的品牌纸尿裤。

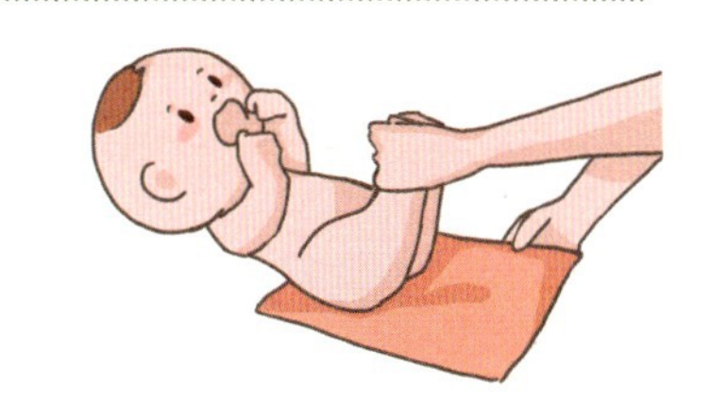

在出汗、发烧时，宝宝尿量会减少，尿的颜色会变深，尿液的气味会浓烈刺鼻

2 更换纸尿裤的参考时间

无论宝宝是否有尿尿，都应该每隔2～3小时更换一次尿布，在每次喂奶之前或之后、在每次大便之后、在宝宝睡觉之前、当宝宝睡醒时、带宝宝外出之前等都应该更换尿布。

3 更换纸尿裤的步骤

更换纸尿裤时，我们应该准备一条干净的纸尿裤、湿纸巾、软毛巾、一小盆温水、婴儿隔尿床垫、凡士林油或尿疹膏。让宝宝平躺在床上，并将婴儿隔尿床垫垫在宝宝的身下，拿掉湿尿裤后，将宝宝双脚向上抬高，并用湿纸巾由上而下擦拭；如果宝宝排便了，应该用湿纸巾或软毛巾将大便擦去，用温水将宝宝臀部清洁干净后，涂上凡士林油或软膏，再为宝宝穿上纸尿裤。

No.6 婴儿流口水的处理方法

流口水在婴儿时期是较为常见的现象。其中，有些是生理性的，有些则是病理性的，父母应加以区别，采取不同的措施，做好家庭护理。

生理性流口水

三四个月的婴儿唾液腺发育逐渐成熟，唾液分泌量增加，但此时孩子的吞咽功能尚不健全，口腔较浅，闭唇与吞咽动作尚不协调，所以会经常流口水。而孩子长到六七个月时，正在萌出的牙齿会刺激口腔内神经，加上唾液腺已发育成熟，唾液大量分泌，流口水的现象将更为明显。不过，生理性的流口水现象会随着孩子的生长发育自然消失。

病理性流口水

当孩子患有某些口腔疾病如口腔炎、舌头溃疡和咽炎时，口腔及咽部会十分疼痛，甚至连咽口水也难以忍受，唾液因不能正常下咽而不断外流。这时，流出的口水常为黄色或粉红色，有臭味。家长发现这情况后，应带孩子去医院检查和治疗。

No.7 防止婴儿睡偏头

婴儿出生后，头颅都是正常对称的，但由于婴儿的骨质很软，骨骼发育又快，受到外力时容易变形。如果长时间朝同一个方向睡，受压一侧的枕骨就会变得扁平，出现头颅不对称的现象，最终导致头形不正而影响美观。

随着月龄的增长，婴儿的头部逐渐增大，而且头盖骨也愈来愈坚硬。这个时期将决定婴儿的头部形状，因此要特别注意。为了防止宝宝睡偏头，妈妈要尽可能地哄着他，使他能够适应朝着相反的方向睡，也可以使相反一侧的光线亮一些，或者放一些小玩具，这样时间长了，宝宝就会习惯于朝着任何一个方向睡觉了。

宝宝的头骨又软又嫩，要想得到漂亮的头部形状，最好经常改变睡眠时头部方向

另外，宝宝睡觉习惯于面向妈妈，喂奶时也要把头转向妈妈一侧，因此，妈妈应该经常和宝宝调换位置。

No.8 不宜让婴儿含乳头睡觉

很多宝宝睡觉会需要一个固定的安慰物，只有在这个安慰物的陪伴下才能安然入睡，比如奶嘴、娃娃、枕巾、玩具等，也还有一些宝宝只有含着妈妈的乳头才能睡觉。但是，这种做法是不适当的。

首先，宝宝含着乳头睡觉对他牙齿的正常发育有不良影响，会使其上下颌骨变形，导致上下牙不能正常咬合。

此外，由于宝宝鼻腔狭窄，睡觉时常常口鼻同时呼吸，含着乳头睡觉会有碍其口腔呼吸。另外，如果妈妈过于劳累，不自觉翻身可能会压迫到含着乳头的宝宝，容易造成宝宝窒息。

妈妈乳头皮肤娇嫩、干燥，若过于频繁地浸泡和受到宝宝口腔的摩擦，易造成乳头皮肤破裂。妈妈们也要注意哺乳结束后不要强行用力拉出乳头，容易造成皮肤的损伤或局部疼痛，也易造成宝宝牙齿向外凸出。

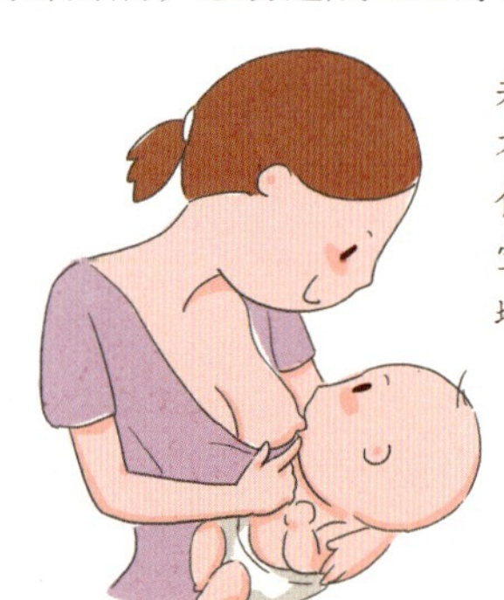

若宝宝含着乳头不松时，可以用食指轻轻按压宝宝的下颌，温柔地中断吸吮

No.9 婴儿输液时的护理要领

输液时，家长不能任意调整输液速度，要随时观察宝宝的状态

输液前，应该先让宝宝排尿，别让宝宝穿过紧的衣服。由于宝宝的血管细而薄，轻微晃动都很容易造成针尖穿透血管壁，因此家长要协助护士，找到合适的位置。

输液时宝宝应该保持头高足低的姿势，同时妈妈应该注意不要让孩子乱动，稳定孩子情绪，有助于输液的顺利进行。

输液过程中，如果输液中液体不滴，应注意输液器下端管内是否有回血。如果有，可能为压力低，应提高吊瓶的高度，也可调节输液夹而增加滴速，再不滴时请护士处理。

输液过程中注意观察输液的速度，一般每分钟不超过20滴，肺炎、心脏衰竭、营养不良患者以每分钟8～10滴为宜。

输液中还应观察是否有输液反应。在输液过程中，如宝宝出现发抖、怕冷、面色苍白、四肢发凉、皮肤有花纹，继之发热症状，应即刻报告医护人员，进行及时处理。

拔除针头时，先用棉球盖住针眼，家长可以用左手大鱼际肌（拇指到手掌的部位）按压针眼及其上方的皮肤，这样可以完全压住宝宝皮肤和血管的穿刺点，减少皮下瘀血的发生，减轻宝宝的痛苦。按压持续5～10分钟，力度均匀适中，千万不要揉搓按压。

输液后针眼处出现的瘀血斑可以在24小时后用湿毛巾热敷。如宝宝有留置针头，敷贴定期更换，保持敷贴干净干燥，敷贴出现潮湿、松动、污染时应及时更换。

No.10 婴儿睡觉时不宜戴手套

宝宝出生后指甲开始慢慢生长，但是宝宝很容易把自己的脸抓伤，有些妈妈就给宝宝戴上手套。戴手套看上去好像可以保护新生婴儿的皮肤，但其实这种做法直接束缚了孩子的双手，使手指活动受到限制，不利于触觉发育。

毛巾手套或用其他棉织品做的手套，若里面的线头脱落，很容易缠住孩子的手指，影响手指局部的血液循环，如果发现不及时，有可能导致新生儿手指坏死而造成严重后果。

No.11 不宜经常触碰婴儿的脸颊

看到婴儿粉嫩光滑的脸蛋，谁都忍不住想亲一亲、摸一摸，但这其实会刺激孩子尚未发育成熟的腮腺神经，导致其不停地口水流。如果擦洗、清洁不及时，口水流过的地方还会起湿疹，会令宝宝很难受。因此父母应从自己做起，避免频繁触碰孩子的脸颊。可用轻点孩子额头、下颌的方式来表达你的喜爱之情。

No.12 认识婴儿的大便

通过婴儿的大便能判断哺乳的方式是否正确。妈妈要多多关注宝宝的大便情况。

喂母乳的婴儿和喂奶粉的婴儿不同：喂母乳时，婴儿的大便会有特殊的颜色，而且带有独特的香味；但是喂奶粉的婴儿的大便呈淡淡的草绿色，且比较干燥，气味不同。喂奶粉的婴儿大便比较硬，而且经常出现排便困难等症状。天气暖和时，如果大便较硬，最好给宝宝喂一些温开水或淡淡的果汁。

坏“臭臭”辨识记：

1 豆腐渣便

大便黄绿色、较稀，带有黏液，有时呈豆腐渣样。这可能是霉菌性肠炎，如果孩子有上述症状，需到医院就诊。

2 蛋花汤样大便

每天大便5~10次，含较多未消化的奶块。若是母乳喂养则继续喂养，不必改变喂养方式，也不必减少奶量及次数；如果是混合或人工喂养，则需要将奶调稀。

3 绿色稀便

粪便为绿色黏液状，粪便量少次数多，这种大便又称为饥饿性大便，由喂养不足引起的，只要给足宝宝营养，大便就会正常。

4 臭鸡蛋便

大便闻起来像臭鸡蛋一样，这时可能是宝宝蛋白质摄入过量或蛋白质消化不良，应该注意适当稀释奶液，进食是否过量了。如果已经添加辅食了，应考虑是否暂停添加此类辅食，待宝宝大便恢复正常后再逐步添加。

5 油性大便

粪便像油一样发亮，淡黄色、液状、量多，在尿布上或便盆中如油珠一样可以滑动。这表示食物中脂肪过多，需要适当增加糖分或暂时改服低脂奶，多见于人工喂养的宝宝。

6 水便分离

粪便呈汤样，水分增多，排便次数和量都有增多，水与粪便分离。这多见于肠炎、秋季腹泻等疾病，应该及时带宝宝到医院就诊，并注意宝宝用具的消毒。

No.13 应对婴儿夜醒、夜哭的办法

有些宝宝在夜间会醒来多次，醒来后还啼哭不止，或者每次醒来必须吃奶，弄得妈妈和宝宝都睡不好，家长可以尝试以下几种办法去慢慢调整宝宝的生活习惯。

督促宝宝有规律地睡眠。大多数宝宝睡不好都是因为习惯不好，没有形成生物钟，就不会形成有规律的睡眠习惯，结果导致他们的醒和睡是不分白天和黑夜的。

养成良好的午睡习惯。宝宝是否午睡与晚上的睡眠质量有很大关系。不但夜间睡眠影响着午睡，同样，午睡时间过长或者睡得过晚也不利于晚上顺利入睡。

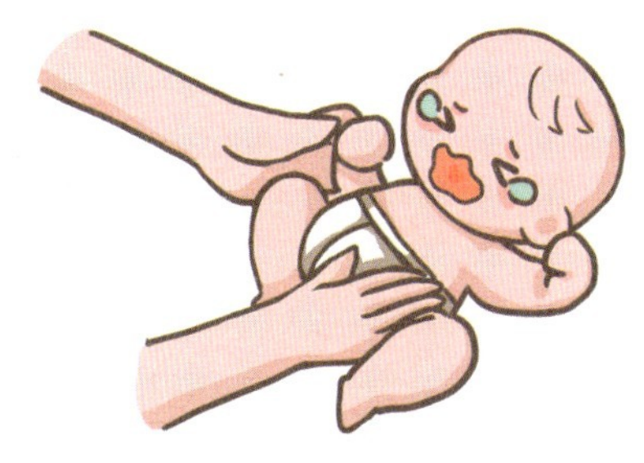

当宝宝哭闹时，可以看看宝宝是否需要换尿布、改变姿势等方法稳定宝宝的情绪

宝宝夜哭时妈妈不要立刻抱起或者喂奶，可以用其他办法拖延一段时间，让宝宝安静下来，这样可以减少喂奶的次数。白天应该让宝宝吃饱、玩好。另外，对于吃配方奶粉的宝宝，可以用加水稀释的办法慢慢戒掉宝宝夜间吃奶的习惯。

No.14 婴儿晒太阳应注意的事项

孩子满月后，就可以常抱出户外晒太阳。时间以上午9～10点为宜，此时阳光中的红外线强，紫外线偏弱，可以促进新陈代谢；下午4～5点时紫外线中的X光束成分多，可以促进肠道对钙、磷的吸收，增强体质，促进骨骼正常钙化。

夏季，日光浴适宜在清晨、黄昏，天气变凉之后进行，中午时分在树荫下或遮阳棚下进行日光浴。注意不要直射阳光，否则会造成宝宝灼伤或长痱子。冬季，穿着单薄的衣服在向阳背风处玩耍即可，但宝宝体质虚弱或过敏性皮炎严重时，应避免裸露肌肤。

晒太阳时，让宝宝躺在床垫上，先晒背部，再晒两侧，最后晒胸部及腹部。开始每侧晒1分钟，以后逐渐延长。不要隔着玻璃晒太阳。有的妈妈怕宝宝受风，常隔着玻璃让宝宝晒太阳，但玻璃可将阳光中50%～70%的紫外线阻拦在外，降低了日光浴的功效。

正常的日光浴时间以1～2小时为宜，或每次15～30分钟，每天数次。如发现宝宝皮肤变红、出汗过多、脉搏加速，应立即停止。日光浴后将汗迹擦干，并注意为宝宝补充水分，夏季还应该为宝宝洗澡。

No.15 婴儿玩具应经常消毒

婴儿往往有啃咬玩具的习惯，所以应该经常给玩具消毒，特别是那些塑料玩具，更应天天消毒，否则可能引起婴儿消化道疾病。

不同的玩具应有不同的消毒方法：

（1）塑料玩具可用肥皂水、漂白粉、消毒片稀释后浸泡，半小时后用清水冲洗干净，再用清洁的布擦干净或晾干。

（2）布制的玩具可用肥皂水刷洗，再用清水冲洗，然后放在太阳光下曝晒。

（3）耐湿、耐热、不褪色的木制玩具，可用肥皂水浸泡后用清水冲后晒干。

（4）铁制玩具在阳光下曝晒6小时可达到杀菌效果。

宝宝只要抓住物体，就会送到嘴里，因此，玩具的消毒卫生非常重要

由于婴儿爱将玩具放在口中，加之婴儿抵抗力低下，因此，孩子的玩具不论是常玩的，还是放进玩具箱偶尔玩一玩的，都要定期消毒，并且不要给婴儿玩一些不易消毒的或带有绒毛的玩具。

No.16 携婴儿旅行的注意事项

跟喂母乳的妈妈相比，喂奶粉的妈妈需要准备更多的物品。尤其是独自带婴儿旅行时，需要准备的物品特别多，但是只要制定好计划，尽量减少不必要的行李，只准备不可缺少的用品，就能达到开心旅行的目的。

需要注意的是，到高气温地区或饮用水不清洁的地区旅行时，特别要注意卫生。旅行地的病毒不一定比居住地的病毒强烈，但是在旅行中，婴儿的抵抗力会有所下降，容易被细菌感染，因此不要忘记带杀菌工具。

出门旅行前，尤其是长期旅行前，最好带着孩子去看医生，咨询医生的意见。

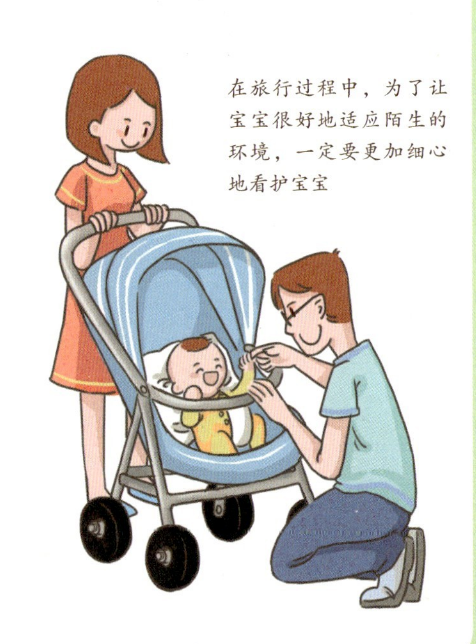

在旅行过程中，为了让宝宝很好地适应陌生的环境，一定要更加细心地看护宝宝

培养宝宝良好的行为习惯

良好的生活习惯能够给宝宝带来健康，为以后宝宝的成长打下基础，因此，作为家长，应该从小就有意识地去培养宝宝良好的生活习惯。

No.1 培养良好的饮食习惯

1~3个月的宝宝，还不能靠自己的力量建立起良好的饮食习惯，但是饮食教育从宝宝出生的那一刻起，就应该开始了。爸爸妈妈们应该在宝宝还小的时候，帮助宝宝建立科学的饮食习惯。从2个月开始就可以定时喂奶，喂奶前半个小时不要喂其他食物。喂奶前可以先用语言和动作逗婴儿，以引起他进食的兴趣，但不能强迫宝宝进食。

No.2 培养宝宝的排便习惯

在满月后就可以为宝宝把大小便了。首先要摸清婴儿每天排大便的时间、排便前的异常表现，再选择合适的把便时间，如早晨起床后、晚上入睡前，或吃饭前，有意识地加以训练，使其每天能定时排便。

一般从宝宝2个月开始定时进行排便的训练，通常婴儿吃完奶或喝完水约10分钟就可以把一次尿，以后每隔1~1.5个小时再把次尿。如果宝宝没有便意，就过会再试。每次把尿的时间不宜太久，否则婴儿会不舒服，产生排斥、反感情绪。

3个月以上的婴儿要大便时有明显的“征兆”，如发呆、扭腰、小脸憋得红红的等，这时应赶快把大小便。首先要放好便盆，把宝宝抱成排便的姿势，并用“嘘嘘”声诱导宝宝排小便，用“嗯嗯”声排大便。选购便盆要安全、舒适、容易清洗的，盆底宽阔，高度适中，一般塑料制品即可，不宜颜色过于花哨，这样会使宝宝分心，不利于排便的训练。

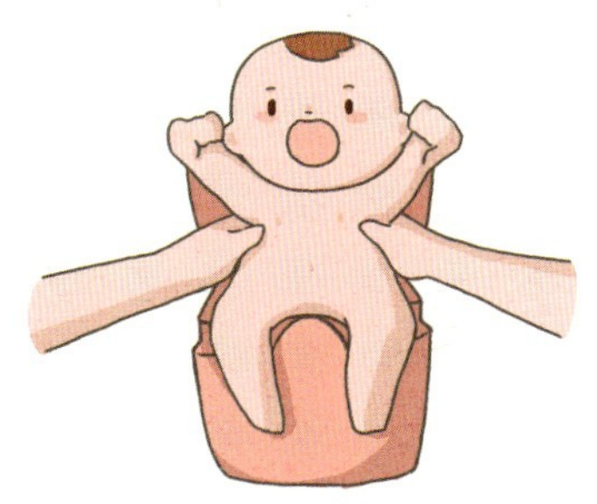

安全舒适、盆底宽阔、高度适中的便盆有助于宝宝的排便训练

经过一段时间训练后，婴儿就会慢慢适应，并能逐渐形成按时排尿排便的习惯。另外，为避免尿床，夜间应该至少把1~2次。

No.3 培养良好的睡眠习惯

3个月宝宝的睡眠和一两个月时吃饱了就睡的状态相比，醒的时间明显延长了。这时，培养良好的睡眠习惯尤为重要。

首先，要给宝宝创造一个良好的睡眠环境，保证空气流通、温度适宜。

其次，睡前应该喂饱宝宝，喂奶后过半小时可以给宝宝换睡衣，宝宝的睡眠姿势不必强求一致，应该以他感到舒适为宜。

另外，宝宝如果夜间不能好好睡觉，也可能是因为白天的活动太少，适当增加宝宝白天的户外活动时间和运动量，有助于宝宝晚上早点入睡。

能力训练，让宝宝更聪明

在这个时期，婴儿的手脚活动更加自由，脸部表情也比较丰富。另外，发出“呜呜”“咿呀”声音的次数也逐渐增多。家长应注意观察宝宝的情绪，并不停地跟宝宝对话，或者利用玩具做各种游戏。

No.1 婴儿运动能力训练

初生至3个月是宝宝从对世界一无所知到感知世界、从缺乏运动能力到初步尝试控制四肢的起始阶段。适度进行运动训练，能帮助他们增强体质、发展心智。

1

抬头

婴儿2个月时，可以在俯卧位抬头呈45度，到3个月时能用双手支撑着挺起头和胸部，上举到90度。抬头训练可以锻炼颈肌、背肌和胸肌的发育。训练宝宝做抬头动作时，拿一个他喜欢的玩具在宝宝面前晃动，当他注意到玩具时，再将玩具慢慢抬高，促使婴儿抬起头。

2

转头

妈妈应学会把孩子面朝前，背靠自己胸腹抱孩子的姿势。宝宝头颈部由于靠在妈妈身上，比较容易竖起头。此时爸爸可在婴儿左右，用玩具逗引他，婴儿会随着玩具出现的方向左右转头寻找。这种抱姿为宝宝直视周围环境提供了更多的机会。

宝宝俯卧位练习抬头时，双下肢会交替做蹬的姿势，用手顶住宝宝的足底，给他一点蹬的力量。这有利于促进小儿身体各部分动作协调，促进大脑感觉统合发展。

No.2 婴儿视觉刺激训练

一个多月的孩子对鲜艳的色彩已有较强的“视觉捕捉力”了，这时可在婴儿的摇篮上悬挂可移动的2~3种色彩鲜艳，最好是纯正的红、绿、蓝色玩具，如手环、手铃或球类，在宝宝面前触动或摇摆这些玩具，以刺激起孩子的注意力和兴趣。这时候应注意悬挂的物体不要长时间地固定在一个地方，以防婴儿发生对视或斜视。

大人也可将婴儿竖抱起，在房间布置比较鲜艳的大图片及脸谱，边让婴儿看边与其说话，以训练婴儿的视觉感知能力。

如果听到妈妈的声音，宝宝就会向有声音的方向扭头

No.3 婴儿触觉能力训练

触觉是宝宝最早发展的能力之一，丰富的触觉刺激对宝宝的智力与情绪发展都有着重要影响。宝宝最喜欢紧贴父母的身体，享受父母的拥抱，轻轻依偎会给宝宝带来幸福感和安全感，能让哭闹的宝宝逐渐安静下来。

让宝宝停止啼哭的最好办法就是，妈妈温暖的手轻轻抚摸他的面部、腹部或背部。即使孩子不哭闹，父母也应学会用温柔的抚摸来表达自己对宝宝的爱护和关怀，坚持给宝宝作抚触训练有利于宝宝的身心健康。

用不同材质的毛巾给宝宝洗澡，让宝宝接触多种材质的衣服、布料、寝具或不同材质的玩具。父母也不妨多找机会带宝宝外出，让其充分接触大自然，这对触觉发展大有帮助。

No.4 婴儿听觉刺激训练

胎儿在后期时听觉已有所发展，新生儿刚出生时就可以听到声音，但不懂得辨别声音，而3个月的宝宝常会发出笑声或喃喃自语，会将头转向声音来源，这是听觉发展的表现。

给婴儿喂奶时，妈妈可以每天给婴儿哼唱摇篮曲，或反复播放一段优美的乐曲，声音不要太大，使孩子产生最初的乐感和节奏感。这有助婴儿入眠，还能训练婴儿的听觉。

孩子睡醒时，父母可用较缓慢的速度、柔和的声调和宝宝讲话，比如说：“你睡好了吗？饿不饿？”通过这种亲子间的情感和语言交流，让婴儿感受到父母之爱，同时使其听力得到启蒙训练。亲子间的交流和笑声，还能让婴儿很快地识别爸爸和妈妈的声音。

No.5 婴儿语言刺激练习

出生1～2 个月， 婴儿的反应并不明显，但只要积极地跟婴儿说话，并仔细观察，就会发现婴儿在聆听妈妈的话。另外，看着宝宝，同时抓住他的双手亲切地说话，宝宝会伸直腿部，或者抬起头部，努力做出相应的反应。

如果经常亲切地和宝宝说话或表达妈妈的感情，就能有助于宝宝的大脑发育

出生2～3个月后，大部分婴儿能发出“咿呀”声音，其实在这之前，婴儿就能用语言表达自己的意愿。当妈妈跟婴儿说话时，婴儿就能通过手脚的活动、表情做出相应的反应。很多人认为，婴儿说出“爸爸，妈妈”才算开始说话，但婴儿学说话的过程并不是瞬间完成的，只有通过跟周围人的反复“对话”，婴儿才能逐渐掌握语言。

No.6 婴儿按摩操的操作方法

可以给1~3个月大的孩子做点按摩，下面是婴儿按摩操的操作方法。

第一节	孩子仰卧，双臂放于体侧，操作者用手指从肩到手按摩孩子胳膊4~6次。
第二节	孩子仰卧，双臂放于体侧，操作者用手掌心顺时针方向按摩孩子腹部6~8次，然后再用双手掌面从孩子腹部中心向两肋腰间方向抚摩6~8次。
第三节	孩子仰卧，操作者用一只手轻轻握住孩子的脚，用另一只手从内向外、从上向下，轻轻按摩孩子的腿部，然后握另一只脚。最后，轻轻地揉一揉孩子的腿部肌肉。
第四节	孩子俯卧，操作者用手顺着孩子脊椎骨从头部往臀部按摩，然后再从下往上按摩。
第五节	孩子仰卧，操作者用两手食指托住孩子踝部，用两拇指按摩其脚背、脚踝周围。

No.7 婴儿社交发展训练

家人交流

在日常生活中，家长们可以经常和宝宝进行目光交流、玩耍，在宝宝情绪好的时候抱着他，在他面前做出各种表情，如张口、吐舌等，或拿一些带响声的、鲜艳的玩具逗他玩、做游戏，宝宝会非常开心，也能很好地发展宝宝与人交往的能力，有利于宝宝心智发展。

认识多彩的世界

经常抱着宝宝到户外散步，让宝宝多看、多听、多摸、多玩，帮助宝宝认识多彩的世界。外出时大人同邻居们打招呼，也让宝宝接触到不同的大人和小孩，宝宝会渐渐学会用笑容来同人打招呼，这样以后遇到生人，也不会不打招呼，不敢与人对视，到陌生场合会害羞、躲闪。

触碰身体

家长可以在换尿布的时候，轻轻抚摸宝宝的皮肤，这种皮肤的接触对宝宝是一个极大的安慰，会对看护者产生亲切感和安全感。通过玩游戏，刺激宝宝的皮肤、促进宝宝的触觉的发展，也能培养其良好的个性，为宝宝将来的交往能力奠定良好的性格基础，也能促进母子亲情。

No.8 婴儿的户外活动

经常进行户外活动，可增加宝宝对冷空气的适应能力，提高机体免疫力，减少呼吸系统疾病的发生。根据宝宝的具体情况，可从出生后1~2个月开始，在温暖的季节、室外温度在20度以上、风和日丽的天气情况下，抱宝宝到人少、空气新鲜的地方。

夏天宝宝只穿背心即可，每日3~4次，每次20~30分钟。冬天可先在室内开窗，然后在保暖的情况下带宝宝到户外，户外活动时仅露出孩子的小脸和小手，将孩子抱到背风向阳处接受日晒2~5分钟，每日1~2次。

如果婴儿的情绪低落，或出现发烧等感冒症状，就应避免户外活动。如果连续打喷嚏，或哭闹，就应该停止户外活动。

4~6个月婴儿 乳牙萌出会翻身

在身体发育上，这个阶段是宝宝从只喝母乳到开始添加辅食的时期；在智力发育上，宝宝的感知能力逐渐增强，对外界的反应更加灵敏。这时父母应在宝宝前阶段发展的基础上，继续刺激宝宝的感知，让宝宝用他自己的感官来认识这个世界吧。

● 4个月宝宝的生长发育特点

满四个月～五个月

No.1 身高、体重的增加

因体型出现个人差别，体重、身高也出现差别，体重的增长速度减缓（每月为400克）。整体来说，宝宝给人一种健壮、结实的感觉，此时是宝宝头围与胸围相等的时期。

满4个月时身高、体重的平均值：男 62.3～68.2厘米，6.30～8.37千克；女 60.7～66.6厘米，5.87–7.80千克

No.2 运动、感觉机能

将宝宝放在地上，此时的宝宝可以用肘部支撑，抬起头部和胸部，并根据自己的意愿向四周观看。

此时宝宝的视线更加灵活，头眼协调能力好，两眼能随移动的物体从一侧到另一侧，移动180度，并能伸手去抓所见到的东西，并送入口中。如果环境发生变化，宝宝会显露出不安的神情，能够判断他人的表情，智慧也开始显现出来。

No.3 哭声、笑声、语言

这个时期的宝宝在语言发育和感情交流上进步较快，高兴的时候会大声笑，当有人和他说话时，宝宝会发出“咯咯咕咕”的声音，好像在跟你对话，如果回应宝宝所发出的声音，便会逐渐听到从婴儿口中发出的叫妈妈的呼喊。宝宝也会表现出对自己声音的兴趣，会不断重复发出一些单音节，也能发出高声调的喊叫或发出好听的声音，咿呀作语的声调会变长。

No.4 哺乳的诀窍

哺乳可以固定为每天4～5次，并应该开始准备断乳食品。用汤匙而不是奶瓶喂蔬菜汤或果汁，使其习惯这些味道。

No.5 睡眠的节奏

这时的宝宝变得好动，醒着的时间会大为延长，此时以夜间的睡眠时间九小时半、白天睡四个小时为标准，而在一天之中可以连续睡上5~6个小时。

5个月宝宝的发育特点
满五个月~六个月

No.1 身高、体重的增加

体重增加减缓，运动能力发达，这段时期的宝宝，眉眼等五官也“长开了”，体格、体型、体质等会显现出双亲的特征，个人差别更加明显。

满5个月时身高、体重的平均值：男64.1~69.8厘米，6.68~8.77千克；女62.4~68.2厘米，6.25~8.26千克

No.2 运动、感觉机能

运动能力更为旺盛，会时常翻身，并以两手将看到的物体、想要的玩具紧紧地抓在手中。这些均显示出宝宝有目的的意志和自我意识，是智能发达的证据。

在这一阶段，宝宝开始明白“因果关系”的概念。比如：他摇动铃铛时，会认识到能发出声音，一旦他知道是自己弄出这些有趣的东西，他将继续尝试其他东西，观察出现的结果。

随着宝宝背部和颈部肌肉力量的逐渐增强，以及头、颈和躯干的平衡发育，如果扶着婴儿，他便可以自己坐起，如果将其抱到膝盖上，他就会起劲地蹦跳。

No.3 哭声、笑声、语言

如果妈妈离开身边或将宝宝放下，宝宝就会啼哭表示不满，如果放一段柔和的音乐，宝宝会停止啼哭，扭头寻找发出音乐的地方，并集中注意力倾听，看到视频中熟悉的人物会主动发音，也会试图通过吹气、尖叫、笑等方式来表达。

No.4 哺乳的诀窍

哺乳应该每天4次，并将上午的其中一次以断乳食品代替。如果宝宝丝毫未表现出兴趣，那么延迟1~2个月也没有很大的关系。

No.5 睡眠的节奏

由于宝宝运动量的增加，宝宝也会睡得较沉，睡觉时也会好动，容易踢被子，因此父母要注意盖好被子，在天气冷热变化不定的时候，注意增减被褥。

6个月宝宝的发育特点
满六个月~七个月

No.1 身高、体重的增加

这个阶段的宝宝体重每日增加10~15克为普遍现象，其中也会有个体差异。

No.2 运动、感觉机能

发育得快的婴儿坐起和翻身都已经非常纯熟，眼睛、手及口的动作能够协调一致，也可以灵活地同时利用双手来交替搂抱玩具。

此时的宝宝在俯卧时，能用肘支撑着将胸抬起，但腹部还是靠着床面。仰卧的时候，喜欢把两腿伸直举高。

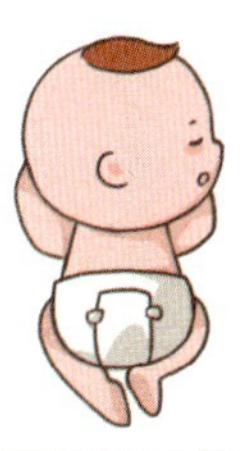

如果将处于俯卧状态的婴儿抱起，头朝前突然松开手，他会慌忙伸开手掌及手指，以撑到地面，这称为“降落伞反射”。

No.3 哭声、笑声、语言

这个阶段是宝宝萌发自我意识的时期，会用身体语言表现出愉快或不悦。当感觉舒适时，会面带得意满足的神情；而如果手抓不住想要的东西时，又会因为愤怒而哭泣。

此时宝宝会自己发出类似“哔哔”的哨声，头会转向他人的说话的方向，这是耳朵、认识能力发达的表现。尽管没有和他讲话，宝宝也会一边摆弄手里的玩具，一边在嘴里发出“喀…哒…”等声音，好像自己跟自己在说着什么，而当和他说话时，宝宝也会发出声音来回应。尽管爸爸妈妈还不能听懂宝宝在说什么，但还是能够感觉出宝宝所想要表达的意思。

No.4 哺乳的诀窍

最迟应该在这个时段开始喂食断乳食品，在进入开始喂断乳食品的第二个月后，应该开始实行“两餐制”，即在早上和下午或白天和黄昏等固定时刻增加断乳食品的喂食量。

No.5 睡眠的节奏

应该让宝宝养成早上和下午各睡一次的习惯。哺乳、喂断乳食品以及洗澡的时间形成规律非常重要。

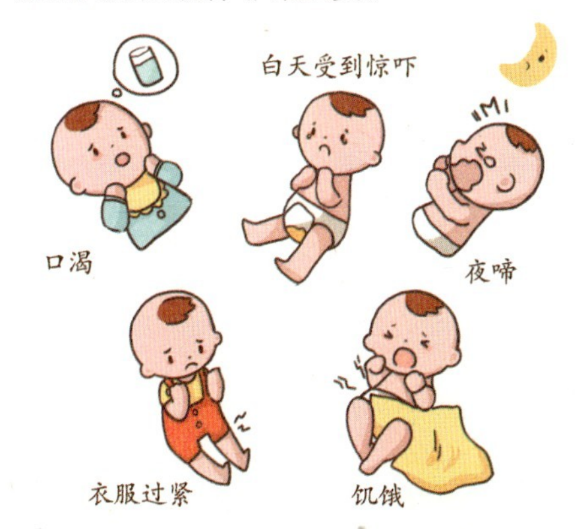

有些宝宝会出现夜啼夜惊的现象，不必过分担心，这种现象会在某个时候消失。但是，应该要注意宝宝啼哭的原因，是不是因为饥饿、衣服过紧、大小便、口渴等。此外，宝宝如果白天受到了不良的刺激，如惊恐、劳累等，也会引起夜啼。如果宝宝睡觉时四肢抖动，一般是因为白天过度疲劳所致。

4～6个月婴儿的饮食与喂养

4～6个月的宝宝的饮食仍然是以母乳或配方奶粉为主，辅食添加以尝试为主要目的，添加的量从1～2勺开始，以后逐渐增加。添加辅食可以补充宝宝营养所需，还能锻炼宝宝的咀嚼、吞咽和消化能力，促进宝宝的牙齿发育，也为今后的断奶做准备。

No.1 断奶过渡时期添加辅食的缘由

断奶过渡，是指给宝宝吃些半流体糊状辅助食物，以逐渐过渡到能吃较硬的各种食物的过程。宝宝到了五六个月时，光吃母奶就会营养不足，这样的孩子看上去体重照样增加，但维生素和铁质等将会越来越不够，容易贫血，抵抗力下降。不喂些辅助食物，孩子就长得不结实，肌肉显得很松弛，而且双眼无神，情绪变坏。因此，这个时期，添加辅助食物便显得非常必要了。

No.2 添加辅食的时机

过去认为宝宝满4个月时就该添加辅食，因为此时的宝宝已经能分泌一定量的淀粉酶，可消化吸收淀粉。

世界卫生组织提倡，宝宝前六个月纯母乳喂养，六个月后开始在母乳喂养的基础上添加食物，且母乳喂养最好坚持到1岁以上。但是父母应该根据宝宝的健康和生长情况来决定，不能一概而论。父母可以根据以下几点来判断是否可以开始给宝宝添加辅食了。

体重	体重需要达到出生时的2倍，至少达到6千克。
发育	宝宝能控制头部和上半身，能够扶着或靠着坐，胸能挺起来，头能竖起来。宝宝可以通过转头、前倾、后仰等来表示想吃或不想吃，这样就不会发生强迫喂食的情况。
吃不饱	宝宝睡眠时间越来越短，每天喂养的次数增加，但宝宝仍处于饥饿状态，一会儿就哭，一会儿就想吃。当宝宝在6个月前后出现生长加速期时，就是开始添加辅食的最佳时机。
想吃东西的行为	若别人在宝宝旁边吃饭时，宝宝会感兴趣，可能还会来抓勺子、抢筷子。如果宝宝将手或玩具往嘴里塞，说明宝宝对吃饭有了兴趣。

尝试吃东西	孩子仰卧，操作者用两手食指托住孩子踝部，用两拇指按摩其脚背、脚踝周围。
伸舌反射	如果给宝宝喂辅食时，宝宝将食物吐出，把头转开或推开父母的手，说明宝宝不愿吃也不想吃。父母一定不能勉强，隔几天再试试。

No.3 添加辅食的方法及注意事项

辅食分两大类：一类是在平常成人饮食中，经过加工制作而成的婴儿辅食，比如用榨汁机搅拌、用汤勺挤压等家庭简单制做的辅食类、鸡蛋、豆腐、薯类、鱼肉、猪肉等都是上好的选料。另一类则可选择现成的辅食，如婴幼儿营养米粉。

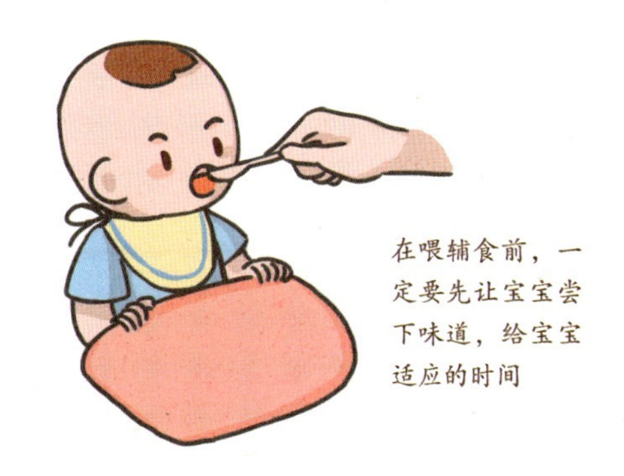

在喂辅食前，一定要先让宝宝尝下味道，给宝宝适应的时间

刚开始，喂的食物应稀一些，呈半流质状态，为以后吃固态食物做准备。

用勺子喂，不要把断奶食物放在奶瓶里让婴儿吮吸。对婴儿来说，吞咽断奶食物的过程是一个逐渐学习和适应的过程。在这个过程中，婴儿可能会出现一些现象，如吐出食物、流口水等。因此，每种食物先从1～2勺开始，等到婴儿想多吃时再增加喂的量，一般一个星期婴儿就可度过适应期了。

婴儿的摄取量每天都在变化，因此只要隔几周少量地增加断奶食品的摄取量，就能自然地减少哺乳量。在这个时期，婴儿只能吃果汁或非常稀薄的断奶食品，因此需要通过母乳或奶粉补充所需的营养。

宝宝的辅食不宜太快增加品种，也要注意区分易引起过敏的食材，如牛奶、蛋、花生、坚果、豆类、鱼虾蟹、豆类、海产品等都是极容易引起宝宝过敏的食物，而如梨子、桃子、苹果等水果以及米粉、小米、米糕等食物则属于较不易引发过敏的食物。

No.4 米粉与米汤的添加方法

纯米粉引起宝宝过敏的可能性是最低的，因此我们主张首先添加的第一个辅食应该是纯米粉。刚开始添加米粉时1～2勺即可，需用水调和均匀，不宜过稀或过稠。婴儿米粉的添加应该循序渐进，有一个从少到多、从稀到稠的过程，这个时候奶粉还是主食。

米汤汤味香甜，含有丰富的蛋白质、脂肪、碳水化合物及钙、磷、铁，维生素C、维生素B等，能促进宝宝消化系统的发育，也为宝宝添加粥、米粉等淀粉辅食打下良好基础。

做法是将锅内水烧开后，放入淘洗干净的大米，煮开后再用文火煮成烂粥，取上层米汤即可食用。

No.5 淀粉类食物的添加方法

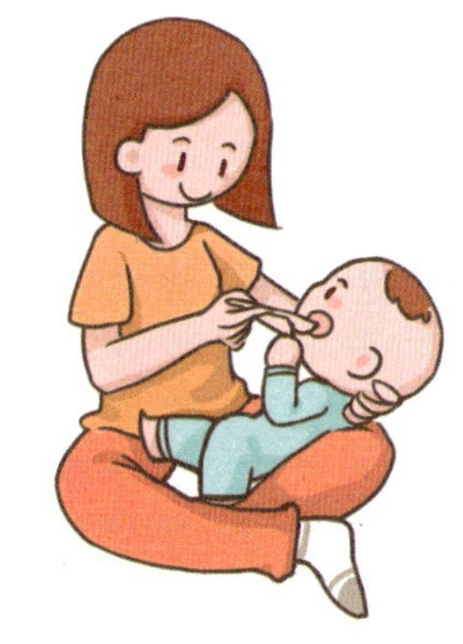

随着年龄的增长，断奶食品的摄取量会逐渐增多，因此，授乳量逐渐减少

宝宝在3个月后唾液腺逐渐发育完全，唾液量显著增加，富含淀粉酶，因而满4个月的婴儿即可食用米糊或面糊等食物，即使乳量充足，仍应添加淀粉食品以补充能量，并培养婴儿用汤匙进食半固体食物的习惯。

开始时，可将营养米粉调成糊状，开始较稀，逐渐加稠，要先喂一汤匙，逐渐增至3~4汤匙，每日2次。我们添加泥糊状食物，除了给宝宝添加营养外，还是为了让宝宝学习咀嚼，练习舌头的搅拌能力。

自5~6个月起，乳牙逐渐萌出，可改食烂粥或烂面。一般先喂大米制品，因其比小麦制品更少引起婴儿过敏。6个月以前的婴儿应以乳汁为主食，可在哺乳后添喂少量米糊，以不影响母乳量为标准。

No.6 蛋黄的添加方法

婴儿出生3~4个月后，体内贮存的铁已基本耗尽，仅喂母乳或牛奶已满足不了婴儿生长发育的需要。因此从4个月开始需要添加一些含铁丰富的食物，而鸡蛋黄是较理想的食品，它不仅含铁多，还含有小儿需要的其他各种营养素，易消化，添加也方便。

取熟鸡蛋黄四分之一，用小勺碾碎，直接加入煮沸的牛奶中，反复搅拌，牛奶稍凉后喂哺婴儿。或者取四分之一生鸡蛋黄加入牛奶和肉汤各一大勺，混合均匀后，用小火蒸至凝固，再用小勺喂给婴儿。

给婴儿添加鸡蛋黄要循序渐进，注意观察婴儿食用后的表现。可以先试喂四分之一个蛋黄；3~4天后，如果孩子消化很好，大便正常，没有过敏现象，可加喂到二分一个；再观察一段时间无不适情况，即可增加到1个。

No.7 蔬菜与水果的添加方法

宝宝天性喜欢甜食，如先吃水果，宝宝可能就不爱吃蔬菜了，因此，必须先让宝宝尝试蔬菜，再试水果。开始时，可提供1~2勺单一品种的过滤蔬菜或蔬菜泥，如南瓜、胡萝卜、土豆等，也可煮熟后做成泥。

妈妈们也可尝试将蔬菜和水果混合，如苹果或香蕉和胡萝卜，但要注意蔬菜和水果的搭配要领和禁忌。根据宝宝的食欲，逐渐增加餐次和每餐的食用量。6个月大的宝宝应在吃母乳或配方乳的基础上，每天吃两餐谷物、水果和蔬菜。

No.8 鱼泥与肝泥的添加方法

鱼泥的制作

婴儿到了4个月后，就可以吃鱼泥了。做鱼泥的方法很简单，把鱼放少量盐后清蒸，蒸的时间为8～10分钟，去骨后把鱼肉撕裂，用匙研碎，拌进米糊或稀饭里。这样做不仅营养丰富，而且美味可口，可以增加食欲，消化吸收率在95%左右。

肝泥的制作

婴儿到6个月以后，可以吃猪肝。猪肝泥的做法常有两种：一种方法是把猪肝煮得嫩一点，切成薄片，用匙研碎，拌入米糊或稀饭中；另一种方法是煮粥的时候，把猪肝切开，在剖面上用刀刮，稀饭在滚开时，把猪肝一点点地刮下去，随着温度上升，肝泥也就煮熟了。

No.9 自制辅食时的注意事项

自己在家做辅食的优点是能保证原材料的新鲜。越是新鲜的食物，营养素保持得就越好。但自己做辅食，从买菜、清洗到加工、制作，要花费不少时间。

孩子吃得很少，量太小不好做，一次多做些存在冰箱里，营养素也会损失一部分。因此，购买现成的婴儿食品是很多职场妈妈的选择，但现成的婴儿食品做工较精细，长期食用会对牙齿发育不好，因此，需要适时给宝宝尝试粗一些的食物。

父母在家为宝宝准备辅食，应该注意食材的新鲜卫生

1 清洁卫生

在制作辅食时要注意双手、器具的卫生。蔬菜水果要彻底清洗干净，以避免有残存的农药。尤其是制作果汁时，如果是有果皮的水果，如香蕉、柳丁、苹果、梨等，要先将果皮清洗干净，避免果皮上的不洁物污染果肉。

2 煮熟食用

给宝宝吃的水果、蔬菜要天然新鲜，并且一定要煮熟，避免发生感染，密切注意是否会引起宝宝过敏反应。

3 均衡营养

选用不同的食物，让宝宝从中摄取各种不同的营养素。同时食物多变，还可以避免宝宝吃腻。

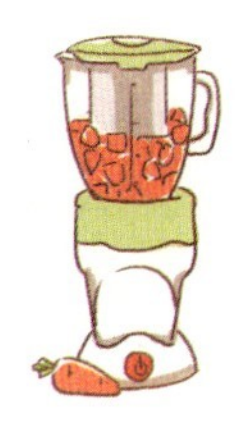

4 辅食不是越碎越好

够碎、够烂——这是多数家长在给孩子添加辅食时遵循的行为准则，因为在他们看来，只有这样才能保证孩子不被卡到，吸收更好。可事实上，宝宝的辅食不宜过分精细，要根据年龄增长而变化，以促进他们咀嚼能力的发育。

No.10 宝宝不爱吃辅食的原因

①由于患病引起的厌食

如果宝宝患有感冒、急慢性感染、腹泻等疾病，身体状况较差时会影响他们的食欲，这时不适宜添加新的辅食，需要请教医生进行综合的调理。

②喂养时方式不对

有的父母认为宝宝吃得多才会长得好，就会想法设法让宝宝多吃，甚至有的父母会对不爱吃饭的宝宝大声吼叫，这是错误的做法，只会使宝宝对吃饭这件事情产生心理负担，久而久之，会对宝宝形成一种恶性的条件刺激，产生厌食情况。

③宝宝情绪不对

宝宝情绪不佳的时候，不适宜强迫喂食。

④宝宝生活不规律

宝宝的生活作息时间的不规律，也会影响到宝宝的食欲和饮食习惯。晚睡晚起的作息时间、宝宝早午饭时间的推迟会使宝宝胃肠功能发生紊乱，长期也会使宝宝产生厌食。

⑤宝宝不良的饮食习惯

一些宝宝在正餐之间吃大量的高热量零食，特别是巧克力、糖、饼干、点心等，虽然量不大，但宝宝血糖含量过高，没有饥饿感，到了正餐的时候就没有胃口，过后又以点心充饥，这就会造成恶性循环。

⑥单调重复的辅食

单调重复的食物，或者色香味不好的食物，宝宝会很容易吃腻，因此，即使相同的食物也要做出不同的花样出来。

No.11 妈妈不宜嚼食喂宝宝

许多父母怕婴儿嚼不烂食物，吃下去不易消化，就自己先嚼烂后再给宝宝吃，有的甚至嘴对嘴喂，有的则用手指头把嚼烂的食物抹在宝宝嘴里，这样做是很不卫生的。

大人的口腔里常带有病菌，容易把病菌带入宝宝的嘴里，大人抵抗力较强，一般带菌不会发生疾病，而婴儿抵抗力非常弱，很容易传染上疾病。因此，婴儿不能嚼或不能嚼烂的食物最好煮烂、切碎，用小匙喂给婴儿吃。

贴心护理你的宝贝

4～6个月的宝宝已经掌握了翻身的技术，能够自由地活动身体，白天醒着的时间也较长，对周围的新鲜事物充满兴趣，手会到处摸来摸去，还会放到嘴里去，晚上还会蹬被子。因此，此时父母更要加强对宝宝的照顾，避免宝宝受到不必要的伤害。

No.1 尽早安排保姆

一般在宝宝3个月之后，很多妈妈都要上班了，所以就必须要请新的看护者或者家人来照顾宝宝。但宝宝已经学会认生了，尤其是近6个月时，很多宝宝对陌生人开始躲避，怕医生、护士和保育人员，也怕新来的保姆。遇到这种情况，会将脸扑向妈妈怀中，表现出害怕或者哭闹的情绪，但是能记得住生活在一起的熟人，如爷爷、奶奶及有来往的亲戚。因此，如果妈妈在此阶段要上班，就应及早安排，早请保姆或家人来，慢慢与宝宝接触，待保姆和宝宝熟悉之后，妈妈才能上班。

育儿并不是一个人的任务，应该适当地与家人分担育儿重任

No.2 出乳牙期的口腔护理

有些父母认为乳牙迟早要换成恒牙，因而忽视对婴儿乳牙的保护。这种认识是错误的。如果婴儿很小时乳牙就坏掉了，与换牙期间隔的时间就会变长，这样会对婴儿产生一些不利的影响。首先，会影响婴儿咀嚼；其次，可导致婴儿消化不良，造成营养不良和生长发育障碍；还会影响语言能力。

乳牙萌出是正常的生理现象，多数婴儿没有特别的不适，但可出现局部牙龈发白或稍有充血红肿症状。不过，即使出现这些现象，也不必为此担心，因为这些表现都是暂时性的，在牙齿萌出后就会好转或消失。宝宝出牙期间，应注意以下几个方面：

母乳或者配方乳中含有乳糖和碳水化合物，是细菌存活的能量来源，所以不要以为小宝宝就不用刷牙。开始选择合适的乳牙刷，刷头要够小，刷毛要够软。市场上也有专门的指套牙刷，妈妈坐在椅子上，把宝宝抱在腿上，让宝宝的头稍微往后仰，用干净的纱布或指套牙刷蘸点清水轻轻擦拭宝宝的牙龈跟长出来的牙齿。

每次进食后都要给宝宝喂点温开水，或在每天晚餐后可用2%的苏打水清洗口腔，防止细菌繁殖而发生口腔感染。还可以给宝宝

吃些较硬的食物，如苹果、梨，既可锻炼牙齿，又可增加营养。如果小孩喜欢吃手指，父母应该注意清洗小孩的手，避免细菌或病毒从口而入。

No.3 宝宝口水多时的处理

如果宝宝口水多，就应该给宝宝带上围嘴

宝宝在出牙期间，流口水会很明显，这是正常的。随着宝宝牙齿出齐了，口腔深度增加。吞咽功能完善，流口水的现象会慢慢消失，如果宝宝没有疾病，只是口水多，就不必治疗和过分担心。

唾液对皮肤还是有一定的刺激作用，因此，父母应该注意及时用柔软的棉布帮宝宝擦干净口水，动作一定要轻柔，避免擦破宝宝皮肤，也可以用小围嘴围在脖子上接纳宝宝流的口水，但要注意棉布和小围嘴的清洁卫生和消毒。

如果宝宝流口水的地方有发红现象且比较严重的，一定要去医院看医生，不宜自行用药。

No.4 食物过敏时的症状及护理

食物过敏最容易发生在婴幼儿身上，食物过敏后人体各系统的常见表现不同。

消化道	腹痛、腹胀、恶心、呕吐、黏液状腹泻、便秘、肠道出血、口咽部痒等。
皮肤	荨麻疹、风疹、湿疹、红斑、瘙痒、皮肤干燥、眼皮肿胀等。
呼吸道	流鼻涕、打喷嚏、鼻塞、气喘等，严重时，宝宝甚至会休克。
神经系统	暴躁、焦虑、夜晚醒来、啼哭、肌肉及关节酸痛、过于好动等。这些征兆比较细微，不容易被察觉。

母乳喂养的宝宝过敏发生率都比较低，但如果发现宝宝有过敏，那就应当改变妈妈的饮食，少吃过敏原，如牛奶蛋白、贝类、花生等。哺乳期间避免食用过敏的食物，如带壳海鲜、牛奶、蛋等，并且每天服用1500毫克的钙，以补充牛奶的摄取。

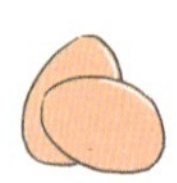

配方奶粉喂养的宝宝，若对牛奶蛋白过敏，用普通牛奶配方奶粉喂养的时候，就会出现过敏症状。建议这种情况下应选用含益生元组合的深度水解蛋白配方粉。

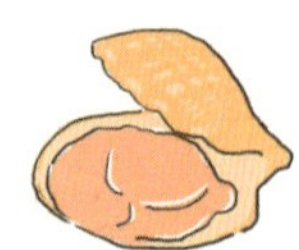

No.5 宝宝枕秃的处理

小婴儿的枕部，也就是脑袋跟枕头接触的地方，若出现一圈头发稀少或没有头发的现象叫枕秃。

客观原因

宝宝大部分时间都是躺在床上，脑袋跟枕头接触的地方容易发热出汗，使头部皮肤发痒，所以宝宝通常会通过左右摇晃头部的动作，来"对付"自己后脑勺因出汗而发痒的问题。由于经常摩擦，枕部头发就会被磨掉而发生枕秃。

如果枕头太硬，也会引起枕秃现象。宝宝经常喜欢把脑袋偏向右边，所以右边一侧的头发明显比左边少，因此如果宝宝经常一侧睡觉，也容易发生单侧枕秃。如果是出于客观原因造成枕秃，需要注意：

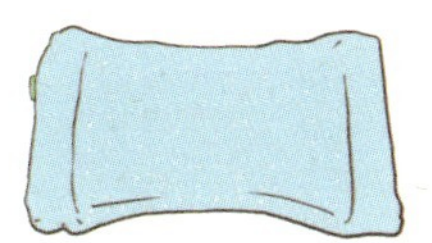

加强护理。给宝宝选择透气、高度和柔软度适中的枕头，随时关注宝宝的枕部，发现有潮气时，要及时更换枕头，以保证宝宝头部的干爽。

调整温度。注意保持适当的室温，温度太高引起出汗，会让宝宝感到很不舒服，同时很容易引起感冒等其他疾病的发生。

生理原因

引起枕秃的生理原因可能是妈妈孕期营养摄入不够，甚至是缺钙或佝偻病的前兆。如果是生理原因造成的，需及时给宝宝进行血钙检查，遵照医嘱进行补钙，千万不要盲目补钙。补钙的方式有：

晒太阳：这是最天然的一种补钙方法，每天带宝宝到户外晒晒太阳，经紫外线的照射可以使人体自身合成维生素D。

补钙剂：如果遇到不适合外出的季节，可以根据医嘱，额外给宝宝补充适量的钙剂，以满足身体需要。

食补：对于已经开始接触辅食的宝宝来说，通过各种食物来补钙，不仅有益于身体健康，同时也让宝宝有机会尝试更多的食物。

No.6 出现积食时的护理

积食在婴儿时期很常见，主要的症状有呕吐、食欲不振、腹泻、便秘、腹胀、腹痛，出现便血，还会伴随出现睡眠不安、口中有酸腐味等症状。

当小孩出现积食表现时，应该多喝水，促进食物消化，吃一些帮助消化的药物。同时让宝宝多做运动，也可以促进消化。

晚餐过后不要马上睡觉，否则食物堆积在胃里，睡眠之后胃肠功能减弱，就很容易造成消化不良，引起积食。另外，家长还可以用新鲜的山楂切块煮汤后给宝宝服用，可缓解积食的症状。

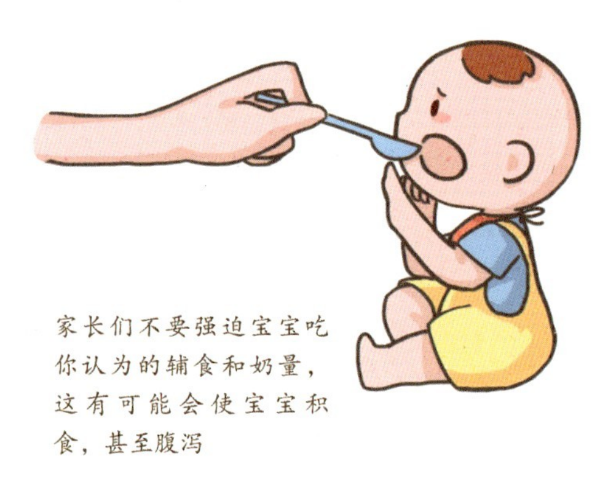

家长们不要强迫宝宝吃你认为的辅食和奶量，这有可能会使宝宝积食，甚至腹泻

No.7 防止宝宝蹬被子

许多爸爸妈妈都为宝宝蹬被子而发愁，为了防止宝宝因蹬被子而着凉，爸爸妈妈往往会夜间多次起身“查岗”。其实，宝宝蹬被子有很多原因，如被子太厚、睡得不舒服、患有疾病等，父母应找出原因并采取相应的对策才行。

要想解决宝宝蹬被子的问题，就必须找出宝宝蹬被子的原因，并采取相应的改进措施

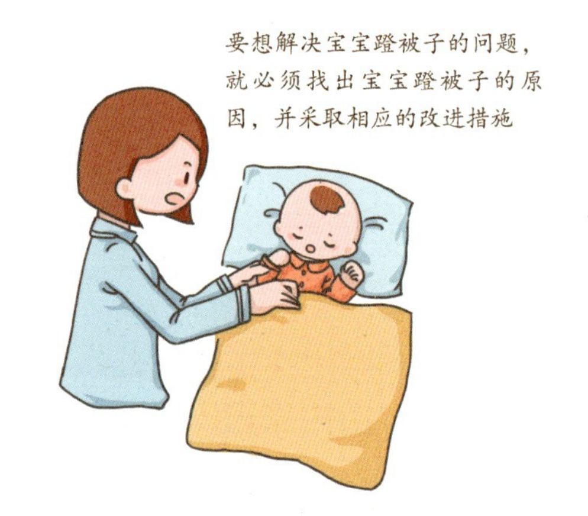

1

首先，睡眠时被子不要盖得太厚，尽量少穿衣裤，更不要以衣代被。

否则，机体内多余的热量散发困难，孩子闷热难受，出汗较多，他就不得不采取“行动”把被子踢开。目前衣料种类繁多，一些家长喜欢用化纤面料给孩子做衣服，这是不科学的，因为化纤类衣料透气性差，不利于机体散热。我们主张用柔软、透气、吸湿性好的棉织物给孩子做衣服，被子也应选用轻而不厚的。

2

其次，在睡前不要过分逗弄孩子，不要恐吓小孩，白天也不要让他玩得过于疲劳。

否则，孩子睡着后，大脑皮质的个别区域还保持着兴奋状态，极易发生踢被、讲梦话等睡眠不安的情况。再则，要培养良好的睡眠姿势。

No.8 不宜让婴儿久坐

宝宝骨骼硬度小，韧性大，容易弯曲变形，加上体内起固定骨关节作用的韧带、肌肉比较薄弱，尤其是患佝偻病的小儿。如果孩子坐的时间太久，无形中就增加了脊柱承受的压力，很容易引起脊柱侧弯或驼背畸形。因此，不宜让孩子过早地学坐，也不宜让孩子过久地坐，应鼓励孩子练习爬行，使全身尤其是四肢的肌肉得到锻炼。

No.9 不宜让婴儿太早学走路

宝宝发育刚刚开始，身体各组织十分薄弱，骨骼柔韧性强而坚硬度差，容易弯曲、变形，如果让宝宝过早地学站立、学走路，就会由于下肢、脊柱骨质柔软脆弱而难以承受超负荷的体重，容易造成宝宝骨骼弯曲、变形，出现类似佝偻病样的“O”形腿或“X”形腿，甚至形成八字步，即使在行走时，也会呈现左右摇摆的姿势。

由此可见，让宝宝过早站立、过早学走路，都不利于宝宝骨骼的正常发育，应该遵循宝宝运动发育的规律，一般应在宝宝出生11个月之后，再让他学走路为宜。

No.10 谨防宝宝形成“斗鸡眼”或斜视

现实生活中，父母喜欢悬挂一些玩具来训练宝宝的视觉发育，但如果玩具悬挂不当就会出现一些问题。比如父母在床的中间系一根绳，把玩具都挂在这根绳子上，结果婴儿总是盯着中间看，时间长了，双眼内侧的肌肉持续收缩，就会出现内斜视，也就是俗称的“斗鸡眼”。若把玩具只挂在床栏一侧，婴儿总往这个方向看，也会出现斜视。

因此，家长给婴儿选购玩具时，最好购买那些会转动的，并且可以吊在婴儿床头上的玩具，这样宝宝的视线就不会一直停留在一个点上。另外，宝宝的房间需要有一个令人舒适的环境，灯光不宜太强，光线要柔和。

培养宝宝良好的行为习惯

这个时期，宝宝的生活逐渐变得有规律，父母可对宝宝进行引导，培养宝宝形成条件反射。同时，通过训练和亲子接触，让宝宝形成良好的行为习惯和产生良好的亲子依恋关系。

No.1 培养有规律的睡眠习惯

父母应从小培养宝宝有规律地作息的习惯。4个月宝宝的平均睡眠时间大约是每天9~12小时，白天会睡三觉，每次2~3小时，这是一个过渡阶段。等到宝宝6个月的时候每晚的平均睡眠时间大约为11小时，通常白天上下午各一次小睡，每次约1~2小时，几乎所有的宝宝都可以一觉睡到天亮。

夜间如宝宝不醒，尽量不要惊动他。如果宝宝醒了，尿布湿了可更换尿布，或给他把尿，宝宝若需要吮奶、喝水可喂喂他，但尽量不要和他说话，不要逗引他，让他尽快重新入睡。并注意小儿睡觉的姿势，常让宝宝更换头位，以防宝宝把头睡偏。

No.2 训练宝宝定时排便的习惯

4个月以后，宝宝的生活逐渐变得有规律，基本上能够定时睡觉、定时饮食，大小便间隔时间变长，妈妈可试着给宝宝把大小便，让宝宝形成条件反射，为培养宝宝良好的大小便习惯打下基础。

父母可以按照孩子自己的排便习惯，先摸清孩子排便的大约时间，若发现婴儿有脸红、瞪眼、凝视等神态时，便可抱到便盆前，用嘴发出“嗯、嗯”的声音，每天应固定一个时间进行，久而久之婴儿就会形成条件反射，到时间就会大便。便后用温水轻轻洗洗，保持卫生。

爸爸妈妈在训练宝宝排便时一定要耐心细致、持之以恒，进行多次尝试。每隔一段时间把一次尿，每天早上或晚上把一次大便，让宝宝形成条件反射，逐渐形成良好的排便习惯。排便时要专心，不要让宝宝同时玩游戏或做其他事情。

No.3 建立良好的亲子依恋关系

建立良好的亲子依恋关系对孩子将来的心理健康和行为起着不可忽视的作用。所以，父母需要牢牢把握好依恋关系形成和发展的关键期，与宝宝建立良好的依恋关系。当宝宝与妈妈建立良好的依恋关系时，他会认为人与人是能够互相信任、互相帮助的。当孩子长大后，他们同样会与其他人建立这种良好健康的关系，会用父母对待他的方式来对待其他人，会显示出更友好的合作态度，受到更多人的欢迎。

父母平常应该增加与宝宝亲密接触的机会，即使是短暂的爱抚、拥抱、轻吻都可以让宝宝感受到你的爱。

国内外专家表示，给宝宝进行系统的抚触，有利于宝宝的生长发育。早期抚触就是在宝宝脑发育的关键期给脑细胞和神经系统以适宜的刺激，促进宝宝神经系统发育，从而促进智能发育、增强免疫力、减少宝宝哭闹、增加睡眠。同时，对宝宝轻柔的爱抚不仅是皮肤间的接触，更是一种爱的传递，帮助宝宝获得

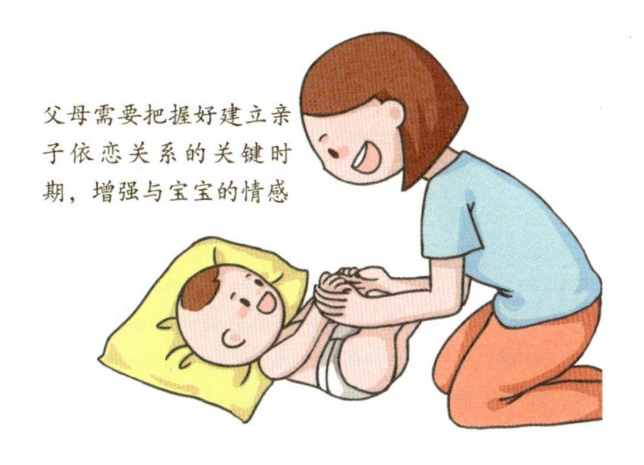

安全感和对父母的信任感。

妈妈更要把握好每天宝宝的泡泡浴，对于宝宝而言，这是他最期待的时刻，丰盛细腻如水般温和的泡沫能够让宝宝对洗澡更有兴趣，妈妈和宝宝之间的互动也会更多。有些家长对宝宝时而热情时而冷淡，随自己的情绪而定，这会使宝宝感到无所适从，久而久之会对父母缺乏信任。

父母需要把握好建立亲子依恋关系的关键时期，增强与宝宝的情感

No.4 纠正婴儿吮手指的不良习惯

宝宝吸吮手指的习惯可能与母亲早期喂养不当有关。有的妈妈一听到宝宝的哭声就用奶头把宝宝嘴堵上，当没有奶头吸吮时，宝宝就会用自己的手指代替奶头来吸吮，以满足吸吮的本能需要，这也是宝宝认识事物的一种积极尝试。有的宝宝在饥饿、生气、惊吓或要睡觉时会吸吮手指，目的是借此稳定自身情绪。

虽然宝宝吮吸手指是正常的现象，但如果宝宝频繁吮吸手指，这样不但会影响手指和口腔的发育，而且也很容易感染各种寄生虫病。因此，家长要注意尽量不让宝宝把手指放入口中，发现宝宝吮吸手指时，用宝宝喜欢的玩具逗引他用手去拿，分散宝宝注意力。并增多宝宝用手的活动，也可与宝宝多玩耍、交谈，稳定宝宝情绪。但不能用强硬的方法将宝宝的手从口拉出来，也不要在宝

宝手指上涂苦或辣等怪味食物，这对纠正宝宝吮吸手指的习惯没有积极作用，反而会给宝宝带来痛苦。

拿宝宝喜欢的玩具或者食物吸引宝宝注意力，避免宝宝频繁吸吮手指

此外，当宝宝将有危险或不干净的东西放入嘴里时，成人应立即制止，用严肃的口气对小儿说“不行”，并将放入口的物品取走。宝宝会从成人的行为、表情和语调中，逐渐理解什么可进食、什么不可以放入口中。

能力训练，让宝宝更聪明

4～6个月的婴儿，动作能力、视听语言等能力都进一步发展，父母要针对宝宝的发育情况，给予适宜的训练，对其今后的智力及其他各种能力的发展都有积极的作用。

No.1 婴儿爬行练习

爬行时宝宝必须用四肢支撑身体的重量，就会使手脚、胸腹背部和四肢的肌肉得到锻炼。随着爬的能力的进展，宝宝就能转到跪、转移重心和站立阶段，为站立和行走打下基础，对中枢神经有良好的刺激，还能扩大宝宝的接触面，有利于智能发展。

孩子6个月大时可以训练爬行。把孩子放在地毯上，收拾好周围的用品，收起地上的电源插座等危险品。把孩子喜欢的玩具放在让他够不着的地方，但不要太远，宝宝想要拿，往前移动就能拿到。宝宝手和膝盖着床的爬才能叫真正的爬。

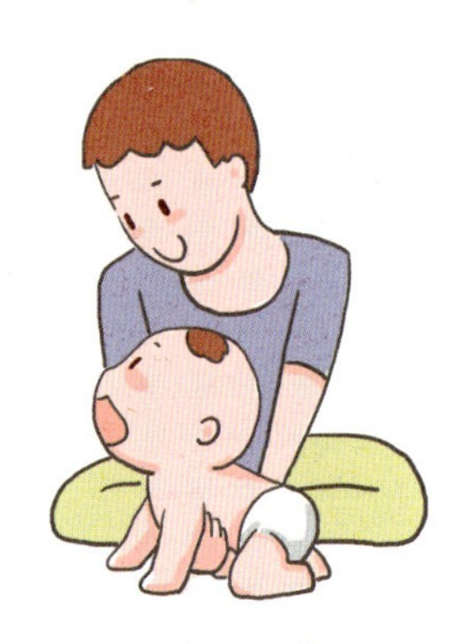

当宝宝手膝着床爬有困难时，父母可用两手轻轻托起宝宝的胸脯和肚子，帮助他的手和膝盖着床，然后再向前稍微送一下，让他有一个爬的感觉。通过不断地练习俯卧，反复锻炼双臂、双腿的力量及重心的移动，宝宝很快就能学会爬。

No.2 视听能力发展

父母要不断地更新视觉刺激，以扩大宝宝的视野。教宝宝认识、观看周围的生活用品、自然景象，可激发宝宝的好奇心，发展宝宝的观察力。还可利用图片、玩具培养宝宝的观察力，并与实物进行比较。

在听觉训练方面，可以锻炼宝宝辨别声响的不同。将同一物体放入不同制品的盒中，让孩子听听声响有何不同，以发展小儿听觉的灵活性。还可以轻柔、节奏鲜明的轻音乐为主，节奏要有快有慢、有强有弱，让宝宝听不同旋律、音色、音调、节奏的音乐，提高对音乐的感知能力。

这个时期，宝宝已经能够辨别声音的来源和方向

家长可握着宝宝的两手教宝宝合着音乐学习拍手或舞动手臂，既可培养宝宝的音乐节奏感，发展孩子的动作，还可激发宝宝积极的情绪，促进亲子交流。另外，还可以让宝宝敲打一些不易敲碎的物体，引导小儿注意分辨不同物体敲打发出的不同声响。

No.3 语言能力训练

4～6个月的宝宝是连续发音阶段，能发的音明显增多，开始发辅音，如d、n、m、b等，看见熟人、玩具能发出愉悦的声音，叫他的名字也会转头看。这时期的宝宝非常渴望能与父母交流，语言技巧基础的培养也是非常重要的。

1 模仿妈妈发音

妈妈与宝宝面对面，用愉快的语调与表情发出“啊啊”、“呜呜”、“喔喔”、“爸爸”、“妈妈”等重复音节，逗引宝宝注视你的口型，每发一个重复音节应停顿一下，给宝宝模仿的机会。也可抱宝宝到穿衣镜前，让他看着你的口型和自己的口型，练习模仿发音。

2 亲子阅读

通过看图说话、复述说话或故事内容，也是有效的训练宝宝语言思维能力的方法。注意选择图片、图形、脸谱等背景简单、色彩对比强烈、突出主要认知物的图书，家长一边指导宝宝观看图画，一边用简短的语句向宝宝讲解，阅读的内容不必频繁地更换，视宝宝的兴趣情况而定。

3 叫名字

用相同的语调叫宝宝的名字和其他人的名字，如果宝宝能转过头来，露出笑容，则表示他领会了叫自己名字的含义。

No.4 社交能力的培养

培养孩子的社交能力，首先可以教孩子认识自我。将孩子抱坐在镜子前，对镜中孩子的影像说话，引他注视镜中的自己和家长及相应的动作，促进孩子自我意识的形成。

当您和宝宝说话时，宝宝会随音节有节奏地运动，表现为转头、手上举、伸腿等类似舞蹈的动作，还会对谈话者皱眉、凝视、微笑。这些运动和语言的韵律是协调的，有时宝宝的手试图去碰妈妈说话的嘴，实际上宝宝是在用运动方式和成人交往。

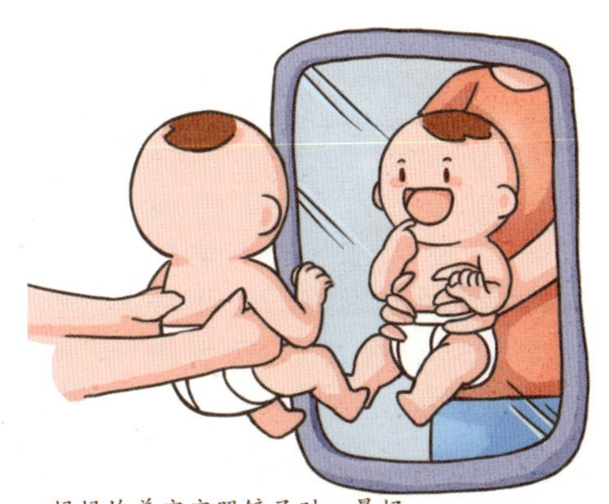

妈妈抱着宝宝照镜子时，最好跟镜子里的人说话，或者跟镜子里的人一起玩捉迷藏

因此，家长和孩子说话，不仅要有意识地给予不同的语调，还应结合不同的面部表情，如笑、怒、淡漠等，训练小儿分辨面部表情的能力，使他对不同的语调、不同的表情有不同的反应，并逐渐学会正确地表露自己的感受。

此外，和宝宝一起玩捉迷藏游戏，既能锻炼宝宝感知的能力，培养宝宝的注意力和反应的灵活性，还能促进宝宝和成人间的交往，激发宝宝产生愉快的情绪。家长也要注意偶尔将一些陌生的客人，尤其是小朋友介绍给宝宝，让他逐渐适应与生人接近。

No.5 手部动作训练

宝宝4个月后，手的活动范围就扩大了，家长可以给孩子一定的锻炼，训练手部的灵活性。如伸手够物，通过这一动作来延伸小儿的视觉活动范围，使小儿感觉距离、理解距离，发展手眼协调能力。

家长可以选择大小不一的玩具，来训练小儿的抓握能力，促进手的灵活性和协调性。另外，通过游戏来教孩子玩不同玩法的玩具，如摇、捏、敲打、掀、推、扔、取等，使他从游戏中学到手的各种技能。

No.6 教婴儿自己玩

这个阶段的婴儿已有一定活动能力了，成人不必始终陪伴在他身边。婴儿已经能翻身、独坐，并逐渐学会爬行，只要注意玩耍环境的安全，就可让孩子独立玩耍。

如果孩子醒得很早，家长还想多睡一会儿，大人也不必急于去照料他，因为他很可能会重新入睡或自己独立玩一会儿。但注意家长应该抽出时间陪孩子玩，不要在孩子每次哭闹后才陪孩子玩，以免孩子养成用哭闹要求家长陪伴的习惯。

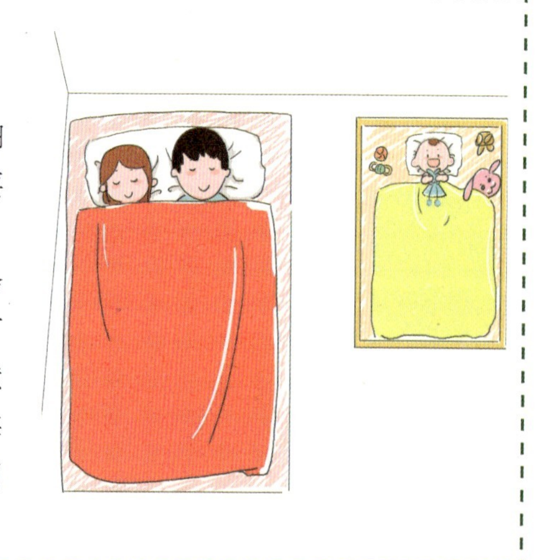

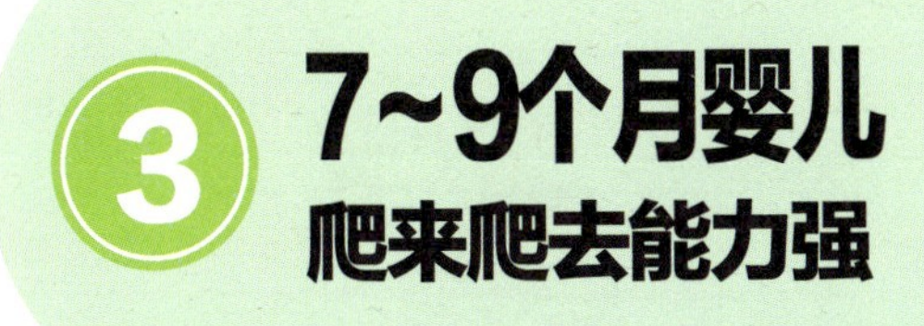

3 7~9个月婴儿 爬来爬去能力强

7~9个月婴儿的智力和运动能力发展都很快，对一切都很好奇。这个时期的婴儿，添加辅食应多样化，为断奶做好准备。同时，宝宝的免疫力会有所降低，患病的概率增加，父母应注意加强对宝宝的照顾。

● 7个月宝宝的生长发育特点

满七个月~八个月

No.1 身高、体重的增加

因骨骼和肌肉发育很快，身体会有紧绷的感觉。

No.2 运动、感觉机能

发育得快的宝宝能将腹部接触到地面爬行，或腹部不触及地面爬行（高背）。

此时的宝宝可以不需要用手支持仍能保持坐姿，翻身动作也已相当灵活了，并且能灵活运用双手手指玩玩具，发育快的宝宝会在玩耍时把纸张撕破，或将玩具乱扔一气，也会模仿敲打玩具。这些都是显示宝宝肌肉、智能、情绪发达的证据。

No.3 哭声、笑声、语言

此时的宝宝会更加主动模仿说话声，如果对宝宝缓慢地说一些易于理解的话，他会整天或几天一直重复，并且能熟练地寻找声源。

由于宝宝的情绪已经相当发达，因此，宝宝能够听懂不同语气、语调表达的意义。宝宝的恐惧心理已经形成，比如看到陌生人便会啼哭，在人员出入频繁的家庭也会感到惧怕。

No.4 哺乳的诀窍

一般在喂断乳食品的中期，宝宝开始有牙齿长出，应选择比以前稍硬的和得用牙龈嚼碎的食物。此时，父母可以喂给宝宝一些护牙的食物，比如牛奶和乳制品、含磷食物（鱼肉、米、豌豆）、含氟食物（海鱼、矿泉水）、苹果、生梨、蔬菜等。

No.5 睡眠的节奏

每天的睡眠时间为12-13小时，白天睡1~2次。如果宝宝在白天遇到了感觉不安的事或兴奋过度，夜晚就会啼哭，但多数2~3天就会消失了。

8个月宝宝的发育特点

满八个月~九个月

No.1 身高、体重的增加

与体重的增加相比，身体约增高1厘米，身体变得很棒，可以说已经接近于幼儿的体型。

No.2 运动、感觉机能

这个时的宝宝基本上可以精确地用拇指、食指和中指捏东西，手眼协调能力增强，无论看到什么东西都喜欢伸手去拿，宝宝的手变得更加灵活，能主动放下或扔掉手中的物体，而不是被动地松手。

此时的宝宝已经能够在床上爬来爬去，各种动作也开始有意向性，会去搜寻喜爱的玩具，也能够同时玩弄两个物体，或把玩具给指定的人。

No.3 哭声、笑声、语言

宝宝从早期的咯咯声或尖叫声，现在已经可以笨拙地发出“妈妈”或“拜拜”等声音，发音明显增多了。

除了发音外，宝宝还能够“听懂”成人的一些话，并能做出相应的反应，能够进行一些简单的言语交往。

此外，宝宝在理解成人的语言上也有了明显的进步，能够区分熟人和陌生人的声音和不同的语气，能够理解成人“不能这样”、“好乖”等斥责与赞扬话语的含义，会露出委屈得要哭或喜悦的表情。

No.4 哺乳的诀窍

应该减少母乳和牛奶的量，逐步增加断乳食品的喂食量。虽然宝宝喜欢甘甜的食物，但是也不应该喂食过多，过甜零食中的糖分容易引起宝宝龋齿，大多数的谷类零食中也会含有糖和油脂，经常食用会在口腔细菌作用下，发酵变成酸性物质而损坏宝宝的乳牙。

同时，为了提高宝宝的食欲和均衡营养，应该尽量选用多种食物，使宝宝习惯多种口味。

No.5 睡眠的节奏

宝宝由于白天运动量的增加会感觉到疲劳，晚上的睡眠质量会更好。白天的睡眠时间为每天2~3次，时间为30分钟左右，或只是在下午睡一次，这要根据宝宝的具体情形而定。由于宝宝做爬行等运动，衣物会很容易弄脏，因此，妈妈们要注意睡前记得帮宝宝换洗衣物和清洁手脚、洗脸。

9个月宝宝的发育特点
满九个月～十个月

No.1 身高、体重的增加

由于时常爬行、抓住物体站起来走步，体重可能没有增加，并且个体差异也会比较明显，因此，应该要注意体重、身高有无均衡发展。

No.2 运动、感觉机能

宝宝从原来的手膝爬行过渡到熟练的手足爬行，能抓住栏杆从座位站起，能够扶物站立，双脚横向跨步，由不协调到协调，可以随意改变方向，甚至爬高。

此时，宝宝会喜欢用食指抠东西，如抠桌面、抠墙壁等，这是由于宝宝心理发展到一定阶段表现出来的探索性动作。因此，家长应注意在安全的范围内，尽量提供机会让宝宝做一些探索性的活动，而不应一味地去阻止他或限制他。

宝宝的模仿能力也已经很强，虽然可以独自玩耍，但和爸爸妈妈一起玩游戏也是很重要的学习过程，家长们不应该忽略这一环节。

No.3 哭声、笑声、语言

现在，宝宝能够理解更多的语言，也能够做3～4种表示语言的动作进行交流和回应，也能够知道自己的名字，对不同的声音会有不同的反应，当听到妈妈说自己名字时也会停止活动，进行连续模仿发声。

这时的宝宝会变得紧张执着，在不熟悉的环境和人面前会很容易害怕，因为他学会了区别陌生人和熟悉的环境，对陌生人感到焦虑是宝宝情感发育中的一个里程碑，宝宝甚至会对曾经相处很好的亲属或看护者表现出哭泣或躲藏，这种情况是正常反应，父母不必感到过于忧虑，也不能强迫宝宝融入陌生环境。

No.4 哺乳的诀窍

断奶的时期临近，应该让宝宝开始习惯用杯子喝汤和喝水的习惯，除了继续熟悉各种食物的新味道和感觉外，还应该逐渐改变食物的质感和颗粒大小，逐渐从泥糊状的食物向固体食物过渡，使辅食取代一顿奶而成为独立的一餐，也要锻炼宝宝的咀嚼能力。发育快的宝宝已经可以习惯于吃与大人相同的食物。

No.5 睡眠的节奏

宝宝出现了白天没有闲暇时间睡觉、整天玩耍的习惯，通常在晚上会睡11～12小时。如果可以，应该让宝宝在白天尽情玩耍，下午让他稍微睡一段时间。如果宝宝生病了，通常会睡得久一些。午睡时，妈妈在旁边陪着睡可以创造良好的睡眠气氛，对宝宝睡眠质量的提高也有很大帮助。

7~9个月婴儿的饮食与喂养

7~9个月的婴儿，生长发育较前半年相对较慢，但对宝宝喂养的要求却更加细致周到。在此期间，妈妈的奶量、质量已经下降，因此给宝宝添加的辅食必须要满足宝宝生长发育的需求。此时还要有目的地训练宝宝的吞咽能力。

No.1 断奶过渡后期的喂养

断奶的具体月龄无硬性规定，通常在1岁左右，但必须要有一个过渡阶段，在此期间应逐渐减少哺乳次数，增加辅食，否则容易引起婴儿不适，并导致摄入量锐减、消化不良，甚至营养不良。7~8个月母乳乳汁明显减少，所以8~9个月后可以考虑断奶。

这个时期，可开始培养宝宝独立吃饭的能力。同时，宝宝辅食的添加应该多样化，食物的颜色和形状是刺激婴儿兴趣的重要要素，因此要特别注意。妈妈最好自己在家为宝宝做断奶食品。

这个时期，婴儿逐渐喜欢跟家人坐在餐桌前吃饭，但是要避免油炸食品和过于刺激的食品以及黄豆、洋葱等不容易消化的食品。虽然同桌吃饭，但宝宝的食物最好还是单独制作。另外，喂断奶食品时，应该适当给婴儿补充水分。

No.2 给婴儿补充蛋白质

6个月以后，母乳中的蛋白质已逐渐满足不了婴儿生长发育的需要，父母应选择其他优质蛋白质给予及时补充，这对婴儿的良好发育极为重要。婴幼儿补充蛋白质的最佳途径是食补。

要根据婴幼儿的生长发育特点，选择富含蛋白质的各种食物进行合理搭配、合理烹调，以满足宝宝对蛋白质的需要。推荐食材有：

豆类：将花扁豆和白色毛豆调成淡味并煮至柔软，压碎后加入蔬菜汤中，做成蔬菜粥。

豆腐：通过煮或炒的方式，做成麻婆豆腐、酿豆腐等。

鸡蛋：如果对鸡蛋不过敏的宝宝可以从8月龄就开始喂一颗鸡蛋的量，可以做成煎蛋、炒蛋、菜肉蛋卷、蒸水蛋等。

鱼：如果没有过敏反应，可以喂食宝宝青花鱼、秋刀鱼、沙丁鱼等青鱼，可以采用煮、炒、熬汤、熬粥等形式。

肉类：尽量选择红肉、脂肪含量较少的部分。开始可以剁碎熬粥，加入到洋芋泥、炖菜或炒蔬菜中，习惯之后可以做成烧卖、水饺、肉丸子等。

No.3 给婴儿补锌和补钙

婴儿缺锌，就会使含锌酶活力下降，造成生长发育迟缓、食欲不振，甚至拒食。当孩子出现上述症状而怀疑其缺锌时，应请医生检查，确诊缺锌后，在医生指导下服用补锌制品。

婴儿期正是身体长得最快的时期，骨骼和肌肉发育需要大量的钙，因而对钙的需求量非常大。如未及时补充，2岁以下尤其是1岁以内的婴儿，身体很容易缺钙。

日常生活中最好的补锌办法是通过食物补锌，这样既经济又安全。首先，提倡母乳喂养；其次，多食含锌食物，如贝类海鲜、肉类、豆类、干果、牛奶、鸡蛋等。锌属于微量元素，因此补充应适量。此外也可通过补充这些营养素来促进钙的补充利用。

No.4 婴儿挑食时的喂养

宝宝在七八个月时，对食物会表现出暂时的喜好或厌恶情绪。妈妈不必对这一现象过于紧张，以致采取强制态度，造成宝宝的抵触情绪。宝宝对于新的食物，一般要经过舔、勉强接受、吐出、再喂、吞等过程，反复多次才能接受。父母应耐心、少量、多次地喂食，并给予宝宝更多的鼓励和赞扬。以下是纠正宝宝挑食习惯的小建议：

1. 进餐时尽量让宝宝坐在高椅上或餐桌位置上，不要让孩子坐在玩具椅上，也不要追在宝宝身后喂饭，要让宝宝有正经吃饭的感觉。
2. 避免一边看电视或玩玩具一边进餐，并且要确保宝宝有固定的吃饭时间。
3. 开始时，进食的分量不宜过多，用较少的分量鼓励宝宝尝试各种食物，逐步增加食用量。
4. 宝宝的模仿能力很强，因此，家长要以身作则，不挑食、不暴饮暴食，也不过分食用零食，为宝宝营造一个开心宽松的进食气氛。
5. 遇到宝宝不喜欢吃的食物，家长应该带头尝试，并做出津津有味的样子，引诱宝宝尝试。
6. 对于不爱吃蔬菜的宝宝，可将蔬菜和肉、蛋等做成馅，做成包子、饺子等带馅的食品，这些食品有利于宝宝咀嚼、吞咽和消化吸收，可激起宝宝的食欲。
7. 对于一些味道会比较重、怪或有特殊香味的蔬菜，不必强求宝宝食用，如韭菜、茴香、芹菜等。

8 避免给宝宝挑食的机会，不少的家长会习惯于问宝宝“你喜欢吃这个吗”、“你要吃什么”，这些问题容易给宝宝挑食的机会，是不必要的。相反，进餐的时候，家长应该要给予宝宝积极的暗示，如果宝宝尝试了某种食物，应该给予宝宝大大的表扬和鼓励。

大部分宝宝只想吃特定食品，拒绝某些食品。在这种情况下，妈妈的态度非常重要

No.5 婴儿营养不良的表现及治疗

营养不良是由于营养供应不足、不合理喂养、不良饮食习惯及精神、心理因素所致，表现为体重减轻，皮下脂肪减少、变薄。一般的，腹部皮下脂肪先减少，继之是躯干、臀部、四肢，最后是两颊脂肪消失而使婴儿看起来似老人，皮肤则干燥、苍白松弛，肌肉发育不良，肌张力低。轻者常烦躁哭闹；重者反应迟钝，消化功能紊乱。

在治疗上，轻者可通过调节饮食促其恢复，根据宝宝营养不良的原因来改变饮食习惯和模式，重者应送医院进行治疗。

No.6 婴儿食欲不振的防治

一般情况下，婴儿每日每餐的进食量都是比较均匀的，但也可能出现某日或某餐进食量减少的现象。不可强迫孩子进食，只要给予充足的水分，孩子的健康就不会受损。

要想解决宝宝食欲不振的情况，就要了解宝宝食欲不振的原因：

1 如果宝宝连续2~3天食量减少或拒食，并出现便秘、手心发热、口唇发干等现象，则宝宝应是由于身体不舒服而导致的食欲不振。

2 不良的饮食习惯：宝宝养成了吃零食的习惯，或正式用餐前食用点心的习惯，就会令宝宝在饭点时食欲不振。

3 辅食添加不合理，宝宝咀嚼能力不足，食用稍硬的食物，要么吐出，要么含在嘴里，家长为了让宝宝将食物咽下，就会喂大量的汤水，这会冲淡胃酸，长期下去，宝宝食欲就会减退。

4 宝宝情绪低落或过度兴奋、睡眠不足或想玩等，都会影响宝宝食欲。

根据以上讲述的原因，对于宝宝食欲不振的防治，最重要的是要让宝宝形成有规律的饮食时间和习惯，创造一个宝宝进餐的空间，使宝宝形成条件反射，知道在哪个时间点、哪个位置需要好好吃饭。

如果宝宝积食，待其消化通畅后很快就会恢复正常的食欲，如无好转，应该去医院做进一步的检查治疗。

贴心护理你的宝贝

7～9个月的婴儿，已经开始长出牙齿，能独立坐稳，并开始能扶着东西站立，同时味觉也越来越发达，对周围事物的关系和好奇心也进一步加强，这些特点决定了家长一刻都不能松懈，在日常生活中，必须更加贴心照顾婴儿，保证婴儿的健康和安全。

No.1 婴儿出牙期的营养保健

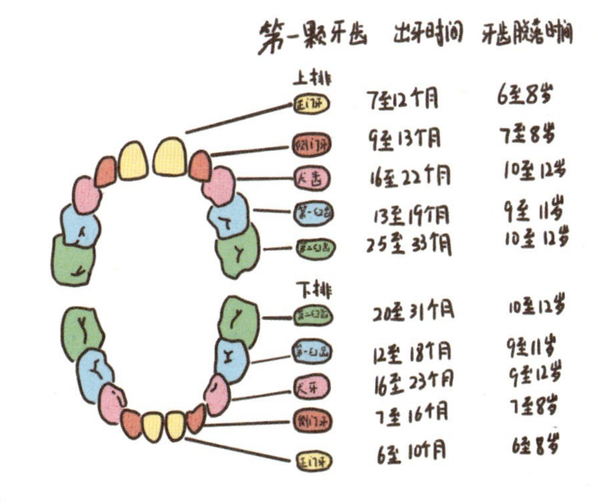

人的一生会有两副牙齿，即乳牙（20个）和恒牙（32个），出生时颌骨中已经有骨化的乳牙牙孢，一般出生后4～6个月乳牙开始萌出，有的孩子会到10个月才开始萌出，这都是正常的。12个月还没有出牙视为异常，最晚宝宝两岁半的时候20颗乳牙会出齐。

出牙期宝宝会有一些不适症状如下：

流口水	这属于正常现象，由于宝宝的吞咽功能尚未完善，随着口腔深度的增加、宝宝的发育，这种现象会消失，但妈妈们要注意及时为宝宝擦拭口水。
牙龈痒	牙齿萌出时对牙龈神经造成刺激，会有些不适，这时宝宝可能会哭闹不安、咬人或咬手指，或用手在将要出牙的部位乱抓乱划等，妈妈应该多留心宝宝，避免宝宝抓破牙龈，也可买一些牙胶或磨牙棒之类的产品给宝宝咬。
发烧	出牙期的宝宝会有发烧的生理反应，只要体温不超过38℃，精神好、食欲旺盛，就只需让宝宝多喝水就好；但如果体温超过了38.5℃，并且伴有烦躁哭闹、拒奶等现象时，应该及时就诊。
腹泻	当宝宝有腹泻、大便次数增多，但水分不多时，应该暂时停止添加其他的辅食，并以粥、细面等易消化的食物为主，注意餐具的消毒。如果每天排便次数在7次以上，且水分较多时，就应该及时就医。
烦躁	出牙前的宝宝心情会比较烦躁不安、容易啼哭，这时，我们应该分散宝宝的注意力，如让宝宝咬磨牙棒，还可以给宝宝的脸部做按摩，以放松宝宝脸部的肌肉。 宝宝出牙与添加辅助食品的时间几乎一致，因此，宝宝容易出现腹泻等消化道症状，爸妈需要密切观察宝宝的反应。

家长应给宝宝多吃些蔬菜、水果，这样不但有利于改掉其吮手指或吮奶瓶嘴的不良习惯，而且还使牙龈和牙齿得到良好的刺激，减少出牙带来的痛痒，对牙齿的萌出和牙齿功能的发挥都有好处。

另外，进食一些点心或饼干可以锻炼婴儿的咀嚼能力，促进牙齿的萌出和坚固，但同时也容易在口腔中残留渣滓，成为龋齿的诱因，因此，在食后最好给宝宝一些凉开水或淡盐水饮用代替漱口。

No.2 纠正牙齿发育期的不良习惯

在孩子生长发育期间，许多不良的口腔习惯能直接影响到牙齿的正常排列和上下颌骨的正常发育，从而严重影响孩子面部的美观。家长可自行对照，及时纠正宝宝的不良习惯。

1 咬东西

一些孩子在玩耍时爱咬物体，如袖口、衣角、手帕等，这样在经常用来咬东西的牙弓位置上容易形成局部小开牙畸形（即上下牙之间不能咬合，中间留有空隙）。

2 偏侧咀嚼

有的宝宝习惯同一侧咀嚼食物，这很容易造成单侧的咀嚼肌肥大，面部两侧发育不对称，造成偏脸或歪脸现象。

如果长出乳牙，宝宝就经常会把东西放入嘴里咬

3 吮指

婴儿一般从3~4个月开始，常有吮指习惯，一般在2岁左右逐渐消失。由于手指经常被含在上下牙弓之间，牙齿受到压力，使牙齿往正常方向长出时受阻，而形成局部小开牙。同时由于经常做吸吮动作，两颊收缩使牙弓变窄，形成上前牙前突或开唇露齿等不正常的牙颌畸形。

4 张口呼吸

张口呼吸时上颌骨及牙弓易受到颊部肌肉的压迫，会限制颌骨的正常发育，使牙弓变得狭窄，前牙相挤排列不下引起咬合紊乱，严重的还可出现下颌前伸、下牙盖过上牙的情况，即俗称的“兜齿”、“瘪嘴”。

5 偏侧睡眠

长期使颌面一侧承受固定的压力，造成不同程度的颌骨及牙齿畸形、两侧面颊不对称等情况。

6 下颌前伸

即将下巴不断地向前伸着玩，可形成前牙反颌，俗称“地包天”。

7 含空奶头

一些婴儿喜欢含空奶头睡觉或躺着吸奶，这样奶瓶易压迫上颌骨，而婴儿的下颌骨则不断向前吮奶，长期反复保持如此动作，可使上颌骨受压，下颌骨过度前伸，形成下颌骨前凸的畸形。

No.3 宝宝在家发生抽风时的护理

头偏向一侧是为了避免或呕吐物吸入呼吸道而窒息

小儿抽风是婴幼儿的一种常见病，在医学上称为“惊厥”，是小儿时期常见的急症。抽风时，病儿意识突然消失，双眼上翻、斜视，面部肌肉或四肢肌肉强直、发硬、痉挛或不停地抽动，一次发作可由数秒至数分钟。因为婴幼儿的大脑发育不完善，即使较弱的刺激也能引起大脑运动神经元异常放电，从而导致抽风。小儿抽风可分为发热性、无热性和低热性抽风。

当孩子发生抽风时，家长首先应立即将孩子放在床上或木板上，把头偏向一侧，以免痰液或呕吐物吸入呼吸道而致窒息。然后，解开婴儿衣领，保持其呼吸道通畅，用手帕缠住竹筷或匙柄后置于上下门齿之间，以免其咬伤舌头，用手指甲重按婴儿人中穴，以达到止抽的目的，如有条件还可针刺合谷、涌泉等穴位。

如婴儿抽风时还伴有高热，应积极采取降温措施。如家中有冰箱的，可将冰块装入塑料袋内放置在小儿额部、枕部、腋下、腹股沟等大血管经过处；有酒精的，可加等量温水稀释酒精配成30%浓度的酒精，轻擦皮肤、四肢及腋下、腹股沟处以助散热；如有退热药如阿司匹林、布洛芬制剂等要根据说明书给小儿服用。

在采取了必要的相应措施后，应该尽快把孩子送到医院检查、治疗。

No.4 夏季患外耳道疖肿的护理

外耳道疖肿是外耳道皮肤急性局限性化脓性病变，又称局限性外耳道炎，发生于外耳道软骨部，是耳科常见病之一。

在炎热的夏天因出汗较多、洗澡不当或因泪水进入外耳道等原因可致婴儿外耳道疖肿。一旦外耳道皮肤发炎，化脓形成疖肿，随疖肿的加重，外耳道皮下的脓液会渐增多，其产生的压力会直接压迫在耳道骨壁上，由于此处神经对痛觉尤为敏感，所以婴儿感到特别疼痛，且在张口、咀嚼时疼痛加重。哺乳期患儿往往有拒乳、抓耳、摇头、夜间哭闹不能入眠等表现。若外耳道疖肿明显肿胀，睡眠时压迫患侧耳朵，婴儿会因疼痛加剧而哭闹。

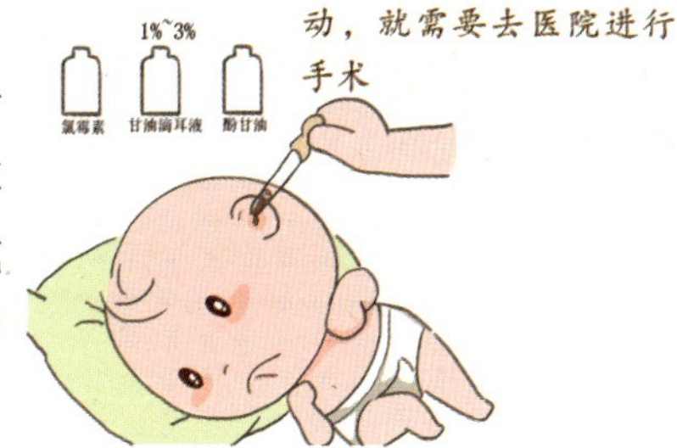

发生疖肿时应用抗生素控制感染，用氯霉素、甘油滴耳液或1%～3%酚甘油滴耳，每日3次。若外耳道有分泌物，必须用3%双氧水洗净后再用氯霉素或酚甘油滴入。若疖肿有波动，应到医院进行手术，切开排脓。

No.5 爬行阶段的注意事项

宝宝会爬了，看到宝宝一天天长大，又学会了新的本领，父母的喜悦心情无法比拟，但此时父母更要注意宝宝爬行环境的安全和卫生。

1. 爬行的装备

爬行练习时，最好给宝宝穿上连体服，爬行时就不会暴露宝宝的腰部和小肚子，同时选择简单的衣服，避免过多累赘影响宝宝爬行的兴致。爬行的地点最好是家中的床或地面，在床上爬行，需要注意确保宝宝不会掉下床；在地面爬时，铺上一块地毯或爬行垫，要避免使用有很多小拼块的软垫，以防宝宝误食。

爬行运动能刺激宝宝对事物的兴趣，而且有助于精神的成长发育

2. 爬行的安全

创造有足够面积的爬行运动场，防止宝宝坠落地上，不要让宝宝离开自己的视线，更不要让宝宝独自爬行；宝宝周围的环境应当没有坚硬、锐利的物品或小零件如纽扣、硬币、别针、耳钉、小豆豆等；家具的尖角要用海绵包起来或套上护垫；药品不要放在宝宝能抓到的地方；不要让宝宝靠近电源和插座；宝宝在床上爬行则一定要做好防御措施，以免摔落。

3. 爬行的卫生

时常清洁、消毒地板和垫子等物品，并注意将任何可能发生意外的东西都要收起来，如大人吃的药、香烟、化妆品等都要放好，也不能让宝宝用爬脏的小手直接拿东西吃。

4. 爬行的乐趣

为了增加宝宝爬行的乐趣，可以拿一些宝宝喜欢的玩具放在前面吸引他，如汽车、球类等会动的玩具，宝宝喜欢追逐这些玩具，这样就可以让宝宝更多地练习爬行。当宝宝爬到终点时，父母要适时地给予鼓励。

No.6 给婴儿擦浴

擦浴是帮助宝宝锻炼的一种形式，适合6个月以上的宝宝及体弱儿。擦浴的室温应保持在18~20℃，水温在34~35℃，以后逐渐调为26℃左右。最好选择中午或下午，在宝宝情绪较好和无疾病的情况下进行。擦浴时宝宝不可空腹或过饱，空腹不耐寒冷，过饱可因擦浴的按压而引起呕吐。

擦浴需采取循序渐进的方法，即擦拭面

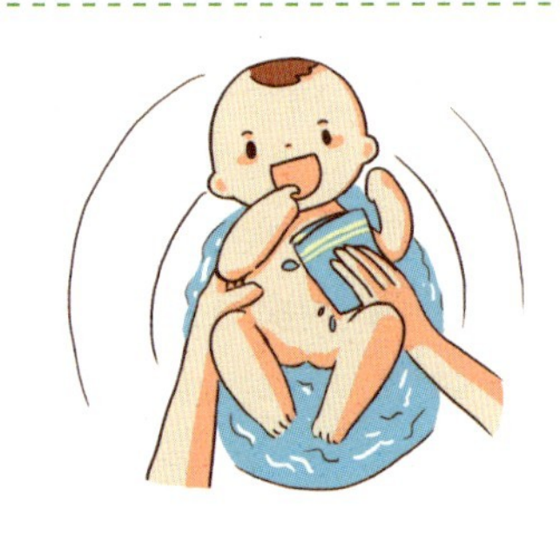

积的大小应逐日递增，先局部，后全身；未擦拭的部位用浴巾包裹，擦拭过的部位可暴露在空气中。擦浴力度不能过大，以皮肤微

微发红为宜；应快速来回反复擦拭，以产生热量，特别是在心前区、腹部、足底部；脐带未脱落前禁止擦拭脐部。

擦浴的时间以10～20分钟为宜，不能太长。若婴儿哭闹严重，应停止擦浴，寻找原因。

No.7 防止婴儿摔倒

生活中不管我们多么小心、细心，宝宝都可能会在不经意间摔倒，我们能做的就是将宝宝摔伤的次数降到最低，将摔伤可能造成的伤害降到最低。**防止宝宝摔倒，最重要的一点就是得为宝宝选择一双舒适合脚的鞋子。**

室内 宝宝最常活动的场所就是家里，因此，家长们要做好安全排查工作。如：将所有的危险品拿开，确保宝宝能搬动、爬得上去的桌椅的安全性，且最好不要靠窗摆放，确保厨房、卫生间、储物间等房间的房门是锁上的，避免宝宝误入，造成不必要的伤害。家里低处的电线、插座、桌椅的拐角等都需要做好保护工作，以提供宝宝一个安全、开放的空间。

室外 带宝宝出去玩时，应该尽量避开人多、车多的地方，以免被行人或车辆撞倒。人多的地方空气也不好，细菌多，对抵抗力较低的宝宝不好。同时，也避免带宝宝在崎岖不平的路面，最好是草地或土地，避免剧烈运动。

No.8 定期带宝宝进行健康体检

定期带宝宝去做健康体检能够了解宝宝的身体发育是否正常，应该怎样才能提高健康水平，还能从保健医生处得到科学的育儿知识和指导，以促进宝宝更健康地成长。

健康体检除了对宝宝的大动作发育、乳牙、视力、听力等进行测试外，还要进行血液检查，因为宝宝6个月之后，由母体储备的铁质已基本消耗殆尽。平时要注意观察宝宝的面色、口唇、皮肤黏膜是否红润或苍白，在医生的指导下补充铁剂，以免发生缺铁性贫血。

在健康体检中还需检测宝宝的动作发育情况和对宝宝的智能发育做出评估，包括观察宝宝是否会翻身，是否会坐稳；检测视力，看其双眼是否对红、黄颜色的物品和玩具能注视和追随。检测听力时，观察宝宝的头部和眼睛是否能转向并环视和寻找发音声源。

培养宝宝良好的行为习惯

良好的行为习惯是要慢慢培养的。7~9个月的宝宝身体和智力都得到了发展，这时，父母应留心日常生活的各个环节，常抓不懈，让孩子真正养成良好的行为习惯。

No.1 培养良好的饮食习惯

从婴儿时期就应让宝宝养成良好的饮食习惯，定点、定时、定量。只有好的饮食习惯，才能保证宝宝的营养供给，满足宝宝生长发育的需要，对宝宝的成长也有着重要的影响。

1 提供良好的进餐环境

进餐前不宜和宝宝做太激烈的活动或游戏，避免宝宝过于兴奋而无法安定进餐；吃饭时不要逗宝宝玩和宝宝讨论与吃饭无关的话题，切忌一边开着电视或让宝宝看着视频、玩手机，一边吃饭，这样会阻碍良好饮食习惯的形成，吃饭时应该让宝宝保持心情愉快轻松，环境安静和谐。

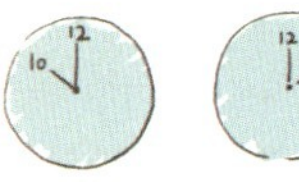

2 定点进餐

胃排空的时间有一定的规律性，随着辅食的添加，宝宝的食物从流质过渡到半流质、固体食物，胃排空的时间也逐渐延长，因此，遵循宝宝胃排空的时间，合理安排进餐时间，定时、定量的进餐习惯，不仅宝宝食欲好，妈妈喂饭“不吃力”，宝宝的吸收也更好，长时间坚持，就能养成宝宝定时进餐的习惯。

此时的宝宝除了喝奶，可以适当添加辅食了，进餐时间尽量固定

3 定位进餐

从5～6个月开始添加辅食时，其实就可以让宝宝每次都坐在固定的场所和座位上，并让宝宝使用属于自己的小碗、小匙、杯子等餐具。长此以往，宝宝每次坐在位置上，看到这些餐具就会形成条件反射，知道自己该吃东西了，也会有相应的口唇吸吮、唾液分泌等生理反射，也有助于帮助宝宝形成安静进餐的习惯。

4 培养宝宝对食物的兴趣

通过同种食材的不同做法或不同食材的搭配、食材的摆盘造型、餐具的购置等引起宝宝对食物的兴趣和好感，引起宝宝的食欲，这样也有助于宝宝消化液的分泌，促进食物消化。家长也可以起到带头模范作用，引导宝宝尝试新食物。

宝宝喜欢新鲜事物，妈咪可以花点心思做一些造型可爱，颜色鲜艳的食物给宝宝吃。或是选用好看的餐具，会让宝宝爱上吃东西哦

5 锻炼宝宝使用餐具的能力

训练宝宝自己握奶瓶喝水、喝奶，自己用用手拿饼干吃，训练宝宝正确的握匙姿势，同时注意对宝宝饮食卫生和就餐礼仪的培养。

6 喂养饮食卫生习惯

宝宝胃肠道抵抗感染的能力极为薄弱，因此更加需要重视宝宝膳食的饮食卫生，食物的新鲜、彻底加热及餐具的清洁卫生、消毒尤为重要。此外，每次餐前，都要引导宝宝洗手、洗脸等，培养宝宝养成清洁卫生的习惯。家长也要注意个人卫生，切忌用口给宝宝喂食食物。

7 合理安排宝宝零食

正确选择零食的品种，合理安排零食时间，有利于补充能量，但应避免在餐前食用过多的零食。零食也应该选择水果、乳制品等营养丰富的食物，控制糖果、饼干、饮料等含糖量高、添加剂量多的食品，以免影响食欲和导致宝宝肥胖、龋齿。

8 避免挑食和偏食

宝宝的每餐食谱应该尽量做到营养均衡、品种多样，饭、菜、鱼、肉和水果搭配好，鼓励宝宝多吃不同种类的食物，并且要细嚼慢咽，有助于消化吸收。

No.2 训练宝宝咀嚼的习惯

宝宝从一出生后，就有寻觅乳头及吸吮的本能，一旦吸入母乳之后，宝宝就会进行吞咽奶水的反射动作，且随着月龄的增加，吞咽能力会越来越协调且有进步。但是咀嚼能力的完成，是需要舌头、口腔、牙齿、脸部肌肉、嘴唇等配合，才能顺利将口腔里的食物磨碎或咬碎，吃下肚子，所以咀嚼能力对婴儿的发育非常重要，练习咀嚼有利于肠胃功能发育和唾液腺分泌，从而提高消化酶活性，促进消化吸收。

大多数宝宝7个月已经开始长牙，此时期宝宝咀嚼及吞咽的能力会较前一个阶段更进步，宝宝会尝试以牙床进行上下咀嚼食物的动作，此时，妈妈可以提供更加丰富多样的辅食，并让辅食的形状更为浓稠、硬些，提供一些需要咀嚼的食物，以培养宝宝的咀嚼能力，也能促进宝宝牙齿的萌发。

7~9岁的宝宝训练咀嚼能力，可以吃一些稍微硬一点的东西。但是要适度，过硬的食物也不适合宝宝牙齿的萌发

No.3 宝宝卫生习惯的培养

从小培养宝宝自己动手和良好的卫生习惯，有利于宝宝身心的健康成长，也可以减少宝宝疾病的发生。

1 服装仪表

保持仪表整洁，教孩子注意衣服是否干净整齐，所有的扣子是否扣上了，鞋带是否系好了。勤换衣物，女孩子则要注意穿裙子时的坐姿和注意事项等。这些通过父母的言传身教和时不时的提醒，可以让宝宝慢慢变成注重仪容仪表的、干净清爽的孩子。

2 个人身体

让宝宝养成早晚洗脸刷牙的习惯，饭前便后要洗手、弄脏手后要及时洗、勤剪指甲、保持头发整洁、脏手不擦眼睛、不抠鼻孔、用纸巾或手帕擦鼻涕。

3 日常物品的排放

教导宝宝保持玩具、床铺的干净整洁，和宝宝一起将玩具收拾到篮子里，起床后和宝宝一起整理床铺，让宝宝从小受到熏陶，也能有助于培养宝宝良好的卫生习惯。

No.4 培养婴儿良好的排便习惯

进入8个月的宝宝已经能单独稳坐，因此从8个月开始，在前几个月训练的基础上，可根据宝宝大便习惯，训练他定时坐盆大便。坐盆的时间不能太长。开始只是培养习惯，一般孩子不习惯，一坐盆就害怕，这时不要太勉强，但每天都要坚持让孩子坐坐。另外，坐便器最好放在一个固定的地方，掌握小儿排便规律后，令其坐盆的时间也宜相对固定，这样多次训练，便可成功。便盆周围要注意清洁，每次必须洗净。此外，切忌养成在便盆上喂食婴儿和让其玩耍的不良习惯。

平时多让宝宝坐坐便器，能够让他不排斥并习惯便盆，这样排便就不会那么困难了

No.5 培养宝宝与陌生人相处的习惯

宝宝认生是他情感发展的第一个重要里程碑。宝宝可能会变得很黏人，只要碰到新面孔，他就会感到焦虑不安，如果有陌生人突然接近他，宝宝可能还会哭起来。所以，妈妈如果碰到这样的情况，不用感到奇怪，因为这是宝宝正常的表现。

在宝宝3~4个月以前还不认生的时候，妈妈可有意识地带宝宝走出家门，帮助宝宝尽早适应他可能接触到的各种社会环境。另外，妈妈可让其他家

宝宝对妈妈的过分依恋不利于宝宝的身心健康发展，应该多引导宝宝与其他人接触

庭成员多抱抱宝宝，在他们抱的时候妈妈可以暂时离开一会儿，让宝宝熟悉除爸妈之外的陌生人。注意千万不要强迫宝宝，违背他的意愿让他与陌生人接触，应让宝宝先和其他人熟悉起来，再安排他们单独相处。妈妈应该尽量带宝宝到户外玩耍，适度鼓励宝宝参与小伙伴的游戏。

能力训练，让宝宝更聪明

7～9个月的宝宝本领越来越多，对任何事物都充满好奇，不管是身体发育还是能力发展，都大大得到强化，理解力明显增强，并开始用手势、表情和声音来表达意愿。此时期，需重视对宝宝的能力训练，注意早期教育。

No.1 开始学习迈步

学走路是每个宝宝的必经阶段，7～9个月的宝宝能在大人的扶持下站立，并能迈步向前走几步。大人可以站在宝宝的后方扶住其腋下，或在前面搀着他的双手向前迈步，练习走。但拉手走只能用于练习迈步，待时机成熟时，设法创造一个引导孩子独立迈步的环境，如让孩子靠墙站好，大人退后两步，伸开双手鼓励孩子，叫他“走过来找妈妈”。当孩子第一次迈步时，大人需要向前迎一下，避免他第一次尝试时摔倒。

家长们的鼓励，能够让宝宝学得更快，也更有安全感

婴儿开始学迈步时，不要给他穿袜子，因为他可能会因此滑倒，身体很难保持平衡；每次训练前要让他排尿，撤掉尿布，以减轻下半身的负担；选择一个孩子摔倒了也不会受伤的地方，特别要将四周的环境布置一下，要把有棱角的东西都拿开。父母还应注意每天练习的时间不宜过长。

No.2婴儿语言训练

宝宝开始咿呀学语标志着宝宝的发音进入新的阶段，意味着宝宝开始学习说话了。这时，父母应该多和宝宝进行发音练习和交流对话，因势利导地对宝宝的语言能力进行训练。

宝宝在7～9个月已经可以重复发出某些元音和辅音，如“Ma-Ma、Ba-Ba”的音，会试着模仿声音，发音也越来越像真正的语言，也开始懂得一些词语的意义，很多宝宝也已经学会用招手欢迎、拍手鼓掌、挥手再见等肢体动作表示语言。这个时期，父母平时在对孩子说话时，一定要配合一定的动作，并且同样的话一定要配合同样的动作。如果能这样坚持下来的话，那么孩子将会很快学会说话。

此外，这个时候的宝宝对独立自主有强烈的需求，因此，可以和宝宝一起阅读一些图片多、色彩鲜明、简洁生动的插画及贴近宝宝的日常生活的书，让宝宝在探索中认识书本，也可以利用一些具有玩具形态的感官书、小翻页书等，引起宝宝的兴趣，给宝宝讲述故事内容，也可以培养宝宝的语言逻辑能力。

教宝宝说话时，配上相应的手势，宝宝会学的很快的

No.3 手的精细动作练习

七八个月的宝宝已经能很熟练地做一些精细的小动作，为了培养这方面的能力，父母可以和宝宝玩一些小游戏，如扔球游戏，可以锻炼宝宝扔掷东西的技能。还可以教孩子用拇指和食指相对捏取玉米花、黄豆等东西，锻炼手指的灵活性。

平时，可拿个大盒子，让宝宝自己收拾玩具，将其拿出来和放进去，训练宝宝眼、手、脑的协调性。也可以教宝宝模仿敲击积木、传球等。也可以拿个小塑料瓶，告诉宝宝把豆豆拣到瓶里，先做示范，再让宝宝学着做，但要注意避免发生宝宝误食豆豆或将豆豆放进耳朵等危险现象。

多让宝宝自己收拾玩具，他放进放出也没有关系，只要让他锻炼手指

No.4 适合婴儿的游戏与玩具

玩具是婴儿游戏必不可少的东西，可以发展婴儿的动作、语言，并使他们心情愉快，也能培养婴儿对美的感受能力。根据此阶段婴儿智能发展的特点，可给7~9个月的婴儿提供下列玩具：

动物玩具

它是婴儿最喜欢的玩具，是婴儿生活中最贴近的、最熟悉的形象，可以使婴儿认识动物的名称。

生活用品

如小碗、小勺、小桌椅等，可以使婴儿认识物品的名称、用途。

运动性玩具

可发展婴儿动作及感觉、知觉和运动感，如软球、摇铃、套环等。

还可购置一些彩色积木、小汽车等，一次给婴儿的玩具不必太多，两三样即可，但要经常更换，以提高宝宝的兴趣。

7~9个月的宝宝也很爱玩，要选择合适的玩具才行

经常和婴儿一起玩游戏，可以使婴儿情绪愉快，和大人建立良好的感情，有利于接受教育。大人与婴儿做游戏的内容多种多样，如运动性游戏：把球扔进盆里，捡回来交给婴儿再扔。此阶段的婴儿自我意识加强，可以有意识地支配手的动作，并对手和手臂的活动感兴趣。他要试验自己的力量，喜欢通过扔东西来表现自己，可提供彩球、乒乓球等让婴儿练习。

No.5 训练宝宝自己喝水的能力

训练宝宝自己用杯子喝水，可以锻炼宝宝的手部肌肉，发展其手眼协调能力。这阶段的宝宝大多不愿意使用杯子，因为以前一直用奶瓶，他已经习惯了，所以会抗拒用杯子喝奶、喝水。即使这样，父母仍然要教导宝宝使用杯子。首先要给宝宝准备一个不易摔碎的塑料杯。尤其是带吸嘴且有两个手柄的练习杯不但易于抓握，还能满足宝宝半吸半喝的饮水方式。

独立用水杯喝水时，宝宝会觉得很有成就感

选择吸嘴倾斜的杯子，这样水才能缓缓流出，以免呛着宝宝。

选择颜色鲜艳、形状可爱的杯子，这样可以让宝宝拿着杯子玩一会儿，待宝宝对杯子熟悉后，再放入水。接着将杯子放到宝宝的嘴唇边，然后倾斜杯子，将杯口轻轻放在宝宝的下嘴唇上，让杯里的水刚好能触到宝宝的嘴唇。如果宝宝愿意自己拿着杯子喝，就让宝宝两手端着杯子，成人帮助他往嘴里送。

要注意的是：

让宝宝一口一口慢慢地喝，千万不能一次给宝宝杯里放过多的水，以免呛着宝宝。如果宝宝对使用杯子显示出强烈的抗拒性，爸爸妈妈就不要继续训练宝宝使用杯子了。如果宝宝顺利喝下了杯子里的水，爸爸妈妈要表示鼓励、赞许。

10~12个月婴儿开口说话乖宝宝

在这个阶段，宝宝开始向幼儿过渡，身体和智力发展明显增长，饮食与护理方面的要求也都发生了一些变化。如何更好地照顾这个阶段的宝宝呢？让我们一起来学习一下吧。

10个月宝宝的生长发育特点

满十个月~十一个月

No.1 身高、体重的增加

宝宝的体重没有什么增加，而身长会继续增加，因此会给人瘦了的印象。

满10个月时身高、体重的平均值：男70.4~76.3厘米，8.07~10.42千克；女 68.8~74.9厘米，7.45~9.78千克

No.2 运动、感觉机能

此时的宝宝能够独自站立片刻，能够迅速爬行，大人牵着手会走。

宝宝开始会故意把东西抛落给母亲收拾，如果你向宝宝滚去一个大球，起初他只是随机乱拍，之后他就会拍打，并可以将球朝你的方向滚过去。

随着月龄的增大，宝宝的自我概念会变得更加成熟，变得更加自信，喜

欢被表扬，主动亲近小朋友，也开始会有不听话，就要按照自己意愿行事的情况。同时，这时，宝宝害怕黑暗、打雷和吸尘器的声音是属于正常现象。

No.3 哭声、笑声、语言

此时的宝宝也许已经会叫妈妈、爸

爸，能够主动地用动作表示语言，进入说话萌芽阶段，在大人的语言和动作引导下，能够模仿成人拍手、挥手再见和摇头等动作。也能意识理解到大人所说的“不行、不能这样做”、“吃饭啦”等话语，能够分辨哪些东西可以吃，哪些不能，而宝宝仍将所有东西放入口中，只是为了尝试。此时宝宝对于生活节奏、安排会在自己心里有一个小算盘，明白早晨吃完早餐后，就可以去公园溜达。

No.4 认知的发展

此时宝宝能够认识常见的人和物。他能够开始观察物体的属性，得到关于形状（有些东西可以滚动，其他则不能）、构造（粗糙、柔软或光滑）和大小（有些东西可以放入别的东西中）的概念。

宝宝遇到感兴趣的玩具，会试图拆开看里面的结构。体积较大的，知道要用两只手去拿，并能准确找到存放食物或玩具的地方。此时宝宝的生活已经有规律了，每天会定时大便。

No.5 哺乳的节奏

由于宝宝此时处于什么事都想自己做的时期，会有“用手抓着吃东西”、“边玩边吃”以及“吃饭分心、无心吃饭”等现象的出现，对此，家长可以采取以下措施来缓解：

（1）将吃饭时间限定在30分钟以内；

（2）如果宝宝开始玩耍，应该叫他停下来，而不是一边玩一边吃饭；

（3）教会宝宝汤匙的握法；

（4）自己选择能吃的食物。

No.6 睡眠的节奏

这个时候理想的睡眠时间安排应该是早上、下午、夜晚三次，如果宝宝在深夜醒来，原因可能是：

（1）白天的运动不足，消耗不大，到了晚上精神头充足；

（2）父亲晚上回来很晚，把宝宝吵醒了，影响了宝宝的睡眠质量；

（3）白天一直睡到黄昏，或早上起床很晚等。

父母的睡眠习惯对于宝宝的睡眠节奏有着非常重要的影响，父母熬夜、晚睡晚起的习惯会给宝宝带来错误的示范，也不利于宝宝形成良好的作息时间。

11个月宝宝的发育特点
满十一个月~十二个月

No.1 身高、体重的增加

因为与体重相比，身高的增长幅度比较大，因此整体成熟感较为显著。

满11个月时身高、体重的平均值：男71.4~77.5厘米，8.23~10.66千克；女69.9~76.2厘米，7.62~10.0千克

No.2 运动、感觉机能

宝宝能够牵着家长的一只手走路了，并能扶着推车向前或转弯走，还能在穿裤子时伸腿，用脚蹬去鞋袜。随着协调程度的改

善，宝宝能够按顺序抓起桌面上的物体，手的动作灵活性明显提高，能拉开抽屉或把杯子里的水倒出来，也能试着拿笔在纸上乱涂

乱画。如果看不到玩具，宝宝会去寻找，而看到画册上的狗狗，又会“汪汪”直叫，记忆力和想象力发达，会配合着音乐用身体打拍子。

No.3 哭声、笑声、语言

这时的宝宝能够不以哭泣的方式，而用手指示想要的东西了；在使用“妈妈”“饭”等词语的时候，不仅仅是发出声音，且能明确表示其含义。宝宝也已经有初步的自我意识，对自己感兴趣的事物长时间地观察，逐步建立时间、空间、因果关系，也能执行大人提出的简单要求。

No.4 哺乳的诀窍

宝宝已经可以固定三餐制，和大人吃相同的食物，即便牙齿还没长全，也可以用牙龈嚼碎。家人注意宝宝的饮食应该做得清淡些，在三餐之外，还应该喂1~2瓶牛奶，以及1~2次的点心等。

No.5 睡眠的节奏

宝宝的睡眠时间大致已经固定下来，家长应该注意控制好宝宝白天的运动量，运动过量可能会使宝宝晚上的睡眠时间过长，影响第二天的作息时间，而运动量不足则可能使当天晚上久久不能入睡。

12个月宝宝的发育特点
满十二月

No.1 身高、体重的增加

体重约为刚出生时的3倍，身高约为1.5倍，体型中更显露出个性。

No.2 运动、感觉机能

此时，宝宝能够站起、坐下，绕着家具走的行动更加敏捷，不必扶，自己能够站稳独走几步，站着时，能够弯下腰去捡东西。在周岁生日之前，能够行走的宝

宝，平均每2人中有1人，而在一岁半之前大多数便都能行走了。宝宝开始喜欢将东西摆好后再推倒，开始厌烦母亲喂饭，要试着自己穿衣服，可以识别很多熟悉的人、地点和物体的名字，愿意和小朋友亲近、玩游戏。

No.3 哭声、笑声、语言

这时宝宝虽然说话少，但能够用单词表达自己的愿望和要求，并开始用语言与别人交流，能够模仿和说出一些词语，也会用

一个单词表达自己的意思，如“饭饭”可能是指“我要吃东西或吃饭”。

这个阶段的宝宝已经具备看书的能力，能够认识图画、颜色，指出图中所要找的动物、人物，也能随着儿歌做动作。

No.4 哺乳的诀窍

此时让宝宝充分练习咀嚼尤其重要，宝宝的食物应该从稠粥转为软饭，从烂面条转为包子、饺子、馒头片，从菜末、肉末转为碎菜、碎肉等。但在增加固体食物时，要注意食物的软硬度，水果类可以稍硬些，肉类、菜类、主食类还是应该软一些的，因为此时的宝宝还没有长出磨牙，如果食物过硬，宝宝不容易嚼烂，容易发生危险。

No.5 睡眠的节奏

一岁小孩每晚会睡10～12小时，白天再睡2觉，每次1～2小时，但具体睡眠时间长短是因人而异的。这时，很多宝宝都会有一个“最爱”陪着他们平静入睡，这是他们步入独立睡眠的第一步，但不应使用安抚奶嘴。午觉醒后，宝宝会在床上自己玩一会儿再起床，家长可以鼓励宝宝继续这么做，但不要给宝宝太大的玩具，否则，他会很快就学会怎样踩着它们从小床围栏里爬出来。

10~12个月婴儿的饮食与喂养

这个阶段，在饮食生活方面，婴儿已基本结束了以喝母乳或奶粉为主的饮食生活，随着婴儿的成长，婴儿身体对营养的需求明显增多，咀嚼功能和肠胃消化功能有了很大提高，婴儿的饮食应该开始由半固体向固体食物转变。

No.1 按计划喂断奶食品

要想在1周岁之前让孩子断奶，首先要制定详细的断奶计划，然后按照计划慢慢地改变每天的饮食习惯。即使是双胞胎，一种方法也不一定适合两个孩子。如果每天的生活有节奏，就比较容易，但是必须随机应变。只要婴儿健康，而且顺利地解决了所有琐事，即使每天的生活没有规律也无大碍。

在一周岁之前，把婴儿断奶期分为三个阶段。

第一阶段：出生4~6个月时，开始喂乳状食品。

第二阶段：从6~7个月开始，婴儿就可尝试独自吃饭。

第三阶段：从第9个月开始可以跟家人一起吃饭，而且能吃跟家人一样的食品。

如果顺利地度过这个阶段，就能减少每天吃奶的次数，而且每天吃三顿饭，同时喝2~3杯牛奶。如果断奶食品的摄取量增加，授乳量就逐渐减少，最好能自然地断奶。

No.2 断奶应注意的问题

给宝宝断奶需要注意以下几点：

1 断奶应选择合适的季节，春末和初秋适宜给宝宝断奶，夏季天气炎热，冬季宝宝抵抗力差，均不适宜给宝宝断奶。

宝宝断奶的最佳季节是春末和初秋，温度适宜，也不容易生病

2 宝宝断奶时最好不要和宝宝分开，否则易造成宝宝分离焦虑。

3 在决定给宝宝断奶时，要确定宝宝辅食已经能够吃得不错了。

4 白天必须让宝宝吃饱：刚开始断奶时，应在白天喂断奶食品，且要在喂奶粉或母乳之前。如果晚上喂断奶食品，因为要消化食物，婴儿就睡不好觉，且父母也休息不好。

5 逐渐增加断奶食品的量：开始断奶1周后，在喂奶粉或喂母乳前，最好喂4小勺断奶食品，而在早上只喂断奶食品，早餐最好选择谷类、牛奶和蛋黄。从第二周开始，可以喂蔬菜或果汁，但是不能突然增加断奶食品的量，必须慢慢地增加。

6 大部分宝宝不喜欢在深夜或清晨吃断奶食品，但是宝宝每天都能吃三次断奶食品。夜间最好不要喂断奶食品。宝宝不吃饭就直接睡觉的情况下，只要能安稳地睡觉，就不用叫醒他吃断奶食品。另外，如果宝宝睡懒觉，就可以取消早餐，但是宝宝想吃时，随时都要喂断奶食品。不喂断奶食品时，必须保证每天的牛奶摄取量。

不能强迫宝宝吃断乳食品，应该耐心引导并合理安排进食时间。

No.3 根据季节给宝宝添加辅食

一年四季，气候各有不同，有春暖、夏热、秋燥、冬寒之特点，宝宝的饮食也要根据季节的轮换而进行适当调整。

春季

是传染病和咽喉疾病的易发季节，饮食应清温平淡，主食可选用大米、小米、红小豆等，牛肉、羊肉、鸡肉等副食品不宜过多。春季蔬菜品种增多，除多选择绿叶蔬菜如小白菜、油菜、菠菜等外，还应给宝宝吃些萝卜汁、生拌萝卜丝等，不仅能清热，而且可以利咽喉，预防传染病。

夏季

气候炎热，体内水分蒸发较多，加之易食生冷食物，胃肠功能较差，此时不仅要注意饮食卫生，且要少食油腻食物，可多吃瘦肉、鱼类、豆制品、咸蛋、酸奶等高蛋白食物以及新鲜蔬菜和瓜果。

秋季

气候干燥，也是瓜果旺季，宜食生津食品，可多给宝宝吃些梨，以防治秋燥。还要注意饮食品种多样化，不要过于吃生冷的食物。

秋季

气候寒冷，膳食要有足够的热能，可多食些牛肉、羊肉等厚味食物。避免食用西瓜等寒冷食物，同时要多吃些绿叶蔬菜和柑橘等。

No.4 婴儿应少吃冷饮

在炎热的夏天，吃适量的冰棍、雪糕等冷饮，能起到防暑降温的作用，但如果过量的话，就不利于身体健康。宝宝过食寒凉饮食，会导致脾胃虚寒，出现腹痛、腹泻或厌食等症状，冷饮中所提供的营养成分与正常饮食是无法相比的。且宝宝的脏腑功能还不健全，饭前吃冷饮，会伤及脾胃，影响食欲和食物的消化吸收。冰凉的饮料摄入过多还会对腹脑产生不良的刺激，宝宝会表现出迟钝。

因此，家长应该控制宝宝吃冷饮的量和时间，也可以在家自制各种消暑饮食，如西瓜水、绿豆汤等。

No.5 宝宝不宜多喝饮料

不少家长认为，市场出售的饮料味道甜美，夏季饮用方便，又富含营养，就把它作为婴儿的水分补给品，甚至作为牛奶替代品食用。这不仅会造成婴儿食欲减退、厌恶牛奶，影响正常饮食，还会使糖分摄入过多而产生虚胖，而且饮料中所含有的人工色素和香精也不利于婴儿的生长发育。

夏季婴儿以喝白开水为宜，水经过煮沸后，所含的氯含量减少了一半以上，但所含的微量元素几乎不变，水的各种理化性质都很接近人体细胞内的生理水，这些特性使它很容易通过细胞膜，加速乳酸代谢，解除人体疲劳。

婴儿每天需要一定量的水分供应，尤其在炎热的天气，出汗较多，水和维生素C、维生素B丢失较多，可以用适量的牛奶、豆浆和天然果汁补充。果汁又以西红柿汁和西瓜汁为佳，能清热解暑。

经常喝冷饮不利于宝宝的生长发育，容易导致宝宝龋齿，宝宝以喝白开水为宜

No.6 不宜吃过多的巧克力

宝宝不宜食用过多巧克力，这是因为巧克力含脂肪多，不含能刺激胃肠正常蠕动的纤维素，因此影响胃肠道的消化吸收功能。

其次，巧克力中含有使神经系统兴奋的物质，会使婴儿不易入睡、哭闹不安。此外，巧克力易引发蛀牙，并使肠道气体增多而导致腹痛。因此，婴幼儿不宜过多吃巧克力。

另外，牛奶与巧克力最好不宜同食。有的家长为了给宝宝增加营养，常常在牛奶中放些溶化的巧克力或吃奶后再给宝宝巧克力吃，这是不科学的，因为牛奶中的钙与巧克力中的草酸结合以后，可形成草酸钙，草酸钙不溶于水，如果长期食用，容易使宝宝的头发干燥而无光泽，甚至会出现腹泻、缺钙、发育缓慢等现象。

贴心护理你的宝贝

10～12个月的婴儿，已经临近了与婴儿时代告别的时刻。此时，宝宝每天能吃三顿断奶食品，咀嚼能力加强，已经开始学习走路，跟爬行时期相比，视野更加开阔，手脚更加灵活、淘气。这也意味着婴儿的危险性逐渐增加，因此在日常生活中，父母要特别注意对宝宝的安全护理。

No.1 宝宝房间装修

儿童房间一直都是孩子的欢乐天地，在这里，孩子可以尽情地玩耍。因此，在装修问题上，家长要考虑如何才能让宝宝生活得更开心、更健康。

1 材料

宝宝房间的铺地材料必须能便利清洁，不能有凸凹不平的花纹、接缝。宝宝房间的地面宜采用天然实木地板，并要充分考虑地面的防滑性能，最好选用环保装修材料和环保家具。

2 色调

在设计儿童房时，应避免单调的纯白色调，可以根据孩子的年龄、喜好、性别设计得个性化一些，以增加趣味性。不同的色彩可以刺激儿童的视觉神经，开发儿童的学习能力。

3 照明

合适的光线能让房间温暖、有安全感，有助于消除孩童独处时的恐惧感。儿童房要有一盏主灯，起到完全照明的作用。建议再放一些造型可爱、光线温馨的壁灯，营造一种童话般的感觉。

4 安全

给宝宝装修房间时，要充分考虑安全。电线插头忌安置在低矮处，电线布置要隐秘，保暖电器和电风扇要远离婴儿床。窗下少放置可攀爬的物品，以免宝宝攀爬，窗上要加装安全锁、护栏。宝宝还小时，要选用门夹装置，防止宝宝夹住手脚。

5 涂鸦墙

设置一面墙作为涂鸦墙。宝宝喜欢随意涂鸦，可以在其活动区域，如壁面上挂一块白板或软木塞板，让孩子有一处可随性涂鸦、自由张贴的天地。

释放天性的涂鸦墙

6 家具

尽量选用圆角的家具或为尖角的家具带上保护套。宝宝还小的时候，尽量避免选择玻璃器皿，避免使用装饰布，如桌布，特别是当桌布上还要放置一些重或热的东西时，意外更容易发生。

7 婴儿床

多数婴儿床是采用栅栏式的，选购时注意栅栏间的间距不得超过6厘米，以免发生被卡现象。床上的任何线头、绳索不得超过30厘米，以免发生绕颈情况。

No.2 如何给宝宝喂药

宝宝在出生后不久，就已具备辨味能力了，他们喜欢吃甜的东西，而对苦、辣、涩等味道会做出皱眉、吐舌的动作，甚至会哭闹而拒绝下咽，因此给宝宝喂药是件令家长头疼的事情。给0~1岁的婴儿喂药的方法是：

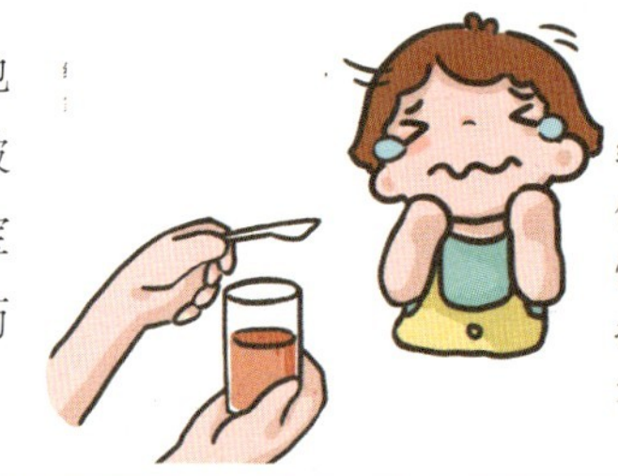

给宝宝喂药是一件比较困难的事情，家长应该掌握合适的时机和方法

1

液状药品

如果药是液体的，需要用勺子和滴管喂，而且一定要给喂药工具消毒。使用滴管时，要把婴儿抱在肘窝中，使其头部稍微抬高一些，把需要喂的药吸到滴管中，然后把滴管插入婴儿口中，轻轻挤压橡皮囊。另外，吃药时不要让婴儿平躺着，那样吞咽比较困难。用勺子时，把婴儿放在膝上，轻轻扒开嘴，把勺子尖放在下唇上，慢慢抬起勺子柄，使药物留入口中，速度与婴儿吞咽速度一样。

2

片剂状药品

可用两个勺子将其捣碎，若婴儿不喜欢药物的味道，可以将药溶于少量的糖水里，先喂糖水或奶，然后趁机将已溶于糖水的药喂入，再继续喂些糖水或奶。不管婴儿怎样啼哭，一定要保持镇定的情绪坚持让婴儿把药吃完。

对于已经懂事的孩子应讲明道理，耐心说服，并采用表扬鼓励或其他奖励的方法，使宝宝自觉自愿地服药。

No.3 乳牙龋齿的预防

预防龋齿，应从宝宝开始。事实上，龋齿并不是吃糖多少的问题，关键在宝宝吃糖的频率，比如十块糖分十次吃的话，口腔产生的酸会慢慢腐蚀宝宝的牙齿，但如果是一次性吃完漱口的话，就不会造成反复的腐蚀了，因此，建议家长要控制好宝宝吃糖的频率，或者在宝宝吃完糖之后及时给宝宝喝水，起到稀释的作用。保护宝宝乳牙还要注意以下几点：

1 长牙期应多补充钙和磷（乳和乳酪）、维生素D（鱼肝油和日光）、维生素C（柑、橘、生西红柿、卷心菜或其他绿色蔬果），其他如维生素A或维生素B族也应注意补充。

2 食物中如需加糖最好使用未经精制的红糖或果糖，睡前饮些开水，并使用婴儿刷清洁口腔乳牙，刷时应由牙龈上下刷，不要左右横刷，以免釉质受损，产生龋齿。

3 纠正宝宝吸吮手指及口含食品入睡等不良习惯。

4 婴幼儿食物要多样化，以提供牙齿发育所需要的丰养物质，还要注意多咀嚼粗纤维性食物，如蔬菜果、豆角、瘦肉等，咀嚼时这些食物中的纤维能摩面，去掉牙面上附着的菌斑。

如果在饮用水机中滴入儿滴氟素，能够预防龋齿

No.4 婴儿口腔溃疡的护理

口腔溃疡是指口腔黏膜表面发生的局限性破损。发生口腔溃疡时，进食会使疼痛加重，使婴儿不敢吃东西。

引起口腔溃疡的因素有全身性的，如睡眠不足、发烧、疲劳、消化不良、便秘和腹泻等，也有局部性的原因，如由先天齿、新生牙所造成的舌系带两侧的溃疡，吸吮拇指、橡胶奶头、玩具造成的上腭黏膜溃疡，由于咬舌、唇、颊等组织引起的“自伤性溃疡”。

表现 溃疡开始发生时，大部分为小红点或小水泡，随后破裂成溃疡。溃疡周围会红肿充血，中央则微微凹陷，可有灰白色或黄白色膜状物。

护理方法：

食物清淡

给婴儿吃一些清淡的食物，不要让婴儿吃过烫或刺激性食物，以免加剧疼痛。

抹药

在婴儿吃饭前用1%普鲁卡因液涂在溃疡面上，以减轻婴幼儿吃饭时的疼痛。

其他

除局部应用抗感染药物外，去除刺激因素和改善不良习惯也很重要。

No.5 宝宝开窗睡觉好处多

睡觉时，很多妈妈喜欢关门闭窗，以免宝宝受寒着凉，结果反而不利于宝宝的健康。实际上，开窗睡眠是空气浴的一种形式，能让室内空气经常保持流通、新鲜，对宝宝的健康有益无害。不论冬季或夏季，宝宝的睡房还是要通风的。

夏季的时候，屋内温度高，晚上最好开其他房间的窗户，然后把卧室的门打开，这样既可以使屋内的空气流通，又不至于让宝宝直接吹风而受凉。

开窗睡眠是空气浴的一种应用形式，有利于宝宝的身体发育

开窗睡觉可以让宝宝呼吸新鲜空气，刺激呼吸道黏膜，增强呼吸道的抗病能力，宝宝反而不易患伤风感冒。同时，开窗睡觉是锻炼宝宝的一种方式，因为面部皮肤和上呼吸道黏膜经过较低温度及微弱气流刺激后，可以促进血液循环和新陈代谢，增强体温调节功能。

No.6 婴儿入睡后打鼾的护理

宝宝的正常呼吸应是平稳、安静且无声的。通常睡眠姿势不好时易打鼾，譬如面部朝上而使舌头根部向后倒，半阻塞了咽喉处的呼吸通道，以致气流进出鼻腔、口咽和喉咙时，附近黏膜或肌肉产生振动，就会发出鼾声。而孩子长期打鼾，最常见的原因则是扁桃体和增殖腺肥大，或鼻子敏感以及患鼻窦炎，体胖也是主因之一。

另外，长期打鼾与父母遗传也有一定关系。

宝宝打鼾的处理方法

首先让孩子保持睡姿舒适，打鼾的宝宝可尝试让其头侧着睡，或趴着睡，这样舌头不致过度后垂而阻挡呼吸通道。如果鼻口咽腔处的腺状体增生或是扁桃腺明显肥大，宝宝打鼾严重，甚至影响睡眠质量和孩子的健康，可考虑手术割除。当上述方法不见效时，要及时找医生仔细检查，看鼻腔、咽喉或下颌骨部位有无异常。

No.7 不要让宝宝形成“八字脚”

“八字脚”就是指在走路时两脚分开像“八字”，是一种足部骨骼畸形。造成“八字脚”的原因是婴儿过早地独自站立和学走，因婴儿足部骨骼尚无力支撑身体的全部重量，从而导致婴儿站立时双足呈外撇或内对的不正确姿势。

预防方法是不要让婴儿过早地学站立或行走，可用学步车或大人牵着手辅助学站、学走，每次时间不宜过长。如已形成“八字脚”，在训练时家长可将两手放在孩子的双腋下，让孩子沿一条较宽的直线行走，注意使孩子膝盖的方向始终向前，脚离开地面时重力点在脚趾上，屈膝向前迈步时让两膝之间有一个轻微的碰擦过程。每天练习2次，反复练习便可纠正。

No.8 宝宝开口说话晚不必惊慌

宝宝说话的早晚因人而异，通常1岁时会发简单的音，会叫“爸爸”、“妈妈”、“奶奶”和“吃饭”等。但也有孩子在这个年龄阶段不会说话，到了1岁半仍很少讲话，可不久突然会说话了，这是正常的。

妈妈应该创造各种机会和宝宝说话，并积极地对宝宝“咿呀”的声音做出反应

宝宝语言的发展是从听懂大人的语言开始的，听懂语言是开口说话的准备。若1岁左右的孩子能听懂大人的语言，能做出相应的反应，并会发出声音及说简单的词，就可以放心，他说话只是迟早的问题。

影响语言发育的因素，除婴儿的听觉器官和语言器官外，还有外在的因素，所以大人要积极为婴儿的听和说创造条件，在照看孩子时多和孩子讲话、唱歌、讲故事，这都会促进婴儿对语言的理解，促使其开口说活。

培养宝宝良好的行为习惯

婴儿行为习惯培养包括日常早睡早起等。良好的生活习惯离不开好的引导方法，父母是孩子最初和最好的老师，因此应对孩子进行正确的引导。

No.1 纠正宝宝偏食的习惯

宝宝挑食偏食的习惯并非生来就有，往往是父母缺乏营养知识、从小喂养不当、不注意烹调技术以及教育引导不正确而引起的。宝宝处于生长发育的快速阶段，对各种营养素的需求量相对较多，如果营养素摄入量不足或品种不全，就容易产生营养素缺乏症。因此，家长需要重视这个问题。

纠正宝宝偏食的习惯，可以从以下几个方面着手：

应该给宝宝准备各种食品，让宝宝熟悉新的味道和感觉，这样能防止宝宝养成偏食习惯

1 在宝宝喂奶期间、断奶前应该及时逐步添加各种辅食，让宝宝逐步习惯各种食物。

2 合理安排宝宝的食谱、食材多样化、同种食材的多种烹调方法、不同食材的营养和色彩搭配、重视饭菜的色香味形等，都可以刺激宝宝的食欲。

3 培养宝宝良好的饮食习惯，定点、定时的正餐安排，以及合理控制零食、点心的摄入量和时间，同时增加宝宝活动量，也可以促进宝宝食欲。

4 家长应该要以身作则，不要在宝宝面前表现出自己不爱吃什么，或评论哪个菜不好吃，而应该多诱导、鼓励宝宝尝试新食物。

5 可以跟宝宝讲故事的方法，引导宝宝对食物的兴趣，减少对某些食物的抵触心理。

6 切忌用威吓的方法强迫宝宝吃不爱吃的食物，这样只会适得其反，使宝宝对进餐失去兴趣甚至厌恶。

你不吃完碗里的饭，下午就不能玩任何的玩具

切忌用威胁、恐吓的方法来让宝宝改变挑食的习惯，这样会适得其反

No.2 训练宝宝独自吃饭的习惯

随着独立性的加强和活动量的增加，婴儿对食物的摄取量也会逐渐增多。从出生6个月开始，大部分婴儿都喜欢独自吃饭。在这种情况下，应该鼓励婴儿独立吃饭的行为。因为婴儿独自吃饭，容易弄脏周围环境和衣服，因此最好在地板上铺上报纸或塑料布，这样就容易打扫卫生。

在这个时期，婴儿能掌握嚼食物的方法。如果错过合适的时机，就容易失去让其得到锻炼的决定性时机和最敏感的机会，今后易形成不良的饮食习惯。

此外，随着独立性的加强，婴儿对断奶食品的认识和兴趣也会逐渐增强，因此他会经常用心看妈妈加工断奶食品的过程，而且还未到就餐时间，也会高兴地“呱呱”叫。

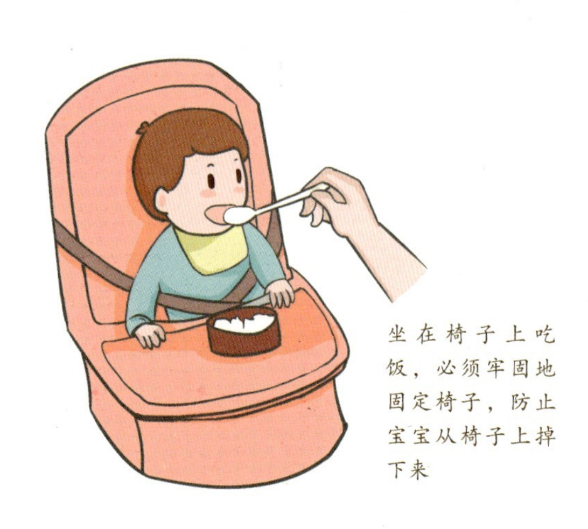

坐在椅子上吃饭，必须牢固地固定椅子，防止宝宝从椅子上掉下来

No.3 不迁就不合理要求

随着孩子身心的发展、知识经验的增多，尤其是语言的发展使孩子逐渐能够表达自己的愿望和要求。但家长经常会碰到孩子提出一些不合理的要求，比如拿剪刀玩、碰电器等，一旦被拒绝，他们往往会以哭闹相要挟。遇到这种情况，家长要冷静处理，说清楚拒绝他的理由并想办法转移孩子的注意力，使他在不知不觉中放弃原来的行为或愿望。

一些不合理的要求，父母千万不要因为宝宝哭闹就妥协

对许多父母来说，最难的其实还是将“不”的态度坚持到底。父母看孩子那样哭闹实在是不忍心，于是就满足了他的不合理要求。大哭大闹往往是孩子逼迫大人“就范”的主要手段。如果大人总是迁就他，孩子一哭就满足他的任何要求，就会使他认为只要一发脾气，一切都会如愿以偿，以后遇到类似情况，他更会变本加厉，愈闹愈凶，养成难以纠正的任性、不讲理的坏习惯。因此，父母要坚定地拒绝孩子的不合理要求，慢慢使孩子懂得哪些事是该做，哪些事是不该做的。

能力训练，让宝宝更聪明

10～12个月的宝宝已经开始由一个依赖人的小婴儿进入幼儿阶段。宝宝身体和心智的发育都有很大改变，开始显现个性，逐步形成自我意识，理解能力大幅度提升。这个时期，家长应对宝宝耐心早教，帮助宝宝茁壮成长。

No.1 宝宝个性的培养

有研究将宝宝个性分为充满自信、良好适应、沉默寡言、自我约束和坐立不安五种类型，不同的家庭教育方式会导致宝宝的不同个性，因此，想要宝宝具有良好的个性，要从小就开始培养。

家庭教育要注意方式方法。在一个和谐的家庭中应注意说理，善于引导，对于好的行为要加以强化，如点头微笑、拍手叫好等；不好的行为要严肃制止，让孩子学会自制、忍耐。

这个时期，宝宝的自我主张很强烈，并且比较倔强

大人要多让婴儿与外界接触，克服“怕生”的情绪。从小要培养礼貌行为，如有食物让婴儿分给别人吃、学会表示感谢等。大人良好的榜样、家庭和睦的气氛是形成婴儿良好个性的必要条件。

当宝宝情绪激动时，可用“忽视、不理会”、“转移注意力”等策略让其平静，再和他说明道理，而不是一味地满足宝宝的要求。另外，必须鼓励宝宝做一些他需要通过努力才能完成的事情，当他失败时，要支持和鼓励宝宝，或者给予适当的帮助，让他学习接受挫折，体会通过努力获得成功的喜悦，使宝宝的自信、自尊、自省和智能得到培养和发展。

No.2 宝宝语言训练

10~12个月是宝宝咿呀学语的黄金时段，能听懂故事、回答问题和学动物声音。10个月大的宝宝通常第一个说的词是“爸爸”或者“妈妈”，除此之外，还知道家里人的称呼、物品的名称、动物的叫声。所以爸爸妈妈应该把握好这个黄金时段，给宝宝适当的训练。

1 重视模仿，协调多种器官

模仿是孩子语言发育的一个重要阶段，必须靠听觉、视觉、语言运动系统协调活动，因此，让孩子看着色彩斑斓的音乐书，触摸发音键，再听听音乐书的动物发音，确实是宝宝协调运用眼、手、唇、舌、声带、脑等器官的最好训练。

2 多和孩子谈话，让宝宝观察嘴形

虽然这个阶段的宝宝不一定懂得父母在说什么，但各位父母不能因此就放弃了这个阶段的训练。父母应该多和宝宝玩游戏，多发出各种各样的声音，宝宝耳朵在听的同时，眼睛也在观察爸爸妈妈的嘴形，练习发音的气流和技巧。

3

适当鼓励和称赞宝宝

父母在陪孩子进行发音训练的时候，应当循循善诱，当宝宝发音不准或者发音不清，甚至不愿说的时候，不要责备宝宝，应该适当鼓励宝宝，或者暂时停止训练，分散宝宝的注意力，隔一段时间再继续训练。当宝宝表现非常活跃的时候，应该称赞宝宝，让宝宝爱上这个训练。

No.3 认知能力训练

这个阶段是婴儿的认知能力提高的重要时期，要让婴儿多看、多听，接触各种物体，通过自己主动运动的探索去认识这个奇妙的世界和自我。好奇心是婴儿认知发展的动力，对于孩子的好奇心，千万不能被“不能动、不能拿”给压抑了，只要没有危险、不会损坏重要的东西都可以让孩子玩，甚至可以准备一个日用品的抽屉，允许孩子将物体玩和扔。10～12月的婴儿有了初步的记忆能力，能在帮助下调整自己的注意指向，你可以引导他共同注意某人、某物或某活动，通过共同注意，使他认识更多的周围人和事，学习有关的知识和经验。此外，寻找藏起来的物体或藏猫猫是这个年龄玩不腻的游戏，也是增强记忆力的好方法。

除了在日常生活中不断引导小儿观察事物、扩大孩子的视野外，可培养孩子对图片、文字的兴趣，培养孩子对书籍的爱好。教孩子认识实物，可把几种东西或几张图片放在一起让小儿挑选、指认，同时教孩子模仿

说出名称来。也可以在婴儿经常接触的东西上标些文字，当婴儿接触到这些东西时，就引导他注意上面的字，增加他对文字的注意力和接触机会。

外出时，可经常提醒他注意遇到的字如广告招牌、街道名称等。应尽早让婴儿接触书本，培养孩子对文字的注意力。教孩子识字应在快乐的游戏气氛中自然而然地进行，而不应该给孩子施加压力，硬性规定必须每日记多少字，以免造成孩子的抵触心理。

No.4 社交能力训练

在日常生活中，最好带宝宝到小朋友多的地方，尽量给宝宝提供学习和享受的机会

此时，婴儿已经有一定的活动能力，对周围世界有了更广泛的兴趣，有与人交往的社会需求和强烈的好奇心。因此，家长每天也应当抽出一定时间和孩子一起游戏，进行情感交流。一个乐观向上、充满爱心的家庭气氛，会使孩子幸福开朗，乐于与人交往。家长还应经常带孩子外出活动，让孩子多接触丰富多彩的大自然，接触社会，从中观察学习与人交往的经验，在孩子与人交往过程中，应继续培养文明礼貌的举止、言语。

在日常生活中引导孩子主动发音和模仿发音，积极创造良好的语言环境。让孩子学习用如 "叔叔"、"阿姨"、"哥哥"、"姐姐"等称呼周围熟悉的人。鼓励小儿模仿父母的表情和声音，当模仿成功时亲亲他，并做出十分高兴的表情鼓励他。

No.5 训练宝宝走路

宝宝在11个月左右，就可以借助实物或在大人的搀扶下走动了，12个月后，在大人的保护下就能够独自迈出两三步了。但此时宝宝的腿部力量、各部位动作的协调能力还较差，会经常摔倒。因此，家长应对宝宝进行适当的训练。

刚开始时，婴儿害怕离开固定的家具站起来，可以由家长牵着双手学走。家长可站在婴儿前面，双手牵着婴儿后退着走，让婴儿朝前走；也可以让婴儿在前面，家长站在婴儿后面牵着双手二人向前走。双手牵着婴儿走几回之后，就可以试着放一只手，再牵着婴儿朝前走。另外，父母可以在宝宝对面蹲下（距离以伸手能相触为宜），让宝宝在这段距离内自己独自行走。还可以让宝宝靠墙站立，父母站在距宝宝不远处用玩具逗引他走过来。

在这个阶段，父母要给宝宝以鼓励和保护，尽量创造条件使宝宝有较多的行走机会，这不仅可以提高宝宝行走动作的熟练程度，还能扩大宝宝对外界事物的认识范围。

1~3岁 幼儿生长发育与保健

- ▲ 1岁宝宝育儿宜忌——迈出人生第一步
- ▲ 2岁宝宝育儿宜忌——迈开认识第一步
- ▲ 3岁宝宝育儿宜忌——早期教育正当时

1岁宝宝育儿宜忌
——迈出人生第一步

这个时期，宝宝渐渐退去婴儿的模样，变成幼儿了。他逐渐强壮、灵活，身高和体重也稳定增加。宝宝的饮食和护理方面的内容都发生了改变，需要妈妈格外注意，你的宝宝越来越像学龄前儿童了。

家有宝宝初长成：发育指标

【满1岁~2岁】

宝宝1岁后，身体发育开始趋向稳定，身体的比例也越来越协调。囟门会逐渐闭合，牙齿开始萌出。宝宝的生长发育虽有着大致的规律，但也会有自己的特点。所以，只要宝宝的身体状况是健康的就好，妈妈不用盲目地担心和着急了。

No. 1 身体发育

在宝宝将要1周岁时，他的身高和体重会稳定增加，但不如最初几个月增长那么快。比如在4个月左右时月体重增加1.8千克的婴儿，在第2年的体重增加总量可能只有1.4~2.3千克。

据统计，15个月时，女孩的平均体重大约是10.2千克，身高大约是77.8厘米；男孩的平均体重大约是10.9千克，身高平均是79.4厘米。以后每3个月，孩子的体重会增加大约0.7千克，身高增加大约2.5厘米。到2岁时，女孩的身高大约是86.5厘米，体重为11.9千克；男孩的身高能达到87.6厘米，体重大约为12.6千克。

在第2年内，宝宝的头部生长也会特别慢。尽管一年内头围有可能只增加2.5厘米，但到2岁时，他的头围将达到他成年时的90%。

初学走路的孩子容貌的改变比身高体重大得多。12个月时，孩子虽然会走路或会说几句话，但看起来仍像一个婴儿，头部和腹部仍然是身体的最大部位。站立时，腹部仍然凸出，比较而言，臀部仍然很小，腿和胳膊既软又短，好像没有肌肉，面部软而圆。当活动量增加，孩子迈步走路的能力增强后，上述情况会发生变化：肌肉会逐步发育，婴儿时期的脂肪逐渐减少，胳膊和腿逐渐加长，走路时脚不再扭向一边而是朝前了；脸变得比以前更有棱角，下巴也显露了出来。2岁生日时，孩子的外貌就很少遗留有婴儿的痕迹。

No. 2 运动发育

孩子周岁时就能比较自如地独自走路了。但这个时期的宝宝只能维持直立体位，宝宝虽然走得快，但跑起来腿显得很僵硬，稍向前倾就会跌倒。宝宝还能爬台阶，能面向大椅子爬上去，然后转身坐下。

到2岁时，宝宝就可以自己自如地走路、跑步了，能双脚跳，还可以不扶栏杆或其他东西，自己上下楼梯。此外，即使不需父母示范，当听到踢球的命令时，宝宝也会主动起脚踢球，且能取到球并举过肩，并向大人方向抛球。

宝宝已经能独立走路，身体动作更加灵活，甚至能爬楼梯。

No. 3 语言发育

在这段时间，宝宝正在按计划发展他的语言和理解能力。虽然孩子之间有着很大的差别，但大部分孩子在2周岁时，至少都能说50个单词并能使用短语。有些孩子即使听力和智力都正常，但2岁前也只会说几句话。无论孩子何时开始讲话，他最初说的几个词汇都可能包括家庭成员的名字、最喜欢的东西以及他身体部位的名称。也许只有父母亲或其他家人才能听懂他说什么，因为他常常省略或者改变词语的发音。例如，他可能会正确地发出o、u），但会漏掉单词的词尾。或他用自己可以发出的声音来代替像“d”或“b”这类比较困难的发音。

当宝宝2周岁的时候，他的发音就比较清楚了，并能说出完整的句子，语言表达的能力更强了，并有能力与家长进行交互式对话了。这个时期，可以教孩子学习简单的儿歌和童谣。

No. 4 认知能力

这个年龄段孩子的主要学习方式是模仿。现在，他真正地学会了梳头，拿起电话咿呀学语，能够转动玩具汽车的轮子并朝前或向后拉。开始时，他只是一个人玩耍，但逐渐会与其他伙伴一起玩。女孩会给玩具娃娃梳头发，拿着书本给你“读”。2岁以前的孩子对捉迷藏的游戏非常感兴趣，在物体离开他视野很长一段时间后，他仍能记得物体藏在了哪里。如果把他正在玩的球或者饼干藏起来，你也许完全忘了这件事，但是他不会忘记。当他懂得捉迷藏时，就更理解你的离开意味着什么了，他知道你总是要回来的。

这个时期宝宝已经学会分辨一些颜色，能区分物品的大小，并能对物品进行简单的分类。宝宝还会学着大人的样子抢着去做一些事情。虽然宝宝已经明白某些事情的行事方式，但在他自身的感官发育成熟前，他仍需要父母的安全保护。

No. 5 情绪和社交发展能力

宝宝刚周岁就开始懂得，需要别人的时候要主动求助；当接受别人给的东西的时候，会表达谢意；会主动和其他人分享自己的玩具和物品。

宝宝在整个第2年期间，有时非常独立，有时又强烈地依附你，这种情况通常摇摆不定。他的情绪似乎一会儿一变，有时在突然变得激动之前，似乎好多天都显得成熟而独立。有些人称这个时期为“第一青春期”。这些反映了孩子成长并离开你的混合情绪绝对正常。当孩子需要你的时候，给予他关注和保护是帮他恢复镇静的最好方法。

2岁期间，初学走路的孩子对外界、朋友以及所熟悉的人或事会形成非常特别的印象。因为他处于中心地位，而你在离他很近的地方，所以他十分关心发生了什么与他有关的事。他知道其他人的存在，并对他非常感兴趣，但是他并不知道他们的想法和感觉。

1岁宝宝营养补充与饮食习惯教育

1~2岁的宝宝，饮食习惯将发生变化，从以奶类为主转向混合食物。但宝宝的消化系统还没完全成熟，需要给他提供营养丰富、适合年龄的多种食物，帮助宝宝逐渐形成健康的饮食习惯。

No.1 培养幼儿良好的饮食习惯

由于幼儿年龄的差异，以及消化器官功能的不同，在食物的种类、质量、喂养方法、进食的次数和间隔上也相应有差异，但饮食做到定时、定量是对孩子基本的要求。幼儿食物消化时间是3~4小时，所以一般两餐相隔时间以4小时左右为宜。随着年龄增长，进餐次数可相应减少。

进食之前，不要让幼儿做剧烈的活动，要保持平静而愉快的就餐情绪，且不宜让其多吃零食。进食时，注意力要集中，不要逗引幼儿大笑，也不要惹小儿哭闹，更不宜让幼儿边吃边玩。当孩子不认真吃饭时，要循循诱导，不要训斥、恐吓、打骂。心情舒畅，能使幼儿对食物产生兴趣和好感，从而引起他旺盛的食欲，促进消化腺的分泌。同时，进食不要过急，要细细咀嚼，以促进消化腺的分泌，这样有利于食物的消化和吸收。另外，要注意避免幼儿偏食和择食，训练孩子吃各种食物，以摄入多方面的营养。

父母还要教育孩子使用自己的茶杯、碗筷，饭前洗手，饭后漱口，不用手抓菜吃；不吃掉在地上的东西，不吃不洁净的食物和水果。此外，为了培养幼儿的独立性，宝宝1岁后，就可锻炼他自己吃饭。

No.2 母乳喂养到什么时候呢？

随着宝宝的身体不断发育长大，母乳的营养开始无法满足宝宝的需要，这个时候就要考虑为宝宝增加其他的食物来源，用其他乳制品或代乳品替代母乳。

很多妈妈不知道自己该在什么时候给孩子断奶，于是参照其他妈妈的经验来操作，其实这样并不准确。虽然世界卫生组织呼吁全世界的妈妈都给宝宝哺乳到两周岁或以上，但是提出了最重要的一点叫“自然离乳”，就是要根据妈妈奶水的储备情况和宝宝的依赖性来决定。如果妈妈身体条件好，奶水充足，就尽量给宝宝哺乳；反之，就考虑断奶而哺给其他的乳制品。

No.3 新手爸妈应该怎样帮助宝宝断奶

给宝宝断奶切记循序渐进。首先可以减少每天哺乳的次数，尝试用牛奶或其他乳制品逐渐替代母乳；其次可以断掉临睡前和夜里的奶，减少宝宝对母乳的依赖性。不要主动哺乳，宝宝饿了主动寻找妈妈乳头的时候再哺乳。

在断奶过程中，爸爸也发挥一定作用。由于宝宝对妈妈身上的奶味很敏感，适当地由爸爸来照顾宝宝，也是断奶成功的条件。

No.4 宝宝不吃配方奶，应该用什么代替

对宝宝的副食品和乳制品安排要在断奶前就开始准备，并在半断奶的情况下就让宝宝适应它们的味道。即使宝宝一时不能适应，也不用着急，因为适合宝宝吃的食物有很多，总会有宝宝喜欢的口味。

断奶后的宝宝进食时段可分为早、中、晚三餐加适当的点心。1岁左右的宝宝饮食强调平衡膳食，要粗和细、米和面、荤和素相互搭配，食物以碎、软烂为原则，既要做到营养丰富，又有利于宝宝消化。离开喂母乳的宝宝主要在鱼、肉、蛋等食物中摄取必要的蛋白质和脂肪等营养元素。

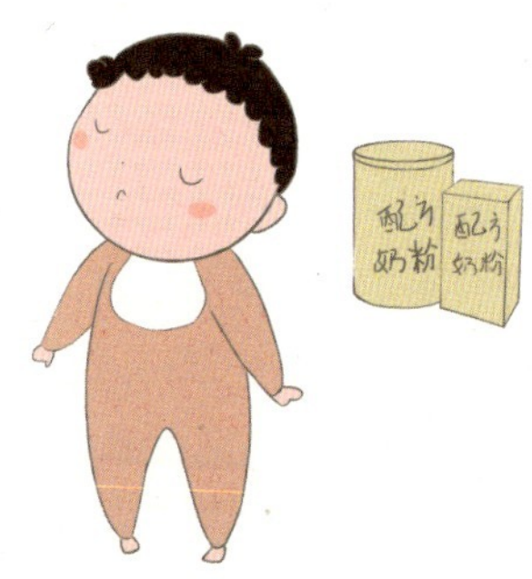

断奶的宝宝进食时段可分为早餐、早点、午餐、午点、晚餐，简称为“三餐两点制”。

No.5 幼儿不宜进食过量

不要给婴幼儿吃得太多，否则会造成婴幼儿伤食，使消化功能紊乱，加重消化器官和大脑控制消化吸收的胃肠神经及食欲中枢的负担，这样会使大脑皮质的语言、记忆、思维等中枢神经智能活动处于抑制状态。

No.6 幼儿不宜过多吃糖

一般来说，幼儿的肝脏中储存的糖分少，即相对体内的碳水化合物较少。加上他们活泼好动，消耗比较多，适当吃些糖果，可及时补偿身体的消耗。特别是那些增加营养素的糖果，如奶糖、果饴糖等，从营养学的角度来看是有益的。但是如果过量，则会对幼儿的健康造成多种危害。

如果婴幼儿糖分摄取过多，体内的B族维生素就会因帮助糖分代谢而消耗掉，从而引起神经系统的B族维生素缺乏，产生嗜糖性精神烦躁症状。吃糖过多会给口腔内的乳酸杆菌提供有利的活动条件，便于它们把糖发酵而产生酸，而酸又会促进龋齿的形成。

另外，吃糖过多会影响幼儿的食欲，到了吃饭的时候就不想吃饭，过了没多久肚子却有饥饿感，结果又要用糖来充饥。长此下去，会造成幼儿的恶性循环。进食量减少了，幼儿就得不到所需要的各种营养素，极易造成营养不良。

宝宝的消化系统还没有完全成熟，要根据他们的身体特征和营养需求，避免高热量高糖的垃圾食品

No.7 儿童宜食的健脑食品

每个家长都希望自己的孩子聪明伶俐，所以市场上一些健脑益智的保健食品很受家长青睐，但是专家指出，过多食用这些食品会适得其反，造成一些孩子内分泌紊乱，出现早熟等现象。其实我们平时吃的食物许多都具有健脑作用，只要在安排孩子膳食时科学搭配就可以取得很好的效果，而且不必担心有副作用。

鲜鱼： 鲜鱼含有丰富的钙、蛋白质和不饱和脂肪酸，可分解胆固醇，使脑血管通畅，是儿童健脑的最佳食物。

蛋黄： 蛋黄含有蛋碱和蛋黄素等脑细胞发育所必需的营养物质，儿童多吃些蛋黄能给大脑带来更多活力。

牛奶： 牛奶含有丰富的钙和蛋白质，可以给大脑提供所需的营养，增强大脑活力。

木耳： 木耳含有脂肪、蛋白质以及矿物质和维生素等营养成分，是补脑健脑的佳品。

大豆： 大豆含有蛋黄素和丰富的蛋白质等营养物质，儿童每天吃一定数量的大豆或大豆制品，能增强大脑的记忆力。

杏子： 杏子含有丰富的维生素A和生素C，可以改善血液循环，保证大脑供血充分，从而增强大脑的记忆力。

此外，小米、玉米、胡萝卜、栗子、海带、花生、洋葱和动物的脑等都是比较理想的儿童健脑食物。

No.8 幼儿不宜多吃零食

吃零食过多对婴幼儿的健康和生长发育是非常不利的。首先，零食吃多了，幼儿在正常的进食过程中，自然就没有食欲了，时间长了容易厌食。其次，零食的营养成分一般是无法同主食相比的，如果大量吃零食，会使婴幼儿患营养缺乏症。另外，一些非正规厂家生产的零食含有各种添加成分，难以保证质量，婴幼儿常吃这些零食，容易出现胃肠功能紊乱，肝肾功能也易受损，甚至可能诱发癌症。

No.9 宝宝需要的固齿食物

对宝宝的乳牙护理不只是在口腔清洁等方面，营养也是很重要的。长牙时，给宝宝补充必要的“固齿食物”，也能帮助宝宝拥有一口漂亮坚固的小牙齿。

宝宝乳牙的发育与全身组织器官的发育不尽相同，但是，乳牙在成长过程中也需要多种营养素。矿物质中的钙、磷，其他如镁、氟、蛋白质的作用都是不可缺少的。虾仁、骨头、海带、肉、鱼、豆类和奶制品中都富含矿物质。

维生素A、C、D都可维护牙龈组织的健康，补充牙釉质形成所需的维生素，可以让宝宝多吃一些新鲜蔬菜和水果。另外，日光浴也可以帮助宝宝补充维生素D。

No.10 勿让幼儿进食时“含饭”

有的小儿吃饭时爱把饭菜含在口中，不嚼也不吞咽，俗称“含饭”。这种现象往往发生在婴幼儿期，最大可达6岁，多见于女孩，以家长喂饭者为多见。原因是家长没有从小让他养成良好的饮食习惯，不按时添加辅食，小儿没有机会训练咀嚼功能。这样的小儿常因吃饭过慢过少，得不到足够的营养，营养状况差，甚至出现某种营养素缺乏的症状，导致生长发育迟缓。家长需耐心地教育，慢慢训练，可让孩子与其他小儿同时进餐，模仿其他小儿的咀嚼动作，慢慢进行矫正。

No.11 不宜让幼儿边吃饭边喝水

孩子吃饭时边喝水或奶，或用水用汤送饭，是个很不好的习惯。因为这时大量喝水或汤，会影响消化液分泌，冲淡胃液的酸度，导致孩子消化不良。加上孩子脾胃发育相对弱，免疫细胞功能娇弱，长期下去，不但影响饭量，还会伤及身体。因此父母应在饭前或饭后适当给宝宝喝一些营养可口的汤，以促进食欲。

No.12 合理烹饪婴幼儿食品

宝宝1岁了，随着年龄的变化，其饮食特点也在跟着变化，妈妈要了解宝宝进入幼儿期的饮食特点，为宝宝合理安排膳食，才能为宝宝补充足够营养，达到更好的喂养效果。

所谓合理烹调，就是要照顾到幼儿的进食和消化能力，在食物烹调上下功夫。

首先要做到细、软、烂。面条要软烂，面食以发面为好，肉要斩末切碎，鸡、鱼要去骨刺，花生、核桃要制成泥、酱，瓜果去皮核，含粗纤维多及油炸食物要少食用，刺激性食品应少吃。

其次，给幼儿制作的膳食要小巧。不论是馒头还是包子，一定要小巧。巧，就是让幼儿很好奇进而喜爱这种食品。幼儿天生好奇爱美，外形美观、花样翻新、气味诱人的食品通过视觉、嗅觉等感官，传导至小儿大脑食物神经中枢，引起反射，就能刺激其食欲，促进消化液的分泌，增进其消化吸收功能。

再次，是保持食物营养素。蔬菜要注意新鲜，先洗后切，急火快炒；炒菜熬粥都不要放碱，以免水溶性维生素遭到严重破坏；吃肉时要喝汤，这样可获得大量脂溶性维生素，而高温油炸可使食物中的维生素B_1破坏殆尽，使维生素B_2损失将近一半，且不易消化。此外，陈旧发霉的谷、豆、花生，熏烤的肉类食品及腐败变质的鱼、虾、肉类，更应让孩子禁食。

No.13 为什么应重视宝宝的肥胖问题

宝宝的肥胖容易罹患呼吸道疾病，稍微运动就会气喘，心肺超负荷工作。根据

调查显示，大约有1/3的胖宝宝会在成年后引发肥胖症，患高血压、冠心病、糖尿病、关节炎、静脉曲张等疾病。所以爸妈必需从小就要控制好宝宝的体重。

预防宝宝肥胖也有一些小方法，需要从一点一滴做起：一日三餐要规律，按时按量，杜绝宝宝吃不健康的零食引发肥胖；吃饭时要细嚼慢咽，最好咀嚼20次以上再吞咽下去；不吃油炸、油酥、奶油等油脂食品；睡前不吃宵夜，饭后半小时进行适当运动。

给1岁宝宝最周到的护理

这个时期，每个幼儿的生长发育情况各不相同，但都以稳定的速度在长大。宝宝的饮食习惯也发生了改变，吃得较多，生长也更为规律。妈妈应该给宝宝提供安全的环境，满足他对运动和探索的兴趣，促进宝宝健康生长。

No.1 幼儿牙齿的保护

1岁以后的宝宝乳牙已经长得差不多了，上下长好12～16颗牙时，就可以开始用牙刷刷牙了，这个时候关键是要让宝宝保持口腔清洁和养成刷牙的好习惯。

学会使用牙刷之前，首先要先学会漱口。漱口能够漱掉口腔中部分食物残渣，是保持口腔清洁的简便易行的方法之一。将水含在口内闭口，然后鼓动两腮，使口中的水与牙齿、牙龈及口腔黏膜表面充分接触，利用水的力道反复来回冲洗口腔内的各个部位。可以先做给孩子看，让孩子边学边漱，逐步掌握。

宝宝虽小，牙齿保护也很重要

幼儿学习刷牙时，应选择合适的牙刷和牙膏，妈妈们可以先让宝宝拿着小牙刷放在嘴里当棒棒糖玩，让他觉得刷牙很好玩。在宝宝有兴致时，妈妈再借机教宝宝刷牙。宝宝刷牙时，妈妈应坐在宝宝身后，宝宝背靠于妈妈身上，头轻微后仰，使妈妈能直视牙齿的每一个区域。注意将宝宝头部偏45度角，以防口水哽在喉头。

No.2 不要给宝宝掏耳朵

耳朵里的耳屎又叫“耵聍”，对耳膜有保护作用，它能防止异物及小虫直接侵犯耳膜。另外，耵聍含有油脂，能保护外耳道的皮肤。在正常情况下，干的耵聍形成的小块耳屎，可随着开口说话、咀嚼以及头部的活动而自行掉到耳外。因此，耳朵里的耵聍就不需要我们去清理了。

有少数小孩的耵聍腺分泌旺盛，其外耳道相对狭长，肌肉较松弛，咀嚼东西时颌关节的力量不够，平时耵聍不易被排除。若再常用带有细菌的手指去掏挖耳道，损伤外耳道皮肤造成炎症时，耵聍就会增多。有的家长为清除小孩耳内较多的耵聍，常用发夹、火柴棒、掏耳勺等掏挖孩子耳朵，这样非常危险，容易损伤外耳道皮肤，引起外耳道发炎或疖肿。如果掏挖耳朵过深，孩子不配合，挣扎或刺激外耳道可引发咳嗽反射，伤及鼓膜，发生慢性炎症或造成鼓膜穿孔。

发现孩子耵聍多，家长必须慎重。可用棉签轻拭耳道内的耵聍，若难以取出，应在医生指导下，先向耳内滴几滴香油或一般的滴耳油取出，或由医院五官科医生取出。

No.3 宝宝晚上睡觉不踏实怎么办

宝宝经常会有夜惊的现象发生，与梦游相似，但是更加强烈。夜惊通常与睡眠缺乏有关系。睡眠不但可以恢复精神和体力、促进智力发展，还能帮助宝宝生长，因此保证宝宝安稳的睡眠十分重要。

宝宝夜啼或惊醒，如果不是长时间的啼哭，妈妈不用立刻抱起宝宝，只要轻拍宝宝背部，安抚情绪即可

宝宝夜里惊醒时，不要和他说话或是安慰他，因为他会拒绝安慰，还会表现出困惑。安慰只会延长和强化宝宝的夜惊状况，即使只是叫名字也可能会让他更不安。也不要试图叫醒他，宝宝会以为你要伤害他，只需要顺其自然，站在旁边看着，确保他不会伤到自己就行。

有些睡眠一向很好的宝宝突然夜半惊醒，可能是生病、分离焦虑或面临飞跃性发展阶段。这个时候，爸妈除了要对发烧、嗓子疼、耳朵疼等症护理，还可尝试以下方法。首先，要确保他基本的睡眠。因为宝宝睡的越少，就越不容易入睡，也睡不安稳。因此要坚持让宝宝白天小睡，晚上在适当时间上床睡觉。其次，宝宝夜半惊醒，要平静温和对待，让他知道周围一切正常，与他安静地呆在一起，直到他平静下来。可能花好几个晚上甚至几个礼拜的时间才能让宝宝恢复正常睡眠，不过，只要坚持，宝宝就能安稳入睡啦。

No.4 妈妈哄宝宝睡觉的8大错误做法

哄宝宝入睡是一件不容易的事情，很多爸妈会自己创新各种方法来哄宝宝睡觉，有些非常奏效，有些错误的方法反而给宝宝带来不好的影响。下面列举一些错误的哄宝宝睡觉的方法，妈妈们要注意避免。

摇睡

一些妈妈会在宝宝哭闹或是睡眠不安时，将宝宝抱在怀中或是摇篮中摇晃，宝宝哭的越凶就摇的越猛烈，直到宝宝入睡。其实这样做对宝宝十分有害，因为摇晃动作会使婴儿的大脑在颅骨腔内不断晃荡，尚未发育成熟的大脑与较硬的颅骨相撞，会造成脑小血管破裂，引起“脑轻微震伤综合征”，还可能引起智力低下、肢体瘫痪、癫病等，非常不提倡。

陪睡

宝宝一出生，就应该鼓励他独自入睡，并养成习惯。因为妈妈熟睡后稍不注意就可能压在小宝宝身上，造成窒息死亡。同时长期陪睡，会让宝宝产生“恋母”心理，到了学龄阶段，与妈妈分离还会很困难，日后也比较容易患学校恐惧症、考试紧张症等，对其身心发展不利。

俯睡 俯睡是非常危险的，因为小婴儿不会自己翻身，且不会主动避开口鼻前的障碍物，在呼吸道受阻时，只能吸收到很少的空气而缺氧；加上消化器官发育不完善，当胃蠕动、胃内压增高时，食物就会反流，阻塞十分狭窄的呼吸道，造成婴儿猝死。

搂睡 一些妈妈担心宝宝睡眠中发生意外，会搂着抱着睡，其实这样反而增加了意外发生的可能性。搂着睡觉，宝宝难以呼吸新鲜空气，吸入多是被子中的污秽空气，容易生病。同时，如果妈妈睡得过熟，不小心奶头堵塞宝宝鼻孔，还可能造成窒息等严重后果。

蒙睡 在一些温度较低的季节，妈妈为了让宝宝暖和，会采取将宝宝头部蒙在棉被下的方法，这样做是非常不好的。首先，被窝适度较高，加上宝宝代谢旺盛，容易诱发“闷热综合征”；其次容易导致呼吸困难，引起窒息等。

热睡 有些妈妈为了给宝宝保暖，会使用电热毯。但电热毯加热速度较快，温度也高，会增强宝宝不显性失水量，引起轻度脱水，从而影响健康。

亮睡 有些宝宝怕黑，或是父母为了方便照顾，往往会通宵开灯。这样做会导致宝宝睡眠不良，睡眠时间缩短，进而减慢发育速度。

裸睡 夏季宝宝怕热，一些妈妈会采取让宝宝裸睡的方式来让他入睡。其实宝宝体温调节功能差，裸睡容易使身体受凉，特别是腹部易受凉，可能会导致腹泻等。

No.5 宝宝不宜睡沙发床

不少家长用沙发给孩子当床，认为沙发床软绵绵的，可以使孩子睡得安稳舒适。其实，孩子是不宜长期睡沙发床的。

幼儿正处于生长发育阶段，骨骼比较柔软，出骨中所含磷酸钙、碳酸钙等无机盐较少，而含骨胶原和骨粘蛋白等有机物质多。从脊柱的发育来说，幼儿脊柱很柔韧，基本上是直的，到出生后3个月能抬头时出现第一个弯曲——颈曲（向前）；6个月会坐时，出现第二个弯曲——胸曲（向后）；1岁左右开始行走时，出现第三个弯曲——腰曲（向前）。这样，在发育过程中，逐渐形成了脊柱的自然弯曲，以保持身体的平衡。长期给孩子睡沙发床，会使幼儿的脊柱经常处于弯曲状态，容易使骨骼变形，甚至发生驼背，同时也不利其他骨骼肌肉的发育。而且有的沙发床不平，小儿翻身不方便。为了保证孩子正常的生长发育，最好给孩子睡平整的棕榈床、木板床或者钢丝床。

No.6 宝宝夜间尿床的处理

幼儿夜间尿床的确让所有的父母都头疼，但父母不应责备幼儿，而应通过合理的生活习惯去预防。在睡前1小时内最好不要吃流质食物或喝太多的水，临睡前应排尽小便。父母还要掌握好幼儿可能尿尿的规律，及时叫醒他。一般幼儿入睡后2小时左右为第一次尿尿时间，以后大概为间隔4小时左右，甚至更长。

对于幼儿尿床，父母一定不可操之过急，特别是一开始时，幼儿可能不配合，所以应把握好时间，逐步防止幼儿尿床。

对于尿床的宝宝，父母不宜过分责备，而是要安抚宝宝的情绪，避免伤害宝宝的自尊

No.7 怎样为1岁宝宝选择健康鞋？

1岁时候的宝宝有强烈的走路欲望，宝宝行走或者学步是要选购怎样的鞋子呢？需注意的是宝宝的脚骨头正处于旺盛的发育阶段，脚骨头弹性大，发育不完善的话很容易变形，行走过程中也容易受伤。因此选购一双合适宝宝的鞋子可以保护宝宝的脚不受伤害，还能缓冲宝宝学步时可能带来的伤害。

要根据自己宝宝脚的大小和形状选择鞋子，鞋子的大小尺寸、鞋宽及鞋底的高度都要符合宝宝的脚步特征。鞋面质量要柔软透气，最好选择纯棉布材质或是纯皮材质，且皮料要薄软，不能太硬。鞋底则应该轻便、防滑、有弹性，材质要有一定的硬度，不要太软。鞋跟比鞋前掌略高1~2厘米，以适应宝宝走路身体前倾的自然姿势。鞋帮要稍高一些，后跟紧贴脚，这样使脚踝不容易发生左右摆动，走路能扎实稳重。

同时，宝宝的脚发育较快，买鞋子时，尺寸稍微大半码到1码左右。同时鞋子不合脚时及时换新鞋也是很重要的。试鞋子时，要先让宝宝穿着活动一会，以此观察宝宝走动情况。如果宝宝穿着不舒服，一定要及时换掉。同时还可脱掉鞋袜，观察宝宝的脚是否有挤脚或磨脚的情况来确定鞋子是否合脚。

No.8 多让幼儿到户外活动

1岁婴幼儿四肢运动能力的发育非常快，15个月能够走得很稳，18个月时开始学跑，喜欢爬楼梯，21个月时能够快速地往前跑。为了婴儿的身心健康，从1岁开始就可以让他们多到户外活动，应保证每天有2个小时以上的户外运动时间。此时婴儿最喜欢做的户外运动有追皮球、扶杆走路、拉玩具跑、推小车等。多到户外运动，既可以保证婴儿活动范围的扩大，同时也能锻炼婴儿的身体各部位，促进婴儿的身心健康发展。

No.9 宝宝不可长时间看电视

1~2岁的宝宝眼睛发育并不完全，不能长时间盯着电视里移动的物体观看，否则容易引起近视。宝宝和电视里的人物无法交流，长期单向接受电视讯息，会降低宝宝学习语言的能力，电视里发出的各种声音也会干扰宝宝的注意力，引起注意力下降。另外市面上的液晶、等离子、背投电视等都有辐射，对宝宝健康也很不利。

宝宝可以适当地看电视，但最好有父母在身边，让他保持正确的姿势与距离，同时不要忘了和宝宝交流，增强他的理解力和沟通能力。切忌在吃饭的时间打开电视，每天看电视的时间最好控制在1个小时左右，每隔15分钟要让眼睛休息一下再看。

每天看电视的时间控制在1小时以内，每隔15分钟要休息一下

从心理角度来说，电视节目虽然多姿多彩，但对宝宝来说电视里的画面都是一些无意义的图案和色彩，自己也无法和里面的人物、动物进行交流，永远比不上爸妈的拥抱与自己说话的感觉更温暖。所以，爸妈不要因为自己忙碌而把宝宝交给生硬的电视机，一定要多花时间陪宝宝玩耍和说话。

No.10 该给宝宝准备开裆裤了吗?

什么时候给宝宝穿开裆裤，这是个因人而异的问题。一般来说，宝宝在学会爬的时候就可以穿开裆裤了，因为这个时候大多数宝宝的排便已经有规律，但是要视每个宝宝的具体情况而定。

穿开裆裤应该从妈妈对宝宝有意识的排便训练开始，当宝宝还不懂得妈妈的提示要排便的时候，要注意观察每次宝宝排便时的身体反应，如脸部会有用力的动作、双腿会抖动等。这时妈妈就要把宝宝抱到洗手间诱导其排便，并用声音提示宝宝，如小便用“嘘嘘”、大便用“嗯嗯”，经过多次训练之后，让宝宝养成习惯，形成条件反射。

当宝宝的排便形成规律，爸妈能够及时地让宝宝排便时，就可以给宝宝穿开裆裤。穿开裆裤有许多优点，不仅保暖、雅观、避免蚊虫叮咬，还能减少阴部细菌感染的几率。所以，时机成熟时，一定要让宝宝穿上开裆裤。

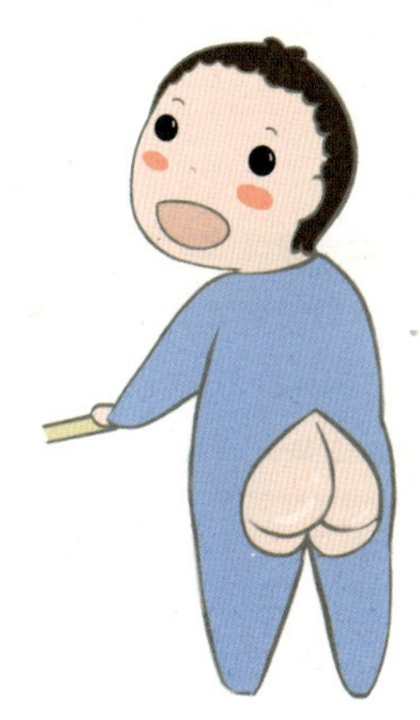

宝宝穿起开裆裤标志着宝宝有意识排便训练的开始

No.11 噪音对宝宝的发育不利

噪音是指一些发声不规律、单调、机械的声音，如汽车鸣笛、飞机起飞或电锯、割草机工作时的声音，还包括嘈杂的人和动物发出的声音等。宝宝的耳朵如果长期听到噪音，对他的成长将非常不利。

噪音会让宝宝的听觉敏感度降低，尤其无法区分低分贝的声音，对宝宝的听说能力有很大影响。噪音还会让宝宝出现听觉疲劳、听力减退、注意力降低等症状。长此以往，会影响宝宝智力的发育。另外噪音影响宝宝的情绪，容易产生暴躁的脾气，做事没有耐心，降低学习能力。

爸妈要注意不要让宝宝在人多嘈杂的地方，家里的电视、收音机、音响等电器的音量控制在合适的范围。平时多放一些舒缓的纯音乐给宝宝听，安抚宝宝的情绪。

No.12 帮宝宝选鞋的4大误区

给宝宝选择一双鞋是非常值得重视的，不合适的鞋子容易让脚受伤。因此有些父母就是因为太重视鞋子的问题，反而走入了一些选鞋误区。

误区一：鞋帮和鞋面越软越好

儿童骨骼、关节韧带处于发育时期，平衡稳定能力不强，如果鞋帮太柔软，脚在鞋中得不到支撑，会使脚足有摇摆，容易引起踝关节及韧带的损伤，养成不良的走路姿势。而鞋面太软，会难以抵抗硬物对脚趾的冲撞，既不结实，也不安全。

误区二：厚鞋底舒适防震

在行走时，鞋子会随着脚部的运动需不断地弯曲，鞋底越厚，弯曲就越费力，特别是对于爱跑爱跳的宝宝来说，厚底鞋更容易引起脚的疲劳，进而影响到膝关节及腰部的健康。且一些厚底鞋为了美观，会加大后跟的高度，会导致整个脚部前冲，破坏脚的受力平衡，长此以往会影响宝宝脚部关节，严重的会导致脊椎生理曲线变形。

误区三：鞋底的弯曲度越大越好

童鞋的鞋底需要有适当的厚度和软硬度，过软的鞋底不能支撑脚掌，容易使宝宝产生疲劳感。舒适的鞋子，鞋底是有一定的弯折的，但是现在很多童鞋的弯折部位在鞋的中部，这样比较容易伤害宝宝娇弱的足弓。科学的弯折部位应该位于脚前掌的跖趾关节处，这样才与行走时脚的弯折部位相符。

误区四：有弓形鞋垫的鞋保健舒适

市面上有很多童鞋在鞋垫的脚心部位装有一块凸起的软垫，妈妈们都认为它能托起足弓，令宝宝感觉舒适，还有保健功能。其实，这种鞋比较适合成人，对儿童来说却使得足弓的伸展空间缩小了，使正处于发育期间的足弓肌肉得不到必要的锻炼，长期下来，可能会令宝宝变成扁平足。

No.13 四大后天因素导致宝宝穿鞋不当

鞋子与宝宝的脚成长有密切的关系，作为一名合格的父母应该密切注意宝宝的脚的成长，并为他选择一双合适的鞋子。有很多调查数据显示，存在很多儿童穿鞋不当的现象，而穿鞋不当引发的不良后果也不容忽视。这些后果主要和以下四个因素有关：脚部发育情况、内在的风险因素、鞋过紧和鞋型不合适。

这些不合脚型的鞋子通常不能给脚有效的支撑和保护，底部过于平的鞋子除了会增加足弓的疲劳外，还会导致骨骼发育受阻及慢性脚后跟疼痛。

脚部发育情况：

儿童的脚不论在功能还是结构上都与成人的脚有很大的不同，因此根据不同年龄来选择不同的童鞋显得尤为重要。虽然儿童一直在发育，但主要还是靠软骨支撑。因此，这使得童鞋的安全性显得尤为重要，否则很容易造成脚部畸形。

内在风险因素：

由于受到大工业规模化生产的影响，专门为不同脚型设计生产的童鞋越来越少，近乎绝迹。因为大工业生产可以大大节省开支，增加产量，但对于脚型不同的宝宝的不同需要，就难以照顾到了。因此也就比较难买到十分合适的鞋子了。

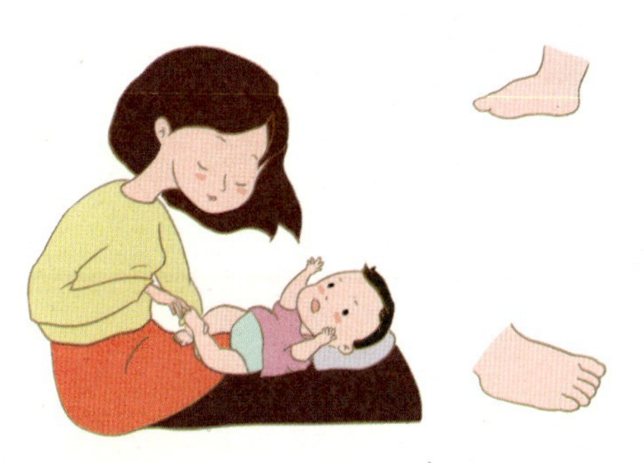

尽量去了解宝宝脚丫的形状，才能买到合适的鞋子

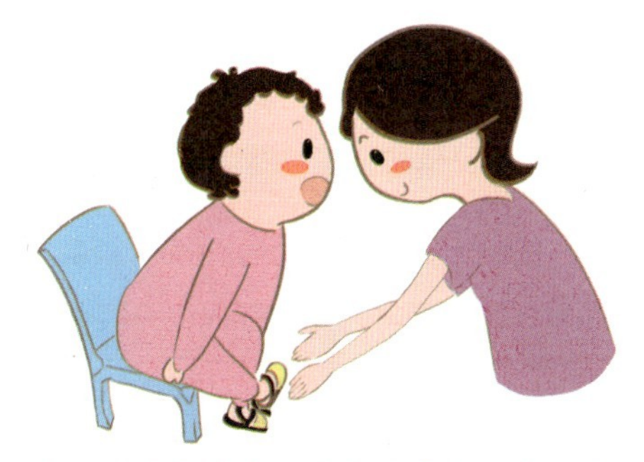

鞋子过紧容易挤压宝宝的骨骼，鞋子过松会影响宝宝的行走训练，容易摔跤

鞋子过紧：

宝宝的身体处于发育中，长得比较快，因此买鞋的时候要注意鞋子宜偏大而不宜小。过紧的鞋子会挤压骨骼，时间长了可导致畸形；压迫血管则影响血液循环，甚至使皮肤磨破感染，引起甲沟炎等症状。

鞋型不合适：

现在时尚化和贵族化倾向在儿童和少年中有所抬头，并且呈低龄化的趋势。父母总想把宝宝打扮得更加漂亮，穿戴更加成人化，鞋子也是一样。一些漂亮的不合脚型的鞋子如平底鞋、松糕鞋等，都给宝宝穿，其实是以健康为代价的。

No.14 7个step让宝宝享受足部按摩

宝宝的脚丫非常娇嫩，又处于学步阶段，每天练习容易造成疲劳，且由于穿鞋原因，可能造成一些磨损和挤压，因此适当的足部按摩是必需的，能够让宝宝的脚缓解酸痛，更好地发育。脚底按摩对宝宝来说是一项非常舒服的享受。

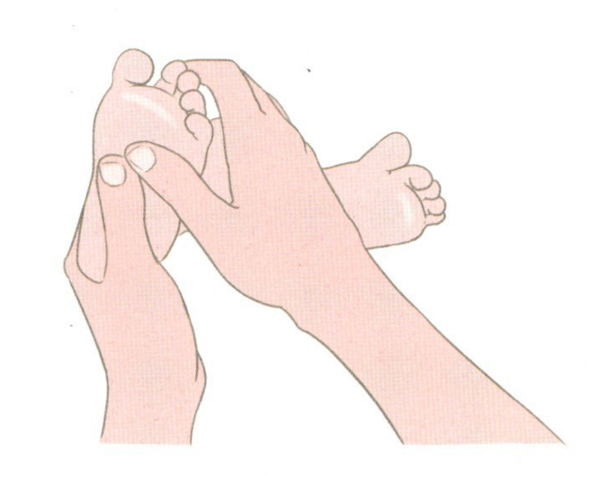

介绍几项简单易学的足部按摩方法：

Step 1

从脚心开始： 从脚掌心开始，用双手拇指往外抚摸，压过太阳神经丛的位置。可使宝宝放轻松，释放出紧张情绪，也会加深宝宝的呼吸，有助于食物的消化。

Step 2

轻揉脚跟内外部： 一手抓住宝宝的脚趾，另一手轻轻搓揉宝宝脚跟的内外侧。这有助于宝宝臀部与腹部的压力释放，对于消除宝宝胀气问题特别有效。

Step 3

从宝宝的脚跟轻按至大脚趾： 用指头从宝宝的脚跟到大脚趾轻按或画小圆圈，然后沿着脚背推过去再推过来，重复2～3次，可松弛宝宝的神经系统。

Step 4

脚趾与脚掌的相接点： 在脚趾与脚掌相接处画小圆圈，而且要从小脚趾往大脚趾按，然后从头再按1次即可。可改善宝宝鼻腔不适。

Step 5

脚趾： 将手指在宝宝的脚趾上绕圈圈，一次即可。这个动作对宝宝的耳朵、眼睛、头盖骨神经、骨骼与牙齿不适症的舒缓都会有所帮助。

Step 6

脚背：轻柔地用手指从宝宝的脚背朝脚趾处画过去或者轻拍脚背。可以有效地促进宝宝的淋巴引流，拍脚背则可以帮助宝宝擤出鼻涕。

Step 7

脚背、脚趾加脚踝：首先按摩脚背，再从宝宝的脚趾按向脚踝，让宝宝张开脚趾后，再按摩脚底（从脚趾处平顺地按向脚掌心）。一脚结束之后，可换另一只脚。可以促进宝宝肌肉的运动，让体内温暖的新血来到脚部这个区域，对于循环系统的改善很有帮助。

No.15 给1岁宝宝的穿衣建议

1岁宝宝到底应该多穿还是少穿呢？家里的长辈总有不同观点：有的认为穿多些好，怕孩子冻着；有的认为不能穿太多，出汗反而容易着风感冒。那到底哪个是对的呢？

其实宝宝不应该穿的太多，宝宝长期穿很多，会失去抵抗寒冷的能力，而且宝宝好动易出汗，内衣汗湿后反而容易着凉。有些家长见宝宝着凉生病，于是给宝宝穿的更多，于是就形成恶性循环，结果宝宝越发容易感冒。相反，穿的较少的宝宝比较适应寒冷，体质还更好。因此，给宝宝穿衣应注意：

宝宝会爬之前，运动量较少，穿衣可与成人差不多即可；宝宝会爬以后大多好动，容易出汗，因此他们穿衣应比成人少一件。

应多训练宝宝的抗寒能力。除了别给宝宝穿太多衣服外，还应该每天适当开窗通风，保持室内空气的清新。最好晚上睡觉也开一点窗，可以净化室内空气、补充氧气。

一直给宝宝穿太多的家长可以从秋天开始给宝宝少穿一点，循序渐进地慢慢培养宝宝的抗寒能力。冬天也可常带宝宝外出，吹吹冷风、晒晒冬阳。

夏天碰上高温天气，宝宝也不应完全裸露，应该穿一件肚兜为宜。

No.16 宝宝如厕训练的成功关键

当宝宝1岁以后就可以训练他们上厕所了，但是此时的宝宝控制大小便的能力不强，很快就学会如厕的现象极少出现，需要慢慢地来教导和培训。如果家长强行干涉并强迫宝宝在规定的时间内学会如厕，反而会不尽人意。

教导宝宝如厕虽然会比较辛苦，但是也只有父母才能够体会到宝宝学会规律如厕之后的欣慰与开心了。下面是一些总结的如厕训练的成功秘诀和失败的教训。

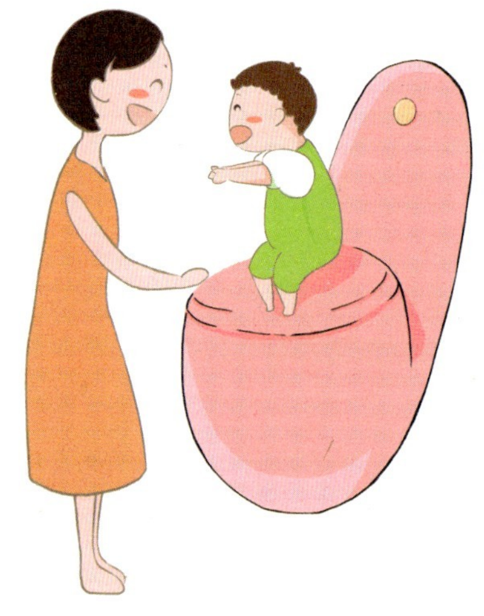

选择简洁的马桶，颜色过于花哨容易分散宝宝注意力，影响宝宝如厕。

如厕训练的成功秘诀：

1. 把宝宝当做独立的个体，不要强迫他们。
2. 耐心最为重要。
3. 随时准备便盆，以便宝宝使用。
4. 大人应该时常为孩子做示范，让孩子模仿，这是非常有效的方法。
5. 尽量选择夏天的时候训练宝宝上厕所，这样会轻松很多。
6. 也可以教宝宝使用马桶，可能刚开始不习惯，也不要勉强，但是要多多鼓励。
7. 带宝宝去购物商场挑选自己喜欢的小内裤。
8. 最重要的是要放松，顺其自然就好，宝宝准备好了，自然就会转变过来。

如厕训练的失败误区：

1. 最忌讳父母失去冷静，暴跳如雷，容易让宝宝恐惧，更加不好训练。
2. 只凭自己的意愿选择开始对宝宝进行如厕训练。
3. 为了让宝宝能够如厕，而长时间让他坐在便盆上。
4. 缺乏原则，每次的指示都不一样，这样宝宝反而不好训练。
5. 太迟或太早给宝宝进行如厕训练。
6. 过分关注宝宝的如厕，这样宝宝会为了吸引关注而更加不规律。
7. 为了减少宝宝的小便次数，而减少孩子的喝水量。
8. 太过强硬，一点也不让步，这样会让宝宝产生逆反心理。

1岁宝宝各项能力的培养

1.教幼儿学唱儿歌

1岁的婴儿正处于口语发育的关键时期，父母应随时充分利用机会多和婴儿说话。其中教婴儿唱儿歌就是培养婴儿语言能力、模仿能力以及理解能力的好方法。此时，婴儿的语言能力还不够发达，在选择儿歌时，要选择那些词语简单、节奏感强、具有叠音的简单儿歌，如“小花猫，喵喵喵；大黄狗，汪汪汪”……另外，还可把日常生活中的小事编成儿歌教宝宝唱，如穿衣歌、洗手歌等。

2.为何你家宝宝很少说话

一般宝宝会在1岁左右开口说话，有的更早，有的更晚，在3岁前开口说话都算正常。宝宝说话的早晚和爸妈的指导有很大的关系，爸妈可以在宝宝6个月左右就经常对他说一些简单的字，如拿、要、走、喝、好等等，增加他的印象。当宝宝能表达自己意愿的时候，父母也要时常用语言来提示他，假如宝宝指着水杯表示想要喝水，就要一边递给他，一边重复说“水、水”，反复几次，宝宝就会这个字的发音了。

如果发现宝宝对大人的语言毫无兴趣，总是自己玩，对他说话时不会盯着对方的眼睛，也从不用身体语言来表示自己的想法，就要小心一点，最好到医院检查一下，因为这样的宝宝有可能患有听力障碍或者智力低下的疾病，还有可能是罹患上自闭症。这些问题必须及早发现及早解决。

3.不可勉强宝宝做肢体语言

肢体语言不仅是宝宝说话前的替代语言，而且有助于训练宝宝手脑合一的智力发展。有的宝宝很乐意展示自己的肢体语言，他们的身体协调性好，代表他们的个性也是开朗乐观的；有的宝宝比较沉默，不愿意表达太多自己的想法，这个也是个性造成的。

爸妈要有意识地教会宝宝如何使用肢体语言，如何用招手表示你好、摆手表示再见、摇头表示不要等，要一边做一边说它的意思，让宝宝能够对号入座。如果宝宝只是不愿意在陌生人面前做肢体动作，那就要考虑是否太过保护宝宝，阻碍了他的社交能力。

爸妈应该把宝宝当做独立的个体，尽量不干扰他自己的空间。如果有小朋友来家里玩，不要什么都帮宝宝准备好，而是要引导宝宝自己去拿玩具箱、小椅子来招待小客人，这样会大大增强宝宝的社交能力和肢体语言能力。

如果宝宝实在不愿意用肢体语言，也不用太过担心，只要能够开口说话也是很大的进步。并不是所有的宝宝都要具备全面的能力，宝宝在某方面欠缺，在另一方面就一定有过人之处，所以没有必要勉强宝宝做他不愿意做的事情。

4.教1岁宝宝认字阅读

宝宝学说话是一个漫长的过程，不是一蹴而就的，要一步一步地实现。当宝宝能够表达自己意愿的时候，就可以念一些简单的词给他听，让他累积对语言的感觉，然后从字、词学起，再学习对话和说出完整的句子。

一般来说，1岁之后的宝宝已经开始说话，这个时候可以多教宝宝识字，训练他们念押韵的诗歌、儿歌，培养语感。家里要购买一些有关交通工具、动物、水果等事物的认知卡片，让宝宝认识它们的外形，正确读它们的发音。这个时候还要有意识地培养宝宝听故事与讲故事的能力。

宝宝在2岁之后就可以念有情节的图画书给他听了，比如《彼得兔的故事》、米菲兔子系列、《月亮，晚安》、斯凯瑞金色童书系列等生活场景的小故事。图画书可以增强宝宝的观察力、想象力与理解力，是父母和孩子培养亲子情感的绝好工具。从有趣的故事书中学习，宝宝的阅读量和语言表达能力也会大大增强。需要说明的是，一定要和宝宝一起读图画书，父母投入感情地读出那些字句，让宝宝沉浸在故事与爸妈浓浓的关爱中，有助于建立健全的人格。

亲子阅读对宝宝而言，是一个很好的语言、思维能力的训练，也能增进亲子关系

5.开发1岁宝宝身体机能的小游戏

父母和宝宝在家做一些简单的游戏，在寓教于乐的同时，能够让他们的小脑袋瓜思考问题，还能开发身体机能，比如锻炼平衡感等。下面就介绍一些小游戏，父母和宝宝在家可以一起玩。

模拟保龄球	可以买小型的保龄球玩具，也可用空的水瓶代替。先和宝宝一起摆，然后再教宝宝打保龄球，推倒后还可以和宝宝一起数剩下几个瓶子。这个游戏在滚球的时候，宝宝能锻炼眼睛和手的平衡，而数瓶子则能锻炼宝宝的数数能力。
选择心情游戏	先和宝宝一起画画，画下开心、伤心、惊讶、生气和愚蠢等各种表情。然后做一个袋子，把画好的表情脸放在地上。 接下来就可以问宝宝问题了，比如：“收到礼物是什么感觉是怎么样？”或“有小朋友要拿的玩具，你的心情是什么？”让宝宝把袋子扔到适当的心情上面。还可以和宝宝交换角色，由他来提问。 在这个游戏中，宝宝能够将自己的心情和文字图画相对应。同时扔袋子也能训练他的抛掷技巧，画画也能锻炼动手能力，真是一举多得，父母在家可以多多尝试。

锻炼平衡感

用笔在地上画或用有颜色的绳子在地上弄成直线、“之”字形线条或曲线等。然后让宝宝依照你的口令，如“直线前进或后退”、“走之字路线”、“沿着曲线大步走”等去执行这些挑战。游戏能让宝宝学习一心二用和锻炼平衡感。因为他不仅要专注身体的平衡和协调，还要思考你给的复杂口令，是一个很好的锻炼游戏。

6.慢跑是锻炼孩子平衡力的好方法

1岁宝宝的肢体动作不协调，正肢力量弱，平衡能力差，跑步时步幅小、频率大，容易头重脚轻而摔倒。而慢跑能训练孩子的平衡能力，所以此时训练孩子慢跑，是发展平衡力和肢体协调的重要手段。

训练宝宝慢跑的方法：

1. 开始学跑步的时候，应该以走跑的方式进行。主要以游戏的形式来激发宝宝学习跑步的兴趣，比如走路时插入跑步的姿势，或是在跑步过程中模仿一些有意思的走路动作。

2. 重点是培养宝宝的跑步姿势。可以通过正确示范及纠正的方法，纠正宝宝跑步时退步的动作，达到步子大、落地轻的效果。

3. 虽然宝宝还很难做到用鼻子呼吸，但是还是要尽量教他这样去做，可以先教宝宝进行口鼻呼吸，呼吸时嘴不要张大。慢慢锻炼，他就能用鼻子呼吸了。

4. 跑步训练一定要根据宝宝的体质和天气等因素来安排运动量和运动的时间。一开始可以只跑几分钟，然后慢慢地加长时间。由于1岁宝宝发育尚未完善，可以跑步和走路交替进行，但是也不要超过20分钟。夏季尽可能安排在清晨，冬季可以适当晚一点。

5. 慢跑前不可吃得太饱，但也不能空腹，不然会伤害身体。

6. 慢跑前需要做一些准备活动。跑步后也要适当进行放松运动，让身体机能恢复平静。

7.培养1岁孩子的判断推理能力

判断和推理是逻辑思维，需要爸爸妈妈在孩子的具体形象思维的基础上去发展抽象性的逻辑思维。其中提倡生活和实际活动是孩子思维发展的源泉。

在生活中，应该尽量让孩子在玩耍中探索求职，因为知识是在实践中发现获得，孩子掌握的规律性知识越多，就越能促进判断和推理思维的发展。在教孩子说话时，尽量教他用

“是……”、“不是……”、“因为……所以……”等句式，养成判断推理的习惯。

还要满足孩子寻找事物原因以及事物间本质联系的求知欲望。让孩子主动去探索周围世界的奥秘。耐心准确地解答孩子的“为什么”，引导孩子去发现“为什么”。

可以通过游戏让宝宝增强判断推理能力。准备一盆水、火柴棒、积木、竹筷、塑料盖、玻璃球……让孩子自己去玩。他会把各种东西放在水中，有的会沉下去，有的会浮在水面。然后他会发现木质的、塑料的都是轻的，于是就会做出凡是轻的东西会浮在水面的推理；而铁钉、玻璃球是重的，所以会沉在水底，孩子轻松就会做出正确的推理。孩子更大一些以后，可以加入空铁盒等，进行一些更加复杂的推理。由此来引导他不断地去推理判断，认识各种物体的体积、重量、形状和材料之间的关系。

8.增强1岁宝宝记忆力的小游戏

记忆是知识的宝库，有了记忆，智力才能不断发展，知识才能不断积累。1岁以后的宝宝已经拥有记忆能力，下面提供几个有助于增强幼儿记忆力的游戏。

No.1 依次说出名称

把6样东西按先后次序排列在桌上，让孩子看上几十秒钟，然后遮起来，要求孩子凭记忆依次说出这6样东西的名称。

No.2 辨颜色

让孩子闭上眼睛，说出你穿戴的衣帽鞋袜的颜色。如果你也闭上眼睛说出他穿戴的衣帽鞋袜的颜色，将会引起孩子对这种游戏的更大兴趣。

No.3 看图说话

把15张不同内容的图片，放在桌上，叫孩子看一会儿，然后盖上。要求孩子把所看到的图片内容尽可能准确地叙述一遍。

No.4 看橱窗

这个游戏适合在带孩子外出时进行。路过商店橱窗时，先让孩子仔细观察一下橱窗里陈列的东西，离开后，要求孩子说出刚才所看到的东西。

No.5 找物品

当着孩子的面把8种不同的小物品分别藏好，再让孩子将这些物品找出来。

No.6 “飞机降落”

将一张大纸作为地图贴在墙上，纸上画出一大块地方作为“飞机场”。再用纸做一架“飞机”，写上孩子的名字，上面按上一枚图钉。让孩子站在离地图几步或十几步远的地方，先叫他观察一下地形，然后蒙上眼睛，让他走近地图，并将“飞机”恰好降落在“飞机场”上。

9.开发儿童短暂性记忆

宝宝一般到1岁的时候就能拥有一些短暂记忆了，即出现在眼前的玩具和奶瓶突然不见，会有寻找的意图或动作。而不是像几个月的时候，玩具或奶瓶移出他的视野外，就不会去搜寻，忘记有这个东西，就像不存在一样。

我们记住一个新的东西都是从短暂记忆开始，想要将它转变成为长时记忆，就需要不断地重复这样的过程才行。宝宝很小的时候会有一些短暂记忆，但很快也会忘记，因此需要不断地去开发宝宝的短暂性记忆，为记忆力的发展打下基础。但是，如何去开发宝宝的短暂性记忆呢？游戏是最好的方法。

可以经常与宝宝玩出现与消失的游戏，比如将玩具放在宝宝面前，然后藏在身后，看宝宝会不会有寻找的眼神或是伸出双手去抓，还可以用奶瓶做实验。当然，宝宝可以走路以后，最适合的游戏就是躲猫猫了，可以将玩具当着宝宝的面藏起来，让他去找出来，或是背着宝宝藏好后，再提示放置玩具的位置。成人与孩子玩躲猫猫更受宝宝喜欢，还可以增进与宝宝的关系，玩法也可以和藏玩具一样。这些游戏都非常有利于婴幼儿短暂记忆的发展。

10.缓解1岁宝宝的行为标志攻击

宝宝满1岁后，偶尔会用拳头和牙齿跟爸爸妈妈和其他小朋友“交流”，父母就非常担心孩子长大后会不会变得很暴力。

其实1岁宝宝出现攻击性的行为很正常。一方面，这种行为只是孩子发育到这个年龄的标志，每个孩子都会有这个时期；另一方面，虽然这是孩子必经的一个过程，但是如果爸妈不对孩子的错误行为进行纠正的话，孩子很可能会养成打人的坏习惯。

对待1岁宝宝的暴力行为，只有先了解他为什么这样做，才能帮助他找到和平解决问题的方法。1岁的孩子很难将自己的感受表达出来，无法与别人建立有效的沟通，所以他选择咬人或是打人来发泄自己的情绪。如果看见宝宝急切想要向你表达，但你又弄不明白，一定要好好安慰他，肯定地告诉他“别着急，妈妈会帮助你的”，这样他就不会把怒火发到其他小朋友身上了。

随着宝宝自我意识肚饿萌发所显现出来的攻击行为，父母应该尽量缓解安抚宝宝情绪，不应该过分责备孩子

有时候他只是自卫而已，因为别的小朋友抢了他的奶瓶，或是有人先打了他，甚至有小朋友抓了他的头发，宝宝不会容忍自己被欺负，出于本能他

会全力维护自己的利益。还有一些生理原因如口腔发育的需要，让他喜欢把东西放到嘴里咬，以此缓解口腔发育带来的不适。学说话的时候，宝宝也会喜欢抓东西放到口中，甚至是小朋友的胳膊或手，这仅仅是他感知事物的一种方式。父母不要为此大惊小怪并责骂他，而是耐心地为他讲解各种事物，告诉他："不可以将小朋友的手放到嘴巴里面咬，小朋友会哭的，如果你的小手被咬了，你也会痛，会不高兴的。所以下次不要做这样做好吗？"被小朋友欺负后，要告诉他："以后有小朋友欺负你，就告诉妈妈，妈妈会批评他的，但是你不能先动手，这样妈妈会不开心的。"

父母尽量站在宝宝的立场去理解他，帮助他缓解攻击性行为，顺利度过这个阶段，成长为温文有礼的好宝宝。

11.犯错的孩子怎样教育，不打能行吗?

从传统教育的角度来说，有"不打不成才"的古训，但是现代教育理念是不提倡体罚孩子的，因为会伤害他的自尊心，有的孩子还会越打越倔、破罐破摔，一些性格怯懦的孩子挨打后容易变成软弱、胆小怕事的性格。

1岁以后的宝宝虽然很小，但是也会有无理取闹、不听话、玩危险游戏的时候，管不住又不能体罚该怎么办呢？下面就介绍一些特定情况下，怎样在不用体罚孩子的情况下让宝宝听话。

（1）商场购物

经常会在商场里看见有的小孩子一定要买玩具，事先与妈妈约定了不买也不遵守，就是一直哭闹，赖在地上滚来滚去，妈妈怎么劝也不听，引来路人意味深长的目光，忍不住想打孩子但是又不能打，让她好不尴尬。

遇上这种情况的时候，应该分散他的注意力。可以指着试玩区或是儿童乐园对他说："你看，那里好多朋友在玩诶，快点过去，不然没有你的位置了哦！""看，那个小朋友在玩赛车，你要不要去和他比赛？""那边好多小朋友在大城堡，妈妈带你一起玩好吗？"孩子听到都会站起来跟着走，他要买的玩具也是只一时吸引了他的注意。但是不要说"妈妈带你去别处玩，一会再买玩具"这样的话，因为一会他想起来之后又会闹的，所以注意转移注意力之后不要随意许诺"之后会怎么样"。

（2）爱玩电器

小孩子特别是男宝宝会比较钟情于家里面会动的家电，如搅拌机、豆浆机和蒸汽熨斗，大人在操作这些工具的时候，会喜欢凑过来用手摸一摸，大人一般会大惊失色，忍不住会想打孩子。有的还喜欢玩插头，甚至会把手插进插孔里面去，每次大人训斥，他们还会委屈地大哭，因为他们还不知道这样做的危险性，打他也没用的，他们还会受到惊吓，会怀疑是自己做错了，还是因为父母不喜欢他们才打他。

这个时候，爸妈要做的就是立即把宝宝带离危险的场所，严肃地告诉他这样做会带来的危险后果，比如会触电、会烫伤，或是被搅拌机搅掉手指头等。因为这个时候宝宝已经学会看大人的脸色了，你的严肃或愤怒的表情会告诉他，他的那些行为是不对的。对于一些不听话、喜欢乱摸乱碰的宝宝，在不伤害到的情况下，你可以让他去碰一碰热的豆浆机外壁，或是热水瓶的塞子，让他体会其中的厉害，他自然就不敢去碰了。同时，父母也要尽量给孩子营造一个安全的完全，把插头换成安全插座，在豆浆机外面罩上薄棉套，使用电熨斗时尽量避开宝宝，小家电插电时不能离人等等。

（3）外出就餐哭闹

在公共场合吃饭的时候，有些宝宝也会突然发脾气，摔东西或是大哭大闹，大喊“要回家，回家”之类的话，怎么哄劝也不听，引来其他就餐人员的侧目，好不尴尬，于是只好中途离场。

其实宝宝可能并不是故意要发脾气，可能是累了、困了或是渴了，或是在喧嚣的环境呆太久的缘故。又或是穿多或穿少，以及饮食不舒服都会引起宝宝发脾气，这个时候最重要的是找到宝宝发脾气的原因。大人不能发火，因为这样孩子就会赖定了，一直哭闹不停。最好的办法就是转移注意力，可以带他去看餐馆里面的鱼、龙虾等，或是将餐桌上的萝卜花等装饰食材给宝宝当玩具，带他去空气较好的等候区的沙发上玩耍等都是不错的方法。

12.孩子未来的恋爱模式与母子依恋关系

有很多父母工作很忙，为了生计而必须把孩子放在家里，宝宝需要你的时候也不在他身边。还有一些父母会将工作生活中的负面情绪不由自主地发泄在孩子身上，这些行为都有可能会影响到孩子以后的感情生活。已经有研究表明，孩子长大后的恋爱模式，与母亲的依恋关系有关，因为母子关系主要影响孩子的情绪和情感表达方式。

和谐的亲子关系，有助于宝宝的情绪、智能的发展，对宝宝的社交能力的发展也有很大的影响

安全型爱情

这种爱情模式的人数较多，占55%左右。拥有这一种爱情的人，孩子在小时候大多有一个关心、爱护他们的母亲。儿时的安全感让孩子长大后，更懂得也更能够接受伴侣的爱，同时知道如何爱对方。

逃避型爱情

一般来说，对爱情和婚姻表现出恐慌的人，在年幼时饱尝过被母亲冷落的滋味。孩子在很小的时候就会懂得看父母的脸色了，尤其是母亲的态度。妈妈的冷漠会让她对异性产生排斥，成年后会表现出“不敢爱、不会爱”的现象。

极端渴望型爱情

有些人长大后频繁换对象，喜欢主动追求对方，恋情开始后很依赖对方，但是新鲜感持续不了多久就会分手。这类人的母亲童年时期往往对他们照顾不够，他们认为只有“紧缠”母亲，才能获得爱。这种爱情又叫做“情感饥渴症”，放在爱情和婚姻上，表现为不断追求完美，并极度依赖对方。

13.五招帮助宝宝解开“依恋情结"

一般说来，孩子的依恋可以分为安全依恋和不安全依恋两种。安全的依恋有助于婴幼儿的心理健康；不安全的依恋会导致心理脆弱，并伴随种种心理问题，弄不好甚至会出现行为障碍。这种情况在心理学上称为“分离性焦虑障碍”，当依恋对象离开时，即使是短暂的分离，也常表现为烦躁、哭、叫喊，甚至威胁。父母在宝宝成长过程中，可以有意识地去训练宝宝，慢慢来解除这种“依恋情节”。

第1招：给孩子一个独立的游戏空间

建议在家中腾出一个小房间，作为他的“游戏室”，或是在客厅建立一个“游戏角”。把宝宝的玩具、图书、画笔、小桌子、小椅子等等都集中到这个地方，让他把这里当做自己的领地，可以在这里尽情地玩耍。

平时的时候也应该有意识地让宝宝自己一个人玩，你在远处注意就好了，不要寸步不离。

第2招：让宝宝参与家务事

一般妈妈要做家务的时候，暂时离开宝宝，他就会感觉妈妈不理他。这个时候，可以给他一块抹布、几个塑料盘子或碗，让他帮忙擦拭；或者让宝宝帮忙开启吸尘器开关。这样不仅是分配一个小任务给他，让他有事可做，就不会那么粘人了，还能让他体会到劳动的快乐。

第3招：常常与宝宝进行躲猫猫游戏

当宝宝注意力集中在玩具和游戏中的时候，妈妈可以像躲猫猫一样出现在他身边，这样他就会觉得妈妈一直在，也就能安心的玩游戏。然后，妈妈在悄悄的离开，经常重复这样的游戏，久而久之，宝宝就会慢慢的习惯与妈妈的短暂分离了。

第4招：多带宝宝出去玩

当宝宝出现情绪烦躁、特别“依恋”的时候， 你就可以带宝宝出去走走，沿路带他观看各种景色，讲解植物、建筑和人群，分散他的注意力、安抚情绪。让他接触大自然和外面的世界，产生兴趣的同时还能扩大视野。

第5招：做事前，专心配他玩一段时间

在准备做饭或做重要的事情前，尽量和宝宝专心地玩上半小时，要一心一意和他玩，这样他就不会一直缠着你，让你什么事情都做不了。

14.怎样教宝宝称呼人呢?

宝宝的社交必然离不开开口打招呼、交谈，当在爸妈的鼓励和训练下学会叫爸爸、妈妈之后，就会接着尝试叫家里的其他人，如爷爷、奶奶、阿姨，宝宝会自觉地把这些大人称呼和各自的长相做一种联系，而不像遇到了小孩可以直呼他们的名字。

所以爸妈在训练宝宝的社交能力的时候，要进行多方面能力的培训，在宝宝较小的时候可以给

他看一些认知卡片，如画上大头像的“叔叔”、“阿姨”、“外公”、“外婆”、“姐姐”、“哥哥”等任务卡片，一边让宝宝认，还要一边讲解为什么这么叫。等到宝宝熟悉如何通过一个人的年龄与外貌来分辨如何称呼的时候，爸妈可以直接引导宝宝，比如看见一个5、6岁的女孩过来，就告诉宝宝，快去叫“姐姐好”。

从社区的亲子乐园到日常交际，宝宝接触的人愈多，学习能力愈强。要让宝宝学会在众人面前说话和表演，学会接受别人赞扬的时候表示感谢。久而久之，宝宝的辨别能力和社交能力都会大大提高。

15.带宝宝去见亲朋友好友

宝宝渐渐长大，要开始培养宝宝的社交能力了，带宝宝到亲朋好友家做客，可以增加宝宝的社会经验，锻炼他的人际交往能力。但是宝宝还很小，有时候还不会和其他小朋友相处，会发生一些突发状况，让聚会不欢而散。那么，父母该怎么指导宝宝与他人相处，好好去做客呢？

适当创造陌生的环境或让宝宝接触新的小伙伴，有助于缓解宝宝害羞现象，提高宝宝的社交能力

做客前

要做一些准备，教给宝宝在外做客时应有的文明礼貌举止。在客人家要守规矩懂礼貌，未经允许不能随便拿东西，不能想做什么就做什么。还要事先向宝宝介绍准备做客人家里的情况，如家里有叔叔阿姨、哥哥姐姐等，要记得叫人。对哥哥姐姐尊敬，对弟弟妹妹要爱护。还要告诉宝宝，在客人家里要尊重小主人的意见，比如拿玩具的时候要先询问一下小主人的意见才行。要强的小朋友要教他谦让一些。

做客的时候

父母要在旁边观察孩子们一起玩耍的情况，做一些适当的指点和暗示，帮助孩子矫正一些不适宜的言行举止。小朋友们出现争吵和矛盾，大人可以适当提醒，让他们自己去解决。如果是自己的宝宝的错误，可以把他带到一边讲道理，善意地批评，然后教导他应该怎么做，并且勇于承担错误地去道歉。如果错误不在自己的宝宝，大人也要心平气和地对待，告诉宝宝他没有做错，但是我们是客人，要谦让一些。

做客回家后

也应该和宝宝谈话，告诉他哪些行为是好的，加以表扬；而不对的行为也应该指出，告诉宝宝那样做是不对的，以后应该怎样做。如果宝宝每次表现都不好，那么就取消去拜访的行为，并且让他知道如果自己不学好、不做好，以后就不会再带他出去玩，因为主人不欢迎。这样惩罚也可以起到一定的作用。

2岁宝宝育儿宜忌

——迈开认识第一步

2~3岁是人生中最重要的发展阶段之一。2岁以后的孩子变得更加懂事，对周围事物的好奇心增多，开始有自我中心的意思，同时独立性增强。父母应给孩子创造一个良好的环境，让他去充分感受这个世界。

● 家有宝宝初长成：发育指标

【满2岁~3岁】

虽然孩子的生长速度在2~3岁时减慢，然而他的身体还会继续经历从婴儿到儿童的明显变化。运动、语言、认知和社交等方面的能力也都明显增强，生活自理行为开始出现。

随着肌肉张力的改善，宝宝的姿势更加直立，外表更高、更瘦、更强壮。已经能够独立行走，活动范围增大，运动量增加，骨骼也迅速成长，生长发育旺盛。

No.1 身体发育

正常男孩2周岁时的发育标准为：身高平均为91.7~95.38厘米，体重平均为13.13~14.53千克，头围为48.8~50.1厘米，胸围为50.2~53.54厘米。

正常女孩2周岁时的发育标准为：身长平均为91.3~92.77厘米，体重平均为12.55~14.13千克，头围为48.7~49.8厘米，胸围为49.5~52.2厘米。

这一时期的幼儿有20颗乳牙。

No.2 认知能力

孩子2岁以后，除了通过感知和操作活动认知世界外，现在多了一些思考成分；孩子对时间、空间与颜色的知觉开始清晰，理解数字的含义；父母是他最爱模仿的榜样，所以说，身教重于言教，父母要做好榜样。此时孩子的记忆能力增强，有时会将母亲找不到的钥匙从床边玩具盆内找出来，使妈妈惊喜。会背几首儿歌，知道8~10组的反义词，并懂得其中的意思。

知道天气变化，认识夏天和冬天，两种季节的衣服以及特有的冰淇淋等食物。还能区别白天和晚上。

注意力持续时间为10~20分钟。在这段时间内，可以要求孩子学习更多的东西；2~3岁孩子不能分辨幻觉和真实。

No.3 运动发育

这时期的幼儿，能够双脚站立并跳起，落地时不会跌倒。可以协调好身体同时完成两个动作。开始会做一些简单的家务，如摆放和收拾碗筷等。虽然还不能很轻松地使用剪刀，但是很喜欢用剪刀剪纸。很喜欢做有节奏的动作。

孩子喜欢不停地活动，跑、踢、跳、蹬，精力旺盛，家长应尽量提供安全、宽敞的场地。可以让他到户外活动，在院子里、公园或公共幼儿活动场所玩；玩踢球时，孩子能掌握踢球的方向，跑着追球显得更稳更协调；上下台阶的练习不可缺少，每天少乘1～2层电梯留出时间给孩子练习；孩子喜欢骑小自行车。

No.4 语言发育

2～3岁的孩子不仅能听懂你的大部分语言，而且会说较完整的句子；会用一些形容词，甚至还会说出较复杂的句子；20～30个月是幼儿掌握基本语法和句法的关键期，也是语言发展的爆炸期：孩子到3岁时，已基本上掌握了母语的语法规则系统。语言飞速发展和大脑发育有关。要用正常语句和孩子说话，不要用儿语，提问题要具体。

No.5 情绪和社交发展能力

2～3岁的孩子学会自私，经常拒绝与别人分享玩具，只关心自己的需要，不理解他人的感受，这是正常发展的过程，父母不必担心，他们会很快度过这个阶段；这年龄的孩子仍然依恋着家长，你要离开时，他会哭泣或发怒，所以，你离开他之前，最好的安慰策略是告诉他你会很快回来，并且在你回来后，要表扬他，在你离开后他非常乖。

让孩子做力所能及的事情，不要怕孩子把事情弄糟，并不断鼓励，锻炼耐受挫折、努力坚持的性格，对孩子生活自理能力的培养对独生子女尤为重要。教小儿用语言表示大小便，白天能自己坐盆或上厕所。培养卫生习惯，饭前、便后洗手。每天学会自己洗脸、洗脚、刷牙、解系钮扣、拉拉链，均可使手的动作更灵活。这个年龄段的孩子喜欢模仿做家务，家长千万不要怕添乱而打击孩子的积极性，要有意识培养孩子为自己和家人服务的好习惯。

2岁宝宝营养补充与饮食习惯教育

2~3岁的幼儿消化系统日趋完善，加之生长发育对营养的需求也增加了，一日三餐的习惯已形成。这个阶段，宝宝一般乳牙都出齐了，咀嚼能力有了进一步的提高，但与成年人比还是有差距的。为了让宝宝营养均衡，食材要丰富，烹调的时候仍应以细软为主。

No.1 注意食品的多样化

2岁宝宝基本来说，是可以和爸爸妈妈一样吃主食了，而在2至3岁这个时间段，宝宝的智力处于发展的关键时期，在这个阶段我们更加需要足够的热量和能量来满足宝宝的需要。

应该逐渐增加食物的品种，使其适应更多的食物。要给宝宝多吃肉、鱼、蛋、牛奶、豆制品、蔬菜、水果、米饭、馒头，以保证宝宝生长发育所需的各种营养素。在主食方面要注意粗、细粮的搭配，不要只吃粗粮或是细粮，要轮着吃，或混着吃。每天最好吃主食100~150克，肉、蛋、鱼类食品约75克，蔬菜100~150克，外加250毫升左右的牛奶。

尤其需要注意的是，不能让宝宝挑食或是偏食，因为世界上没有任何一种食物可以提供人体所需的全部营养度，因此必须吃多样化食物，任何挑食、偏食都会妨碍我们的身体获得全面营养。有的宝宝对个别食物有所挑剔，家长可以从同一食品组选择其他事物代替。但是严重的挑食、偏食或是不吃荤菜或素菜，必须予以纠正。保证每天菜谱包括5个营养性食品组，缺一不可。

No.2 不可忽视食品添加剂对宝宝的伤害

加工食品中一般都含有食品添加剂，包括防止变质的防腐剂、让外观看起来更可口的人工色素和咖啡因等等，而宝宝喜欢的许多零食里面都加入了这些成分。食品添加剂有些来自天然，而大部分则是化学成分，食用过量就会对身体产生伤害。

父母都要尽量避免宝宝吃零食，也不要购买罐装的水果、肉类罐头给宝宝吃，而要以新鲜的水果、肉类来代替。很多宝宝爱吃的奶油蛋糕、果冻和果汁饮料也是加入了人工色素，不能让宝宝接触很多。另外咖啡、浓茶、巧克力里含有咖啡因，也不能让宝宝食用。

另外，炒菜的时候不要放入味精，它会促使宝宝体内的锌从尿液里排出，使宝宝缺锌。

No.3 多让宝宝吃点蔬菜

蔬菜含有各种维生素和对宝宝生长有利的矿物质来源，而且能够抵抗因为吃肉产生的酸性反应，中和胃酸，对于宝宝的发育有着非常重要的作用，简单地归纳起来有几下几种：

1.补充丰富的维生素

在所有食物中，只有蔬菜和水果才含有维生素A和维生素C中的胡萝卜素，它能够保护视力，预防干眼病和夜盲症。

2.补充丰富的矿物质

蔬菜中的钙、铁等矿物质能够帮助宝宝骨骼和牙齿的发育、促进血红素的合成，预防宝宝食欲低下、贫血。

3.提高蛋白质的吸收

如果宝宝只喜欢吃肉类食物，蛋白质的吸收并不理想。如果宝宝在吃肉的同时也多吃蔬菜，能够吸收87%的肉类蛋白，比只吃肉的情况高出了20%。

4.促进宝宝的食欲

许多蔬菜都有独特的香气，如葱、姜、蒜，做菜的时候保留这种蔬菜本身的味道，能偶大大提高宝宝的食欲，也更有易于营养素的吸收。

婴幼儿时期添加辅食过晚或添加辅食不当，偏食或吃零食过多都容易使宝宝食欲不振、营养不良

另外，科学家还发现，蔬菜的营养价值与蔬菜的颜色密切相关，颜色越深，营养价值越高，排列顺序依次是绿色、黄色、红色、无色蔬菜。

No.4 宝宝应该在什么时候开始使用筷子

2岁的宝宝手指灵活性不够，还不能掌握使用筷子的技巧，一般3岁以上的宝宝才能够学会使用筷子，但是在这之前可以训练宝宝手指的灵活性，以及对汤匙、叉子甚至筷子的熟悉程度。

吃饭的时候帮宝宝准备一套齐全的餐具，依宝宝的兴趣来决定使用哪一个，由此还能让宝宝比较出各自的不同，比如叉子不能舀汤、汤匙不容易吃面条。对于筷子的使用，宝宝可能还分不清正反，长短粗细也没有太大概念，更不懂得怎么使用中指、食指和拇指来操作，不用着急，爸妈吃饭时多为宝宝做一些示范性动作，可以逐渐让他熟悉。

2岁的宝宝是否会使用筷子并不重要，重要的是胃口好，吃饭香，身体强壮，所以爸妈不需要着急，也不要强迫宝宝使用筷子。

No.5 宝宝如何吃水果才健康?

水果能补充多种维生素，而且味道甜美，是非常适合宝宝的营养食物。但是吃水果不能盲目地吃，要适时、适度才能吃得健康。

选择水果应注意宝宝的年龄特征、消化能力，并选择适宜的食用方法。小宝宝的时候，多是制成果汁、果水，2岁的宝宝消化能力慢慢增强，但挑选和食用还是需要多多注意，才能让宝宝吃水果吃出健康。

宝宝2岁的时候已经可以吃各种水果，但要注意洗净去皮，虽然果皮含有一些营养成分，但由于现在农药杀虫剂、助长剂、着色剂的过多使用，甚至一些进口果品用溴甲烷或剧毒农药熏过，所以一定要及时去皮。大点的水果也尽量切皮后食用，有糖的要去糖，过硬的水果则需要切成小块后加糖煮食。

同时，吃水果的时间也要讲究，要安排在进餐后，因为水果含糖量多，餐前食用会影响食欲，让宝宝吃饭少。

另外还需注意的是，吃苹果、李子的时候，不要让孩子误食果仁，否则可能引起中毒。吃西瓜的时候别让西瓜籽误入气管或咽入肚子里堵在肛门，容易危及生命，要将西瓜籽弄净或给宝宝挤西瓜水喝。也不要短时间内给宝宝吃过多西瓜，容易引起呕吐、腹泻甚至脱水。甘蔗尽量不要给宝宝吃，因为宝宝处于长牙阶段，尽量榨汁喝，也需要注意不要买霉变的甘蔗。给孩子吃菠萝时要先削皮、除去果丁，再用盐水泡10分钟左右后食用，如果吃法不当，会发生菠萝过敏症。

No.6 培养宝宝喝水的好习惯

无论是日常的保健，还是生病感冒了，应多喝温开水，补充水分，能够加速体内运送垃圾的速度。每天正常饮水量是8杯。但是很多人不爱喝水，这是因为小的时候没有养成喝水的习惯，总是要等到口渴了才喝水。这样不利于健康的，当你渴了就表示身体非常缺水了，因此还是要常喝水才行。

所以，就应该在宝宝还小的时候让他们养成爱喝水的习惯。他不会为了健康而主动喝水，这就需要大人慢慢地培养，循序渐进地让宝宝养成喝水的习惯。

若宝宝不喜欢普通的喝水方式，可以尝试用新鲜的蔬菜汁和水果汁去喂他。若果汁太甜或酸，一定要用温水去稀释，太冷太酸太甜的东西对于宝宝的肠胃来说是负担，特别是甜味的水，喝多了会不爱吃饭和喝牛奶。但注意不要给宝宝喝人工配制的饮料，这些饮料含很多的人工添加剂，对宝宝胃肠道有刺激，轻则引起不适，妨碍消化，重则引起痉挛。还可以用漂亮的水杯给宝宝盛水或是采用少喝多餐的方

定时定量地给宝宝喂水，有助于宝宝养成爱喝水的习惯

式去喂宝宝。

让宝宝养成喝水的习惯还是要以规律性为主，定时定量地给宝宝喂水，让他养成习惯，就会自己找水喝了。注意的是千万不要一开始就强迫喂孩子喝水，这样可能会引起反感。

No.7 宝宝缺锌该怎么补？

小宝宝很容易缺锌，而到了2岁，最有可能引起缺锌的原因就是饮食问题，只有长期严重偏食、素食或营养不良的人才会可能缺锌，因为锌虽然是宝宝成长非常重要的营养元素，但是每天需求量并不大。锌在很多食物中都存在，只要保证每天正常的饮食，就不会出现缺锌的问题。

宝宝缺不缺锌，不能自己决定。有些父母感觉宝宝缺锌了，就给宝宝购买加锌的补品，希望通过补锌让孩子长得高大强壮。其实，盲目地补锌会造成各种问题，如腹痛、恶心、呕吐等，严重的反而会影响生长发育。因此父母要是发现宝宝某些现象让你觉得缺锌，就应该去医院，找医生确诊，到底是不是缺锌、需不需要补锌、该补多少、该怎么补等。

为了正确合理地服用含锌药物或吃一些加锌强化食品。建议如下：

1. 儿童补锌，必须经检查确诊为缺锌后，才可服用锌制剂。小儿每日补锌量为0.6~1.5毫克/千克体重。对缺铁性贫血和佝偻病患儿，在进行补铁、补钙治疗期间，如需补锌，则剂量不宜过大；

2. 牛奶不利于锌的吸收，故锌制品不宜与牛奶同服；

3. 对食欲不佳的儿童，应做血清铁和血清锌的测定，查明原因后，对症治疗；

4. 对经常吃瘦肉、鱼、蛋、肝、贝类、核桃、花生和西瓜等食物的儿童，平时只要注意饮食结构，也不用补锌；

5. 锌制剂不宜空腹服用，应在餐后吃。

总之，一定要在医生的指导下用药，不要盲目滥用含锌药物。缺锌不严重时，还是采取食补比较好，多吃动物肝脏、瘦肉、蛋黄和鱼类等含锌的食物即可。

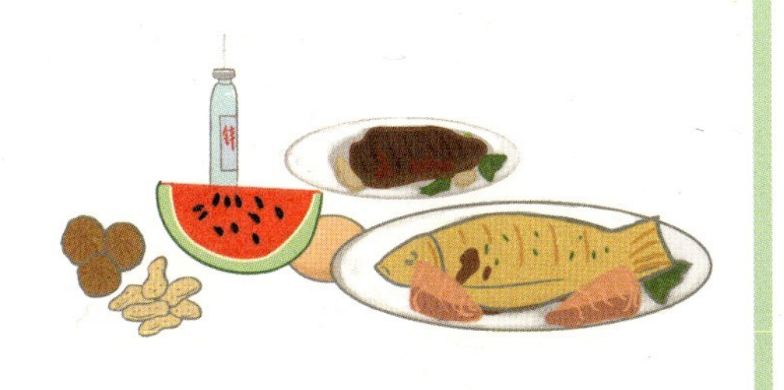

No.8 教你为宝宝选择好酸奶

酸奶含有营养素20多种，和母乳很相似，容易消化，同时营养素和能量密度高，特别适合处于幼儿时期需要多种营养、胃容量小、消化系统不成熟的特点。酸奶有减少腹泻、减少便秘和促进钙的吸收等好处，乳糖不耐受的宝宝喝酸奶也不会有问题，2岁的宝宝多喝酸奶大有益处。

但是现在市面上有各种各样的乳酸饮料和各种各样的酸奶，让妈妈们眼花缭乱，那么该怎么为宝宝选择好的酸奶呢？首先，市面上的乳酸饮料良莠不齐，有些乳酸菌含量媲美酸奶，有些则几乎不含活菌。乳酸饮料并不等于酸奶，它不是由纯牛奶发酵而成，只含微量的牛奶，主要是水、甜味剂、果味剂等，本质上并不含有乳酸菌，营养价值低，不含酸奶所含的丰富的蛋白质、脂肪、矿物质及因活性乳酸菌发酵而产生的大量活性物质。因此要购买酸奶而不是乳酸饮料。

其次，购买酸奶时也需要注意要买好的酸奶。那么怎么购买好的酸奶呢？第一就是直奔超市冷柜。因为酸奶中的乳酸菌只有在低温下才能存活，因此只有冷藏的酸奶才能保证这一点，同样，酸奶买回家也必须冷藏。第二要注意看蛋白质的含量。根据乳制品分类标准，若瓶身上标准蛋白质≥1克的，就是乳酸饮料；标有≥2.3克才是真正的酸奶。最后要注意益生菌的数量。许多“量足”的酸奶往往会标明菌种类别和含量，这同样可以成为消费者购买此类产品的保证。

No.9 新手爸妈应怎样使宝宝独立吃饭呢？

2岁之后的宝宝动手能力比较强，爸妈可以在家里准备专门的小饭桌、小椅子让宝宝独自吃饭。吃饭前后一定要养成良好的习惯。

吃饭前要把小手洗净、擦干，然后穿上围兜，端正地坐在小椅子上，等爸妈上餐。刚开始宝宝不会做这些准备工作，爸妈要耐心地引导，直到督促宝宝自己完成。还要培养宝宝暗示吃饭的好习惯，每天都在用餐时等待爸妈的饭菜。

只属于宝宝的餐具、餐桌有助于调动宝宝对食物、吃饭的兴趣

如果有些宝宝不爱一个人吃饭，也可以让他用家里的餐桌和爸妈一起吃饭，吃饭的时候爸妈尽量不要帮宝宝夹菜，以免阻碍他自己动手的能力。

小叮咛：让宝宝自己吃饭的过渡性训练

爸妈喂东西给宝宝吃的时候，让宝宝手里也拿一只汤匙，训练他抓握的能力和自己吃饭的感觉。

把薯条、胡萝卜等条状食物夹给宝宝抓握，训练他用大拇指和食物抓着食物。

爸妈可以喂宝宝一部分食物，等快要喂完的时候，把剩下的食物给宝宝自己解决，再逐渐过渡到一开始让宝宝自己进食。

No.10 导致宝宝营养不良的饮食习惯

宝宝2岁的时候，慢慢就会有自己的喜好和小性格了，这个时候就需要父母去好好地引导和培养宝宝的好习惯，特别是饮食习惯。因为不良的饮食习惯可能会导致宝宝营养不良，影响身体发育。下面就举几个不好的饮食习惯的例子，带宝宝的父母需要注意哦。

吃饭时看电视

宝宝很喜欢看动画片，有的连吃饭的时候都必须看。一边看电视一边吃饭，眼睛一动不动地盯着屏幕，嘴巴机械式地咀嚼。长期如此会引起肠胃消化道疾病，导致营养不良。同时，吃饭时看电视还让部分宝宝与父母减少沟通，容易造成性格孤僻。

偏食和挑食

宝宝由于味蕾比较敏感，很容易偏食。有些宝宝从小就不爱吃蔬菜，只吃荤菜，几年下来个头没有同龄人高，体检下来各项指标都与同龄人有差距，健康状况也不好，便秘、气色不好；而只吃菜不吃肉的孩子各项发育指标同样不理想，导致孩子营养不良，易感冒，身体抵抗力和免疫力均差。

把零食当正餐

现在市面上零食名目繁多，包装考究，孩子很容易被吸引。但零食都是高热量的食物，没有营养成分，尤其蛋糕、奶油之类的含有大量反式脂肪酸，吃多了会严重影响孩子的生长发育。而且吃零食过量会影响食欲，妨碍正餐的摄入量，从而影响身体正常功能的发育，导致孩子营养不良。

把饮料当水喝

有的宝宝，不管是口渴还是出去玩，都是要喝饮料，不爱喝水。饮料喝多了身体就会出问题，比如不爱吃饭、肥胖或是消瘦，还有的会流鼻血。所以，尽量少给孩喝饮料，白水是最好的。

不喝牛奶

牛奶对于每一个人来说都很重要，它是提供优质蛋白质的食物，具有人体必需的微量元素和氨基酸，尤其对生长发育中的孩子的补钙效果很明显。但有的孩子偏食，拒绝喝牛奶，这会导致孩子营养不良。这个时候，父母一定要为孩子寻找替代品，如酸奶、奶酪等，找到孩子爱吃的乳制品。

爱吃烧烤和路边摊

有些父母爱吃烧烤食品或是爱逛夜市路边摊，可能会让宝宝也吃一些，宝宝的口味慢慢就会改变，也爱吃这些东西。这些东西对小孩子来说是有害健康的，路边摊食品不干净卫生，含有大量的细菌，而体内长期摄入熏烧太过的蛋白类食物不但会导致孩子营养不良，还易诱发癌症。

No.11 不可以给宝宝吃汤泡饭

有的妈妈认为，给宝宝吃汤泡饭能够促进宝宝的食欲、促进消化，其实不然。汤会冲淡宝宝口中唾液、冲淡食物，使食物不能成团，降低唾液淀粉酶的作用。食物最好经由咀嚼，和着唾液吞下，才能在食物团中发挥唾液淀粉酶的作用，让食物自然分解，促进消化和吸收。

汤泡饭还会让宝宝减少咀嚼的次数，甚至囫囵吞下，不仅使人“食不知味”，而且舌头上的味蕾神经没有刺激，胃和胰脏产生的消化液不多，这样会加大胃的工作量，也不利于肠胃的吸收，长久下来会让宝宝感到腹胀、腹痛。而且汤泡饭会减少宝宝的食量，因为汤会把饭泡大，让宝宝很快就感觉到吃饱了，但实际上食物摄取量并不够，会造成各种营养素的缺乏。长期食用泡饭，不仅妨碍胃肠的消化吸收功能，还会使咀嚼功能减退，让咀嚼肌萎缩，严重还会影响到长大后的脸型。

No.12 宝宝喝水也要讲究

水能调节人体的新陈代谢和体温，它参与了人体大部分生理过程，给宝宝补充水分与给宝宝补充各种营养素同样重要。2岁宝宝每天要喝150毫升左右的水，具体喝什么样的水也很有讲究。

根据研究显示，宝宝饮水的要求要比成年人要苛刻一些，主要具备以下几点：不含有影响宝宝身体的化学、物理及生物性污染，有害菌群为零；水分子集团小，融解力和渗透力强；水中含有溶解氧；水质软，导热、导电性能好；含有易被宝宝吸收的矿物质。

由此来看，日常的饮用水当中，白开水中含有对身体有害的铝离子，对宝宝骨骼和神经发育不利；矿泉水中含有多种金属元素，容易加重宝宝肾的负担；净化水中的工业原料会影响宝宝的肝功能。虽然每种水都各有利弊，但是只要交替着喝，就能趋利避害。

小叮咛：应该什么时候喝水？

爸妈要让宝宝养成随时喝水的好习惯，在炎热的夏季，每隔半小时就让宝宝喝一点水，维持体内水分的平衡，而且要注意掌握好正确的喝水时间。

宜喝水时间：睡前2小时、起床后、游戏玩耍间歇、饭前2小时、饭后1小时。

不宜喝水时间：饭前后半小时、睡前1小时。

●给宝宝最周到的护理

1.揭秘宝宝失眠的六大原因

很多父母发现宝宝都会有失眠的情况，但是却不知道为何。下面为您揭秘宝宝失眠的原因。

不良的入睡方式	幼儿入睡困难往往与家长不正确的抚养方法有关，比如抱着孩子等其睡着后再放在床上、和宝宝一起睡等。幼儿的入睡困难与不安全依恋存在明显关系。
睡眠恐怖	其实很多孩子都会怕黑，感觉闭上眼睛就黑乎乎的，不敢睡觉。或是认为夜晚很恐怖，有各种怪物等。还有的孩子会觉得自己睡着就不会醒过来了，因此恐惧睡眠。
生理因素	孩子可能饿着了，或是吃的过饱以及身体不适，都可能引起入睡困难。
环境因素	睡眠环境中有嘈杂的声音、灯光太亮、室内过冷或者过热、房间湿度过大或是太干、床铺不舒服、房间太拥挤等都会影响孩子入睡。
睡眠节奏紊乱	宝宝经常不按时睡觉，所以睡眠节奏不好，导致后来想睡也睡不着了。
饮食不当	食用兴奋性食品或饮料、喝可口可乐、吃巧克力等都会影响入睡，造成睡眠障碍。

2.新手爸妈如何让宝宝自己刷牙

2岁后的宝宝可以学习刷牙，准备好幼儿的牙刷和漱口杯，在爸妈的指导下学习刷牙。值得注意的是，2岁左右的宝宝还不会吐出泡沫，所以尽量不用牙膏刷牙。

爸妈要耐心地教宝宝如何使用牙刷，可以先对着镜子，张开嘴观察自己的牙齿，把牙刷蘸上清水或淡盐水，先学习刷门牙这一块，再把牙刷横着伸进腮帮子，上下刷。两边完成后，再用刷毛轻轻地刷上下牙齿的接触面。最后再漱口，清洁牙齿。

教宝宝刷牙的时候要细致，还要不时地鼓励宝宝，让宝宝喜欢上刷牙，养成良好的口腔护理习惯。一般让宝宝跟着父母学刷牙三四次之后，就能够学会了，每天要坚持早晚各刷一次。

3.制作宝宝的作息时间表

宝宝2岁的时候已经能够很清楚地区分白天和黑夜了，这个时候就应该确定宝宝的进食时间间隔和睡眠时间，形成一定的规律。可以制定一个时间表，每天都参照这个表，宝宝就会形成基本的生活规律，幼儿期节奏混乱的生活状态也就将得到控制和减少。如果不从小形成一定的生活规律，长大后再调整也来不及了。

1. 每天早晨在同一时间（比如早晨6~7点之间）叫醒宝宝。
2. 起床后，让宝宝感受早晨的阳光，帮助宝宝认识早晨。对于不愿起床的宝宝，可以在起床前一点点地调亮房间的光线。
3. 进行早晨的仪式，如洗脸、换衣服等。关键是要养成习惯。
4. 晴朗的日子里，在午前或午后可以适量地安排户外散步。不方便散步时，可以在阳台或庭院里晒晒太阳。
5. 白天尽量安排活泼一些的游戏，夜晚则尽量安排安静些的游戏。
6. 晚饭和辅食尽量在晚上7点半之前完毕。
7. 洗澡最迟要在睡觉的1个小时之前进行。
8. 进行睡觉前的仪式，如换睡衣、刷牙、讲故事、聊天等，养成睡觉前的这些习惯。
9. 每天尽量在同一时间进入寝室，关闭电器，使房间变得黑暗。
10. 最好由爸爸妈妈陪伴宝宝睡觉，有利于减少宝宝对睡觉的恐惧。
11. 每天安排2小时左右的午睡。但午睡时间的长短是因人而异的，父母可一边观察是否对夜晚的睡眠有影响，一边来调整适合宝宝的午睡时间。如果孩子不想午睡，可以让他做些安静的事，比如看书、画画，这也是休息的一种形式。
12. 保证每天的睡眠时间差不多。如果入睡时间略微错后，则起床时间也可略微后延。
13. 一般说来冬季的睡眠时间要长于夏季。冬季如果让宝宝在与夏季相同的时间起床，宝宝们往往会非常抵触，根据宝宝的情况，在不同季节，适当调整睡眠的时间。

4.让宝宝拥有香甜睡眠

宝宝熟睡安详的样子，就像一个小天使，是世界上最美妙的一个情景。人的一生有三分之一的时间在睡眠中度过，睡眠的好坏直接影响我们身体的健康状况。而宝宝处于长身体阶段，良好的睡眠对宝宝的生长发育异常重要。

2岁足的宝宝每24小时需要13小时的睡眠，通常晚上睡11~12小时，然后白天午睡或下午睡1~2小时。除了要制定一个完整的作息表，在睡前还是要做许多的准备工作，让宝宝能够香甜入睡。

首先 要有一个良好的睡眠环境。适宜的温度、湿度，安静舒适的空间，冬天准备温暖的被子，夏天准备凉爽的凉席和蚊帐，还有合适的小枕头，以及舒服的穿着等，都能帮助宝宝快速进入香甜的梦乡。

其次 从晚饭后就要开始让宝宝的节奏缓慢下来，做一些如读书、唱歌和安静的游戏，让宝宝比较容易地过渡到就寝时间。千万不要在家里到处跑以及玩耍，这样宝宝容易兴奋，很难入眠。

最后 让上床睡觉前的活动尽量简短甜蜜。洗澡、刷牙、去洗手间，这些活动不应该超过半小时。如果时间再长一点的话，小宝宝又会开始兴奋起来。

睡前可以适当陪一会宝宝，因为他们可能安全感不太足。可以抚摸宝宝，给他讲故事或是轻声哼儿歌，这样宝宝能够很快入睡。

5.小儿失眠的表现

宝宝失眠是很多妈妈担心的问题，因为良好的睡眠能够让宝宝健康成长。那么小儿睡眠是否和大人一样呢？宝宝一般不会知道自己晚上的行为，也不会表达，因此需要父母自己观察判断宝宝的失眠状况。那么小儿失眠的表现是什么呢？

①夜惊

夜惊是一种比较常见的小儿失眠的情况，是指睡眠中突然出现的一种短暂的惊恐症状。一般在入睡后半小时到2小时间，孩子突然坐起尖叫、哭喊、瞪眼睛或双目紧闭，面部表现十分惊恐不安。

一般小儿在夜惊发作时神情恍惚，对爸爸妈妈的呼唤没有什么反应，持续几秒到几分钟后又会迅速入睡，醒来后不能回忆或仅有害怕的感觉。夜惊的发生主要与孩子的心理和社会因素有关，如家庭不和、突然和父母亲人分离、家中发生意外变故、父母的严厉责备与惩罚、睡前听了紧张兴奋的故事等。

②梦魇

梦魇是指小孩在后半夜时做了内容恐怖的噩梦而被惊醒，感到极度紧张和焦虑。梦魇与夜惊不同的是，孩子梦魇很容易被叫醒，叫醒后意识很快清醒，能清楚地回忆刚才所做的梦，并感到非常害怕。

③梦游

梦游发生在开始睡眠后的3小时内，孩子在睡眠中突然起床，或者行走或者进行一些熟悉的动作，对他说话他可能没有反应，或者自言自语，几分钟后又会自己回到床上，第二天醒来对晚上所做的事情不能回忆。

很多梦游的孩子长大后症状就会逐渐消失，是因为他的中枢神经系统逐渐成熟。但对梦游的孩子，早期必须让医生排除颞叶癫痫这一疾病的可能。需要注意的是，梦游的孩子有受到伤害的可能性，所以可能的话在他梦游发作前叫醒他。

6.宝宝睡眠不好如何调理

调理宝宝睡眠不好，首先应该找到影响宝宝睡眠的不良因素，是由于环境因素、缺乏安全感，还是因为身体不舒适等问题造成的，所以父母们可以从以下几个方面着手来调理宝宝的睡眠。

1. 观察孩子是不是身体不舒服，比如是不是有发热、肠胃不适或皮肤不适等问题。如果是由于这些原因导致的，就应该尽快治疗。
2. 宝宝睡不好的原因也可能是白天睡多了。这样家长就要注意调整白天的休息时间，不能超过2小时，不然到了晚上宝宝就不想睡觉，也睡不着了。
3. 有些宝宝怕黑，爸妈也不要开灯让他睡觉，而是应该在睡前一直陪着他，给他讲故事，鼓励他，给他安全感。或是把他喜欢的玩具和布娃娃放在枕边，告诉他有玩具陪着他，不用害怕。
4. 还要注意寝具或就寝环境是否舒适。被子、枕头是否让宝宝感到不舒服，衣服要尽量柔软舒适，睡前环境要安静祥和，灯光不要刺眼。
5. 用音乐催眠。宝宝睡前可以放一些舒缓的适合他这个年纪的音乐，一边讲故事，不仅能够助他睡眠，还能锻炼听力。每天坚持放，形成条件反射后，只要在睡前放音乐，宝宝自然就睡了。
6. 运动有助睡眠质量。在白天多让宝宝到户外和小朋友玩耍，多做运动，晚上才会睡得比较踏实。

合理的户外活动，既能锻炼孩子机能，又能消耗宝宝精力，有助于晚上更快入眠

7.6招让宝宝爱上刷牙

宝宝不爱刷牙，一到刷牙的时间就耍赖不想刷，父母帮忙刷牙还会大哭，让很多家长很头痛。其实只要找到正确的方法，就能轻松让宝宝爱上刷牙。

装备齐全

有些宝宝会对爸妈的刷牙行为很感兴趣，还会将自己的小手比作牙刷，放在嘴巴里面，模仿大人的刷牙动作。父母可以在宝宝学习刷牙前，打他去商场，选购自己喜欢的刷牙用具，水杯、牙刷和牙膏都准备齐全，这样他就会每天都期待刷牙了。

互相帮忙

宝宝不喜欢刷牙，就可以和他约定，以玩游戏的方式让他帮爸爸刷牙，然后妈妈帮他刷牙，这样他的注意力就在帮在爸爸刷牙上面，就不会这么反感刷牙了。不过可能爸爸就不会那么舒服了，因为宝宝的小手没轻没重，时常会弄痛哦。

一起刷牙

宝宝有时候会偷懒，睡前或是早起不愿意刷牙。这样就需要爸妈一起陪同，在旁边认真地做示范，宝宝看见有人陪他，就会被带动地也跟着刷牙了，因为小孩喜欢被陪伴的感觉。

和他比赛

对于不爱刷牙的宝宝，父母还可以通过比赛的方法提升他刷牙的兴趣。早上或是睡前刷牙的时，就争先去刷牙，然后约定谁刷牙最积极、最认真、最彻底，获胜者就能获得奖励，如获得一朵小红花、出去玩的机会，或是看动画片多10分钟的奖励，这样就能激发宝宝刷牙的积极性了。

故事教育

给宝宝讲有关蛀牙的故事，比如有个小朋友不爱刷牙，成为了蛀牙大王，结果朋友都不和他玩了，于是他很伤心。后来在医生的帮助下修好了蛀牙，然后天天刷牙，牙齿健康，小朋友又和他做朋友的故事。宝宝听了之后，就会认真主动地去刷牙了，因为他喜欢和小朋友一起玩耍。

反面震慑

有些小朋友不管是讲道理、讲故事，对刷牙这件事情就是不感兴趣，怎么办呢？可以在爷爷奶奶吃饭的时候，爷爷或奶奶就拿出自己的假牙对宝宝说："我小时候不爱刷牙，牙齿就坏了，现在只能用假牙了，你看奶奶现在都不能吃好吃的骨头了，只能喝汤和喝粥了。"宝宝看见了，以后就会认真主动刷牙，因为他也会怕牙齿坏掉。

8.口腔健康离不开正确的刷牙方法

刷牙能够有效地清除牙齿以及周围组织的菌斑和软垢，可起到预防龋齿以及牙周病的作用。经常不刷牙或者刷牙次数以及方法不正确容易导致牙石刺激、龋洞刺激、牙周疾患等口腔问题。2岁宝宝已经要开始学习刷牙，掌握正确的刷牙方法非常重要。

刷牙的应该每天做到早晚各一次，且要做到饭后漱口，每次刷牙时间控制在3~5分钟内。动作一定要轻柔，不要用力过猛伤害到牙齿周围的组织。牙齿的每个面都要刷到，特别是最靠后的磨牙，一定要把牙刷伸进去刷。每次刷完牙，如果不放心，还可以对着镜子看一看是否干净了。只有认真对待，才能保证刷牙的效果。

下面介绍3种正确的刷牙方法，家长可以抓着宝宝的手教他感受不同的刷牙方法，多教几次，他们就能学会了。

竖刷法

将牙刷毛束尖端放在牙龈和牙冠交界处，顺着牙齿的方向稍微加压，刷上牙时向下刷，刷下牙时向上刷，牙的内外面和咬合面都要刷到。在同一部位要反复刷数次。这种方法可以有效消除菌斑及软垢，并能刺激牙龈，使牙龈外形保持正常。

颤动法	刷毛与牙齿成45度角，使牙刷毛的一部分进入牙龈与牙面之间的间隙，另一部分伸入牙缝内，来回做短距离的颤动。刷咬合面时，刷毛应平放在牙面上，做前后短距离的颤动，可将牙的内外侧面都刷干净。这种方法虽然也是横刷，但由于是短距离横刷，基本在原来的位置作水平颤动，并不会损伤牙齿颈部，也不易损伤到牙龈。
生理刷牙法	刷毛顶端与牙面接触，然后向牙龈方向轻轻刷。这种方法如同食物经过牙龈一样起轻微刺激作用，可促进牙龈血液循环，有利于牙周组织保持健康。

刷牙时可以采取几种不同的方法结合来刷牙，效果会更好。

9.巧治宝宝的口腔溃疡

1~6岁的儿童口腔溃疡的发病率较高，2岁的宝宝也经常口腔溃疡。不同原因引起的口腔溃疡，治疗的方法也不一样，先弄清宝宝的口腔溃是什么原因引起的，才好有针对性地快速治疗。

对于创伤引起的溃疡，比较容易治愈，只要敷药后三四天就可见效，通常不会复发。

对于缺乏维生素B引起的溃疡，主要有口角炎、唇炎和舌炎等。最简单的治疗方法就是在服用复合维生素B、核黄素等治疗的同时，多食用动物肝脏、菠菜、胡萝卜、白菜和牛奶等。

还有由于天气干燥或大量食用高热量食物引起心脾过热引起的口腔溃疡，或是因虚寒体质引起反复性发作的口腔溃疡。对于脾胃实火引起的溃疡，要采取清泻胃火的方法，多吃一些西瓜、冬瓜汤、莲子心汤等凉性食物予以调理，或到药房购买冰硼散、凉膈散等一些散类药物，按医嘱服用；而因虚寒引起的溃疡，则应多吃红糖、荔枝、羊肉、鸡肉等高热食物以温补脾肾，引火归源，辨证调理治疗。

治疗儿童口腔溃疡，还有一些小妙招：

1. 每次一汤匙全脂奶粉加少许白糖，以开水冲服，每天2~3次，临睡前冲服效果最佳。通常服用2天后溃疡即可消失。

2. 西瓜瓤榨汁后含在口中，约2~3分钟后咽下，再含服新瓜汁，反复数次，每天2~3次即可。

3. 西红柿汁含口中，每次含数分钟咽下，一日多次，也有一定的治疗效果。

4. 将鸡蛋打入碗内拌成糊状，同时取绿豆适量放入陶罐内，用冷水浸泡十几分钟，再用火煮沸约2分钟，在绿豆未熟时，把绿豆水倒出冲鸡蛋花饮服，每日早晚各一次。

5. 维生素C药片1~2片压碎，撒于溃疡面上，闭口片刻，每日2次。这个治疗溃疡效果较好，但可能会引起疼痛，有些宝宝可能不能接受。

10.男宝宝生殖器的常识与护理

男宝宝的小鸡鸡会有勃起、颜色偏重、包皮和护理问题，可是难倒妈妈们了。爸爸们虽然是男生，但是对小宝宝这方面的问题，似乎也是摸不着门路。

不过父母们也不要太过着急，宝宝的小鸡鸡勃起的原因很多，受到触摸或者一定刺激、摩擦的时候，或是宝宝情绪激动，以及要尿尿的时候都会出这种生理现象。至于颜色的深浅也是因人而异的，有的宝宝这里色素沉积重，有些人浅，都是很正常的，也不必过于在意。包皮的问题同时是很多父母担心的，其实只要包皮没有影响到宝宝排尿等生理状况，就不用太过担心。如果宝宝到了3岁之后，包皮仍不能退到龟头后面使龟头露出，则是真性包茎，这时就需要在医生的指导下进行相应的包皮分离或环切手术了。而如果不存在这些情况，就完全没有任何必要为了“生理发育”而进行割包皮的手术。

至于护理方面，父母们就需要多多注意，保持生殖器卫生习惯是非常重要的。

1. 不要用过热的水清洗男宝宝的私处。高温会伤害成熟男性睾丸中的精子，虽然宝宝睾丸中还没有精子，但也必须注意防止烫伤。水温控制在38～40℃，可以保护宝宝皮肤及阴囊不受烫伤。

2. 保持宝宝生殖器部位皮肤的干燥以避免湿疹、尿布疹的发生。夏季洗澡后，妈妈不要在宝宝的敏感部位涂抹花露水和爽身粉等，爽身粉容易与汗液结块，堵塞毛孔，花露水则会对宝宝的皮肤产生刺激。

3. 给宝宝穿戴纸尿裤或者裹尿布的时候，注意把小雀雀向下压，使之伏贴在阴囊上。这样做是为了不让宝宝尿尿的时候冲上尿，弄湿衣服；也可以帮助宝宝的阴茎保持自然下垂的状态，避免将来影响穿衣的美观。

4. 给宝宝洗澡的时候，父母要特别注意不要用力挤压或者捏到宝宝的这些部位。给宝宝穿纸尿裤时也要注意，不要把尿裤包裹得太紧，避免挤压宝宝的敏感部位。

5. 没有做包皮环割术的宝宝，洗澡的时候父母只要轻轻地把阴茎外边洗一下，就能把过多的污垢清除。想要清洗得更加干净，可以把包皮轻轻地向后拉，直到感到有阻力的时候为止，然后把包皮里面的污垢洗掉并冲洗干净即可。千万不可以把包皮强行向后拉，因为这样可能导致感染。

11.要警惕爽身粉伤害女宝宝私处

家中有女宝宝的妈妈们要留心了，女宝宝私处的自我防御功能很弱，而且阴唇单薄，对内部器官的保护作用小。在护理上，妈妈们一定要注意爽身粉的使用。

有些妈妈担心宝宝出汗多会起痱子，喜欢给宝贝全身都涂上爽身粉。其实不应该在女宝宝的私处或附近使用爽身粉，因为可能会导致粉尘极容易从阴道口进入阴道深处，从而引发宝宝私处的不适。还有可能是爽身粉和未擦干的水汽和汗液一起，积累在皮肤的皱褶处，结成小颗粒，摩擦皮肤后可能使宝宝娇嫩的皮肤溃烂。

另外，爽身粉中还含有滑石粉，它与外界的粉尘、颗粒一起通过外阴、阴道、宫颈、宫腔、开放的输卵管进入腹腔，并且附着在卵巢的表面，这样就会刺激卵巢上皮细胞增生，进而诱发卵巢癌。所以千万不要在女宝宝的私处使用爽身粉。

12.5个习惯让宝宝头发乌黑浓密

有些宝宝2岁了，头发还是比较稀疏和黄，父母就会希望宝宝的头发能够快点变得乌黑浓密，那么有什么方法吗？有的。只要父母多注意以下几点，就能让宝宝头发又黑又密。

均衡营养

日常饮食中要保证牛奶、瘦肉、鱼、蛋、虾、豆制品、水果和蔬菜等各种食物的摄入与搭配，含碘丰富的紫菜、海带也要经常给宝宝食用，并合理摄取维生素和矿物质。这些营养能够通过血液循环供给毛发根部，使头发长得更结实、更秀丽。因此，一定要在添加辅食的阶段适时地给宝宝添加辅食，让宝宝接受各种食物，避免宝宝长大了，养成挑食和偏食的不良饮食习惯。

保证充足的睡眠

睡眠不足的宝宝容易造成生理紊乱，导致食欲不佳，经常哭闹甚至生病，从而导致头发生长不良。因此一定要保证宝宝充足的睡眠。

勤洗头

由于宝宝的生长发育速度极快，新陈代谢非常旺盛，所以要经常给宝宝洗头，以保持头发清洁。勤洗头能使头皮得到良性刺激，避免引起发痒、起疱，甚至感染，从而促进头发的生长。需要注意的是，要选择纯正、温和、无刺激的儿童洗发液，洗的时候轻轻地用手指肚按摩宝宝的头皮，千万不要用力揉搓头发，不然头发纠结在一起，反而难以梳理，使得头发容易脱落。

勤梳头

选用既有弹性又较柔软的橡胶梳子给宝宝梳头，经常给宝宝梳头，能够刺激头皮，促进局部的血液循环，有助于头发生长。注意梳头的时候，应该顺着头发自然生长的方向梳理，动作和用力要保持一致。小女孩的辫子不要扎得太紧，也不能为了漂亮而强行把头发梳到相反的方向。如果喜欢给宝宝头发分缝，也应该每隔几天换一次部位，否则，一直分缝的部位头发会相对稀少。

勤晒太阳

适当的阳光照射和新鲜空气，对宝宝头发的生长非常有益。紫外线照射不仅能够杀菌，而且还可以促进头皮的血液循环。但是不要让宝宝的头部暴露在较强的阳光下，以免晒伤。同时，隔着玻璃晒太阳也是不行的，因为阳光中的紫外线是不能够透过玻璃的。

13.推拿按摩治疗宝宝便秘

宝宝便秘了，不爱吃药，打针就哭，该怎么办呢？推荐给你一种方法——推拿。通过穴位—经络—脏腑，健脾和胃，调节脏腑功能，提高机体自然抗病能力，达到治病强身的目的。而且推拿治疗小儿便秘不打针、不吃药，孩子感觉舒适，所以特别容易被接受。下面就介绍几种手法和穴位，妈妈们可以练习后帮宝宝按摩。

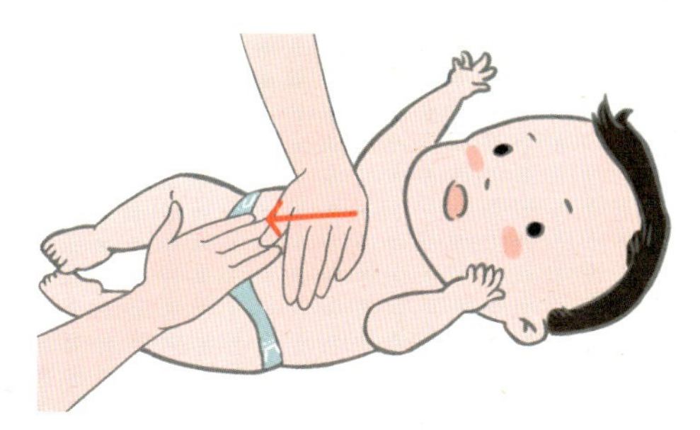

1. 清大肠：用右手拇指桡侧面着力，先自小儿虎口直推至食指指尖200次。
2. 推六腑：用拇指螺纹面着力，沿小儿前臂尺侧，自肘横纹推向腕横纹300次。
3. 清天河水：用拇指螺纹面着力，沿小儿前臂正中，自腕横纹推向肘横纹300次。
4. 搓摩胁肋：用双掌在患儿两腋下胁肋处，自上而下搓摩50到100次。
5. 运内八卦：用中指指端着力，按揉掌心周围八卦穴做运法50次。
6. 揉天枢：以拇指或中指指端揉肚脐旁2寸天枢穴500次。
7. 摩腹：用手掌掌面或食中环指指腹在小儿腹部做顺时针方向环行抚摩5分钟。

TIPS：每日按摩1次，5次为1个疗程。经按摩治疗，症状明显改善后，仍需继续按摩，直至排便正常。

14.不要强行纠正左手

宝宝用左手是天生的，不用纠正

左利手就是指惯常使用左手，有的家长发现宝宝习惯用左手之后感到很担忧，想要及时地纠正过来。其实宝宝习惯用哪只手做事是天生的，没有必要纠正。

用左手虽然看起来和普通人不太一样，其实优势也是十分明显的。左利手以右脑为优势半球，所以在艺术、文学和音乐方面的才能要比一般人高。如果爸妈要强行改变宝宝的用手习惯，只会得不偿失。

长期使用左手也不会阻碍宝宝智力的发育，对其他方面也没有负面作用，爸妈不用顾忌旁人的眼光，何况这并没有妨碍到别人。

15.照顾宝宝不能不讲求卫生

一般来说，年轻的父母都比较注重宝宝的卫生情况，有些个别的长辈，如宝宝的外公、外婆、爷爷、奶奶这一辈的老年人都会很勤俭节约，有时候就会忽略卫生问题。如食物掉到地上用冷水冲冲就吃，有污渍的水果没有洗干净也让宝宝吃等等。身为宝宝的父母要对老人家说出这些行为的害处。

宝宝要生活在清洁、卫生的环境中，首先食物和衣物都必须清洁、干净，饭前便后都必须洗手，避免肠道疾病和寄生虫病。早晚刷牙以保持口腔的清洁，避免口腔疾病。勤洗澡、洗头、剪指甲，避免皮肤病。吃饭时打喷嚏要背对餐桌，流感时少去公共场合，以免病毒感染等。爸妈在教育宝宝养成这些习惯的时候，要学会适当地鼓励，提高宝宝的积极性。

16.如何为宝宝挑选衣服

2岁左右宝宝的衣服不再是婴儿时期的连体装、紧身罩衣等样式，由于活动量增加，户外活动增多，对色彩、样式也有自己的偏爱，因此衣服的选择性更加多样。

整体来说，挑选宝宝的衣服要从质地、样式和色彩上选择。最贴近宝宝皮肤的是纯棉的衣服，既贴身又吸汗。宝宝的内衣最好都选纯棉的。外衣要选用防污、易清洗、不易刮破的面料，也要注意舒适性与透气性。

衣服的样式和色彩都可以按照宝宝的喜好来选择。如果宝宝没有个人的要求，爸妈从保暖、舒适、透气等几个方面来挑选就可以了。新衣服买来后，要用清水漂洗，去掉上面的化学物质之后再使用。

17.安全使用体温计

幼儿很容易出现发热的情况，这是感冒和其他疾病的常见症状。为了及时检测宝宝体温的变化，家里最好常备一直体温计。有很多家庭一直使用的是水银体温计，因为价格低廉、使用方便。但是水银体温计里的水银却有着安全隐患，一旦打碎会造成环境污染，也会让人体中毒，所以家里除了水银体温计，还可以备有电子体温计、红外线体温计等。其中红外线体温计分为接触式和非接触式两种，接触式红外体温计常见的有耳温计、额温计、以及多功能体温计。其中耳道式体温计使用方便快捷，但是测试出的体温偏低，而且价格昂贵。各种体温计相比下来，电子体温计是最合适的。

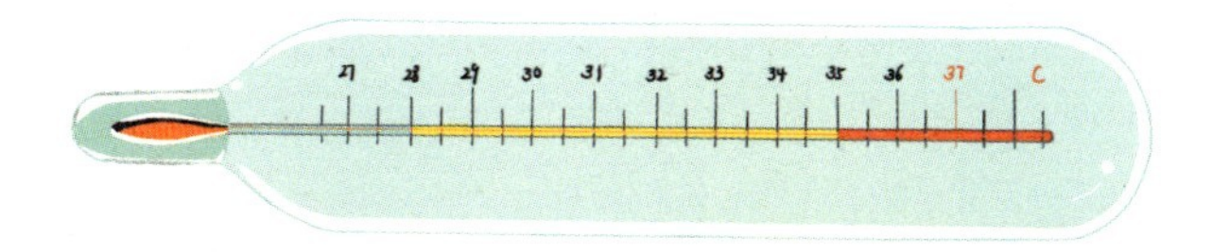

18.警惕家用电器威胁宝宝的安全

据研究显示，电磁辐射会对宝宝的生殖系统、神经系统和免疫系统产生破坏，而许多家用电器都具有电磁辐射，要怎样让宝宝远离这些辐射呢？

①电视

液晶电视显示幕会产生辐射，看电视的时候不要让宝宝离得太近，最好在3米以外，不看的时候也要拔掉插头。

②电冰箱、吸尘器

当电冰箱正在运作，发出“嗡嗡”的声音时，这是电冰箱后面的散热管在释放磁场。吸尘器的原理也一样。所以，要及时清理散热管上的灰尘，可以有效地降低磁场，还能提高工作效率。

③微波炉

微波炉的电磁辐射很大，而且就算是没有工作的时候也会产生，所以使用完后一定要拔下插头，工作的时候要远离它。根据调查，微波炉的辐射会影响男性生殖系统。

④音箱

音箱具有很高的电磁场，要避免放在床头，这样会影响睡眠品质。而放在客厅也不能离人太近，使用完后也要拔掉插头。

⑤灭蚊灯

夏季使用这种小型家电时，经常会为了驱蚊效果更好而放在床旁，其实它的磁场也很高，要尽量放在墙壁的角落。

⑥手机

手机在接听和发送短信时会产生一定的辐射，而在充电的时候辐射量比较大，父母在使用手机时要远离宝宝，自己也要减少使用时间和频率。

宝宝各项能力的培养

2岁后的宝宝语言能力快速发展，喜欢向爸妈提出各种各样的问题；动手能力也得到进一步的加强；语言、艺术天分快开始显现出来了，对音乐、美术的方面的偏好也很明显了，父母可以乘机加强他们的专业训练。同时，他还有了一定的是非判断能力，自我服务的能力也在不断加强。

No.1 宝宝的卫生间技能的培训

宝宝2岁的时候，就应该考虑教他去卫生间的问题了。但是在训练前，父母应该观察宝宝是否已经做好准备。

你可以从这些方面观察：宝宝的尿布如果不总是湿的，说明他的膀胱已经能够储存尿液了；宝宝对自己要大便有相当准确的预感，或者父母能够从宝宝的表情或动作上知道他要尿尿或大便了；宝宝已经能够并且愿意听从你的指导。如果以上都符合，说明你就可以开始训练宝宝去卫生间上厕所了。

首先 你可以给宝宝买一个小的坐便器，把它放在卫生间，并告诉宝宝他的用处。坐便器的尺寸应该方便宝宝坐稳或站妥，尽量有漂亮的色彩可以吸引宝宝的兴趣。

其次 让宝宝逐步熟悉自己的坐便器，经常带他去坐一坐，不必拉下裤子。还可以在他坐稳后给他讲故事，让他不抗拒坐便器的感觉。

再次 注意时常询问宝宝是否有便意或尿意，如果宝宝点头，就赶紧带他去卫生间的坐便器那儿，让他养成习惯后，以后就能自己去卫生间上厕所了。

最后 可以训练宝宝自己擦屁股，虽然很多父母都乐意代劳，怕宝宝自己擦不干净，也怕他们弄脏手。其实这一步骤很重要，不然宝宝以后就会因为“没人给我擦屁股”感到莫大的压力，有些宝宝还会因此抗拒上幼儿园。父母一定要正确示范擦拭方向(尤其是女孩,大便后一定要从前往后擦,以防尿路感染),几次以后孩子就会了。假如怕孩子弄脏手,督促他们便后洗手就可以。

No.2 把握肢体动作智能的学习契机

宝宝满2岁后，是肢体—动作智能发展的又一个学习契机时段。这个时候，宝宝在各领域及各系统的基础功能都渐渐成熟，已经能够发展比较复杂性的功能和基础的独立自主的能力了。此时应该重点发展的是宝宝知觉方面的后内侧触觉系统以及动作方面的粗动作功能。

锻炼后内侧触觉系统的方法：

1. 将玩具放进球池、米箱或是装满豆子的箱子里面，然后让宝宝以触碰的方式，不用眼睛将玩具找出来。这样的区辨性活动还可以增加难度，随着宝宝慢慢长大，可以适当控制目标物与干扰物之间的大小、形状和质感的差异程度来锻炼宝宝。

2. 父母可以购买布书给宝宝玩，让宝宝去感受布书里面不同对象所带来的不同触觉质感，以此帮助宝宝认识并发展触觉区辨经验；或是带宝宝玩粘土、沙画、手指膏等能带来大量触觉刺激的游戏或活动来帮助宝宝后内侧触觉系统发展。

锻炼宝宝粗动作功能的方法：

1. 养成宝宝独立动作的习惯，在安全的前提下，让孩子尽量独立动作。比如能走则尽量不要背或载、能站则不要靠、能坐则不要躺、能自己做的事尽量不要旁人代劳，藉此训练肢体功能并帮助发展。

2. 还可以带孩子多做各种运动，尤其是垫上操运动。比如：翻筋斗、跳跃、撑拉、走平衡木等简单且基本的全身性大动作，能够帮助宝宝认识并使用肢体。

No.3 父亲对宝宝语言的影响大

一般都认为，母亲在幼儿的语言培养过程中起到关键作用，但是却有研究表明，父亲在宝宝语言学习中的作用也不小，可能比母亲还大。

宝宝2岁后，虽然每天和妈妈的交流明显多于父亲，但是通过模仿父亲的话语而学习的词汇更多。这可能和妈妈说的“太多”有关。

为什么呢？因为2岁左右的宝宝学习语言的能力十分有限，而妈妈提供的词汇量大大超过了他的模仿学习能力，从而导致宝宝会将模仿对象转向话语较少的爸爸了。

3岁以上的宝宝语言能力变强，妈妈就会在他语言学习中起到主导作用了。所以在2岁左右，爸爸可以适当多和宝宝交流，对他的语言发展很有帮助。

父母对孩子的问题应答得当，能够促进孩子智力的健康发展

No.4 “鹦鹉学舌”不适合两岁宝宝！

什么是“鹦鹉学舌”呢？就是父母在教宝宝学说话时，不以他们的理解为基础，只是让宝宝对于语句进行单纯的模仿。这种模仿式的学习说话的方法是宝宝学习语言不可缺少的步骤。

在最初的学习说话的阶段，宝宝都是这种模式在学习。但是到了2岁以后，这种学习方法就已经不适合宝宝的语言学习了，反而会让宝宝失去学语言的兴趣，阻碍孩子交流的欲望，让他变得不爱说话，进而影响在语言学习上完成思维和智力上的提升与飞跃。所以此时父母应该采用其他的方式教宝宝说话。

方法1：给宝宝说故事而不是念故事

说故事可以帮助宝宝的语言发展。父母在给宝宝念故事书的内容时，不要逐字宣读，而是用宝宝能听懂的句子，简单直白地说故事。

方法2：多让宝宝孩子进行口头造句

可以尝试经常让宝宝围绕一个中心内容造句。比如宝宝想吃苹果，以前只会说“吃苹果”，父母就需要教宝宝说出比较完整的一句话，如“我想吃苹果”、“妈妈我想吃苹果”、“爸爸我想吃苹果”等，这样能够让宝宝早早就学会完整地表达自己的想法。

方法3：换一种说法

教会宝宝用不同的词语来说出同样内容的话，这样能够有效地训练宝宝的语言理解能力，并学会多种表达思想的方法，比如“爷爷是爸爸的爸爸”换一种说法变成“爸爸是爷爷的儿子”等。总之，要让宝宝学会从不同的方面思考问题，这样他就会自己找出很多符合要求的句子，他的表达方式就会变得丰富起来，语言也会变得灵活、生动和准确。

方法4：让宝宝说有“上下文”的语言

宝宝要表达一个要求的时候，即使你已经明白了，也不要马上替他解决。比如孩子问“小猫咪爱吃什么”，父母可以让宝宝自己观察，然后说出所观察到的现象。复述简单的故事，对2岁以上的孩子学说话非常有帮助。

方法5：鼓励宝宝自由说话

要让宝宝有充分说话的机会，如果他要开始将两个不同的词连成一句话，来显示自己的要求，那么父母就一定要给他加油和鼓励，因为这是一个很重要的进展。

No.5 宝宝不开口说话，爸妈不要过于紧张

宝宝在2岁之后仍然不会开口说话，爸妈也不用过于紧张，应该先了解一下在说话之前应该具备哪些条件，再根据实际情况作出治疗。

听力	听是宝宝学习说话的先决条件，宝宝长期处在有声的环境中才会有模仿发音的能力。
发声	发音要靠声带、喉、舌、腭、唇的相互配合才能完成，如果宝宝发音器官有缺陷，就有可能不能说话。
说话环境	如果父母忙于上班，家中老人或保姆也很少和宝宝说话、交流的话，就很容易造成宝宝不会说话的现象。
智力	智力发育缓慢的宝宝在学习语言方面也会有相对落后，智力的开发和爸妈的教育、培养有关，也有可能和遗传有关。
口腔缺少运动	宝宝的口腔在早前缺乏咀嚼运动的话，会影响后来的发音，出现发音错误。

No.6 小儿口吃的原因及纠正

口吃是小儿的常见的语言障碍，表现为讲话不流畅、阻塞和重复。孩子在2岁时容易发生口吃，因为此时虽然幼儿认识的事物已经很多，但掌握的词汇较少。当他迫切地想表达自己的意思，一下子又找不到适当的词汇，再加上小儿发音器官尚未成熟，发某些音会感到困难，而神经系统调节言语的机能又差，也就容易形成口吃。

口吃是一种非器质性语言障碍，家长要为口吃的孩子创造一个愉快安定的环境。如果总是训斥口吃儿童，不但不会使口吃好转，反而会使其口吃加重而难以纠正。口吃患儿受到训斥、讥笑，自尊心会因此受到损害，从而产生恐惧心理，其结果是口吃更严重，形成一种恶性循环。因此，对口吃儿童不宜训斥，应当给予教育、安慰和鼓励。

在平时应让宝宝多听一些有节奏的朗诵、儿歌，要耐心、细心地多与宝贝交谈，当宝贝有一点进步时，就应给予鼓励和奖励。注意不要逼宝贝多说话，不要强迫他去做各种练习。家长要学会耐心倾听，让宝宝在轻松、被鼓励的情况下畅所欲言，提高自信心。

No.7 早期音乐教育

早期音乐启蒙教育对宝宝非常重要。因为宝宝一出生，就开始以听觉、视觉、触觉、味觉和嗅觉来探索世界，其中以听觉器官发育得最早，而音乐与听觉器官的关系又最为密切，因此，音乐自然地被称为幼儿生活中不可缺少的好伙伴。

柔和的音乐有助于缓解宝宝的情绪，轻快的音乐有利于培养宝宝的节奏感

要多给宝宝听听乐曲，妈妈不要以为宝宝不懂而放弃，其实宝宝对音乐的感受能力比大人强。妈妈可以固定在宝宝用餐或睡觉时放音乐，而且要坚持反复地选择一些健康、有艺术欣赏价值，且适合宝宝年龄特征的童谣、儿歌、现代或古典音乐等。有这些音乐陪伴宝宝睡觉、进食和活动，宝宝就会在成长过程中自觉或不自觉地像学会运用语言一样迷上音乐，形成良好的音乐修养。

音乐能够作用于人脑中的生物节律，从而自然地对人的整个机体产生影响。多听音乐还能够促进宝宝的听觉发育，妈妈可以给宝宝多哼唱一些歌曲，也可以用各种声响玩具逗宝宝。要注意的是声音要柔和、欢快，不要离宝宝太近，也不要太响，以免刺激宝宝、惊吓宝宝。

No.8 日常生活培养2岁宝宝的观察力

父母在日常生活中就可以随时有意识地引导宝宝，以此来锻炼他的观察能力。

比如带宝宝到户外玩耍时，可以先教宝宝逐渐学会能先观察周围的概况，再集中观察某一特定的事物，家长可以问宝宝“前面有什么啊”，来引导宝宝注意眼前的事物。然后还可以引导宝宝观察事物之间的联系，如带他一边观察周边的事物，一边说：“坐的那辆汽车在树边，树下有两个人在聊天。”接下来还可以继续引导宝宝观察事物具体的属性：“车子是白色的，有四个轮子……”就这样，一步一步地帮孩子扩大观察范围，促进思维的发展。

在家中玩耍时，可以用一些不同形状的积木或将硬纸板剪成不同形状的纸卡，教宝宝学会认识图形，如圆形、方形、三角形等。还可以教宝宝懂得选择同样的图形进行匹配。

还可以在玩耍的过程中培养宝宝的远近意识。比如在宝宝玩耍时，将玩具由远及近地排在宝宝身边，然后告诉宝宝哪些玩具离他近，哪些离他远。然后再变换玩具的位置排列，再玩这个游戏。

No.9 培养宝宝观察力的7大步骤

宝宝的观察力与什么有关？视力好、听力好，宝宝的观察力就好吗？其实，宝宝的观察力是在视觉能力、听觉能力、触觉和嗅觉能力、方位和距离知觉能力、图形辨别能力、认识时间能力等多种能力的基础上发展起来的。观察力还是形成智力的重要因素和智力发展的基础。因此，父母一定要锻炼宝宝的观察力，一般可以按照以下7个步骤进行锻炼。

第一步：保护感觉器官

大脑获得的信息有80%~90%是通过视觉、听觉输入大脑的。因此要从保护感觉器官开始，特别是要保护眼睛，一定不能让宝宝看太久的电视，以免伤害视力。

第二步：训练宝宝的各种感觉

视觉：多带宝宝到大自然中看美丽的风景；把房间布置得色彩柔和又漂亮。

听觉：让宝宝多听动人的音乐；每天多和宝宝对话。

触觉：给宝宝洗澡时，采用不同柔软度的刷子擦拭宝宝的身体。

其他：通过玩游戏培养宝宝的平衡力、方位和距离知觉能力。

第三步：肯定宝宝的观察

肯定宝宝无意识的观察，提醒并鼓励他多多去观察。比如带宝宝到公园里面玩，有绿色的小草、各种颜色的小花、大树、蚂蚁和各种各样的人，他会兴奋开心地欢呼。这个时候，父母就可以问他：“宝宝，你看到哪些小花没有？好多种颜色啊，好漂亮！”对于花朵的强化，就可能使宝宝的注意力集中在花朵上更多的时间，增加注意的深度，观察就会更认真细致。

第四步：教宝宝有序观察

宝宝看见漂亮的场景或图画书会很高兴，但是往往一眼看过就会转移视线到下一个场景或画面。这时父母就要去引导宝宝进行有序的观察：眼前的场景里面有什么，左边有什么，右边有什么，远处有什么，近处有什么，树后面是不是有个人等。让他去注意整体与局部。

第五步：跟宝宝一起观察

宝宝喜欢爸妈的陪伴，因此可以和宝宝一起来观察和比赛。但是不要赶在宝宝前面将结果说出来，这样会影响他观察的乐趣和剥夺他观察的权利。而是将速度放慢，多留一些时间给宝宝，让他仔细认真地去观察，父母只是一个伙伴在陪伴他观察，这样他就能从中得到更多的乐趣了。

第六步：引导宝宝多感官地观察事物

经常买些宝宝没见过的水果给宝宝玩，让他自己去看、去摸、去闻、去品尝，养成运用各种感官来探索事物的习惯。

第七步：给宝宝一些小惊喜

在引导宝宝观察的时候，适当地给他一些惊喜。比如玩色块游戏的时候，当他发现藏在色块中的小猫或是小狗的轮廓，会异常开心，也会从中得到快乐，并且能够长时间津津有味地进行观察活动。

No.10 怎样培养宝宝的抽象逻辑思维

培养宝宝的抽象逻辑思维，要从丰富宝宝的感性知识入手，发展他们的言语，教给他们正确的思维方法；同时通过智力游戏和试验等方法，锻炼宝宝的思考力。

首先

要培养宝宝的感性知识。由感知获得的感性经验是思维发展的基础，宝宝接触的事物越广泛，感性经验越丰富，概括就能越全面准确，理解也就越深刻灵活。日常生活中，通过实物或图片，多让宝宝观察各种形状、颜色、大小不同的东西，并给他讲解；还可带宝宝观察各种职业人群的特点，教他们分辨不同的人群。平时尽量带宝宝接触自然和社会，让宝宝多看、多听、多走、多摸，以此来丰富感性知识。然后引导他去分类整理，形成最初的概念，他的思维就会慢慢由具体向抽象过渡和发展了。

其次

要发展宝宝的语言能力。语言是思维的外衣，也是工具和武器。2岁宝宝的词汇量很少，特别是对抽象性、概括性较高的词汇掌握少，内部言语也还在形成，使得思维能力受到了一定限制。所以我们要培养宝宝的抽象逻辑思维能力，就必须发展宝宝的语言能力，帮助他们在广泛接触周围环境的同时，丰富相应的词汇。日常的语言交往中，多教宝宝学习准确地运用词汇，这样他慢慢的就学会完整、连贯地表达思想。

再次

要教宝宝正确的思维方法。有了丰富的感性知识和相应的语言水平，就能给思维发展提供基础和工具。幼儿学会了正确的思维方法，才能利用这些经验，借助语言进行分析、综合、比较、概括等，作出合乎事物和客观逻辑的判断，使思考力逐渐得到发展。父母在日常生活中要有意识地教孩子这种思维方式，如教宝宝数数时，不仅教他按正确顺序数数，还要让他寻找每个数字前后相邻的数字；可经常提问："你有一个苹果，妈妈再给你2个，你有几个？"这类问题有助于宝宝熟练掌握判断和推理方法。

最后

通过智力游戏和实验等实际锻炼宝宝的思考力。智力游戏趣味性强，有直观的图片和实物和明确的任务目标，能在轻松活泼的氛围中唤起幼儿已有的知识，促使他去动脑思考、分析、判断、推理等，从而促进幼儿思维抽象逻辑性的发展。经常玩锻炼逻辑抽象思维的游戏，如"区分图片上的各种事物"、"帮动物找妈妈"、"看图改错"等。或进行小实验，如体会空气、感受冰花、追影子等，可促进幼儿思维的发展。

No.11 减少逻辑思维的阻隔现象的发生

什么是逻辑思维的阻隔现象呢？举个例子：宝宝突然从外面跑进来说："妈妈，我……"妈妈听见回头看见宝宝身上和鞋子都脏兮兮的，不由得打断宝宝的话："宝宝，妈妈不是告诉过你在外面玩的时候不要坐在地上吗？会有很多细菌的，而且这样妈妈会很辛苦的，还要帮你换洗……"于是带宝宝去洗澡\换衣服等，然后忘记了宝宝要说什么了。那么宝宝要说什么呢？他在外面玩的时候，看见小蚂蚁排成一排，身上驮着东西，从花园穿过去了，他兴奋地想告诉妈妈，但是却被妈妈打断了。即宝宝自主编织一个逻辑思维，想要尝试实现的时候，妈妈出于卫生和健康的原因，无意识中对孩子的行为进行了阻断，这种现象就叫"逻辑思维的阻隔现象"

带来的后果就是妈妈失去了一次帮助孩子拓展其逻辑思维延伸的机会，即变聪明的机会。宝宝可能会主动放弃和妈妈的这次沟通，以后也不敢去趴在地上观察蚂蚁和虫子，因为会被妈妈说，也不会像今天这样充满激情地要告诉妈妈了。

其实日常生活中，我们能发现父母无意间阻隔孩子逻辑思维的现象比较普遍，如：宝宝与小伙伴玩的高兴的时候，强行要求他回家；当孩子试图去抚摸动物和植物时，父母会因为危险而制止；宝宝兴致勃勃地玩耍时，要求他停止活动进行喂水、喂食物等行为；宝宝发问时，父母采取敷衍或不耐烦的态度；宝宝对一件事物感兴趣，父母以"无意义和没意思"进行阻止等等。

所以父母应该在这一方面多加重视，因为以"纯洁目的性逻辑思维"为基础的逻辑思维外在表现的行为，完整过程实现得越多，孩子逻辑思维丰富成长的自我延伸性就越强，逻辑思维就越能完整合理地成长。在对宝宝的教育时，要尽量避免不合理的阻隔现象，用合理的培养方式更多地引发宝宝有意义的逻辑思维的自觉延伸，这样宝宝才会聪明也富有创造力。

No.12 培养宝宝的思维力

思维力是人的大脑对客观事物间接的\概括的反映能力。其发展阶段可分为直观动作思维、具体形象思维和抽象逻辑思维三个阶段。2岁的宝宝还处于直观动作思维阶段，这个时候，他的思维是依靠感知和动作来完成，即只有在听、看和玩的过程中才能进行思维。一旦停止动作，思维活动也就停止了。

最初，宝宝的动作可能是杂乱无章、漫无目的的，但在不断的操作过程中能慢慢了解动作与结果之间的关系。因此，这个阶段对宝宝的动作和运动训练很重要，可训练宝宝的跑跳、翻滚、蹦跳等平衡协调能力以及捏橡皮泥、画画和摆积木等活动，这些都有助孩子的思维发展。相反，限制孩子的活动，只是让他看电视、玩玩具或玩游戏机则会影响孩子的思维发展。

No.13 在游戏中成长

游戏是婴幼儿生活的重要组成部分，对儿童的身心发展有着至关重要的意义。它不仅能让宝宝乐在其中，更是早教的一个过程，对宝宝的语言理解和表达能力都有很大的促进作用，可以培养宝宝的自我意识和判断能力。因此，父母应该鼓励孩子玩游戏，并积极参与到游戏中去。

婴幼儿在玩游戏的时候，如果家长参与进去，能提高婴幼儿玩游戏的兴趣，学到更多的东西。家长应注意以平等的态度参与婴幼儿的游戏，跟婴幼儿一起玩，一起乐。当婴幼儿遇到困难时，家长应在一旁启发并鼓励婴幼儿克服困难。不过，有的家长看到婴幼儿拼图拼不出来时，就替婴幼儿拼，这样的做法是不对的，因为这样就不能达到锻炼婴幼儿思维能力的目的。当然，给婴幼儿做适当的示范还是可以的。

No.14 正确对待宝宝的怪念头

2岁左右的宝宝，会经常冒出一些奇怪的念头，父母不用太过烦恼。因为宝宝突然产生的这些怪念头，不一定是他最感兴趣的事，而只是突然产生这样的一些念头，过一会就会忘了。

父母在面对宝宝的这些怪念头时，要正确处理。有时宝宝会提出一些并无大害的念头，父母可以做些让步，满足他的要求，让宝宝尝试后得出结果。比如宝宝在冬天的时候想要穿夏天给他买的衣服，父母就可以让他在屋里穿，宝宝就会感觉到很冷，父母就可以告诉他：“冬天很冷，穿夏天的衣服会感冒受凉的，你现在是不是很冷啊？”让宝宝知道我行我素是不行的。

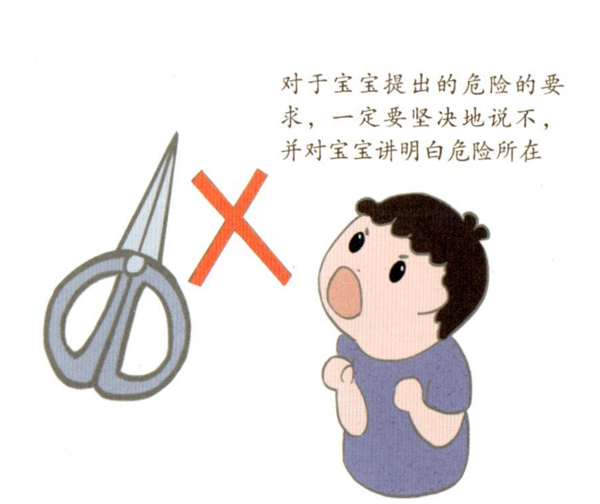

对于宝宝提出的危险的要求，一定要坚决地说不，并对宝宝讲明白危险所在

而对于宝宝提出的一些有危险的要求，一定要坚定地说不，绝对不能让步，因为这样就会带来危险的后果，同时还应该具体说明理由。

No.15 宝宝有假想朋友怎么办？

突然有一天，妈妈发现宝宝身边多了一个隐形的人。吃饭的时候，宝宝要多准备一个碗，说是给好朋友米妮。游戏的时候，对着空气自言自语："菲菲，皮球给你玩。"可是身边都没有任何人或是小动物，妈妈往往会大惊失色，担心宝宝说谎或者心理出问题了。

其实，这些只是假想中的朋友，他们存在于宝宝的脑袋中，并且陪伴他们度过童年。这种假想的朋友会随着年龄的增长而消失，所以不用太过担心，反而能通过宝宝的假想朋友走进宝宝的内心世界。

有的宝宝拥有一个超能力的朋友，它们也许是小狗，也许是一个人或是卡通形象，但是在宝宝受欺负或是和伙伴抢玩具的时候就会出现，给他们壮胆，并且帮助他们解决困难等。这种朋友出现，暗示着宝宝缺乏安全感。父母应该在宝宝有困难的时候挺身而出，与他一起解决问题，并不要一手包办，只需要让他知道你会一直在他身边，与宝宝建议信任感。等到宝宝有困难会向大人寻求帮助的时候，假想的超能力朋友就自然消失了。

还有一种做错事的替罪羊朋友。有的宝宝在做错事情后，家里没有养小动物却会说是小狗狗或是小花猫做的。这种为了逃避处罚和批评而虚构出来的朋友（可以是人，也可以是动物），作用仅仅是为了帮助宝宝摆脱困境，替他承担错事的后果，甚至接受父母的处罚。这说明宝宝已经能够分辨是非对错并知道做错事情要承担应有的惩罚。虽然宝宝做错事情是不对的，但是家长不要拆穿他的"谎言"或是大声斥责宝宝，而是应该让他和假想朋友一起承担后果。

现在很多宝宝是独生子女，缺少同龄人的陪伴，他们会假想出一个游戏伙伴，会陪他一起玩耍、一起看书和出游等。他们会渴望一个朝夕相处的好朋友陪他吃饭、睡觉和玩游戏，现实生活中没有时，他们就会创造出一个这样的朋友。所以父母应该多带宝宝出去和同龄的小朋友一起玩，让他认识真实的朋友。等到他结交到好朋友，这个看不见的朋友就会消失。

No.16 宽容对待宝宝的情绪波动

宝宝成长并不是一个直线上升的过程，而是呈波浪式上升的。孩子的情绪发展也是如此，有些时间他们发展得好些，有些时间发展得差一些。当孩子处在情绪低谷的时候，他们的情绪波动较大，常常会让大人头痛不已。

处于情绪波动时期的宝宝，常常会有这样的表现：情绪不稳定，经常喜怒无常；常常无理取闹，一点小事也能引他大发脾气；故意和大人作对，尤其会以语言顶撞大人；在活动中过于激动，很难控制自己的情绪并难以安静下来。

在面对宝宝情绪波动期的无理取闹和火爆脾气时，爸爸妈妈要多一些理解和宽容，不要一味地严格要求，可以适当地放松一点要求。因为即使是成人，在生理低谷期也会莫名其妙地发火或者忧郁，更何况自控力弱的宝宝呢？

父母在生活中应该多照顾宝宝的情绪，尽量减少他们的情绪波动。可以从以下几个角度去考虑：

1. 父母要在宝宝的习惯倾向上，为宝宝规划良好的生活作息。宝宝有了规律的生活习惯，生活便会稳定，情绪也会随之稳定。

2. 不要随便命令宝宝，即使是要求也要婉转一些，更加不要硬绷绷地命令他。宝宝有时候不听，父母也不要固执己见，这样反而会引起宝宝的反抗情绪。

3. 告知宝宝接下来要做的事情，让他有一个心理准备。因为有时候宝宝遇到突发状况而没有心理准备，可能会由于不适应而引起心理抵触。

4. 父母最应该的是根据自己宝宝的个性，选择用不同的方法。有的时候要顺着宝宝，不能强求，有的时候则需要软硬兼施，不同方法应对不同性格的宝宝才会有好的效果。

No.17 不要在外人面前揭宝宝的短

国人讲究的是谦虚，在教育中也是多批评少夸赞。因此我们经常能看见这样的场景：几个家庭聚在一起聊天的时候，即使宝宝很聪明乖巧，爸妈也会谦虚地表示自家宝宝在家也有不听话、淘气的时候。这个时候，宝宝会很害羞\很难过，有的宝宝还会脸红委屈地大哭起来。本来是高高兴兴出来玩，结果却被爸妈不小心在外人面前揭了自己的短，宝宝会觉得很受伤害。

不要看宝宝才2岁多，他也有自己的羞耻心和自尊心。自己的缺点在家里没有什么，但是被爸爸妈妈说给外人听，会感到很羞耻，面子上过不去。所以，父母在外人谈到自己的宝宝时，不要去揭宝宝的短，虽然是无意间的举动，但是这无异于告诉别人说他不是一个好宝宝，这样对宝宝的身心健康成长不利。

相反，父母应该多给宝宝肯定，对他的点滴进步加以肯定，宝宝受到称赞会很开心，以后就会更加努力地做好了。

No.18 缓解宝宝对父母的过分依恋

有的宝宝喜欢形影不离地跟着父母，不愿意和父母有一会儿的分离，看到父母就要缠着父母抱或陪他玩，否则就不开心或者哭闹。其实，宝宝与父母在一起是亲情的表现，值得肯定，因为这种依恋行为会随着宝宝的独立性增强而减弱。但是像以下的过分依恋就需要引起重视并加以矫正。

一、对于爱与父母有身体接触的宝宝，比如总是要求抱，走路一定要牵手，或者喜欢抱着父母的大腿，这是由于父母对孩子过分亲昵，过度地用身体接触的方式来表达对宝宝的关爱引起的。要改变这种情况，父母要有意识多用语言的方式来表达对宝宝的感情，并让他接受这种方式。当宝宝也能用言语来表达对父母的爱时，他对父母的粘缠行为就会减少。

二、宝宝缺乏安全感，对周围的环境产生不安或是不舒服的感觉，而对父母表现出反常的依恋行为。这种行为并不是经常性的，只需要父母采取措施消除这种不安的因素，同时增强宝宝的安全感，就能够解决。

三、由于父母对宝宝过多地保护而使宝宝产生出过分的依恋的行为。在生活上，父母对宝宝太过小心翼翼，不能摔着、碰着，下雨不能出门，天晴怕晒等；行为方面，害怕孩子受到伤害，什么都替孩子包办；心理方面，怕孩子生气，从来不在孩子面前表露自己的情绪。这使得孩子的独立性没有发展起来，一旦离开父母就会导致依恋行为的发生。改变的方法就是从培养孩子的独立性入手，父母通过自己的教导和自身的行为去影响和教育孩子，使孩子树立起独立意识，这样就能缓解宝宝的依恋行为，让他慢慢长大，越来越独立。

No.19 鼓励宝宝独立穿衣服

每天早晚都要让宝宝自己穿衣服、脱衣服，还要学会卷起衣袖或者裤管，保护衣服的清洁卫生。

2岁多的宝宝已经能够辨别各种T恤、衬衣、套头衫、背带裤等衣服的前面和后面、里面和外面。爸妈让宝宝自己学着穿无纽扣和拉链的衣服，再教宝宝学会扣、解纽扣。拉链对于宝宝来说比较难，最好尽量减少购买有拉链的衣服、裤子。

让宝宝学会独自穿衣服，有助于训练宝宝动手能力

No.20 如何帮宝宝解除恋物癖?

有时候妈妈会很烦恼，宝宝就是对某些物品十分迷恋，甚至到了寸步不离的地步。这是为什么呢?

其实，宝宝恋物是成长过渡期的依恋行为，是宝宝由依恋转向独立时期间产生的行为。这种恋物的行为大多发生在6个月~3岁之间，其中尤以2岁的时候最为强烈。容易引发宝宝恋物癖的的物品主要有奶瓶、指头、玩具、毛毯、柔软的物品以及父母的头发或者手和耳朵等。宝宝的恋物主要是为了寻求安全感，因此要帮助孩子解除这种恋物癖，也需要从增强孩子的安全感入手。

具体可以从以下几个方面尝试:

1.日常生活中多与宝宝拥抱，而不只是在对宝宝进行奖励时才去拥抱他。对他的拥抱应该是日常、无条件的，即使他做错的事情感到不安也可以拥抱他。经常性的拥抱能给宝宝“我在你身边；我爱你、；别怕，有我；失败了也不要紧；你很安全……”的暗示，这样他就不会将玩具熊或者小被子当做他的“精神保险带”。

2.睡前进行安抚工作。宝宝几乎都会在本能上畏惧黑暗和噩梦，所以让宝宝单独一间房间睡觉，是一件很难受的事情。很多宝宝就是在睡前的害怕不安中染上恋物癖的。如果父母在孩子睡前陪伴，唱晚安曲或是讲故事，等他睡着后才离开，就能够帮宝宝摆脱对被子、毛绒玩具之类的依赖。

3.对宝宝习惯的生活用品，多准备一些备用，以反制其专情某一件。比如对于宝宝的毛毯小被子，就可以多准备两三条，毛绒玩具尽量买一个系列（比如有熊爷爷奶奶、爸爸妈妈、小熊和它的兄弟姐妹们），让宝宝选择使用的话，他就不会只喜欢某一个了，而是会领悟到：它们都是没有生命的，不能进行感情的交流。

父母在生活中多注意这些方面，就能有助于帮助宝宝走出“恋物”的世界，接触到外面丰富多彩的世界。

No.21 培养宝宝的利他感情

利他感情是什么？它有什么作用?

利他感情是在人际交往中的一种特殊的情感，感情的发生是以他人收益为前提的，表现为谦让、帮助、合作和分享等有利于他人的一种自愿行为。这种行为有助于人与人之间高质量的交往，建立良好的社会关系和提高适应社会生活的能力。

在宝宝最初的情感交流中，父母就应该有意识地激发和培养他的这种利他感情。其实，年幼的儿童由于其独特的生理和心理特点，更可能表现出利他感情和行为，这就是为什么会有“性善论”的说法了。因此，父母应该在宝宝早期利他行为出现的时候，早早就培养他的利他情感。

榜样的力量是培养利他情感的重要方面。对于幼儿来说，榜样教育往往比告诫更加有用，他们会乐于模仿有道德的人的行为。因此父母和周围的人一定要做出好的榜样。因为宝宝的吃、穿、住、用、行无不是父母帮助完成的，使得他们特别依赖和贴近父母，从而在父母的身上或是在他们的引导中感受世界、体验世界和认识世界。大人的一言一行都在刺激着宝宝的神经，激励着他去进行模仿。比如妈妈带他出去玩的时候，把跌倒的小朋友扶起来了，孩子看在眼里，以后就会学着妈妈去关心别人，比如他看见有比他小的宝宝跌倒，也会去扶起来的。

需要注意的是在榜样教育中，父母要约束自己的行为，并且做到言行一致，才能达到优化的结果。2岁宝宝应该以正面教育为主，要多次强化，并强化表扬榜样，这样就能刺激宝宝为了得到表扬而进行利他行为。

No.22 正确对待宝宝的占有欲

2岁宝宝的自我意识开始发展，已经能意识到自己的存在，脑海中也有了“我”、“我的”概念，但是对“你的”、“他的”概念还比较模糊。所以他们对世界上只要是感兴趣的东西，都会认为是他自己的。因此，我们就常常会看见宝宝会不打招呼就去拿糖果；别人向他们要东西时，他紧紧抓住不放手；有的还会去抢别的小朋友的东西。这个父母不要大惊小怪，也不要厉声呵斥，这只是他自我意思发展的结果。随着他慢慢长大，他会克服这种习惯的。但是发现宝宝经常抢夺同伴的东西，父母也应该给予正确的引导。

如果宝宝经常抢夺其他人的东西，就可

以让他和较大的朋友玩耍，因为较大的同伴已经懂得保卫自己的东西，会制止他的抢夺行为。相反，如果宝宝是被抢夺的那一个，就应该多让他和较小的伙伴一起玩，以减少受侵犯的机会。

对于宝宝不愿意把玩具借给别人这件事情，父母也应该正确对待。平时可以多引导宝宝把玩具拿出和其他小朋友一起玩，比如只有一套水彩笔和画板，但是可以让宝宝和其他小朋友各拿一只笔，一同在画板上画画，这样他就能够体会到分享的乐趣了。但是父母需要注意不能强迫宝宝把玩具给别人玩，这样不仅不能让宝宝学会礼让，还会让宝宝觉得父母也要占有他的东西，因而激发了他更加强烈的占有欲。

No.23 宝宝的交友能力也需要培养

宝宝到了2岁的时候，会希望有自己的小伙伴，想要交朋友。但是他们可能会害羞或是不够勇敢，导致与小朋友相处不是很愉快。原来，交友也是一种需要培养的能力。

父母该怎么来帮助宝宝培养交友能力，让他结识更多的小朋友？

1.可以让宝宝在游戏学会与他人交流沟通的能力，因为通过做游戏，可以让宝宝学会与他人分享快乐，遵守游戏规则。同时，游戏中需要懂得轮流玩耍，也需要礼貌地对待游戏伙伴，是一个很好的交朋友的方法。比如让宝宝和其他小朋友一起画画，或是一起跳舞，还可以玩老鹰捉小鸡的游戏，都可以增强宝宝的协调能力和团队精神。

2.在宝宝的社交过程中，不要轻易给宝宝定性，也不允许别人给你的宝宝定性。因为社交技能是我们一直在努力学习的东西，且宝宝的社会特性都不应该描绘成固定的模式，比如害羞、胆小或是好斗等。因为任何定性的描述都容易逐渐成为固定的行为，进而发展成为永久的性格。

3.帮宝宝排除压力。有时候出去拜访或路上偶遇长辈或是朋友，宝宝面对长辈的问候会表现出窘迫和不自然，特别是大家都关注他的时候，他的这种窘迫会加剧。所以平时就应该教导宝宝懂礼貌，见人要问好，面对长辈的询问该怎么回答等，都可以事先教会宝宝。宝宝就能自然地向长辈打招呼和问好等，这些都会帮助他增长社交自信心。

对于较胆小、害羞和容易愤怒的孩子，家长应该耐心引导，相信孩子的这种现象会逐步改善

4.父母要做好榜样。父母的社交状态很多时候会影响宝宝。有时候父母未必就做的比宝宝更多、更好，特别是父母回避的一些社会问题，对宝宝的影响更深。

5.必要时要寻求专业人士。对一些交友有困难的宝宝，比如极度胆小、害羞，或者非常好斗、极易发怒等，寻求心理教育可能对他会更有帮助。

No.24 鼓励宝宝参加家务劳动

家务劳动不仅能训练宝宝独立自主的能力，养成好习惯之后还能为将来独立生活打下基础，因为宝宝在2岁以后的模仿能力很强，也愿意听从父母的安排，很多陪伴一生的好习惯都在这个时候养成，如果到了5、6岁宝宝依然娇惯任性，就很难改正过来。

让宝宝做家务劳动。从整理自己身边的东西开始，比如早上刷牙后，整理好自己的小水杯、牙刷、牙膏和毛巾；吃饭的时候整理好自己的小饭桌和碗筷；妈妈用吸尘器的时候帮忙挪开小椅子、掉落在地上的毛绒玩具等；洗衣服的时候，帮忙把衣服篓里的脏衣服装进洗衣机里；教会宝宝拣菜、把拣好的菜放在菜篓里等等。

记得要在宝宝每次完成简单的家务之后表扬他，千万不要在宝宝面前抱怨家务太难做、宝宝没有收拾干净、只会帮倒忙之类的话。要让宝宝感受到做家务是一件快乐的事，才能长期坚持。

No.25 幼儿生活自理能力训练

对2～3周岁的幼儿生活自理能力的训练有如下几点。

睡眠

训练宝宝按时睡觉，进卧室时保持安静，主动上床，以正确的姿势入睡，醒后不吵闹，也不去影响别人睡觉。睡前学会自己解开衣服的纽扣，学习脱简单的衣裤，并将脱下的鞋袜放在固定的地方，起床后知道穿衣的顺序，并会配合成人穿衣裤。

饮食

培养宝宝以端正的姿势坐在固定的位置上安静地进餐，养成进餐的良好习惯。要求小儿做到不挑食，不将食物吐在地上，注意衣服及桌面的整洁。训练宝宝正确地使用餐具，独立地吃完自己的一份食物，食毕会主动放好餐具和椅子，并用餐巾擦嘴和脸。

大小便

培养宝宝每天定时定点坐盆大便的习惯，不在坐盆上玩玩具、吃东西、看图书，会主动地去小便，不将尿撒在便盆外面。训练女孩坐盆小便，男孩站着小便。自己学着穿宽松带裤子。

清洁

养成宝宝每日洗手、洗脸、洗脚、漱口及定期洗头、洗澡、理发及剪手指甲、脚趾甲的好习惯。注意保持自己的手、脸及衣服的清洁和保持环境的清洁整齐，不乱扔果皮纸屑。训练宝宝自己擦肥皂，用水冲洗，再用毛巾将手擦干的洗手习惯；学会使用手帕擦鼻涕，擦后会将手帕放在口袋里。学会漱口，每日早、晚及饭后漱口以保持口腔清洁。

No.26 引导宝宝礼貌待人

讲文明、懂礼貌的孩子人人都喜欢，让宝宝从小懂得礼仪、待人之道非常重要。宝宝在这一时期已经有了一些认知能力，爸妈要经常教导他们怎样做是对，怎样做是错。

教宝宝学习礼貌从与家里人的交流学起，家庭其他成员也要做好表率，为宝宝创造礼貌谦让的生活环境。父母长辈的待客之道会影响宝宝的举止，但是有些好客的父母家里的孩子却很内向，不爱打招呼，一般都是因为每次父母要宝宝向客人打招呼、问候的时候，宝宝因为感到陌生退怯，父母没有再要求的原因，是怕这样以后宝宝会习惯性地把招呼客人当成父母的事，不关自己的事。

正确的做法是，父母要懂得让宝宝在陌生人面前介绍自己，问候对方，树立独立自信的形象，对别人的表扬要表示感谢。有时候爸妈可以有意识地让宝宝和第一次见面的同龄人相处，训练他的应变能力及礼貌待人的能力。

No.27 宝宝可以学习方言或外语吗?

宝宝在这一时期语言能力快速发展，模仿能力和记忆力都非常强。如果照顾宝宝的家人中有人说方言，也没有关系，不要低估宝宝的能力，多一种语言能够刺激宝宝语言的发育，累积不同语言的词汇量，能够培养宝宝的语感、加快语言学习的速度。

学外语的时间因人而异，如果父母一方是外国人，从一开始就教宝宝说外语是必要的，让宝宝在双语的环境中长大对将来非常有利。如果只是普通家庭，最好在3岁之后再教宝宝说外语，因为3岁之前宝宝的逻辑思维还未完全建立，如果爸妈其中一个人一会说中文，一会说英语，会让宝宝感到混乱，不知道该如何表达，除非父母两个人一个人只说一种语言。

要刺激宝宝语言的发育，最好是不让宝宝长期处于同一种语言环境中。如果宝宝平时由阿姨或是爷爷奶奶带，他们教他方言，爸妈下班后用普通话读童话书、唱童谣给宝宝听，宝宝能感觉出两者的不同，学习的时候会更有兴趣。

3岁宝宝育儿宜忌
——早期教育正当时

3岁宝宝顺利度过了幼儿期，进入了学龄前期。此时的宝宝举手投足之间俨然是大孩子了。宝宝此时灵活好动，小手发育也逐步完善，乐意自己剪贴、系带等。有丰富的想象力，好奇心爆棚。

● 茁壮成长中的宝宝
【满3岁~4岁】

此时宝宝身上的脂肪组织被肌肉替代，虽然不是很胖，但是有力气多了。

步入3岁的孩子，体形已经变得修长，彻底告别了胖乎乎、大脑袋的小孩子形象。

此时的宝宝虽然想象力丰富，但事实和虚构尚不能分清，所以好奇心爆棚，到了一个每天问为什么的时候。父母一定要耐心地讲解，这样能够让他的认知能力飞速发展。

No.1 身体发育

在本阶段孩子的身体中，婴儿脂肪会减少，肌肉组织将增加，使孩子具有更加强健和成熟的外观。他的上下肢更加苗条，上身狭窄成锥形。有些孩子身高的增加大大超过了体重的上升，因此肌肉开始看起来非常瘦弱而无力。但这并不意味着不健康或发生了什么问题，随着肌肉的生长，这些孩子会逐渐健壮起来。

3岁的宝宝面部也会成熟，他颅骨的长度有点增加，下巴将更加突出。同时上颌将加宽，为恒齿的生长提供空间。

No.2 运动发育

走、跑、跳、站、蹲、坐、摸、爬、滚、登高、跳下、越过障碍物，3岁幼儿的运动能力应有尽有。宝宝已经会拍球、抓球和滚球，能接住2米远抛来的球。经常玩秋千、翘翘板和滑梯能提高孩子对自己身体的信心。让宝宝玩跳房子游戏或亲子单脚蹦：牵着宝宝的手让他单脚换着跳，可练习跳跃能力。

3岁以后的宝宝非常活跃，他可能对建筑游戏更感兴趣，能骑三轮车或在沙滩上玩耍很长时间。他也喜欢如捉人游戏、与其他孩子抓或玩球等主动的游戏。此时的孩子的自控、判断和协调能力仍然处于发育阶段，所以大人要对其监护，防止受伤。

No.3 语言能力

3岁以后的宝宝，开始逐渐向连续性语言发展，能离开具体情景表述一些意思了。3岁宝宝开始沉浸在自言自语的语言快乐中，这是宝宝语言发展的一个阶段。3岁以后，宝宝的思考就渐渐不直接说出来了，宝宝会静静地思考，并会作决定和行动。

No.4 认知能力

能说10个左右的英语单词。背儿歌、唐诗、广告词及简单故事。能数到几十甚至100，会做数字汉字的配对。能认识4~6种几何图形，切分圆形1/2或1/4。拼上4~8块的拼图。从图中找出缺漏部分。从地图中找出自己居住的城市。能画一些简单的图形。有的宝宝可完整地画出人的身体结构，虽然比例不协调，但是基本位置已经找准了。宝宝记忆力很好，会引述过去发生的事。

No.5 情绪和社交发展能力

父母和看护人的性格怎样、人品怎样、怎样对待宝宝，都深深地在宝宝人格发展的道路上留下印记，甚至影响宝宝一生的发展轨迹。如果父母总是向宝宝发脾气，宝宝就会把发脾气看成是一种敌视，宝宝相应地会养成用敌视的眼光看待世界的习惯。如果父母总是否定宝宝，批评的话语不断，宝宝就会对自己产生怀疑，缺乏自信，产生自卑的情绪。

宝宝个性与家庭的影响很大，如果你怕孩子吃亏，过分保护，就会使孩子胆小怕事，遇事畏缩躲避。如果允许孩子在家当小皇帝，他就会在外面很霸道，欺负别人，不善于与人共处。到入幼儿园时这种个性就更突出。3岁时应及时引导和纠正，培养孩子开朗活泼、善于与人相处的良好性格。

3岁宝宝营养补充与饮食习惯教育

No.1 宜摄入足量脂肪

很多家长担心孩子将来肥胖，就有意不让孩子摄取脂肪，在婴儿时期就开始使用脱脂奶粉，一直到幼儿时期还在刻意地减少膳食中的植物油等等。事实上，婴幼儿对脂肪的需求量相对较高，其膳食中脂肪供给能量占总能量的百分比明显高于学龄儿童及成人。

3岁幼儿的生长发育虽不如婴儿迅速，但仍比年长儿快。为满足这时期幼儿快速生长发育的需要，对热能的需求相对较高。脂肪可以提供人体活动所需的热量、调节体温、促进维生素的吸收，其中的脂肪酸还是婴幼儿大脑发育所必需的营养物质。脂肪分为动物性脂肪和植物性脂肪：植物性脂肪主要来自植物油，动物性脂肪主要来自肉类。在幼儿早期，每天需要脂肪30～40克，可满足其生长发育的需要。

No.2 重视幼儿的早餐

早餐是一天中重要的一餐，对幼儿的身体健康具有重要的影响。许多研究表明，不吃早餐和早餐营养质量不高的孩子，其逻辑思维、创造性思维和身体发育等方面均会受到严重影响。

在有的家庭，由于生活习惯的缘故，父母不仅自己不重视早餐，对幼儿的早餐也往往不重视，这种习惯不利于小儿的健康生长和发育。因为早餐在小儿的营养素中，应该占一天所需营养物质全部的三分之一以上，而且早餐不仅应当有糖类——馒头、面条、粥等，还应该有牛奶或鸡蛋等高蛋白质的食物。具有足够热量和蛋白质的早餐，才是幼儿最需要的早餐，因为上午幼儿的体能消耗量最高，前天晚饭所摄入的营养素已基本消耗完，故应及时补充各种营养素。如果小儿吃得少和营养差，那么全日所需要的营养素必然受到影响，时间长了，就会造成幼儿营养不良、生长发育迟缓。

No.3 正确对待幼儿食欲不振的问题

食欲是健康的指针，当出现食欲不振或食欲减退的症状时，证明宝宝健康出现了威胁。可以从最简单的几方面去改善。

首先 要加强宝宝身体锻炼，不要过度限制宝宝活动的时间和场地，否则宝宝身体得不到锻炼，会让病菌有机可乘；还有一个原因是如果运动量太少，机体能量消耗量过少，缺乏饥饿感，宝宝也会不想进食。

其次 即便是疼惜宝宝，也要让孩子养成定时用餐的习惯，而且不让孩子在餐前吃零食，以免影响正餐的食欲。研究表明，宝宝一见到过多的食物便会失去胃口，因此少量多餐可能比较易被接受，而且可以逐渐增加食物的量。

第三 千万别强迫宝宝进食。强迫进食，甚至采取打骂等过激手段，会造成宝宝心理压抑，食欲反而下降。

第四 可变换菜色来吸引宝宝的注意力。宝宝是很容易“喜新厌旧”的，所以一定要加强食物的口味以及菜式的变化。可在菜肴中添加水果，例如菠萝、芒果等，亦有开胃的作用。

第五 可使用较可爱，或是宝宝喜欢、自己挑选的餐具，将会增进宝宝用餐的兴趣。要培养宝宝正确的饮食习惯，以循序渐进的方式，纠正宝宝爱吃零食、喝冰凉饮料的坏习惯，并以身作则，尽量让全家人一起享受用餐的乐趣。

No.4 开始练习刷牙

幼儿的口腔跟成人一样，是消化道和呼吸道的入口，此时他的饮食结构已经和成人接近，同样会存在许多细菌，口腔内的温度又适合细菌的繁殖，因此，白嫩的乳牙更容易受到腐蚀破坏，口腔健康也就受到了严峻的考验。父母要知道，每刷一次牙可以减少口腔中70%~80%的细菌。另外，刷牙还有按摩牙龈、促进血液循环，进而增强抗病能力的作用。

幼儿开始刷牙后，牙具和成人一样，也包括牙刷、牙膏和牙杯，其中的关键是选择牙刷和牙膏。由于幼儿的口腔黏膜丰富而且娇嫩，因此要选用刷头较小、刷毛较软，并且刷毛端经过特殊磨制处理过的牙刷。牙刷的尺寸可以根据婴幼儿的年龄及口腔的大小来选择。牙刷的使用时间最长不应超过3个月，满了3个月就应及时更换。而且，幼儿患了感冒和口腔疾病时，要对牙刷及时进行消毒和更换，以免造成病菌感染和扩散。

No.5 培养宝宝细嚼慢咽的习惯

婴幼儿吃饭时应咀嚼得慢一些，一方面可使胃肠充分分泌各种消化液，对食物进行完全的消化吸收，而且还能使食物形成食团后很方便地进入到胃肠里，这种磨碎的混合物容易被胃消化，从而相应地减轻了胃肠道的负担。

父母要在宝宝吃饭时候提醒或是帮宝宝数数，让宝宝多吃几下

另一方面，充分咀嚼能使食物跟唾液充分拌匀，唾液中的消化酶能帮助食物进行初步的消化，使吃下去的东西消化得更好些，吸收利用得更多些。同时，充分咀嚼食物，还有利于幼儿颌骨的发育，增加牙齿和牙周的抵抗力，并使幼儿感到被咀嚼食物的甜味，从而增加食欲。

若小儿吃饭速度太快，饭菜尚未嚼烂就咽下去，会让胃花很大的力量去“捣碎”食物，且因消化液未充分分泌而使食物消化不全，再加上唾液掺合不进食物，酶的作用未能发挥，也影响了食物的消化，就有可能造成消化不良和引发胃肠道各种疾病。

另外，有些特别的食物，如油炸花生、炒蚕豆等，只能靠牙齿才能嚼碎，胃根本无法消化，有部分孩子吃什么拉什么就是这个道理。因此幼儿吃饭要细慢嚼咽，一般每顿饭需用时间20分钟左右，这样才有利于健康。

No.6 饮食需粗细粮搭配均衡

幼儿是指1～3周岁的小儿，这是小儿发育最快的年龄段之一。在这个阶段，合理、平衡的膳食对他们是十分重要的。合理的营养是健康的物质基础，而平衡的膳食是合理营养的唯一途径。在平衡膳食中，粗细粮搭配十分重要，可有些家长没有吃粗粮的习惯，孩子也很少吃到粗粮。

在婴幼儿的饮食中合理、适量地加入粗粮，可弥补细粮中某些营养成分缺乏的不足，从而实现婴幼儿营养均衡全面。细粮的成分主要是淀粉、蛋白质和脂肪，维生素的含量相对较少，这是因为粮食加工得越精细，加工过程中的维生素、无机盐和微量元素的损失就越大，就越容易导致营养缺乏症。

幼儿良好的饮食习惯应包括各种营养食品的合理搭配，其中粗粮是不可或缺的，所以，在幼儿饮食中搭配一点粗粮，不仅关系到他们现在的成长，还影响到孩子以后的健康。

No.7 让幼儿学习使用筷子

有些父母为了省事，不及时训练幼儿使用筷子，让幼儿一直用汤匙直至入学，这种做法并不科学。幼儿最好在2～3岁时学习使用筷子，这样一方面可以让幼儿享受用筷子进餐的乐趣，另一方面对幼儿的智力发育也有好处。

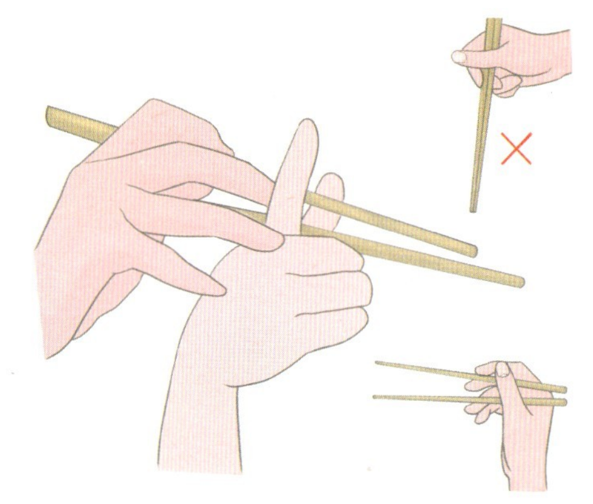

幼儿拿筷子的姿势有个逐渐改进的过程，父母开始不必强求婴幼儿一定要按照自己用筷子的姿势，可以让幼儿自己去摸索，孩子如果有兴趣，自然就会乐意学了。父母要多一点耐心，千万不要因为宝宝不会就大脾气，这样宝宝会对学筷子产生恐惧心理，影响不好。

只要耐心正确教导，随着年龄的增长，幼儿拿筷子的姿势会越来越准确，可以夹取的食物也会越来越大。

No.8 孩子长高的饮食秘诀

过了青春期，骨骼中的骨骺开始闭合，身高就会停滞不前，因此，从出生开始到骨骼闭合之前，通过均衡营养饮食、合理的作息时间、适当的运动来帮助孩子长高。

合理的饮食习惯包括：

① 避免一边吃饭一边喝水 ② 限制各种甜食的摄入量 ③ 少吃腌制食品和含盐量高的食品
④ 细嚼慢咽 ⑤ 多吃奶酪、酸奶、牛奶等乳制品 ⑥ 多吃鸡蛋、肉、鱼等动物性食物
⑦ 少喝碳酸饮料 ⑧ 拒绝垃圾食品，饭前少吃零食 ⑨ 多摄入豆类及其制品；

No.9 帮助宝宝强壮筋骨的饮食

蛋白质是儿童成长发育的首要“建筑材料”，是骨骼形成和生长中起着重要作用的胶原，因此，补充优质蛋白质有助于宝宝强壮筋骨。富含优质蛋白质的食物有牛奶、鸡蛋、沙丁鱼、虾皮、豆腐、奶酪等。肌肉收缩牵引骨骼而产生关节运动，犹如杠杆装置，我们的一切行为动作都需要肌肉的参与，因此其重要性可想而知。乳清蛋白是目前发现的促进肌肉增长的最佳蛋白质来源。摄入适量的碳水化合物和热量也是必需的，推荐食材有牛肉、猪肉、木瓜、糙米、菠菜、鳕鱼、排骨等。

给宝宝最周到的护理

No.1 不可忽视的小儿乳牙龋齿视

很多家长认为孩子的乳牙迟早会换掉的，所以乳牙龋齿了也不在意，这其实是一个误区。

乳牙龋齿的发展很快、破坏大，不仅会造成牙齿组织损害，乳牙过早缺失还可能会引起恒牙错位萌出，形成牙齿畸形。如果单侧乳牙龋齿，还可能会造成面部的发育不对称。

此外，牙痛会影响宝宝的食欲，影响营养的摄入和小儿的颌骨发育。因此，定期到医院进行检查、少吃甜食、勤清洁牙齿等良好的护理牙齿的习惯非常重要。

No.2 宝宝牙齿发黄怎么办

有些宝宝在生长发育期间，牙齿会变黄，这可能是因为遗传、摄入过多有色食物、长期服用四环素类药物或饮用含氟量高的水、没有注意口腔卫生等。

如果宝宝出现牙齿黄的情况，通过以下方法可以改善：形成勤刷牙、常漱口的良好习惯，借助牙粉来缓解牙齿发黄的情况，或者用超声波针对清洁牙齿结石部分等。

如果宝宝试过坚持刷牙等方法后，牙齿发黄的现象仍严重，建议家长带孩子去专门的医院检查。

No.3 预防宝宝龋齿的5种方法

形成良好的护理牙齿的习惯对于预防宝宝龋齿具有关键作用，具体预防方法有：

① 饭后漱口，睡醒睡前清洁牙齿.对于不到一岁的孩子，不需要使用牙膏，可以使用纱布或刷牙指套帮助孩子清洁牙龈。

② 养成良好的口腔卫生习惯，睡前不喝奶或果汁，如有需要应该提早半小时进食并用温水漱口再睡觉。

③ 多给孩子食用健康食品，如蔬菜水果，少吃糖果、甜食以及黏性的食物。

④ 加强牙齿抵抗龋蚀的能力，孕期注意营养的摄入，母乳喂养有助于牙齿坚固，辅食适时添加固体食物，锻炼宝宝的咀嚼能力发育，也有助于维护宝宝牙齿及牙周组织的健康。

⑤ 定期进行口腔检查，早发现，早治疗。

No.4 3岁宝宝不爱睡觉怎么办?

有父母发现，宝宝长大了一些反而更加难以入睡了，该怎么办呢?

首先，应该建立一个作息表，包括就寝时间在里面。如果在宝宝一两岁的时候已经有了作息表，但是3岁以后，就会发现宝宝变得没有以前那么好入睡了。这个时候就可以考虑调整一下作息表了，因为宝宝大长了，需要的睡眠时间少了，更加充满活力了。你可以白天减少午睡的时间，适当增加白天的活动量，适当延迟一点睡眠时间，但是晚上的睡前安抚还是不能少，这样宝宝感觉疲劳，自然就能睡觉了。

还可以从就寝环境来改善。宝宝越来越大，自主意识会越来越强，可能对卧室和睡床不喜欢了，如果能够将卧室装修得非常吸引人，并且按照宝宝的喜好来布置，他就会愿意走进卧室去休息。在装扮卧室方面，具体可以这样做：

1. 让宝宝挑选自己喜欢的被单和床头灯；
2. 按照他的喜好重新排列家具；
3. 在床边的柜子上放宝宝喜欢的图书和玩具等；
4. 墙上挂一些宝宝喜欢的相片或图片；
5. 还可以让挑选自己喜欢的床头灯等。

总之，尽量营造一个温馨舒适、吸引宝宝的空间，让卧室成为宝宝想去的地方。

No.5 改善宝宝睡眠质量的4大诀窍

妈妈都希望宝宝有一个好的睡眠，因为优质的睡眠能让宝宝长得壮、吃得香、身体发育好！对于睡眠不好的宝宝，也有改善的诀窍哦，妈妈们可以参考和借鉴一下。

柔和的灯光非常重要

宝宝的睡眠质量与灯光和光线有关。光线太强宝宝很难入睡，睡着了也很容易醒过来。一般宝宝醒来后，双眼接触到强光线就会不舒服，很容易哭闹。

可以在宝宝房间里面准备光线较弱且柔和的壁灯或床头灯，让宝宝睡前有一个柔和的环境，让他能够安然入睡，睡着后再关掉。

宝宝都爱晚安曲

在宝宝睡前给他哼唱晚安曲或是摇篮曲，或是用音乐播放器播放一些舒缓的音乐，是非常美妙的感觉。这样宝宝能感受到妈妈的温柔与爱，同时也能给他们安全感，让他安然入睡。

准备一张舒适的小床

好的睡眠离不开舒适的床，宝宝睡的床舒不舒服，决定着宝宝的睡眠质量。床上用品是与宝宝亲密接触的，选择被褥时需选择温暖透气的纯棉面料，床垫不能垫的太厚或是太软，以舒适为佳；宝宝的枕头也要用纯棉软布的，总之就是让宝宝感觉舒服。

做好夏日的防蚊工作

夏天蚊子多，宝宝会因蚊子的叮咬而无法安心睡眠。所以夏天的时候准备好蚊帐，在宝宝睡觉的时候放下。这样不仅防蚊效果好，还能让宝宝感觉在一个小小的空间里，很有安全感。也可以使用驱蚊产品，如电子驱蚊器和驱蚊水等帮助宝宝摆脱蚊子的侵扰。

No.6 宝宝睡觉流口水怎么办

有些妈妈很烦恼，因为宝宝3岁了，睡觉还是会流口水。是不是宝宝有什么问题，有没有办法改善呢？流口水不是什么很难解决的问题，只要弄清楚宝宝流口水的原因，就能对症下药地改善宝宝睡觉流口水的问题。

①病理性流口水

当孩子患有口腔疾病如口腔炎、舌头溃疡和咽炎时，口腔及咽部会十分疼痛，甚至连咽口水也难以忍受，唾液因不能正常下咽而不断外流。这时，流出的口水常为黄色或粉红色，有臭味。此时，应带孩子去医院检查和治疗。

②睡觉姿势

侧卧和俯卧位等姿势等引起的睡觉流口水，只需要改变宝宝的睡觉姿势即可缓解。

正确的睡姿能够有效减少宝宝睡觉流口水情况

③ 口腔卫生不良

口腔的温度和湿度最适合细菌的繁殖，牙缝和牙面上的食物残渣或糖类物质的积存，容易发生龋齿、牙周病。这些不良因素刺激可造成睡觉时流口水。所以一定要注意教宝宝刷牙漱口，保持口腔卫生。

④ 生长发育原因

与宝宝的唾液腺、舌下腺、腮腺分泌液多，吞咽量少有关，不是疾病，随着年龄的增大就会好转。

No.7 宝宝过分依恋父母怎么办

一般来说，如果父母喜欢用身体接触方式表达对宝宝的关爱，长期下来宝宝会出现对父母黏缠的行为。而父母对宝宝的过度保护、溺爱也会导致宝宝过分依恋父母的现象。孩子喜欢与父母在一起，这是亲情的一种表现，但是如果发展到过分依恋父母，对于孩子的发展是很不利的，父母应该分析原因并且及时加以矫正。父母可以有意识多用语言的方式表达对孩子的关爱，通过自己的教导和行为去影响教育孩子树立起独立意识，从小培养孩子的独立能力、服务他人的意识、自我管理能力，这样有助于缓解宝宝依恋父母的强烈性。

No.8 宝宝闹情绪、发脾气的处理方法

每当宝宝闹情绪的时候，父母都会伤透脑筋。其实，只要掌握一些正确的方法，就能够缓解宝宝闹情绪。面对宝宝的不当行为，要先了解其原因，再采取适当的方法处理，比如宝宝是以丢东西和打架等行为来达到自己的目的时，就可以采取适当的处罚，让他意识到自己这样做是不对的。具体的行为可以采取不同的方法，下面介绍一些小招数，父母可根据自己宝宝的行为进行借鉴。

规劝。宝宝与同伴吵架或抢玩具的时候，父母可以走过去询问争吵的原因，并耐心听孩子的想法；要教育孩子打人、抢夺是不正确的行为，如果是自己的错，就需要道歉。需要注意的是大人不要大声去压住或威胁孩子，也不要大声训斥宝宝，以免伤害其自尊心。

罚坐或罚站。主要是对宝宝打架、吵闹不休或做危险行为，如在车上跑跳等。可以在家里准备一个角落作为处罚区，地上铺上软垫或是放一把椅子，准备一个时钟计算处罚时间。注意处罚地点不要在大门或是明显的地方，以免伤害他的自尊心。处罚时间不宜太久，重点是要在处罚结束后告诉宝宝被处罚的原因，让他知道自己做错了。

没收心爱的东西。如果宝宝乱丢东西、不收拾玩具等，就可以将它的玩具没收以作为惩罚。父母可以告诉宝宝将乱丢的物品和玩具收拾好，不然会处罚，并让宝宝说出为什么发脾气，要知道自己这样做是不对的。

看书、写字或画画。有喜欢踢人、打人、咬人等暴力倾向或是说谎的宝宝，可以在家里的固定区域摆放小桌子，里面放上铅笔、画笔、画纸和故事书等。宝宝犯错了，就让在里面画画或者看书，以发泄或化解愤怒的情绪。等大人和孩子的情绪都缓和后，然后再询问宝宝犯错的原因，并教育他以后不能再这样发脾气了，是不好的行为。

禁止某些权利和要求。宝宝不爱刷牙、挑食、乱丢东西……父母可以将他爱吃、爱玩的东西暂时禁止接触以作为惩罚。但需要控制情绪，不要对宝宝威胁、发火，而是应该让宝宝知道禁止的原因，如果以后表现好，作为奖励，可以恢复他的权利。

做家务。对于一些乱丢、乱画、乱扔玩具的宝宝，可以采取处罚他帮忙收拾或做家务的方式。给宝宝准备抹布、扫把和盆子等清洁工具，让孩子学习清理和养成整洁的习惯。父母在这个过程中可以带着宝宝一起做家务，训练孩子养成物归原主的习惯，再询问宝宝在帮忙做家务时学习到了什么。

父母还可以根据自己宝宝的性格特点，有针对性地采取一些方法来改善宝宝闹情绪。但是一定要控制住自己情绪反应，不要发火，注意措辞和语气，不要怒吼、恐吓和威胁。处罚内容要彻底进行，不宽容和妥协，处罚后一定要安抚孩子，让他们知道父母的关心和爱意。

No.9 送孩子上幼儿园的小策略

想让孩子在幼儿园里开心地度过，父母可以运用一些小的策略：

①上幼儿园前，告知孩子放学回家的时间，不要让宝宝感到遗弃感。
②父母应该处理好自己的情绪，避免孩子因为你的苦恼而加重焦虑感。
③父母亲送孩子上幼儿园里应该先安顿好孩子，让他感到放心再离开。
④不要对上幼儿园的宝宝提出过高的要求、禁令或劝告，孩子会感到无法达到要求而出现焦虑不安的情绪。
⑤用幼儿园里的好玩玩具、积木等转移孩子的注意力。
⑥如果宝宝对母亲依赖心理过重，可让爸爸送孩子上幼儿园。

只要用对方法，宝宝也会每天期待上幼儿园

宝宝各项能力的培养

No.1 培养宝宝良好的性格

性格贯穿于人的一生，它的形成、发展是一个长期的过程。在2岁前，生活环境和教养方式会给它涂上一层底色，这层最初的色彩甚至会影响到孩子以后一生的性格色彩。因此，父母要格外重视婴幼儿的性格培养。

首先，建立一个快乐恬静的家庭生活环境是至关重要的。家庭成员之间要和睦体贴，环境布置应当整洁美观，生活用品放在固定位置，以便让婴幼儿在温馨的家庭环境中茁壮、健康地成长。其次，要培养婴幼儿生活有规律，养成良好的习惯。婴幼儿要按时起居，按时进餐。最后，家长对婴儿的态度要一致，正确的态度是平静、和蔼、亲切、鼓励，同时要树立起正确的权威，宠爱与溺爱都不利于婴幼儿良好性格的形成。

No.2 语言表达能力的培养

孩子早期的教育内容中，语言教育是重点之一。语言是人们交流思想的工具，是思维的基础。对婴幼儿来说，语言还是认识世界、接受教育的工具，是发展智力的前提。

3岁是口头语言发展的最佳年龄，家长在生活中要格外注意抓住机会培养宝宝的语言能力。同时又因宝宝的注意和记忆能力的发展，家长可教宝宝背一些易懂易记的古诗、儿歌，以及哼唱简单的歌谣。这些都将进一步发展宝宝的语言能力，同时又增长知识，给他们带来乐趣。

随着年龄的增长，孩子越来越多地接触外界环境，父母应及时抓住大好的时机，扩大孩子知识面，提高表达能力，一边认识事物，一边训练如何表达。可以带孩子到公园，教他说“树木、花草、鸟儿”，也可以逐渐有意识地使用形容词，比如绿色的叶、红色的花，让孩子来描述所见所闻。

父母在教孩子的过程中要注意多教、多说。针对这个年龄期的孩子的表达能力尚不完善，常说些半句话，或重复、词汇量不够多的特点，家长每次说话一定注意用完整的一句话或几句话表达，尽量多用词汇，并不断重复这些词汇，使孩子有模仿的榜样，以利于表达能力的提高。

No.3 培养宝宝对画画的兴趣

3岁的小宝宝已经可以动手使用绘画工具“涂鸦”了。学习画画可以让宝宝熟悉色彩，陶冶性情，同时，宝宝对各种绘画工具的使用还可以锻炼宝宝的手眼协调能力，值得提倡。

对于两三岁的宝宝，不应要求他能画出什么，只要他拿起作画工具，根据自己的感受，自由发挥，在纸上涂鸦就行。让宝宝养成爱动笔的习惯，觉得这种游戏好玩又有趣就可以了。其次，可以采用多种绘画方式，激发宝宝的兴趣。这时的宝宝做事情都是三分钟热度，如果只用油画棒作画，时间一长宝宝就会失去兴趣，应通过手工与绘画相结合的形式，让宝宝保持久一点的兴趣。另外，家长可以让幼儿通过游戏掌握绘画技能和激发他们画画的兴趣。

No.4 培养宝宝的兴趣爱好

3岁的宝宝还没有形成一套相对全面和完整的认知体系，说的、做的、看的、听的都是在模仿。因此关于这一阶段的学习，我们可以解释成孩子对于外界事物的探索和好奇，而过程中兴趣的培养就是对其好奇心和探索行为的培植。所以，应该保证孩子安全的前提下，尽量让孩子自己多经历、多尝试，这样不仅能锻炼孩子各方面的能力，更是培养孩子学习兴趣的良好开端。

孩子对事物有独特的视角和解读方式，家长应该试着用孩子的眼光去看世界，用孩子的思维方式去理解他，创造一种轻松愉快的学习环境，保持孩子学习的兴趣，养成良好的习惯。对于孩子的每一次尝试，不管他做得如何，家长都要给予适当的赞扬，这有利于孩子自信心的培养。

No.5 耐心对待宝宝的“为什么”

幼儿对周围环境、事物有着强烈的好奇心，他会对所有的事情提出“为什么”。面对千奇百怪的问题，甚至有时成人都无法回答，会觉得自己学识不够渊博。其实提问是幼儿早期学习的重要环节，幼儿的好奇心促使他对学习充满热情，是幼儿求知欲望的强烈体现，并能增进幼儿的智力发展，所以，父母和老师应尽力、尽可能回答幼儿的问题，切忌对其置之不理或粗暴训斥。

No.6 如何与3岁的小孩进行谈话

随着孩子注意力、语言能力的提高，孩子会渴望与人交流，对于3岁的小孩，家长可以跟孩子讨论各种事情，还可以让他跟你交流他的想法。

家长需要注意的是：

① 不要让孩子感到只是自己一方在说话，要使谈话变成一种互动性的。

② 尽量避免和孩子讨论太多深奥的事情，学会倾听孩子的想法。

③ 相对于对孩子进行简单的讲解，孩子更倾向于完整的、详细的解释说明。

④ 避免语速过快。

No.7 3岁宝宝自言自语的形式

这时候的宝宝喜欢自言自语，这是他将外部语言转为内部语言的一种表现，不用过分担心和干预。常见的自言自语形式有：问题语言，即孩子遇到新奇事物或不知怎么办时所产生的疑问；故事语言，孩子在游戏或阅读过程中，会把自己的思考过程、需要做的事情一件件地讲出来。父母应多和孩子说话，随时告诉孩子常识，或者给孩子讲故事等增强孩子的思维连贯性和逻辑性。

No.8 培养孩子的观察力与智力发展

观察力是孩子智慧的门户，人学习知识的过程也是从观察开始的，因此，通过培养提高孩子的观察力，有助于发展孩子的智力。

培养宝宝的爱观察的习惯，提高宝宝的观察能力，有助于发展他的智力

具体的做法有：

① 指导孩子养成良好的观察习惯

让孩子明确观察的目的，即观察什么，为什么观察。

② 培养孩子有计划地观察事物

让孩子自己种一盆植物或养小蝌蚪、蚕等，每天观察，这样的观察生动又有效果。

③ 适时指导孩子学会观察的方法

如：全面和重点观察、自然状态和实验状态的观察、长期和短期的观察、正面和侧面的观察、直接和间接观察等。

④ 指导孩子遵循感知规律进行观察

如强度律（观察对象达到一定的强度才能观察得清晰准确）、差异律（观察对象与背景反差越大观察效果越好）、对比律（两个具有显著对比性的食物更容易观察）、活动律（运动中的对象容易吸引人的注意）、组合律（把有关联的食物组合起来观察，能够把握整体和具体情况）、协同律（协同配合人的不同器官能够收到更好的观察效果）。

No.9 为孩子选购认知书籍的要点

随着宝宝的视力智力和注意力的发育，开始可以认知各种常见的事物，家长可以为孩子选购认知书籍，以满足孩子的学习欲望和促进孩子的智力发展。选购认知书籍时，应该根据孩子平时的爱好选择书籍的内容，如水果、车辆、蔬菜等不同的主题。因为1～3岁的宝宝喜欢撕纸片、卡片等，认知书籍的材质最好选择不容易撕烂的。此外，宝宝手较小，应该选择大小适中的书籍，便于宝宝翻阅。虽然宝宝还不懂看儿童歌曲，但是通过父母的唱读，琅琅上口的词句有助于宝宝记忆和训练宝宝的语言能力。

No.10 “积木游戏”训练宝宝逻辑力

积木的各种几何形体，可以让孩子通过视觉观察形体特征，通过触觉也更切实感知物体的形状。

通过积木游戏还能训练宝宝的逻辑力：

① 让宝宝在积木堆中辨别不同的积木，按照指示取积木等。

② 让宝宝将同一形体的积木归类，并说出每种积木的形体。

③ 让宝宝按大小顺序给积木进行排队。

④ 将积木放在箱子里，让宝宝通过摸积木来辨别积木类别。

⑤ 让宝宝数数用积木搭好的物体所用的积木数量。

No.11 培养3～4岁孩子的逻辑思维和注意力

3～4岁孩子是培养其逻辑思维和注意力的重要时期，因此，家长们应该注意在生活中对孩子的培养和训练。

具体做法有：

① 多给孩子讲故事：家长多和孩子进行互动性的交流、读故事书，可以提高孩子对文字的兴趣。

② 不宜让孩子单纯地玩耍，因为婴幼儿时期是大脑发育的重要时期，如果此时的孩子单纯玩耍，就会错过智能开发的高峰期。

③ 创造良好的学习氛围、家庭环境，有助于培养孩子的注意力。

④ 在游戏中培养孩子的注意力和开发智能，也能增进亲子间的关系。

No.12 开发宝宝“身体机能”的小游戏

在宝宝发育成长过程中，家长们可以通过一些亲子小游戏，从而使宝宝的身体机能得到开发。

多与其他小朋友参加集体活动或是做游戏，能够提高宝宝的社交能力

① 打保龄球

目的：训练宝宝的手眼平衡，学到简单的加减法。

玩法：在家里模拟保龄球场，6个空水瓶当做球瓶，网球当做保龄球，让宝宝像打保龄球那样把网球推出去，和宝宝一起数还屹立的水瓶，从而得出倒下的水瓶数目。

② 抛沙包，选心情

目的：画表情和抛沙包都训练了宝宝的动手能力和抛掷技巧。

玩法：妈妈和宝宝一同在纸上画上不同的表情，如开心、伤心、生气、害羞等，将纸片平铺在地上，询问宝宝问题，让宝宝抛沙包至相应的表情纸片上，以此回答问题。

③ 平衡感训练

目的：训练宝宝的平衡感、身体协调和学习一边思考一边行动。

玩法：用颜色鲜艳的绳子在地上摆出特别的路线，如“之”字形线条或曲线，再给宝宝出一些有趣的挑战，如用脚尖走路、用三大步倒退着走完曲线等等。

No.13 训练孩子平衡感的小游戏

前庭感觉发展不完善的宝宝往往会出现运动不协调、平衡感较差的表现，通过一些小游戏可以训练孩子的平衡感。

① 舞动小脚

对象：13月龄

玩法：让宝宝站在你的脚上，抓住宝宝的小手，随着音乐慢慢地跳舞，时不时进行旋转，可以更好地培养宝宝的乐感、节奏感。

② 床单荡秋千

对象：15月龄

玩法：父母从两端提起床单，拉成吊床的样子，宝宝在床单上，父母做忽上忽下、忽左忽右的运动，可以让宝宝感受到上下左右的震动。

③ 走小绳

对象：18月龄

玩法：宝宝初步掌握身体平衡时，可以准备绳子拉直放在地板上，让宝宝从绳子上走过，看看他是不是能走得直直的。由此可以训练宝宝的平衡感。

No.14 提升宝宝社交能力的3大妙招

宝宝的社交能力是随着心理的发展而有着不同的表现的，伴随着宝宝自我意识的萌发，使得其对于熟悉的人群和环境更加依赖，3岁后宝宝社交能力的发展对于环境的确定性要求更高。

① 为了提升宝宝的社交能力，妈妈应该多用鼓励性而非强迫性的教导，鼓励孩子多参加集体活动，从中学习交友的乐趣和相处之道。

② 家长应给宝宝树立一个好的榜样，大人的待人处事之道是孩子社交表现的重要影响因素。

③ 社交能力的提升是在具体的场景中学习的，家长可以为孩子创造各种社交条件，让宝宝从中进行学习吸收。

No.15 提高孩子自控力的方法

对于自控能力差的孩子，父母不能一味地纵容或责备，而应该分析原因和采取理智的措施。首先，父母应设置相应的“规矩”，如：饭前洗手、玩具玩耍后自行分类收拾好。长期以往，孩子就会形成习惯，自觉对自己的行为进行约束。其次，家长不能对孩子放任不管，对于孩子的一些行为应该进行监督，如孩子吃饭的时候，妈妈可以陪在一旁，给孩子形成一种无形的约束力。此外，孩子的进步也要适时给予鼓励，让孩子体会到进步的喜悦，从而增强自我约束的主观能动性。当然，作为父母，家长们也要做好带头作用，在孩子面前表现出很强的自制力。

No.16 帮助宝贝做自己情绪的主人

宝宝渐渐长大，慢慢能体会越来越多的情感，因此会带来各种情绪，如沮丧、愤怒、嫉妒等消极情绪，也会有心情上的大起大落。这个时候就需要父母教宝宝适当的把握和控制，不要让情绪控制自己，要学习忍耐和反省，培养良好的心理品质。

四个方法帮助宝宝做自己情绪的主人

建立一个“发泄角落”

宝宝和大人都一样，都会发脾气。父母可以在家设一个发泄角落，里面放上毛绒玩具、画笔画纸、图书等，让全家人可在里面拍打玩具、涂鸦或阅读来发泄情绪。告诉宝宝有情绪时也不能随便发泄，更不能迁怒别人。要学会忍耐，把生气和难过的情绪压下去，不要影响到游戏或活动。回到家里若还是不舒服，就到“发泄角落”把自己的不良情绪尽情宣泄。宝宝发泄完就会恢复平静，这时父母可以和他分享反省的心得，以后宝宝就能更加顺利处理此类情绪问题了。

与宝宝建立秘密暗号

孩子都喜欢秘密，父母可以和他们设立一些只有他们知道的秘密暗号。比如摸一下耳朵表示“停下来，想一想”，大拇指表示“你在我心中最棒”，眨左眼表示“做的很好”，眨右眼表示“继续努力”。平时父母要多和宝宝使用一些暗号，宝宝得了一朵小红花，可以眨一下左眼；宝学会画大象，就眨一下右眼；宝宝要发怒的时候，劝告可能起不到作用，父母信任的眼神以及用手摸一下他的耳朵，宝宝的呼吸可能就平稳下来，小拳头也松开，一场矛盾就此化解。这需要父母平时与宝宝养成默契，才能在宝宝遇上情绪问题时有很好的效果。

适当批评与表扬

需要注意的是要就事论事，宝宝的某些行为不对，也不要因此就否定宝宝。不能因为宝宝生病了想吃一个冰淇淋就轻率地说出“宝宝是一个不懂事的小孩”这样的话，会伤害宝宝的自尊心。同时过于直白的责备也容易引起孩子的逆反心理。如果父母要指出宝宝的某些言行不对，可以先从宝宝的优点说起，然后再指出他某件事情做的不对，形成反差，让他意识到自己的问题。这种“亦褒亦贬”的做法能够满足宝宝的自尊心，并能引导他不断地控制情绪。

父母的鼓励很重要

有时候宝宝做游戏或与其他孩子进行比较的时候，输了或有些不足，他会不开心。这时就需要父母给他一个拥抱或是鼓励的眼神，告诉他是最棒的。这样他就能很快地克服消极的内心感受，坦然投入到下一个游戏活动中去。这样一个情绪的互补，将积极的情绪与消极情绪配对，能够缓冲消极情绪的发作，达到一个心理平衡。

No.17 锻炼幼儿的创造力

3岁的幼儿已经历了很多事情，这些经历将会成为对他们进行教育的基础。这也是我们常讲的对非智力因素（如求知欲、想象力、毅力、观察力等）的开发，如果父母利用生活中的经历积极加以引导，可帮助幼儿在3岁以前就开始获得对问题的理解力。例如，让幼儿将小船、装满了水的瓶子放在水中，让他们知道有的东西可以浮在水面，有的会沉入水底。从这些游戏中，父母可以更多地了解自己孩子的思维。

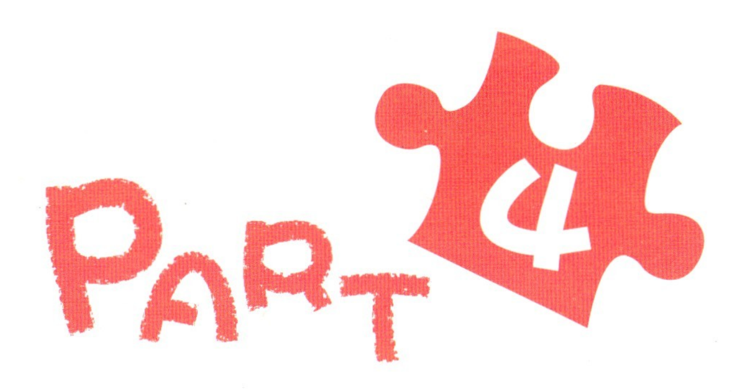

谨防婴幼儿疾病——呵护好，疾病少

▲ 预防接种与健康查体

▲ 婴幼儿常见疾病与不适

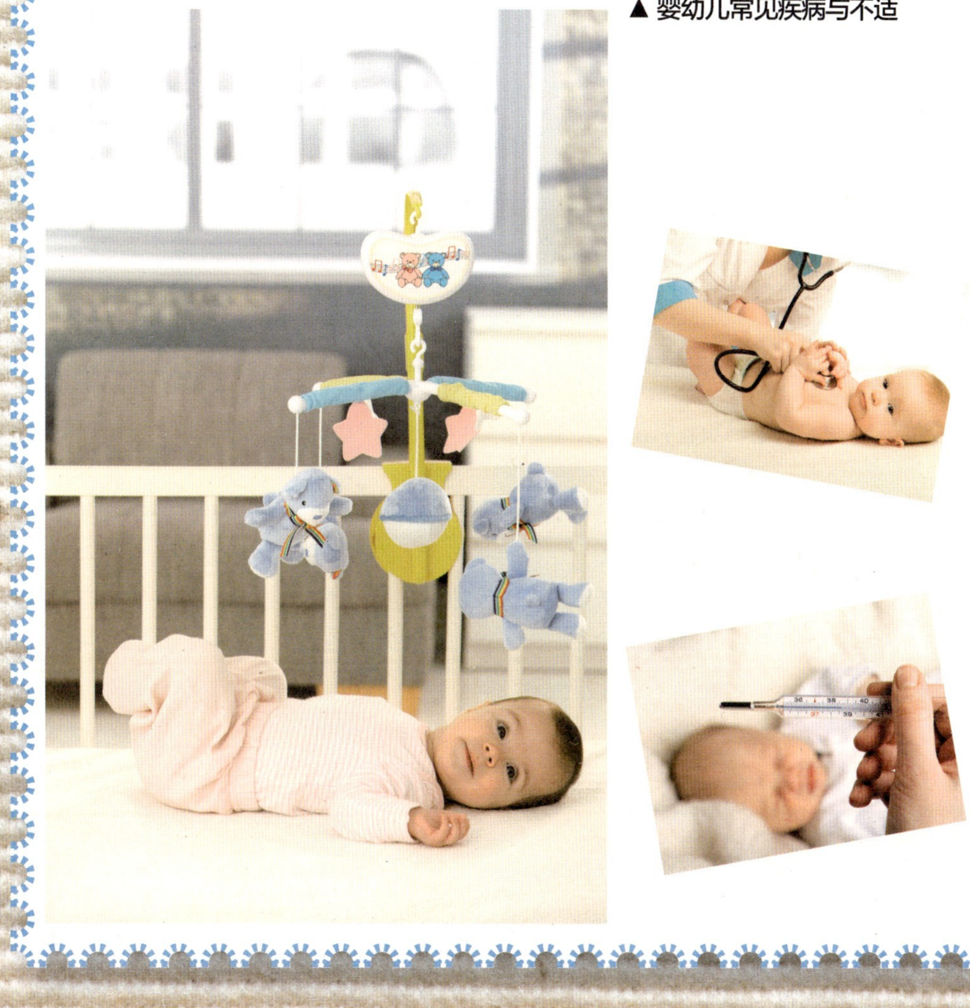

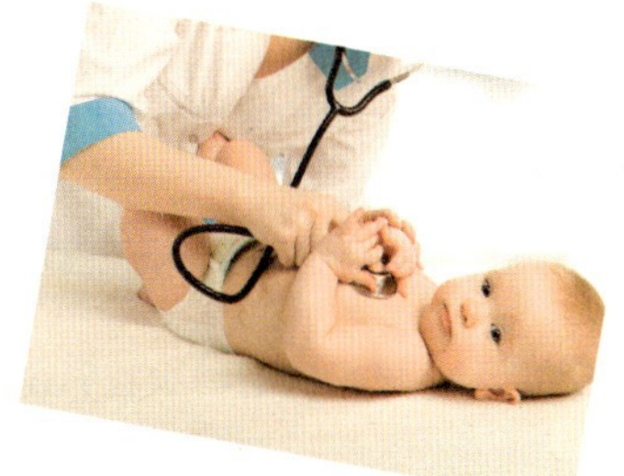

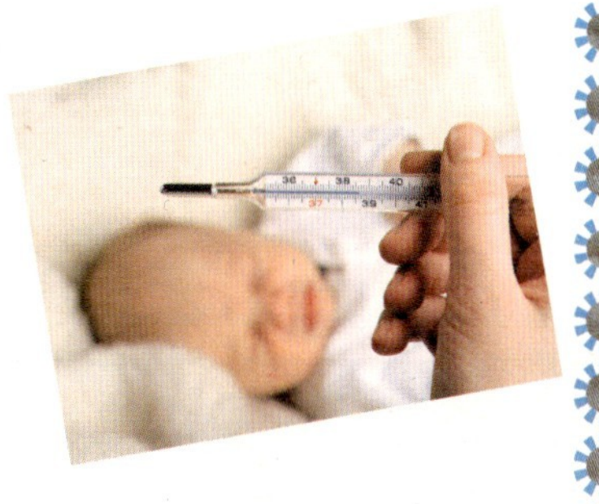

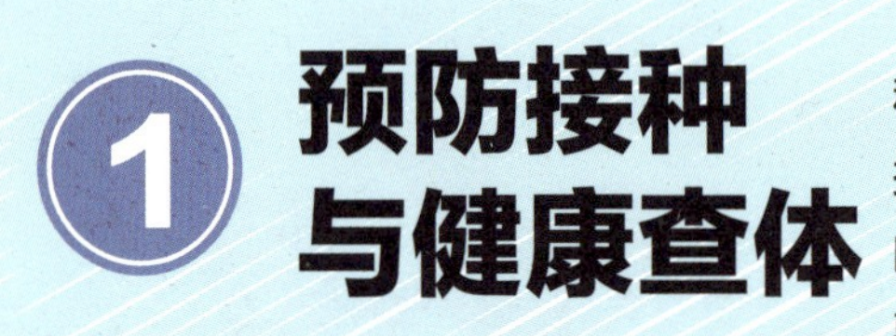

1 预防接种与健康查体

小小疫苗，健康保障。在养育宝宝的过程中，预防胜于治疗，通过给宝宝进行预防接种，提升宝宝抵抗疾病的能力。同时，及时的健康检查也是保证宝宝们健康成长的必要步骤。

●婴幼儿预防接种事宜

婴幼儿对传染病的抵抗力很弱，很多疾病会威胁到宝宝的生命和健康。通过给宝宝进行预防接种，提高和增强其抵抗疾病的能力，能更好地预防各种疾病的发生。

No.1 什么是“预防接种”及操作方法

预防接种是指根据疾病预防控制规划，按照国家和省级的规定，由合格的接种单位和人员给适宜的接种对象接种疫苗，以提高人群的免疫水平，达到预防和控制传染病发生和流行的目的。人们将相应的生物制品（抗原或抗体）接种于易感者机体，使其发生免疫反应，从而产生对疾病的特异抵抗力，这样的人工免疫方法称为预防接种，也就是打防疫针。

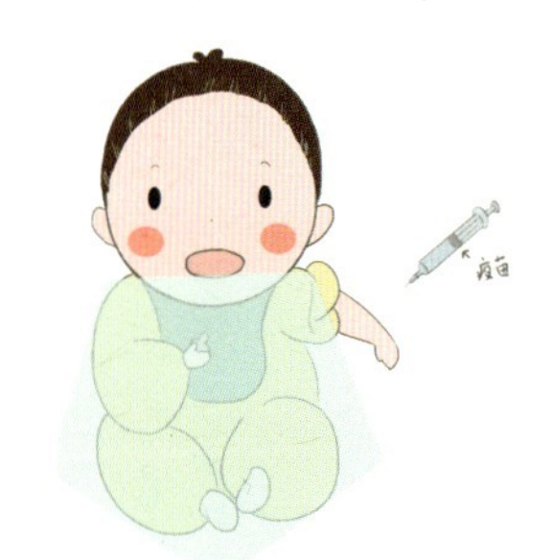

婴幼儿进行预防接种，就像给宝宝穿了一件保护衣，可以保护宝宝不受病毒的侵袭

预防接种的途径和方法主要有四种：

①皮上划痕　②注射：皮下注射、皮内注射、肌肉注射　③口服　④喷雾吸入等

我国预防接种主要分为三种服务形式

①定点接种　②入户接种　③临时接种

预防接种的目的是为了预防疾病的发生和传染，具体的操作方法是：通过将疫苗接种在健康人的身体内，使人在不发病的情况下产生预防接种抗体，获得特异性免疫，如接种卡介苗能预防肺结核、种痘能预防天花等。婴儿在出生后3～6个月时，通过胎盘从母体中获得的抵抗力已开始下降并消失，因此需要进行预防接种来形成免疫，以保护机体免受重病的侵袭。一旦免疫形成，传染给病原体的记忆就留在体内，就能保证被接种者具有相应的免疫力。此外，对于一些具有传染性的疾病，预防接种也能起到很好的控制作用。

No.2 接种前的准备

心理准备：宝宝做了预防接种，并非就不会感染疾病。首先，预防接种并非为“不感染上病原菌”服务，而是以“即使感染也不会发病”为宗旨。因此，在接种期间，若宝宝体力不

支，预防接种也就没有效果，而身体也可能会在预防接种产生免疫力之前发生感染。此外，由于对于一种疾病对应接种一种疫苗，故没有接受相应疫苗接种的疾病，身体是会发生感染的，所以家长不可视预防接种为万能药。

接受预防接种的方法：

Step 1

清洁：在接种前一天为宝宝洗浴，清洁肌肤。

Step 2

体温：在出门之前测量其体温，如果超过37℃时，应该向医生咨询。

Step 3

必要的文件：《疫苗流通和预防接种管理条例》中明确规定：医生在实施接种前，应该告诉妈妈关于宝宝所接种疫苗的品种、作用、禁忌、不良反应以及注意事项，询问宝宝的健康状况以及是否有接种禁忌等，并如实记录情况。妈妈们应当了解预防接种的相关知识，并如实提供宝宝的健康状况和接种禁忌等情况。

Step 4

带去接种的人：最好由熟知宝宝健康状况的人带去接种，知道宝宝在相应的年龄段该接种何种疫苗，何种疫苗可以预防哪种传染性疾病等。

疫苗是生物制品，对储存条件有较严格的要求，一般在0～8℃之间，只有在指定的计划免疫点接种才能确保疫苗的质量。此外，接种疫苗也有一套严格的程序，相关的医护人员必须经过专门培训，任何一个环节出错，轻者不能预防疾病，重者可能会引发传染病的流行。因此，一定要到疾病预防控制中心和指定的计划免疫点接种疫苗。

No.3 疫苗的医学分类

疫苗是指为了预防、控制传染病的发生、流行，用于人体预防接种的疫苗类预防性生物制品。从医学角度出发，疫苗可分为人工主动免疫制剂和人工被动免疫制剂。两者均能使机体增加抗病能力，但后者的持续时间短，主要用于治疗和紧急预防。对于疾病的预防，多采用人工主动免疫制剂。人工主动免疫制剂又可以分为灭活疫苗、减毒活疫苗、类毒素三种，这些疫苗各有特色，针对不同的情况应选用不同的疫苗。

灭活疫苗的定义

灭活疫苗是选用免疫原性好的细菌、病毒、立克次体等，经人工培养后将其杀灭，使其丧失感染性和毒性而保持免疫原性，并结合相应的佐剂而制成的疫苗。

常用的灭活疫苗

我国常用的灭活疫苗有百白破疫苗、流行性感冒疫苗、狂犬病疫苗和甲肝灭活疫苗等。灭活疫苗需要多次接种。灭活疫苗产生的抗体有中和、清除病原微生物及其毒素的作用。

类毒素

细胞外毒素经甲醛处理后失去毒性，仍保留免疫原性，为类毒素。类毒素的毒性虽消失，但原性不变，能刺激人体产生抗毒素，起到机体对某疾病具有自动免疫的作用。

类毒素的应用

类毒素也可与灭活疫苗混合制成联合疫苗，如百白破三联疫苗，可预防儿童易发的白喉、百日咳、破伤风三种疾病。常用的有白喉类毒素、破伤风类毒素等。

减毒活疫苗

减毒活疫苗是指用人工定向变异方法，或从自然界筛选毒力减弱或基本无毒的活微生物制成活疫苗或减毒活疫苗，经过处理，毒性减弱而保持了其抗原性。常用的减毒活疫苗有卡介苗、麻疹疫苗、脊髓灰质炎疫苗等。接种减毒活疫苗后不会引起疾病的发生，但可以引发机体的免疫反应，获得长期或终生保护的作用。

No.4 常见的预防接种疫苗

不同的疫苗可以用于针对不同的疾病，目前我国进行免疫接种的有卡介苗、脊髓灰质炎疫苗、百白破三联疫苗、麻疹疫苗、甲肝疫苗、乙肝疫苗、乙脑疫苗、流脑疫苗。

卡介苗

婴幼儿的抵抗力最弱，若受到结核菌的感染，易发生急性结核病，危及生命，而卡介苗是一种用来预防儿童结核病的预防接种疫苗，接种后可使儿童产生对结核病的特殊抵抗力。经验证明，卡介苗接种后可降低结核病的患病率和死亡率，一次接种的保护力可达10～15年。

卡介苗在婴儿出生后即可接种，若出生时没接种，可在2个月内接种。2个月以上的婴儿，在接种前要做结核菌素试验，检查是否感染过结核，如结果为阳性即可接种卡介苗。在3岁、7岁及12岁时，如结核试验为阴性，应该进行复种。

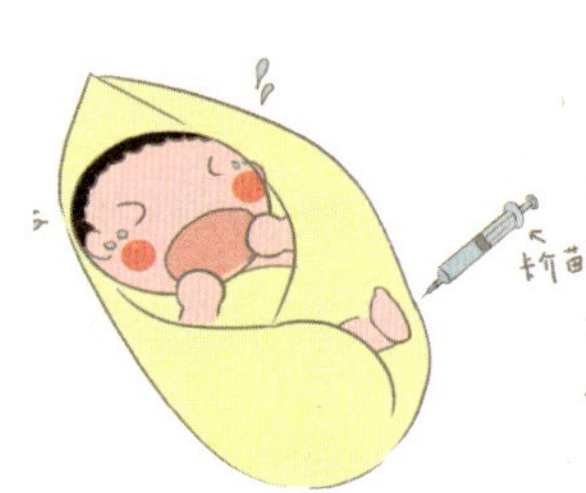

卡介苗一般在婴儿出生后即可接种，如果出生时，没接种，可在2个月内接种

百白破三联疫苗

百白破三联疫苗即百白破制剂，该制剂是将百日咳菌苗、精制白喉类毒素及精制破伤风类毒素混合制成，可同时预防百日咳、白喉和破伤风，接种该疫苗后能提高婴幼儿对这几种疾病的抵抗能力。接种一般是在婴儿出生满3个月时进行，初种必须注射3针，每次间隔4~6周，孩子1岁半到2岁时再复种1次。

脊髓灰质炎疫苗

脊髓灰质炎又叫小儿麻痹症，是由于小孩的脊髓、脊神经受病毒感染后引起的疾病，是一种严重的传染性疾病。目前还没有有效的治疗方法，但可通过使用疫苗进行预防。

脊髓灰质炎疫苗是一种口服疫苗制剂，白色颗粒状糖丸，宝宝出生后按计划服用糖丸，可有效地预防脊髓灰质炎。“脊灰糖丸”是由活的但致病力降低的活病毒制成，切忌用热开水融化或混入其他饮料中服用，应用温开水化开或吞服。

麻疹疫苗

麻疹传染性很强，未应用麻疹疫苗之前，麻疹的发病率及致死率占儿童传染病首位。麻疹疫苗是预防麻疹最有效措施。麻疹疫苗是一种减毒活疫苗，接种反应较轻微，免疫持久性良好，婴儿出生后按期接种，可以预防麻疹。由于6个月以内婴儿有从母体获得的抗体，所以6个月内婴儿一般不会得麻疹。若6个月以内注射疫苗，反而会中和婴儿体内的抗体，达不到预期效果，所以第一次接种应在婴儿满8个月时，到2岁、7岁、12岁时再进行复种。

甲肝疫苗

甲肝疫苗用于预防甲型肝炎，甲肝疫苗主要有甲肝灭活疫苗和减毒活疫苗两大类。

将对人无害、具有良好免疫原性的甲型肝炎病毒减毒株接种于人二倍体细胞，培养后经抽提和纯化溶于含氨基酸的盐平衡溶液，用于预防甲型病毒性肝炎。我国生产的减毒活疫苗免疫效果良好，接种后至少可获得4年以上的持续保护，1岁以上的易感者均可接种。

乙肝疫苗

乙肝疫苗用于预防乙型肝炎。我国使用的主要有乙型肝炎血源疫苗和乙肝基因工程疫苗两种，适用于所有可能感染的乙肝者。其中乙型肝炎血源疫苗具有安全、高效等优点。

我国是乙肝的高发国家，人群中乙肝病毒表面抗原阳性率达10%以上，而注射乙肝疫苗是控制该病的最有效措施之一。目前乙肝疫苗已纳入免疫接种程序，0、1、6个月各注射1次，每3~5年加强注射1次。乙肝疫苗已在某些地区开始接种，能有效地防止乙肝的发生及流行。

乙脑疫苗

乙脑疫苗是预防流行性乙型脑炎（简称乙脑）的有效措施。乙脑是由黄病毒科虫媒病毒——乙脑病毒引起的一种侵害中枢神经系统的急性传染病，主要通过蚊虫叮咬而传播，人和许多动物感染乙脑病毒后都可以成为乙脑的传染源，常造成患者死亡或留下神经系统后遗症。目前我国已将此疫苗纳入了计划免疫程序之中，对所有健康儿童均予以接种。

流脑疫苗

流行性脑脊髓膜炎（简称流脑），是由脑膜炎双球菌引起的化脓性脑膜炎。多见于冬春季，儿童发病率高。注射流脑疫苗是预防流行性脑脊髓膜炎的有效手段。国内目前应用的是用A群脑膜炎球菌荚膜多糖制成的疫苗，用于预防A群脑膜炎球菌引起 的流行性脑脊髓膜炎，接种对象为6个月至15周岁的儿童和少年。

对于接种流脑疫苗后出现发热的婴儿，可以物理降温，并多给宝宝喂些水

其他常见的疫苗

值得注意的是，除了上述这些疫苗外，常见的疫苗还有腮腺炎疫苗、流感疫苗、肺炎疫苗、狂犬疫苗、出血热疫苗等，这些疫苗都需要在医院接受预防接种。

腮腺炎疫苗	腮腺炎疫苗用于预防由腮腺炎病毒引起的流行性腮腺炎，即“痄腮”。我国生产的腮腺炎疫苗是减毒活疫苗，可用于8个月以上的儿童。
流感疫苗	流感疫苗用于预防流行性感冒。接种对象是2岁以上的人群，尤其是65岁以上的老人，慢性心、肺、支气管疾病患者，慢性肾功能不全者，糖尿病患者，免疫功能低下者，镰状细胞贫血症患者等。
肺炎疫苗	肺炎疫苗用于预防肺炎球菌性疾病。应接种的人有老年人、2岁以上的儿童、慢性病患者、有免疫缺陷者、艾滋病感染者以及酗酒和长期吸烟者等。
出血热疫苗	出血热疫苗用于预防流行性出血热。10～70岁的人都应接种此疫苗，疫区的林业工人、水利工地民工、野外宿营人员等则更应接种。
狂犬疫苗	狂犬疫苗用于狂犬病的预防。狂犬病是致死率达100%的烈性传染病，及时、全程接种疫苗是预防此病的重要措施之一。与任何可疑动物或狂犬病人有过密切接触史的人，都应该尽可能早地接种狂犬疫苗。

No.5 八种常规疫苗的接种禁忌

疫苗的接种是有一定前提的，若是有些宝宝身体出现了一些特殊情况，此时就不适合接种这些疫苗了。每种疫苗所含抗原不同，接种的禁忌也有所不同。

卡介苗禁忌

早产儿、低出生体重的宝宝、难产儿需慎种。发热、腹泻、严重皮肤病的宝宝应缓种。结核病、急性传染病、心肾疾患、免疫功能不全的宝宝禁种。

流行性脑脊髓膜炎疫苗禁忌

有脑及神经系统疾患，过敏体质，患严重心、肾疾病，活动性结核病的宝宝禁用。患发热、急性疾病的宝宝可缓种。

百白破疫苗禁忌

患发热、急性病或慢性病急性发作期的宝宝应缓种。患中枢神经系统疾病、有抽风史、属严重过敏体质的宝宝禁用。

乙型脑炎疫苗禁忌

发热、急性或慢性病发作期的宝宝应缓种。有脑或神经系统疾患，对抗生素、疫苗有过敏史，过敏体质的宝宝禁种。

麻疹疫苗禁忌

患过麻疹的宝宝不必接种，对青霉素和鸡蛋过敏或类过敏反应者，伴有发热的呼吸道疾病、活动性结核、血液病、恶病质和恶性肿瘤等，或原发性和继发性免疫缺陷病人、接受免疫抑制剂治疗者禁用。

甲肝疫苗禁忌

患病毒性肝炎及急性传染病的恢复期病人，有发热或严重的心脏病、肾脏病、活动性结核病、重度高血压患者，有免疫缺陷和正在应用肾上腺皮质激素等免疫抑制剂的病人均不适宜注射甲肝疫苗。

脊髓灰质炎三价混合疫苗禁忌

服苗前一周有腹泻、发热，体质异常虚弱、严重佝偻病、活动性结核、免疫能力受损及其他严重疾病，或一天腹泻超过4次者应缓种。有免疫缺陷症或正在使用免疫抑制剂（如激素）的宝宝禁用。

乙肝疫苗禁忌

有血清病、支气管哮喘、过敏性荨麻疹及对青霉素、磺胺等过敏者禁用。低体重、早产、剖腹产等新生儿，暂不宜接种乙肝疫苗。患有肝炎、发热、急性感染、慢性严重疾病和过敏体质宝宝禁用。

No.6 预防接种后的注意事项

预防接种会有两种反应。一种是一般接种反应，是由于制品本身所引起的反应，有可能是局部反应，也可能是全身反应。这种反应轻微，时间也比较短，一到两天就会消失，父母不必太担心，也不需要做任何处理。当局部反应较重时，可用干净毛巾做热敷，每天4～5次，每次10～15分钟；对较重的全身反应则可以在医生指导下用一点药。如果接种后出现的局部反应不能在短时间内消退，就应尽快去医院诊治，否则很可能危及生命。

另一种是异常反应，原因跟个人的体质有很大的关系，一般表现为晕厥、过敏性休克、过敏性皮疹、接种疫苗后全身感染等。

婴幼儿接种后应注意护理，局部反应较重时可用干净毛巾热敷

种完疫苗要留院观察20分钟，以防出现严重的过敏反应；注射疫苗后，个别孩子在24小时内体温会有所升高，可给孩子多喝些开水，促进体内代谢产物的排泄与降温，切莫随意使用抗菌素类药物。若有高热或其他异常反应，则应及时请医生诊治。接注射疫苗后的三天内洗澡时要避免注射部位被污染，以防止继发感染；防止受凉和剧烈活动。

●婴幼儿健康体检

宝宝的健康直接影响到整个家庭的幸福。在养育宝宝的过程中，除了预防接种外，检查婴幼儿的成长是否顺利、是否健康是非常重要的。

No.7 婴幼儿常规体检三要素

1个月到3岁的婴幼儿，常规体检的项目有体重、身长、头围，这三项被视为婴儿发育的重要指标，也是婴幼儿体检必不可少的内容，父母可通过这些指标来大致判断宝宝的健康状况。

头围

1岁以内是一生中头颅发育最快的时期。测量头围的方法是用塑料软尺从头后部后脑勺凸出的部位绕到前额眼眉上边。小儿生后头6个月头围增加6～10厘米，1岁时共增加10～12厘米。头围的增长，标志着脑和颅骨的发育程度。

身长

婴儿在出生后头3个月身长每月平均长3.0～3.5厘米，4～6个月每月平均长2厘米，7～12个月每月平均长1.0～1.5厘米，在1岁时约增加半个身长。小儿在1岁内生长最快，如喂养不当，耽误了生长，就不容易赶上同龄儿了。

体重

新出生的孩子的正常体重为2.5～4.0千克。头3个月婴儿体重每月约增750～900克，头6个月平均每月增重600克左右，7～12个月平均每月增重500克，1岁时体重约为出生时体重的3倍。健康婴儿的体重无论增长或减少均不应超过正常体重的10%，超过20%就是肥胖症，低于平均指标15%以上应尽早去医院检查。

下面以表格的形式用具体的数字来直观地展现出男孩和女孩在0～3岁的体重、身长、头围三项常规指标，方便爸爸妈妈们对照查看。

男孩0～3岁成长表

月（年龄）	体重（千克）（平均值）	身长（厘米）（平均值）	头围（厘米）（平均值）
初生	2.5～4.2（3.3）	46.2～54.8（50.5）	31.9～36.7（34.3）
1月	3.0～5.6（4.3）	49.9～59.2（54.6）	35.5～40.7（38.1）
2月	3.6～6.7（5.2）	53.2～62.9（58.1）	37.1～42.3（39.7）
3月	4.2～7.6（6.0）	56.1～66.1（61.1）	38.4～43.6（41.0）
4月	4.8～8.4（6.7）	58.6～68.7（63.7）	39.7～44.5（42.1）
5月	5.4～9.1（7.3）	60.8～71.0（65.9）	40.6～45.4（43.0）
6月	6.0～9.7（7.8）	62.8～72.9（67.8）	41.5～46.7（44.1）
7月	6.5～10.2（8.3）	64.5～74.5（69.5）	42.0～47.0（44.5）
8月	7.0～10.7（8.8）	66.0～76.0（71.0）	42.5～47.7（45.1）
9月	7.4～11.1（9.2）	67.4～77.3（72.3）	42.7～48.1（45.4）
10月	7.7～11.5（9.5）	68.7～78.6（73.6）	43.0～48.6（45.8）
11月	8.0～11.9（9.9）	69.9～79.9（74.9）	43.4～48.8（46.1）
12月	8.2～12.2（10.2）	71.0～81.2（76.1）	43.9～49.1（46.5）
15月	8.8～13.1（10.9）	74.1～84.8（79.4）	44.5～49.7（47.1）
18月	9.3～13.8（11.5）	76.7～88.1（82.4）	45.2～50.0（47.6）
21月	9.7～14.4（12.0）	79.1～91.2（85.1）	45.5～50.7（48.1）
2岁	10.1～15.0（12.6）	81.3～94.0（87.6）	46.0～50.8（48.4）
2.5岁	10.9～16.2（13.7）	85.8～98.7（92.3）	46.6～51.4（49.0）
3岁	11.8～17.5（14.7）	89.9～103.2（96.5）	47.0～51.8（49.4）

女孩0～3岁成长表

月（年龄）	体重（千克）（平均值）	身长（厘米）（平均值）	头围（厘米）（平均值）
初生	2.3～3.9（3.2）	45.8～53.9（49.9）	31.5～36.3（33.9）
1月	2.9～5.0（4.0）	49.2～57.9（53.5）	35.0～39.8（37.4）
2月	3.4～6.0（4.7）	52.2～61.3（56.8）	36.5～41.3（38.9）
3月	4.0～6.9（5.4）	54.9～64.2（59.5）	37.7～42.5（40.1）
4月	4.6～7.6（6.0）	57.2～66.8（62.0）	38.8～43.6（41.2）
5月	5.1～8.3（6.7）	59.2～69.0（64.1）	39.7～44.5（42.1）
6月	5.6～8.9（7.2）	61.0～70.9（65.9）	40.4～45.6（43.0）
7月	6.0～9.5（7.7）	62.5～72.6（67.6）	41.0～46.1（43.5）
8月	6.4～10.0（8.2）	64.0～74.2（69.1）	41.5～46.7（44.1）
9月	6.7～10.4（8.6）	65.3～75.6（70.4）	42.0～47.0（44.5）
10月	7.0～10.8（8.9）	66.6～77.0（71.8）	42.4～47.2（44.8）
11月	7.3～11.2（9.2）	67.8～78.3（73.1）	42.7～47.5（45.1）
12月	7.6～11.5（9.5）	69.0～79.6（74.3）	43.0～47.8（45.4）
15月	8.1～12.3（10.2）	72.2～83.3（77.8）	43.6～48.4（46.0）
18月	8.6～13.0（10.8）	75.1～86.7（80.9）	44.1～48.9（46.5）
21月	9.1～13.6（11.4）	77.8～89.8（83.8）	44.5～49.3（46.9）
2岁	9.6～14.3（11.9）	80.3～92.6（86.5）	45.0～49.8（47.4）
2.5岁	10.5～15.7（12.9）	84.9～97.7（91.3）	45.6～50.4（48.0）
3岁	11.3～17.0（13.9）	88.8～102.3（95.6）	46.2～50.6（48.4）

No.8 婴幼儿定期健康检查

除了体重、身长、头围这些标准外，婴幼儿在不同时期应进行多次体检，0～3岁需要进行8次体检，以确保宝宝的成长状态是健康的。如果在养育宝宝的过程中，家长们有些什么疑惑或担心时，可以拨打社区儿童体检科的电话，请儿童保健医生做专业的分析和判断，这样不仅能对孩子的营养保健作出及时的指导，还能及早发现病症，予以治疗。

父母要带着婴幼儿定时进行体检，积极预防各种疾病，确保孩子的健康成长

第一次体检

当婴儿出生第42天时，可进行第一次体检。此时要检查宝宝的视力是否能注视较大的物体，双眼是否很容易追随手电筒光单方向运动；肢体方面，宝宝的小胳膊、小腿是否喜欢呈屈曲状态，两只小手握着拳。

第二次体检

当宝宝4个月大时，可进行第二次体检。此时要检查宝宝能否支撑住自己的头部；俯卧时，能否把头抬起并和肩胛成90度；扶立时两腿能否支撑身体；双眼能否追随运动的笔杆，并且头部也能随之转动。听到声音时，这个时期的宝宝会表现出注意倾听的表情，人们跟他谈话时会试图转向谈话者。由于宝宝的唾液腺正在发育，所以经常有口水流出嘴外。

第三次体检

当宝宝6个月时，可进行第三次体检。此时要检查宝宝的动作发育。这时宝宝会翻身，会坐但还坐不太稳；会伸手拿自己想要的东西，并塞入自己口中。视力方面，身体能随头和眼转动，对鲜艳的目标和玩具可注视约半分钟。听力方面，检查是否能注意并环视寻找新的声音来源，并能转向发出声音的地方。同时，6个月的孩子有些长了两颗牙，有些还没长牙，要多给孩子一些稍硬的固体食物，如面包干、饼干等练练咀嚼能力，磨磨牙床，促进牙齿生长。由于出牙的刺激，唾液分泌增多，流口水的现象会继续并加重，有些孩子还会出现咬奶头现象。

第四次体检

当宝宝9个月时，可进行第四次体检。此时可观察宝宝能否坐得很稳，能由卧位坐起而后再躺下，能够灵活地前后爬，扶着栏杆能站立。双手会灵活地敲积木。拇指和食指能协调地拿起小东西。视力方面，能注视画面上单一的线条。视力约0.1。小儿乳牙的萌出时间，大部分在6～8个月，小儿乳牙数量的计算公式为月龄减去4～6，此时要注意保护牙齿。而骨骼方

面，最好检查一下宝宝体内的微量元素情况，此时孩子易缺钙、缺锌。

第五次体检

当宝宝1周岁时，可进行第五次体检。此时孩子能自己站起来，能扶着东西行走，能手足并用爬台阶；能用蜡笔在纸上戳出点或道道。视力方面，可拿着父母的手指指鼻子、头发或眼睛，大多会抚弄玩具或注视近物。喊他时能转身或抬头。牙齿方面，按照公式计算，应该已经萌出6～8颗牙齿。乳牙萌出时间最晚不应超过一周岁。如果孩子出牙过晚或出牙顺序颠倒，就要寻找原因，可能是由缺钙引起的，也可能是甲状腺功能低下所致。

1岁的宝宝已经能站、会走、会爬、会画，视力和牙齿都发育的不错，可以进行第五次体检

第六次体检

孩子1～2岁，体检变为半年一次，到第六次体检的时候，孩子已经18个月了。此时可观察孩子是否能控制自己的大便，在白天也能控制小便。若尿湿裤子会主动示意。动作发育方面：能够独立行走，会倒退走，会跑，但有时还会摔倒；能扶着栏杆一级一级上台阶，下台阶时会往后爬或用臀部地坐着往下走。视力方面，应注意保护其视力。这时，还需要检查血红蛋白，看是否存在贫血情况。同时还应注意预防蛔虫症，1岁半的孩子能够自己吃东西、喝水，但还没养成良好的卫生习惯，很容易感染蛔虫症。家长应该检查一下大便，看是否有虫卵。还要观察孩子的肘部是否有脱位，因为此时孩子活泼好动，但其肘关节囊及肘部韧带松弛薄弱，突然用力牵拉时易造成桡骨头半脱位。家长在给孩子穿衣服或教训孩子时也应避免过猛的牵拉动作。

第七次体检

孩子2周岁时，可再次进行体检。此时孩子能走得很稳，还能跑，能够自己单独上下楼梯。能把珠子串起来，会用蜡笔在纸上画圆圈和直线。大小便完全能够控制。乳牙20颗已出齐，此时要注意保护牙齿。大约掌握了300个左右的词汇，会说简单的句子。如果孩子到2岁仍不能流利地说话，要到医院去做听力筛查。

第八次体检

孩子3周岁时，能随意控制身体的平衡，完成蹦跳、 踢球、穿越障碍、走S线等动作，能用剪刀、筷子、勺子，会折纸、捏彩泥。此时视力达到0.5，已达到与成人近似的精确程度。此时应给宝宝进行一次视力检查。近视在3岁时如能发现，4岁以前治疗效果最好，5～6岁仍能治疗，12岁以上就不可能治疗了。此外，体检医生还会检查是否有龋齿，牙龈是否有炎症。

婴幼儿常见疾病与不适

在面对婴幼儿在成长过程中出现的如营养性的、呼吸道的、消化道的、泌尿系统的、皮肤方面的、眼睛方面的、心理与行为方面的各种常见不适与疾病，爸爸妈妈们都需要有所掌握和了解，避免真的遇到这些问题时由于慌乱导致严重的后果。

●婴幼儿常见的10种问题与应对方法

不管是婴儿还是幼儿，在日常生活中多多少少会出现一些问题，如哭闹、多汗、腹泻、眼屎多、耳朵渗液、鼻塞、呕吐、打嗝、厌食、红屁股、不良习惯等等，这些都是常见的问题，爸爸妈妈们都需要知道应对方法。

No.1 哭闹

宝宝哭闹是一种正常现象，即使是身体完全健康的新生儿每天哭闹的时间也有1～3个小时。因为宝宝完全依赖别人给他们提供食物、温暖和安抚，哭是宝宝表达自己需要的一种方式。以下是根据宝宝的哭声和动作、态度来判断宝宝哭闹的常见原因和应对方法。

一

肚子饿了！

表现：“哇——哇——哇！”先将哭声拖长，而后短促地哭泣。即使这样也不能引起别人的注意时就会愤怒地大声啼哭，并且吸吮手指，嘴不断地蠕动。

婴幼儿大部分的情况不是由于疾病，而是因为弄湿尿布或肚子饿了才哭闹

应对：饥饿是新生儿哭闹最常见的原因。宝宝越小，哭闹的原因越可能是因为肚子饿。而且，宝宝的胃很小，吃不了太多。如果宝宝哭闹，就给他喂奶，因为他很可能是饿了。他也许不会马上不哭，但只要他想吃，就让他一直吃，等他吃饱了就不会再闹。如果宝宝吃饱了还哭，那可能是因为他还有别的要求。

二

太热了！（口渴了）

表现：“嗯，嗯”的哭声，父母时常会意外地没有注意到宝宝穿得过多。另外，在喂过奶后宝宝仍啼哭不止时，请试试喂些凉开水。

应对：有些宝宝换完尿布或洗完澡后，不习惯皮肤光光的感觉，而愿意被暖和地包起来。如果你的宝宝也是如此，就能很快掌握该怎么给他快速换好尿布，好让他安静下来。不过，也要注意别穿太多，以免宝宝过热。原则上，宝宝需要比你多穿一件。宝宝的手脚通常都会稍微凉一些，要知道宝宝是冷是热，就摸他的肚子。宝宝房间的温度最好保持在18℃。

尿布脏了！

表现：“哇—哇—！”表现很焦躁，将声音拖长，断续、不满地啼哭。在出生后2月龄之前请考虑“一哭就查看尿布”。

应对：宝宝会因为衣服太紧或尿布脏了闹起来。有的宝宝需要换尿布的时候会马上让你知道。但也有宝宝尿布脏了不在乎，还觉得挺暖和、挺舒服的，因此，就算宝宝没有哭闹，父母也要定时查看宝宝的尿布。

不管你的宝宝属于哪一种类型，尿布脏不脏很容易检查，你也可以趁机发现尿布包是否得太紧或是不是衣服让他感觉不舒服。如果尿布脏了而不及时更换，宝宝容易因此而产生湿疹或其他皮肤疾病。

撒娇！（想要人抱）

表现：“啊，啊，啊……”的哭声，如果宝宝长时间以同样的姿势躺着，他便会以撒娇的哭声诉苦。此时请轻轻抚摸他的脊背，将其抱起或背着。

应对：有些宝宝就是想让大人多抱抱。如果宝宝吃饱了，也换尿布了，他再哭可能只是想让你抱抱他。也许你会担心总是抱宝宝会把他惯坏，但在最初几个月里，这是不可能的。不同的宝宝对抱的需求也不一样。有的宝宝可能总是需要你的关注，有的宝宝却能很长时间自己安静地待着。如果你的宝宝想让你抱，那就抱抱他吧。把他放在前置式婴儿背包里，你就能腾出手干其他事情了。

腹痛！（感觉不好）

表现：“哇——！”使劲将声音拉高，长时间高声地啼哭。如果怎么也不能停止哭声，将身体蜷曲并有眼泪流出，则可能是腹痛。

应对：如果你刚喂完宝宝，也没有发现什么让他不舒服的地方，但是他还是哭时，你可以量一量他的体温，看他是不是病了。

宝宝生病后的哭声跟饿了或烦了时的哭声不一样，可能更急或更尖。同样的，如果一个平常总哭的宝宝突然变得异常安静，那也说明他可能有问题，此时也需要带宝宝去医院就医。很多宝宝都会一阵阵地烦躁不安，很难安抚，这种情况可能会持续几分钟或几个小时，变成肠绞痛那种大闹。患肠绞痛时宝宝每周至少3天，每天至少要哭闹3个小时。很多家长都觉得有肠绞痛的宝宝很难安抚。不过虽然没有什么特效方法，但肠绞痛的持续时间一般不超过3个月。

宝宝哭闹的特殊情况！

症状 即使排便也不哭（1月龄）

解决方法：
妈妈要勤为宝宝换尿布。这样宝宝就会知道排便时要用哭声让妈妈知道。

症状 眼泪只从一只眼睛流出（1月龄）

解决方法：
眼屎堆积而使眼睛溃烂或鼻泪管堵塞，若是睫毛倒刺与结膜炎，应带宝宝去看大夫。

症状 哺乳时宝宝总是大哭（3月龄）

解决方法：
原因很多，如没打嗝、尿布脏了、温度太高等，要检查哺乳环境的各方面。

症状 声嘶力竭地啼哭（3月龄）

解决方法：
感冒后嗓子发炎也会使声音沙哑。如并非急促哭泣，就不用过分担心。

症状 孩子很少哭泣，对此深感忧虑（3月龄）

解决方法：
宝宝会在哭泣中显示个体差异，并不需要担心。

症状 宝宝啼哭，只需喂奶就行吗？（4月龄）

解决方法：
宝宝哭着要吃奶就喂他吃会导致喂断乳食品延迟，这关系到父母的育儿方针。

症状 因夜啼喂奶而使宝宝睡眠不足（2月龄）

解决方法：
不用烦恼，2～3月龄后，半夜哺乳的习惯便可改掉。到了3个月后，可实行：
①啼哭也不喂奶；
②喂白开水与糖开水；
③将宝宝背在背上以使他止住哭泣；
④白天让他玩够以消耗掉体力等。

症状 每次孩子洗澡时都会大哭不止（6月龄）

解决方法：
改善洗澡环境，让宝宝在澡盆中感觉舒适而快乐，就不会哭泣。

症状 时常在半夜突然哭醒（9月龄）

解决方法：
若宝宝仿佛是在诉说而长时间地哭泣，则要留意是否被子过厚、口渴、尿布脏等。

给宝宝换了脏尿不湿或是喂了水宝宝就会停止哭泣哦

No.2 腹泻

由于小宝宝生长发育迅速，身体需要的营养及热能较多，但脾胃却虚弱，因此腹泻是比较常见的问题。以下几种情况多是轻度非细菌感染性腹泻的表现，妈妈们不要过于担心，只要根据宝宝的实际情况找到原因，合理调整饮食、恰当护理，宝宝在2～3周内自然会恢复。

一 偏食淀粉或糖类食物过多时，可使肠腔中食物增加发酵，大便呈深棕色的水样便，并带有泡沫。父母可适当调整宝宝的饮食，减少淀粉或糖类食物的摄入。需注意，如果因为患上腹泻而减少饮食，腹泻的持续时间反而会延长，又称为“饥饿型腹泻”。

二 一旦出现水样的便便，应提防轮状病毒性腹泻，这是一种好发于秋季的感染性肠炎，绝大多数患儿是因为感染了轮状病毒后才发病的。此病是一种自限疾病，病程3～8天，主要治疗方法是补液和抗病毒以及对症治疗。

三 注意气候变化，及时增减衣服，注意腹部的保暖。每次便便后，都要用温水清洗宝宝的肛周，勤换尿布，及时处理粪便并洗手消毒，以免重复感染。同时加强体格锻炼，预防感冒、肺炎、中耳炎等疾病。由于导致感冒的病毒在肠内大量增加，在感冒完全好之前，腹泻的状态会持续下去，而这种疾病在感冒好了之后会自然痊愈。

四 母乳转换配方奶粉的过程，应该循序渐进，一般需要2周，第一次转奶应从每天的中间餐数开始，然后每隔几天增加一次转奶的餐数，直到完全转为新的奶粉。喂养应定时、定量。按时逐步增添辅食，但不宜过早、过多添加淀粉类或脂肪类食物，也不宜突然改变辅食的种类。可以给宝宝加喂些苹果汁和胡萝卜水，以达到收敛肠道内过多水分的目的。在喂给宝宝含有乳糖的奶粉时，腹泻的症状会恶化，这被称为“暂时性乳糖不耐症”。此时有必要以牛奶和豆奶代替。

五 刚开始喂食断乳食品而出现腹泻的症状，是由于胃肠机能对新的食物一时还不能适应，而略显消化不良。而一旦中止以后，请根据孩子的状况重新开始。

六 在宝宝腹泻严重时，首先必须为其补充水分，因为身体中的水分会因腹泻而流失，从而出现脱水症状。此时请喂以加有少量食盐的凉开水，或者含有矿物质的电解质饮料。而伴随着严重的腹泻出现发烧、食欲不振、呕吐、脉搏过快、呼吸困难、体重减轻、嘴唇干燥等症状时，可认为是得了胃肠炎或中毒，请带孩子去看医生。

No.3 多汗

小儿时期由于新陈代谢旺盛，平时活动量大，尤其是婴幼儿皮肤含水量较大，皮肤表层微血管分布较多，由皮肤蒸发的水分也多。宝宝多汗的原因主要分为生理性多汗和病理性多汗。

生理性多汗

有的宝宝出汗仅限于头部、额部，俗称“蒸笼头”，也是生理性出汗。只要排除导致宝宝多汗的外界因素就可以了。

（1）夏季需常开窗，用电扇或开空调时，风不要直接对着宝宝吹，避免着凉。

（2）注意宝宝的衣着及盖被，宝宝比大人多穿一件衣服即可。

（3）父母还需及时给宝宝补充水分，最好喂淡盐水，可补充水分及钠、氯等盐分，维持体内电解质平衡，避免脱水而导致虚脱。

（4）宝宝皮肤娇嫩，汗液积聚在颈部、腋窝、腹股沟等处，可导致皮肤溃烂并引发皮肤感染，应给宝宝擦浴或洗澡，及时更换内衣、内裤。

病理性多汗

宝宝也会由于某些疾病引起出汗过多，表现为安静时或晚上入睡后就出很多汗，汗多可弄湿枕头、衣服，称为“病理性多汗”。

（1）活动性佝偻病：一岁以下的婴儿多汗，父母应观察宝宝是否伴有佝偻病的其他表现，如夜间哭闹、后脑勺枕部出现脱发圈、乒乓头、方颅等，尽早去医院检验。

（2）小儿活动性结核病：宝宝有盗汗、胃纳欠佳、午后低热或高热、面孔潮红、消瘦等症状，有的还出现咳嗽、肝脾肿大、淋巴结肿大等。

（3）低血糖：低血糖往往见于夏季天热，宝宝出汗多，夜间不肯吃饭，清晨醒来精神萎靡。患儿表现为难过不安，面色苍白，出冷汗，甚至大汗淋漓、四肢发冷等。此时可在家先喂糖水，再立即去医院进一步诊治。

如果婴儿出汗多，还伴有睡眠不安、惊醒等症状，就需去医院就诊了

No.4 眼屎多

婴幼儿的眼屎多一般是因为婴幼儿的鼻泪管阻塞，眼泪流不到鼻腔，引发细菌感染所致，大多数会自然痊愈，因此不必过于担心，只需把眼屎清理掉即可。此时，妈妈需先用流动的清水将手洗净，将消毒棉球在温开水或淡盐水中浸湿，并将多余的水分挤掉（以不往下滴水为宜）。如果睫毛上黏着较多分泌物时，可用消毒棉球先湿敷一会儿，再换湿棉球从眼内侧向眼外侧轻轻擦拭。一次用一个棉球，用过的就不能再用，直到擦干净为止。

用温开水或淡盐水

需要注意的是，婴幼儿眼屎过多也有可能是由一些疾病引起的，如果发现宝宝不哭而眼泪很多，而且还喜欢用手揉眼睛的话，就有可能是患了结膜炎，最好是带孩子去医院检查一下。

No.5 呕吐

由于宝宝胃部的入口（贲门）不紧，一般来说会容易呕吐，因此，如果在呕吐之后豁然痊愈便不用过分担心。例如：

① 生理性溢乳（逆流）

吃了大量奶后，如果立即让宝宝入睡，或没有让他打出饱嗝等的时候，所发生的吐奶便并非疾病。

② 物理刺激

伴随咳嗽而发生剧烈呕吐时，由于是物理刺激所引起的，因此不用过分担心。

③ 吃进血时

当妈妈的乳头有伤，或宝宝流鼻血时都是诱发呕吐的因素，但不用担心。

④ 断乳食

如果强迫宝宝吃他所讨厌的食物，便会发生呕吐。

⑤ 神经质的孩子

发生不顺心的事情时也会引起呕吐。

喂奶后多给宝宝拍嗝，这样可以预防宝宝吐奶

宝宝呕吐的原因有很多，根据宝宝呕吐的原因采取相应的措施，能更有效地缓解和防止宝宝呕吐。下面是几种最常见的引起宝宝呕吐的原因和能够采取的相应措施。

1. 喂食问题

原因：喂食过量、不消化，或对母乳或配方奶里的蛋白质过敏等。

判断方法是：宝宝吐奶呕吐出来的液体很多，且可能会被呕吐吓住，多半会哭起来。

应对措施：喂奶后多给宝宝拍嗝，每次喂的量少一点。另外，在宝宝进食后半小时内，不要让他剧烈活动，保持身体竖直以助消化。

2. 过度哭泣或咳嗽

原因：时间过长的哭泣或咳嗽也可能会造成宝宝呕吐。

应对措施：只要尽快把宝宝的呕吐物清理干净，放回床上去即可，不要过多安抚宝宝。

3. 胃食管反流

原因：如果宝宝在其他方面都很健康，但吃过东西后会马上呕吐，或找不出原因地发生呕吐，那很可能是胃食管反流造成的。宝宝周岁时，胃食管部位的肌肉发育完善，这种现象就会改善。

应对措施1：对于很小的宝宝，在进食后30分钟内竖抱着宝宝，或把他放在婴儿汽车座椅或后背式婴儿背包里。切勿立刻把他放在腿上颠或让宝宝太活跃。

应对措施2：宝宝满1岁以后，胃食管反流现象还没有消退，就应该带宝宝去看儿科医生。持续的反流呕吐会导致宝宝体重减轻、脱水和其他健康问题。

4. 胃肠病菌

原因：宝宝到几个月大的时候，胃肠病菌是最有可能引起宝宝呕吐的原因。

应对措施1：坚持让家人在上厕所后或给宝宝换尿布之后，把手彻底洗干净，以防病菌扩散传播。同时，也要尽量保证宝宝双手的清洁卫生。

应对措施2：宝宝大量呕吐会失去水分，所以一定要及时为宝宝补充液体，以防脱水。宝宝呕吐停止2～3个小时后，可0.5～1个小时喂28～57毫升电解质溶液。

应对措施3：宝宝还在纯母乳喂养阶段时，可以用滴管式喂药器或小杯子喂宝宝喝电解质液。

应对措施4：宝宝连续4次喝下电解质液而没有呕吐，即可再喂30～60毫升。30分钟后，再喂30毫升母乳和30毫升电解质溶液的混合液。若两次喝下混合液也没有呕吐，即可喂母乳了。

宝宝呕吐会失去水分，0.5~1小时后可以喂些0.45%的淡盐水

5. 感冒或其他呼吸道感染

原因：呼吸道感染导致的鼻塞也可能引起宝宝呕吐，因为宝宝容易被鼻涕堵塞而产生恶心的感觉。

应对措施：用吸鼻器清除宝宝的鼻涕，尽量不要让宝宝鼻腔里积存黏液。你还可以咨询医生是不是能够用治疗鼻塞的药物来减少宝宝分泌的鼻涕。

No.6 打嗝

对婴幼儿打嗝应该以预防为主。婴幼儿在啼哭气郁之时不宜进食，吃奶时要有正确的姿势体位。吃母乳的新生儿，如母乳很充足，进食时，应避免使乳汁流得过快；人工喂养的小儿，进食时也要避免急、快、冰、烫，吮吸时要少吞慢咽。新生儿在打嗝时可用玩具引逗或放送轻柔的音乐以转移其注意力。

引起婴幼儿打嗝的三方面原因：

1. 由于护理不当，外感风寒，寒热之气逆而不顺。
2. 由于进食过急或惊哭之后进食，一时哽噎也可诱发打嗝。
3. 由于乳食不当，若乳食不节制，或过食生冷奶水或过服寒凉药物则气滞不行，脾胃功能减弱、气机升降失常，而使胃气上逆动膈，诱发打嗝。

平素若无其他疾病而突然打嗝，嗝声高亢有力而连续，一般是受寒凉所致，可给其喝点热水，同时胸腹部覆盖棉暖衣被，冬季还可在衣被外置一热水袋保温，有时即可不治而愈。若发作时间较长或发作频繁，亦可在开水中泡少量橘皮（橘皮有疏畅气机、化胃浊、理脾气的作用），待水温适宜时饮用，寒凉适宜则嗝自止。

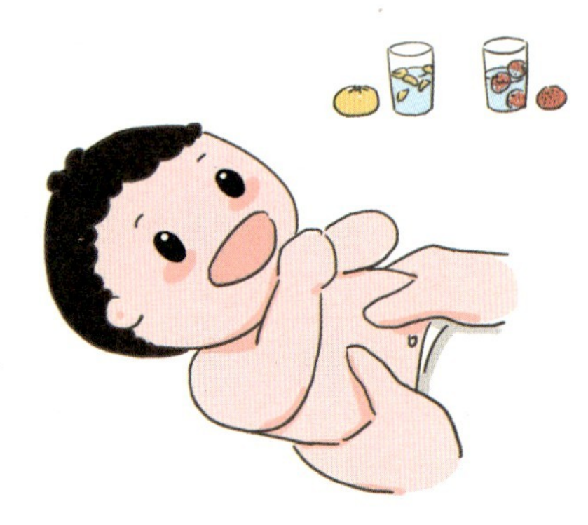

若由于乳食停滞不化或不思乳食，打嗝时可闻到不消化的酸腐异味，可用消食导滞的方法，如轻柔按摩胸腹部以引气下行或饮服山楂水通气通便（山楂味酸，消食健胃，增加消化酶的分泌），食消气顺，则嗝自止。

No.7 厌食

厌食、偏食是小儿时期的一种常见病症，如果不及时调整，会导致宝宝发育迟缓、体质下降，影响宝宝的生长发育。导致宝宝厌食挑食的原因主要有以下几点。

❶ 宝宝的味觉、嗅觉在6个月~1岁时最灵敏，此时是添加辅助食品的最佳时机，错过则会影响宝宝味觉和嗅觉的形成和发育，造成断奶困难，导致典型的厌食症。

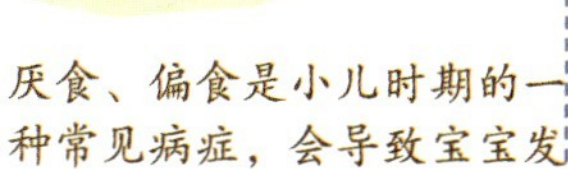

厌食、偏食是小儿时期的一种常见病症，会导致宝宝发育迟缓，应及时调整

❷ 家人对待食物的态度很容易使宝宝先入为主地排斥某些食物。如果给宝宝制作的食物缺乏调剂，也会让宝宝倒胃口，以后再也不吃这种食物。

❸ 家人因担心宝宝缺乏营养而软硬兼施，硬喂给宝宝食物，这会让宝宝形成条件反射，一见这种食物就恶心。

No.8 红屁股

宝宝的臀部长有的一种鲜红的红斑被称为“尿布皮炎”，其特点是红斑的边缘与正常皮肤分界清楚，多长在与尿布接触的部位，重者可发生丘疹、水疱、糜烂。

原因

（1）尿布上的肥皂没有漂洗干净，刺激皮肤引起反应。

（2）尿布脏了未及时更换，大便或尿液中的细菌分解尿素，产生氨，这是一种碱性物质，对皮肤有很大的刺激性。

（3）霉菌也可能引起霉菌性皮炎，从而形成“红屁股”。

预防

（1）勤换尿布，尿布的材料应用一些细软、无色、吸湿力强的棉布。

（2）清洗尿布时一定要将肥皂或洗衣粉洗净，最好能将洗过的尿布用开水烫一下，然后在太阳下晒干消毒。如果是冬天或阴雨天，则可用火烤干。

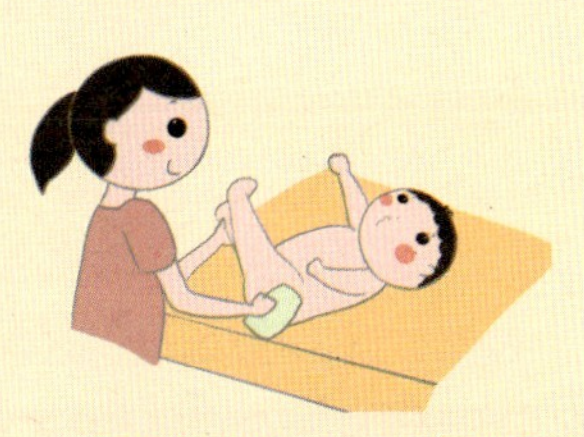

要预防婴幼儿红屁股就要用清水洗净臀部，揩干并保持干燥

（3）在垫尿布时不要用塑料布包，以免透气不好而引发尿布皮炎。塑料布垫只可铺在床上或棉垫下。

（4）孩子大便后要用清水洗净臀部，轻轻揩干，扑粉，保持干燥。

（5）天气温暖而孩子又无病时，可适当将其臀部暴露在空气中，每天1～2小时，既保持了臀部的干燥，又能防止尿布皮炎的发生。

No.9 耳朵渗液

耳孔入口处是皮肤，里面是黏膜。此部位常有分泌物，分泌物较多时称为“湿耳”，用棉花棒擦拭时常粘有黄色黏液状物，经常患湿疹的孩子这一现象更明显。可用湿疹膏涂在外耳道，湿疹痊愈，渗液自然减少。如流出脓性分泌物，并且伴有发热、烦躁、耳朵疼痛，应立即去医院。还需要父母注意的是，在给宝宝洗澡、洗头时不要让水流进耳孔，要保持清洁，不要乱挖耳孔。

No.10 不良习惯

吮吸手指!

吮吸手指是婴幼儿最常见的不良习惯，宝宝未满周岁的时候是比较正常的，但不要延续到周岁后。最好的预防时间是在婴儿时期，从吃奶的时候就开始注意。

吮吸手指是婴幼儿最常见的不良习惯。关键在预防上，要从吃奶的时候开始注意

（1）当婴儿睡醒后，不要让他单独留在床上太久，以免孩子感到无聊而把手放进嘴里，因而养成吮吸手指的习惯。

（2）宝宝吮吸手指时，尽量把宝宝的手指轻轻拿开，并转移他的注意力，让幼儿在游戏活动中忘记吮手指。

（3）若有些宝宝的吮吸欲特别强烈，父母不妨借助假奶嘴，一般也能避免宝宝养成吮手指的习惯。不过，假奶嘴绝不能代替父母的爱和照顾，当婴儿一哭闹，就把奶嘴塞进口里，而不去探究孩子的需要，反而会促使孩子凡事更依赖奶嘴来自我安慰，有碍孩子的成长。

撕咬东西!

宝宝7～8个月时会长牙，第一颗乳牙开始萌出的时候，牙龈会有点痒，孩子遇到什么东西都想咬，特别爱咬硬一点的东西，有时拿着玩具也放在嘴里啃。家长对此并不要大惊小怪，这是生理现象，不久就会消失。

如果爸爸妈妈们越是当一回事，孩子就会越得意。此时宝宝咬人，是为了解除牙龈的痒感，满足生理上的需要，去尝试一种新的触觉经验。这时家长可以给孩子一些硬的食物吃，如烤馒头片、饼干等。尽量把孩子的情绪调整好，使他精神愉快，过一段时间，咬人的习惯就会忘记。

睡前抱奶瓶！

习惯睡前喝奶的宝宝，可提前一小时喝奶，喝完后喝几口温水漱口。对呼吸道易反复感染的宝宝，不仅要睡前刷牙，还要每顿饭后立即漱口。

睡眠太少！

睡眠充足是健康发育的先决条件。一些宝宝贪玩不爱睡觉，父母也爱熬夜，没有培养宝宝早睡早起的习惯，长久下来，宝宝会因疲乏过度而生病。还有家长喜欢给宝宝报很多兴趣班，让宝宝的休息时间不够，容易生病。父母首先要培养宝宝良好的生活习惯，教育也要量力而行，望子成龙也不能太过。

胆小！

现在的宝宝大多住高楼，与人交往的机会很少，而妈妈又不注意给宝宝提前进行社交训练，让孩子有点心理准备，所以，猛然间让宝宝上幼儿园会让孩子产生明显的恐惧感和不适应。因为心理作用，宝宝可能出现恶心、呕吐甚至咳嗽等现象，可是如果去医院检查，却发现不了太多的阳性体征。在这种情况下，应多抱宝宝去户外活动，并鼓励宝宝与人交流。

异食癖！

异食癖是指婴幼儿在摄取食物的过程中逐渐出现的一种特殊的嗜好。他们通常喜欢对异物进行难以控制的咀嚼和吞食，幼儿时期最常见。

小儿异食癖是由于不良习惯，小儿体内缺铁、缺锌或者有肠道寄生虫等因素造成的。如果婴幼儿有此现象，不妨给他们服食点铁剂或硫酸锌。

发现这种现象，可给孩子服食点铁剂或硫酸锌

异食癖现象是一种心理失常的强迫行为，往往与家庭忽视和环境不正常有关，病儿初期因无人照顾，擅自拿取异物，日久成为习惯，渐渐变成不易解除的条件反射。因此要多给孩子关心，切忌简单粗暴，更不可对其责罚或捆缚其手足。

●婴幼儿常见营养性疾病

婴幼儿常见的营养性疾病有营养不良、贫血、肥胖症、锌缺乏症、维生素缺乏症等，下面分别对这些疾病的临床表现和相应的治疗、护理方面的知识进行详细的介绍，让爸爸妈妈们对这些疾病有所认识，以便能及时地应对。

No.11 营养不良

婴幼儿营养不良是指摄食不足或食物不能充分吸收利用，以致能量缺乏，不能维持正常代谢，迫使机体消耗，出现体重减轻或不增、生长发育停滞、肌肉萎缩的病症。

婴幼儿营养不良，体重不增加是最先出现的症状，按轻重可分为三度：Ⅰ度为轻型，Ⅱ、Ⅲ度为重型

婴幼儿营养不良的临床表现

婴幼儿营养不良按轻重可分三度：Ⅰ度为轻型，Ⅱ、Ⅲ度为重型。

Ⅰ度营养不良	精神状态正常，体重低于正常15%～25%，腹壁皮下脂肪厚度为0.4～0.8厘米，皮肤干燥，身高不受影响。
Ⅱ度营养不良	精神不振，烦躁不安，肌肉松弛，体重低于正常25%～40%，腹壁皮下脂肪厚度小于0.4厘米，皮肤苍白、干燥，毛发无光泽，身高较正常低。
Ⅲ度营养不良	精神萎靡，嗜睡与烦躁不安，智力发育落后，肌肉萎缩，肌张力低下，体重低于正常体重40%以上，腹壁皮下脂肪消失，额部出现皱纹。皮肤苍白、干燥、无弹性，毛发干枯，身高明显低于正常，常有低体温、脉搏缓慢、食欲不振、便秘症状，严重者会出现营养不良性水肿。

婴幼儿营养不良的治疗

婴幼儿营养不良属中医"疳症"范畴，"疳症"主要是由喂养不当或挑食、偏食引起的，所以减少疳症的发生主要靠家庭预防。

爸爸妈妈们应做到以下几点：

定期健康检查 定期检查孩子各项生长发育指标，如身高、体重、乳牙数目等，早期发现小儿在生长发育上偏离正常的现象，尽早加以矫治。

合理喂养

提倡母乳喂养，对早产和低体重儿尤为必要。不能采取母乳喂养的，要尽量采用牛奶及乳制品喂养，保证宝宝摄入足够的热能、优质蛋白质及脂肪。

积极防治疾病

积极预防、治疗各种传染病及感染性疾病，特别是肺炎、腹泻，保证胃肠道正常的消化吸收功能，腹泻时不应该过分禁食或减少进食。

坚持合理的生活制度

保证睡眠充足，培养良好的饮食习惯，防止挑食、偏食，不要过多地让孩子吃零食。经常带小儿到屋外，利用天然条件，呼吸新鲜空气，多晒太阳，常开展户外活动及体育锻炼，增强体质。

家庭护理

保证居室空气流通新鲜，湿度、温度适宜。改变不合理的饮食习惯，哺乳定时定量。定时测量（每周测量2次）并记录体重和身高，以检验治疗效果。

No.12 肥胖症

婴幼儿肥胖症是由于食欲旺盛，日常进食的营养超过了生长发育所需，致使多余的营养转变成脂肪组织贮藏在体内，形成肥胖。3岁以下的宝宝的考察指标为体重（千克）/身高（厘米）×10，若结果超过22则为肥胖。

◆婴幼儿肥胖症的原因

（1）多吃少动

这样的宝宝大多自婴儿期就食欲很好，容易接受添加的辅食，长大了爱吃荤菜、甜食及油腻的食物，吃较多的零食。在幼儿时，这样的小儿长得比同年的孩子高、胖。但也由于较胖，孩子行动不够灵活，往往避开有竞争性的游戏或体育活动。平时活动较少，减少了运动的消耗，相对地也增加了营养的积累，使肥胖加重。

（2）脂肪代谢障碍

现代医学认为成年人的血管硬化、冠心病等疾病与脂肪代谢障碍有关，而肥胖者的发病率则显明显较高。此外，宝宝体重超标更容易发生脂肪性肝炎，龋齿率升高，容易导致儿童性早熟，而来自同伴的嘲笑、捉弄也很容易给肥胖儿童带来心理问题。所以早期预防及控制肥胖症可降低成年后的心血管疾病的发病率，很有必要。

◆婴幼儿肥胖症的防治

（1）改变食物种类

肥胖的小儿一向食欲旺盛，故应从改变食物种类入手，避免多吃高营养、高热量的食物，即含脂肪、淀粉类丰富的食物，如肥肉、甜食、糕饼、土豆、山芋、油炸食物、巧克力等，而多吃些含热量较低、富含蛋白质的食物，如瘦肉、鱼、豆制品、粗粮。

（2）调整饮食

控制小儿体重超常应从饮食调整及增加活动着手。多吃些蔬菜和水果，使孩子每餐食后仍有饱足感。

（3）适当的运动

鼓励孩子多参加各种活动，以增加体力消耗。但也不要一下子剧烈运动，因为往往大量运动后，小儿反而肚子很饿，吃得更多，结果适得其反。

小儿肥胖绝大多数是良性的，但如在较短时间内出现肥胖症状，而且脂肪的分布不均匀，呈“向心性”，则必须去医院确诊。

No.13 贫血

贫血是指人的血液中单位细胞容积内血红细胞数和血红蛋白量，或其中一项明显低于正常。根据世界卫生组织的标准，6个月到6岁小儿的血液中血红蛋白低于110克／升，6~14岁小儿血液中的血红蛋白低于120克／升，则判定为贫血。

婴儿贫血大部分是营养性贫血，营养性贫血又可分为营养性小红血球性（缺铁性）贫血和营养性巨幼红血球性（维生素B_{12}、叶酸缺乏）贫血。

营养性巨幼红血球性贫血

营养性巨幼红血球性贫血是由于各种因素影响维生素B_{12}及叶酸的摄入与吸收造成的。维生素B_{12}和叶酸都在核酸代谢中起辅酶的作用，若缺乏则导致代谢障碍，从而影响原始红血球的成熟。此症常发生于未加或者少加辅助食品、单纯以母乳喂养或淀粉喂养的婴儿。

婴幼儿贫血的临床表现

婴儿长期贫血影响心脏功能及智力发育，贫血患儿会出现面色苍白或萎黄、食欲下降、容易疲劳、抵抗力低、注意力不集中、情绪易激动等症状，还会出现头痛、头晕、眼前有黑点等现象。

缺铁性贫血是婴儿贫血中最常见的，患儿会出现精神萎靡、头痛、头晕、智能下降等症状

缺铁性贫血的表现

营养性小红血球性（缺铁性）贫血表现为，除了皮肤黏膜逐渐苍白（嘴唇、指甲颜色表现最明显）、食欲降低、呕吐或腹泻以外，有的孩子还会出现异食癖、精神萎靡或烦躁不安、智能下降等症状。

缺铁性贫血的原因

这种贫血是由体内缺铁影响血红素的合成所引起的。缺铁的主要原因有两点，一是由于人体内铁的需求量增加而摄入量相对不足，二是铁吸收性障碍慢性贫血。

缺铁性贫血的防治方法

1. 补充含铁食物，如加铁的婴儿配方奶粉、含铁的米片或含铁的维生素滴剂等。

2. 当宝宝开始吃固体食物后，要多喂食含大量铁质的食物，如鸡蛋黄、米粥、菜粥等，但应避免喂食糖，因食糖会阻碍铁质的吸收。

3. 足月儿从4～6个月开始（不晚于6个月），早产儿及低体重儿从3个月开始加用能强化铁的饮食。最简单的方法即在奶方中或辅食中加硫酸亚铁。

4. 补充富含维生素C的食物，比如西红柿汁、菜泥等，以增进铁质吸收。

5. 人工喂养儿在6个月以后，若喂不加铁的牛奶，总量不可超过750毫升，否则就挤掉了含铁饮食的摄入量。

6. 随时注意观察宝宝的身体状况，必要时要给宝宝做血红蛋白成分的检测试验，因为患有轻微贫血的宝宝在外表上是看不出来的。如果宝宝血红蛋白过低，就表示患有贫血，就应当及时补充铁质，吃含铁量高的食物。

7. 母乳喂养的婴儿每日可加1～2次含铁的谷类食物，还可交替使用硫酸亚铁滴剂。

8. 足月儿纯铁用量不超过1mg/(kg·d)[2.5%$FeSO_4$0.2mg/(kg·d)]，早产儿不超过2mg/(kg·d)。每日最大总剂量为15毫克，在家庭中使用最多不超过1个月，以免发生铁中毒。

母乳喂养也会导致贫血

母乳是婴幼儿最好的食物，世界卫生组织提倡在4~6个月以前实施纯母乳喂养，但是一项对儿童铁缺乏症流行病学的调查报告显示。

母乳喂养贫血的防治方法

1. 在婴儿期进行人工喂养的儿童贫血发生率为22.58%。
2. 纯母乳喂养不到4个月的儿童贫血发生率为27.74%，超过4个月的发生率为43.59%。
3. 在婴儿8个月前就添加肉类，贫血发生率为32.34%，超过8个月后添加的发生率为37.21%。
4. 实行纯母乳喂养的儿童贫血发生率为43.93%。
5. 实行混合喂养的儿童贫血发生率为31.20%。

分析母乳喂养的婴儿反而缺铁性贫血发生的概率高的原因，发现主要有以下几个方面：

No.1

母亲本身就贫血，由于自身身体状况的原因，造成孩子贫血。

No.2

正常婴幼儿出生5个月后，体内储存的铁已经消耗渐尽，如果仅仅以含铁量少的母乳喂养，或给婴幼儿食用非婴幼儿配方的奶粉或辅助食品，可导致缺铁性贫血。

No.3

母乳的消化吸收率虽然很高，但是母乳中的含铁量很低，100毫升母乳含铁量一般不超过0.5毫克，而100克配方牛奶（粉）含铁量可达到5~11毫克。

No.4

由于妈妈很难判断宝宝每次进食量的多少，如果宝宝长期没有吃饱，也可能造成贫血。某些因素会影响铁吸收，比如补钙过多。

因此，妈妈们一定要根据自己的身体状况对宝宝进行喂养，千万不要认为母乳好就不给孩子添加辅食，也不要认为母乳会导致孩子贫血而及早断奶。

No.14 幼儿锌缺乏症

锌缺乏症是人体长期缺乏微量元素锌所引起的营养缺乏病。其发病原因是：

（1）摄入不足。挑食偏食的坏习惯是主要原因。

（2）需要量增加。生长迅速的幼儿最易出现，因为新陈代谢旺盛使锌消耗增加。

（3）吸收利用障碍。慢性消化道疾病影响锌的吸收利用。

幼儿锌缺乏症的表现有：

（1）开始时孩子出现厌食，味觉减退异常，甚至发生异食癖，常伴有复发性口腔溃疡，影响进食。

（2）继而出现生长迟滞、身材矮小、生殖器官落后、免疫力下降、伤口愈合较慢等。

幼儿锌缺乏症的防治措施：

（1）家长们应该随着年龄的增长按时给孩子添加辅食，如蛋黄、瘦肉、鱼、动物内脏、豆类及浆果类含锌较丰富的食物，每日适当安排孩子进食。

（2）市面上有多种含有强化锌的食品出售，但要注意其锌含量，长期食用该类食品，锌摄入量过多可导致中毒、呕吐、腹泻等胃肠道症状。

No.15 维生素缺乏症

维生素缺乏症是宝宝常见的病症。维生素对于宝宝的生长发育作用很大，因此在宝宝的喂养中一定要多加注意。以下介绍几种常见的微生素缺乏症，以便及早发现并治疗。

防治婴幼儿维生素A缺乏的重要手段就是加强营养，特别是及时补充富含维生素A的食品，如牛奶

维生素A缺乏症

维生素A缺乏症是因体内缺乏维生素A而引起的以眼和皮肤病变为主的全身性疾病，多见于1～4岁宝宝。缺乏维生素A会引起多种疾病，统称维生素A缺乏症，表现如下：

①视物不清：傍晚光线黯淡时视物模糊。

②干眼症：任何原因造成的泪液质或量异常或动力学异常，导致泪膜稳定性下降。并伴有眼部不适和（或）眼表组织病变特征的多种疾病的总称。

③鸡皮症：皮肤由于缺乏维生素A的营养，可发生鸡皮样变化。

④消化道和呼吸道感染：维生素A可维护上皮组织细胞的健康，缺乏维生素A可导致身体抵抗力下降，因此易患消化道和呼吸道感染等症。

防治维生素A缺乏症的重要手段就是加强营养，特别是及时补充富含维生素A的食品，如牛奶、乳制品、蛋类、动物肝类、胡萝卜、绿色蔬菜。

维生素B缺乏症

B族维生素的种类相当多，不同的维生素B缺乏症表现不同：

①缺乏维生素B_2会引起口角炎、皮炎。 ②缺乏维生素B_6会发生痉挛。
③缺乏维生素B_{12}则产生贫血。 ④维主素B_1体内储存不多，易发生缺乏现象。

婴幼儿维生素B缺乏症与成人症状不同，可表现为增长迟缓，大便一日3～4次，粪便为黄绿色，也有的有呕吐症状。维生素B缺乏症的防治措施：

1. 口服维生素B制剂和多进食含维生素B的食物，宝宝需要补充的维生素B的量应咨询医生。
2. 维生素B在瘦肉和肝脏中含量最多，糙米、小米、玉米等食物中维生素B的含量较丰富，日常膳食中可多给宝宝增加肉末、肝末、排骨、小米红枣粥、玉米粥等。

维生素C缺乏症

成人维生素C缺乏症表现为齿龈肿胀、出血，皮下瘀点，关节及肌肉疼痛，毛囊角化等症状，幼儿维生素C缺乏症主要表现为骨发育障碍、肢体肿痛、假性瘫痪、皮下出血等症状，严重缺乏维生素C者可引起坏血症。要改善维生素C缺乏症，可以选择下面的方法：

① 选择含维生素C丰富的食物，改进烹调方法，减少维生素C在烹调中的损失。

②鼓励母乳喂养，改善乳母营养，保证乳液中含有丰富的维生素C。及时添加含维生素C的辅助食品，特别是对人工喂养儿，应及早添加菜汤、果汁等食品。

维生素D缺乏症

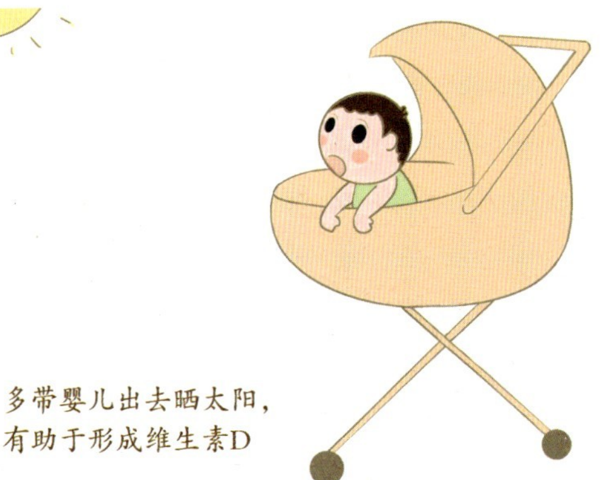

多带婴儿出去晒太阳，有助于形成维生素D

维生素D缺乏症的发生原因：

婴幼儿没有充分接受日光浴或维生素D不足，皮肤中的成分不能转变为维生素D，就会发生佝偻病。

维生素D缺乏症的危害：

缺乏维生素D会影响骨端软骨发育与钙质沉淀，阻碍正常骨骼的形成。

防治维生素D缺乏症的方法是：

进行日光浴和补给维生素D，如猪肝、奶油、蛋黄等食物都含有大量的维生素D。

●婴幼儿常见过敏性疾病

过敏性体质的人，如果有某些特定的食物、花粉、药品、尘埃等进入体内，对应这种“变化”，便会产生出过度反应，从而给自己身体内的细胞带来危害。下面分别对先天性过敏症、过敏原、常见的过敏性疾病，如荨麻疹、支气管哮喘、过敏性腹泻、呕吐等的症状和相应的治疗、护理方面的知识进行详细的介绍。

过敏症

过敏分为四种类型：

Ⅰ型（过敏症类型）：由于IgA抗体的刺激，产生出化学传达物质（组织胺等）如由药剂引起的休克、荨麻疹、支气管哮喘等过敏性疾患。

Ⅱ型（细胞障碍类型）：血小板减少性紫斑病、输血不当等。

Ⅲ型（免疫复合体障碍类型）：由于血液内发生抗原抗体反应，从而使血管出现障碍如血清病、急性肾炎等。

Ⅳ型（迟延型、结核菌素液）：由于淋巴腺与过敏原发生反应，而出现组织障碍如过敏性接触皮肤炎。

如果不能发现过敏原，就不能正确地治疗，因此需要先进行过敏性检查，找出过敏原，才能更好地进行治疗和预防。过敏性检查：

1. 血液检查：检查血液中的抗体的方法。
2. 检查饮食：仔细记下症状出现当天的饮食，是探究过敏原食物的方法。
3. 皮肤划破试验：把将要变成过敏原物质的稀释溶液滴在皮肤上，抓挠（划破）此部分以弄出伤口。如果是过敏原，便会在此处出现红肿。此外，还可使过敏原渗入止痛药膏，贴在皮肤上的皮肤接触试验，均可以试验出过敏原。

先天性过敏症

过敏反应：我们体内有一个免疫系统，一旦有病菌或异物侵入人体，免疫系统就会迅速动员起来，把病菌消灭掉，这是对人体有益的免疫反应。但有少数人的免疫反应过于剧烈，以致造成组织破坏，引起病变，这就变成不利于人体的免疫反应。

先天性过敏症：由于遗传会使先天性过敏症与过敏症相似，因此当父母、祖父母、哥哥、姐姐、阿姨、叔叔中有人患有哮喘、花粉症、荨麻疹，便有患先天性过敏症的可能。鸡蛋、牛奶、大豆制品是三种很容易成为过敏原的食物，如果给宝宝喂食这些食物后出现腹泻、呕吐、肿痒的症状，就据此判断出孩子是先天性过敏症，而立即采取忌食的措施，这是错误的。就算是先天性过敏症，也存在较大的个体差异。先天性过敏症的防治措施：

1 喂宝宝初乳

母乳（特别是初乳）有防止食物中的异类蛋白质侵入的机能。

2 不要饲养宠物

如果在室内喂养多毛的猫、狗及小鸟，其羽毛与头皮便可能形成过敏原。

3 检查妈妈的饮食

以母乳喂养的孩子多发生先天性过敏症，其原因在于妈妈的饮食，有时也应该限制妈妈的鸡蛋摄入量。

4 增强抵抗力

请尽量给宝宝少穿衣服，在洗澡后为他按摩，适时进行日光浴、冷水浴等，以使宝宝的皮肤及黏膜强化。

5 动脑筋做鸡蛋菜肴

对鸡蛋过敏的人，开始可只吃蛋白。宝宝5月龄左右，再将蛋黄煮熟，喂给孩子。

6 洗澡要洗干净

为宝宝洗澡时，注意将洗涤剂清洗干净。毛毯也应该选用棉质的。

7 注意蜱虫和霉菌

蜱虫在50° C以上的温度就会被消灭，因此用熨斗熨烫便很重要。以混凝土及框架建造的紧闭房屋、地毯、布玩偶等，都是蜱虫和霉菌的住所，应常扫除和通风。

常见过敏性疾病

特异反应性皮肤炎

症状

①婴儿时期脸部与面颊出现红色斑点，且稍稍凸起，出现小水疱后，脱落而形成潮湿的脂漏性湿疹。

②幼儿期开始会出现潮湿的苔状物质，抓挠后会如粉末般落下（落屑）。

原因

①原因不明。有因牛奶、鸡蛋等食品而过敏的说法。

②原因不明，或因衣服刺激皮肤。

③原因不明，或因蜱虫叮咬导致的。

④多见于患有先天性过敏症的家庭。

防治

①尽量想办法不让孩子抓挠（为他剪去指甲、戴上手套）。

②给孩子换成棉质的内衣，减少皮肤刺激。

③给毛毯加上套子。

④香皂充分打起泡沫后再使用，避免其刺激皮肤。

过敏性鼻炎

症状

①以打喷嚏、流鼻涕、鼻堵塞为三大症状。多见于患有哮喘的孩子。

②严重时会仅以口呼吸，并会患有扁桃腺炎和慢性副鼻腔炎。

③不会发烧、头痛，没有支气管哮喘那样的肺部和胸部反应。

原因

①原因不明。有因病毒感染的说法。

②原因不明，或因尘埃（房间灰尘）、蜱虫的刺激。

③原因不明，或因霉菌导致的。

④花粉、宠物（不是皮毛，而是头发）等。

防治

①发现症状，应该及时检查，尽早治疗。

②过敏性鼻炎的检查，如：鼻涕检查、鼻膜诱发试验、特应性IgH检查等。

③严重者需要采用进行鼻粘膜和自律神经的切除手术。

荨麻疹

小儿荨麻疹是一种常见的过敏性皮肤病，在接触过敏原的时候，会在身体不特定的部位冒出一块块形状、大小不一的红色斑块，这些产生斑块的部位会发生发痒的情形。

宝宝出现荨麻疹时，宜用玩具等转移宝宝的注意力，避免他抓破皮肤

症状

小儿荨麻疹多发病急，最初表现为烦躁、皮肤瘙痒，随后身上就出现形状大小不一的红色扁疙瘩，有时会融合成大片，像地图似的。短的十几分钟自行消退，长的一两天就消退，不留痕迹。这也是我们常说的“起风疙瘩”。

原因

婴幼儿荨麻疹由药物、冷或热、日晒、精神紧张等诱发，多是过敏反应所致，其常见多发的可疑病因有食物或感染。如婴幼儿以母乳、牛奶、奶制品喂养为主，可引发荨麻疹的原因多与牛奶及奶制品的添加剂有关。

防治

首先找出原因，停服、停用引起过敏的药品和食物，同时服用抗组织胺药，如扑尔敏。宝宝痒得厉害的，可涂炉甘石洗剂等药水，以防患儿搔抓皮肤。避免食用辛辣食物和海鲜，避免用太烫的水洗澡，及时就医。

支气管哮喘

支气管哮喘是由多种细胞及细胞组分参与的慢性气道炎症。此种炎症常伴随气道反应性增高，导致反复发作的喘息、气促、胸闷和（或）咳嗽等症状，多在夜间和（或）凌晨发生，此类症状常伴有广泛而多变的气流阻塞，可以自行或通过治疗而逆转。

症状

①吐气时发出“咻咻（笛音）、啧啧、啧罗啧罗（喘鸣）”的声音，露出很痛苦的神情，痰也大量涌出。②发作多在夜间，不能入睡，坐起时必须要靠着什么东西，显得痛苦不堪。③发作前有发烧、流鼻涕、咽喉疼痛等感冒症状。

原因

①不明。其过敏原有灰尘、霉菌、蜱虫、花粉、食品、香烟的烟雾等。②呼吸不畅是由于肺部的细支气管收缩，分泌物增多，空气难以进入所致。③做5分钟左右的运动也会发作（运动诱发性哮喘）。

防治

①开始发作时，给孩子用内服药、吸入剂及止咳剂。②发作开始后，应将被子垫高让孩子靠在上面（起座呼吸），喂给孩子足够的水。③轻拍胸部，或将孩子带出去也可以缓和。④如果嘴唇呈现紫色（青紫），应该火速送往医院。

过敏性腹泻、呕吐

症状

①短时间腹泻（水样便和泥状便，也会夹杂着黏液和血液）。

②很多情形下伴随着腹泻和呕吐，湿疹症状发生恶化。

③多发生断乳期间，时常发烧、头痛。

原因

①对食品（牛奶、鸡蛋、鱼贝类）及药剂过敏，会在进食后24小时之内产生反应。

②宝宝胃肠功能不健全，不能分解牛奶和鸡蛋中，这便容易诱发过敏反应。

防治

①如果知道了过敏原，就依照医生的嘱咐，限制饮食。

②由于牛奶、鸡蛋、大豆制品等食物是对发育极为重要的营养，因此，父母不可以随意地减少和忌食。

●婴幼儿耳、鼻、口腔疾病

宝宝耳、鼻、咽喉的黏膜脆弱，没有对抗细菌的抵抗力，因此较易出现湿疹、溃烂及疮痂，请时常为他清洁，不要让孩子乱掏。

外耳道疾病和中耳炎

1 耳垢栓（塞栓）

症状：

耳垢堆积，将耳孔（外耳道）堵塞住，也会在内耳很牢固地黏着。

治疗：

不要用耳掏强行掏取，坚硬的耳垢应去耳鼻科让大夫浇上耳垢水，将其弄软后掏出。

2 外耳道湿疹

症状：

由于耳朵化脓，宝宝抓挠会发生皮肤破裂而剧烈疼痛，睡眠不踏实。

治疗：

对于耳朵化脓，干燥和清洁是重点，对中耳炎的治疗也非常重要。

3 中耳炎

症状：

孩子会使劲摩擦耳朵、摇晃头部，发烧、睡眠不好，耳朵流脓，多见于患感冒和腺样增殖症时。一旦呈慢性化并趋于严重，就会出现肉芽，脓液中混有血迹，并出现耳鸣。

防治：

轻微时采用抗生素，恶化时应将鼓膜切开，使脓流出，不要洗澡并保持安静。发烧时应用冷湿布擦拭耳朵后部，进行彻底治疗。

4 腮腺炎

症状：

不能说话，对声音没有反应，用肢体姿势表示多于使用语言，时常会出现癫痫小发作（感觉性癫痫）。

防治：

早期发现听觉障碍非常重要，应首先根据不同的原因对症治疗及施行彻底手术。在仍残留少许听力时，应该使用助听器，进行早期训练。

5 外耳道炎

症状：

从轻微的疼痛变为难以入睡的剧烈疼痛，总是感觉不舒服，仅仅触摸耳朵也会哭泣，在开口及闭口时也会觉得疼痛。

防治：

①冷湿布。②敷上带有抗生素的软膏。③当化脓恶化，就让大夫将其轻轻切开。④当耳垢积存时请将其除去。

6 听觉障碍

症状：

潜伏期为2～3周，耳朵的下方会出现肿胀及疼痛，两边的脸颊会肿起来，伴有发烧。

防治：

腮腺炎会引起嘴里发炎，孩子光是张开嘴都会觉得疼痛，故尽量准备易下咽的、刺激性少的流质食物。在肿胀的地方进行冷敷，能够缓解疼痛。

鼻炎

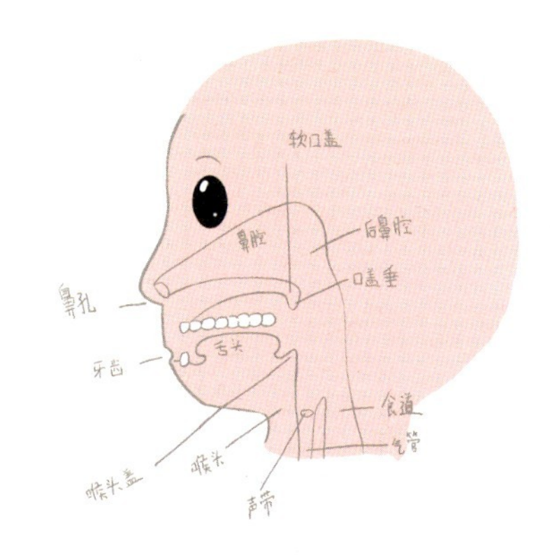

急性鼻炎

症状： 以打喷嚏、流鼻涕、鼻塞为三大特征。清亮的透明鼻涕会变成黏稠的黄色脓状的鼻涕，头痛和发烧，不能安睡，总是不停地啼哭。

防治： 服用抗组织胺的感冒药或采用吸出鼻涕的疗法。

副鼻腔炎

症状： ①流出黄色的鼻涕。②咳嗽。③鼻塞及用口呼吸。④闻不出气味、头痛和眼睛疲劳。

防治： ①将鼻涕与脓吸出。②切除肥大的咽头扁桃腺。③使用药液喷雾（喷雾器疗法）。

扁桃腺

症状

急性咽喉炎

①咽喉及口腔内红肿。②发烧。③无力、疼痛、难以吞咽食物。④咽喉下方的淋巴腺出现肿胀。

咽喉结膜热

潜伏期为5～7天，多是孩子在游泳池中被感染的。突然高烧、喉咙痛、眼睛充血、眼屎多、腹泻、腹痛。

腺样增殖症

由于总是张着口呼吸而形成特有的表情，鼾声很响。如果时常发生中耳炎时，便属于严重的病症。

防治

急性咽喉炎

病毒引起的咽喉炎症，一般按照医生的嘱咐治疗感冒，多给宝宝喝水，保持安静的环境，数日便可恢复。

咽喉结膜热

易消化、刺激性少的流质食物，补充水分，保持房间的凉爽和安静，并注意让宝宝养成良好的卫生习惯。

中耳炎

由于鼻内的咽头扁桃腺变大而将鼻内堵塞，若附近的耳管入口被堵塞，便会患中耳炎。应该待其3周岁过后进行切除手术。

症状

急性扁桃腺炎

①突然的发烧。②扁桃腺肿大。③咽喉疼痛，食欲低落。④如果症状加剧，脖颈和下颌的淋巴腺也会肿大。⑤抽筋。⑥出现黄色的脓液（化脓性扁桃腺炎）。⑦出现白色斑点，并感觉剧烈疼痛（腺窝性扁桃腺炎）。

防治

急性扁桃腺炎

由于病毒和溶链菌感染而引起的扁桃腺发炎，给宝宝进食流质饮食及多饮水，加强营养。如果宝宝已经发不出声音并且久治不愈时，应该坚持采用抗生素，进行药物治疗。如果孩子频繁复发，也可进行切除手术。

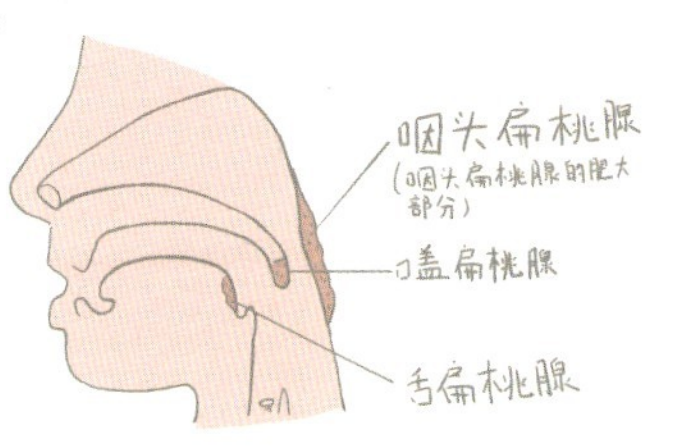

龋齿

预防龋齿

①不要让宝宝习惯于甘甜的食物，断乳食品应做得清淡，点心最好选择水果、乳酪、饼干、亲手做的点心等。②不要拖拖拉拉地喂食，不要让宝宝吮吸着奶瓶入睡。③从宝宝乳牙长齐之前就应该开始让其养成清洁牙齿、进食后用水漱口的习惯。

咬合不正

症状：

①咬着嘴唇及舌头。②时常吸吮手指。③含着橡皮乳头。④不能细细地咀嚼食物，发音不清晰。⑤长龋齿等等。

治疗和预防：向专业的矫正医生咨询。

原因：除了遗传因素外，如症状的习惯也会导致牙齿的咬合不良。

牙齿异常

症状：牙齿横向生长，两颗挨在一起生长，牙齿表面出现黑褐色斑点及条纹图案（斑状齿），牙齿变为黄色（黄变齿）。

原因：牙齿异常的原因多样，没有良好的清洁牙齿的习惯是重要的一点。

治疗和预防：养成按时清洁牙齿的习惯，严重时可咨询专业的牙医。

上皮珍珠

症状： 牙龈有直径为2～3厘米的白色物。

原因： 容易被误认为是长出牙齿，但这其实是脂肪与死亡细菌的残余物。

治疗和预防： 当黏膜剥落时，它便会自然脱落。

舌小带短（粘连舌）

症状： 舌头下部中央的带子（舌小带）短小，舌头抬不起来，不能吸吮乳头。

治疗和预防： 如果不能将舌头伸出牙龈之外，应该及时咨询医生。

上唇小带肥厚

症状： 上唇里面中央的皱褶变粗，长出两颗上牙时，肉块从上面裂开。

治疗和预防： 大多数不用过分担心。

舌苔

症状： 舌面生出灰白色，黄色的舌苔，与鹅口疮相似，也会呈黑色（黑毛舌、毛舌症）。

原因： 由于口腔内的黏膜脱落，食物残渣、细菌和黏液在舌乳头上聚集，呈现白色的物质。

治疗和预防： 一般不用过于担心，较少会采用抗生素。

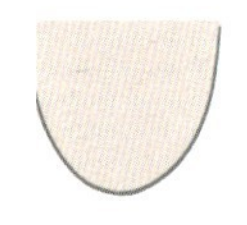
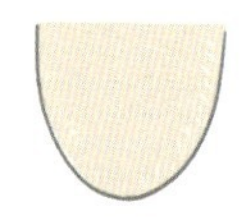

口腔炎症

口内炎	**症状：** ①口腔红肿，舌头肿大，不愿吃奶和流质食物，流口水、口臭（黏膜炎性口内炎）。②嘴唇的内侧和舌尖出现白色与黄色米粒大小的斑点，破裂后被白色的苔状膜所覆盖，伴有发烧（鹅口疮性口内炎）。③发展下去就会出现白色的膜与脓（溃疡性口内炎）。 **治疗和预防：** ①清洁口腔。②食物选择生的、温热且味道清淡的流质食品。③口腔内敷上软膏。④纠正偏食（疱疹性牙龈口内炎）。
疱疹性牙龈口内炎	**症状：** ①牙龈红肿、出血。②因疼痛而不能吸吮乳头。③伴有发烧的症状。④嘴唇和口腔周围出现发疹。 **原因：** 疱疹性牙龈口内炎是一种由单纯疱疹病毒所致的口腔黏膜感染性疾病。 **治疗和预防：** ①急性期多为对症处理，给宝宝用温水擦胳膊、腿的大血管处以退热。②保持口腔清洁，勤喂水，禁用刺激性药物和食物，饮食以微温的流质为宜。③局部可涂疱疹净抑制病毒。④在医生指导下补充锌，预防复发。

口角炎（口角糜烂）

症状：①口唇干裂、嘴角裂口、出血、疼痛。②严重时会发生溃烂，并结出黄色的疮痂，皲裂会感觉疼痛。③口不能张开，有很轻微的刺激也会出血。

治疗和预防：①对患处进行消毒和干燥。②让孩子多吃蔬菜水果、奶类和动物内脏、豆制品等富含维生素B_2的食物。③口服维生素C和维生素B_2。

鹅口疮（口腔念珠菌症）

症状：①出生后不久在嘴唇、舌、面颊的内侧出现如细小的奶渣状的白色斑点。②无疼痛感，也不发烧，食欲低下。

治疗和预防：①对乳头及玩具进行消毒。②清洁口腔。③依照医生的嘱咐使用杀菌药等是很有效的。④不要用纱布等擦拭口腔。

●婴幼儿常见眼睛疾病

屈折异常（近视远视、斜视）

症状：看东西时会过于接近（遗传性近视）、内斜视及视力低下（近视）等等。一般说来，新生儿多为远视，而在约3周岁时便可达到正常视力，近视（假性近视）在婴幼儿中很少见。

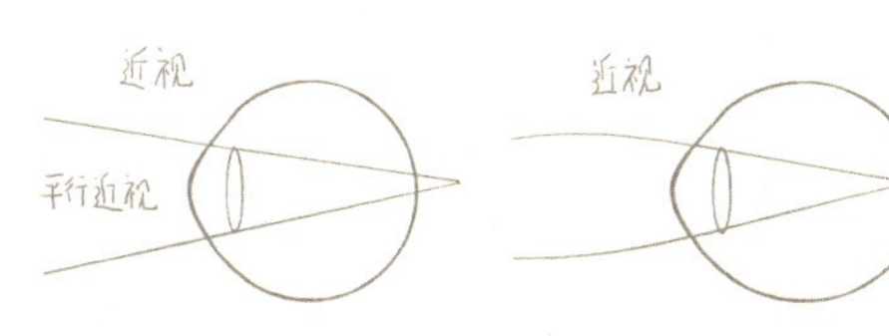

近视
平行近视
近视

治疗和预防：由于屈折异常会影响到读书、写字等活动，因此应该在学龄前采取使用眼镜、进行手术等适当措施。

倒睫毛

症状：①睫毛改变了生长方向生长，在睁眼或闭眼时，睫毛摩擦角膜或结膜，宝宝会感到眼球不适、流泪、有异物感。②严重的倒睫毛像“毛刷”，不断摩擦透明而娇嫩的角膜，时间久了，宝宝的黑眼珠会变得浑浊，影响视力。③如果宝宝的倒睫毛又粗又短，则会造成对眼的损伤，表现为眼红（结膜充血）、怕光、流泪、喜欢揉眼睛，检查时可以发现角膜上皮点状脱落、灶性浸润等。

倒睫引起
角膜炎，
父母切忌
自行拔除

原因：①宝宝的倒睫毛主要是由于脸庞短胖，鼻梁骨尚未发育，眼睑（俗称眼皮）脂肪较多，睑缘较厚，容易使睫毛向内倒卷造成的。②各种热烫伤、化学烧伤、结膜天疱疮、白喉性结膜炎等病症，都可使眼睑发生瘢痕性内翻倒睫现象。

治疗和预防：①随着宝宝年龄的增大，脸型变长，鼻骨发育，绝大多数的倒睫是可以恢复正位的。②一般而言，倒睫如果引起角膜上皮点状脱落，应该给予治疗，轻者可以滴涂抗菌素眼液、眼膏（如金霉素眼膏、洁霉素眼液等），同时也可经常将宝宝下眼皮往下拉一拉，以减少倒睫对角膜的刺激。③如果睫毛又粗又短，戳刺眼睛，刺伤角膜，造成灶性浸润，宝宝怕光流泪明显，这时往往需要进行手术矫治。④发现宝宝倒睫，父母切忌为其自行拔除或剪去，因为这样会损伤毛囊和睑缘皮肤，造成睫毛乱生倒长和眼睑内翻。经过剪切的睫毛会越长越粗，即使手术矫正也不会长出排列整齐的睫毛和自然的眼睑。

结膜炎

卡他性结膜炎

症状：卡他性结膜炎是一种过敏性眼病，多是因为灰尘、花粉、阳光等刺激宝宝的眼睛，引起过敏反应所致的。①患者普遍症状为眼部瘙痒，天气越热，症状越重。②宝宝总是不停地揉眼睛，眼部会有充血、发红的症状。

治疗和预防：①及时到医院就诊，家长避免擅自给孩子乱点眼药水、乱用药。②预防此病最好的办法是避免孩子眼睛接触花粉等易引起过敏的物质。

泡性角结膜炎

症状：没有瘙痒感，但眼部会有轻度不适、轻微的异物感，眼睛局部发红，有的眼睛出现疱疹。

原因：①泡性角结膜炎也是一种过敏性眼病，但它是对各种细菌中的蛋白质产生的一种过敏反应。②此病多发生在营养失调、过敏体质的婴幼儿身上，卫生习惯不好或住所潮湿等也会诱发本病。

治疗和预防：①及时到医院就诊，避免擅自给孩子乱点眼药水、乱用药。②普遍采用的预防方法是：口服鱼肝油、钙剂及各种维生素，加强宝宝营养，锻炼身体，让孩子常呼吸新鲜空气、晒太阳。

婴幼儿的眼睛里流出的黄色分泌物，需要擦拭干净

麦粒肿

症状：眼睑腺体急性化脓炎症。

原因：①麦粒肿大多是由于金黄色葡萄球菌引起的眼睑腺体急性化脓炎症。②眼部的慢性炎症，如结膜炎、睑缘炎，或屈光不正面造成的眼疲劳，也是麦粒肿的重要诱因。③患糖尿病或消化道疾病时，因血糖升高或身体抵抗力弱，细菌在人体内容易繁殖，这也是易引起眼部化脓性感染的因素。

治疗和预防：①患了麦粒肿必须要及时治疗，早期症状轻微，通过局部治疗往往就能控制其发展，消退炎症。②在用药的同时，为宝宝辅以温水热敷，能够扩张血管，改善局部血液循环，促进炎症吸收、缩短病程。③如果治疗不及时，除了局部会出现红肿外，还会伴有发热、倦怠等全身症状，这时应该加用抗生素。④对于已经出现脓头的麦粒肿，可待脓肿成熟后，进行切开排脓治疗。

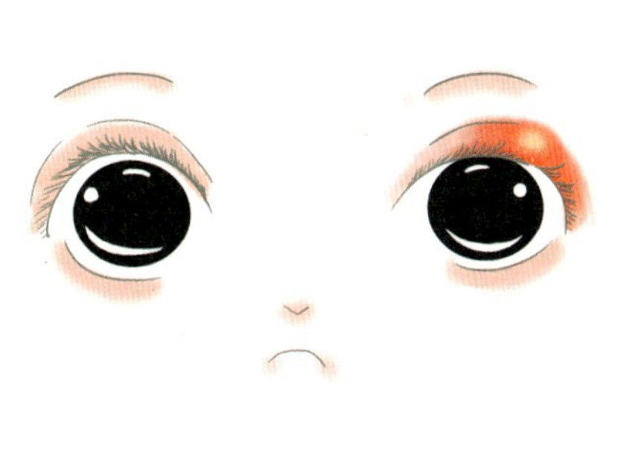

沙眼

症状

①双眼常是同时发病，患儿有流泪、怕光、异物感、眼分泌物多而粘稠等症状。②结膜充血，表面有许多隆起的乳头状增生颗粒和滤泡。③1~2个月后变为慢性期，睑结膜变厚，乳头和滤泡逐渐被瘢痕组织代替。④严重的角膜可出现新生血管，像垂帘状长入角膜，称之为“沙眼角膜血管翳”。

原因

急性期、亚急性期及没有完全形成瘢痕之前，沙眼有很强的传染性。沙眼的病原体与病毒不同，称为沙眼衣原体。沙眼主要通过接触传染，凡是被“沙眼衣原体”污染了的手、毛巾、手帕、脸盆、水及其他公用物品都可以传播沙眼，而儿童沙眼大多由父母或其他家庭成员传染。

防治

①沙眼治疗可用0.1%利福平滴眼液、0.3%氧氟沙星滴眼液点眼，每日4~8次，每次1~2滴。②晚间临睡前可涂金霉素或氧氟沙星、环丙沙星眼膏。③重症者口服螺旋霉素、强力霉素可收到较好的效果。④沙眼并发症和后遗症应进行相应的药物治疗或手术治疗。⑤沙眼的预防最重要的是良好的卫生习惯。

●婴幼儿常见呼吸道疾病

小儿呼吸道疾病包括上、下呼吸道急、慢性炎症，呼吸道变态反应性疾病，胸膜疾病，呼吸道异物，先天畸形及肺部肿瘤等。其中急性呼吸道感染最为常见，约占儿科门诊的60%以上，北方地区则比率更高。主要包括感冒、咳嗽、支气管炎、肺炎和哮喘。

感冒

感冒虽然只是简单的呼吸道感染，却可能引起身体每个器官严重的并发症。研究发现，超过90%的感冒是由病毒感染引起的，而病毒种类有150种以上（也有少数的感冒是由细菌所致）。正因为感冒的病毒种类如此之多，所以人在一生中才会不断地感冒，因为每次感冒都可能是由不同的病毒引起。

婴幼儿感冒的临床表现

①感冒病毒进入鼻腔和咽部，会引起局部发炎，造成鼻子干燥、鼻痒、喉咙刺痛。
②数小时后，宝宝便会打喷嚏、流鼻涕、咳嗽，甚至出现发烧、畏寒、头痛、肌肉酸痛、全身无力、胃口变差等症状。

婴幼儿感冒的治疗

一般的感冒并无特效药，但宝宝感冒时，最好还是带去看医生。此时带宝宝看医生的目的有：正确诊断、缓解症状、预防并发症发生。
①感冒时，让宝宝多休息、多喝水，按时喝药，但婴幼儿感冒应尽量避免使用阿斯匹林。
②很多父母总觉得打点滴或打针的效果较为显著，其实这是不正确的，因为感冒本就无特效药，真的勉强要打，不过也是打些葡萄糖而已，又何必要让宝宝多挨一针呢。

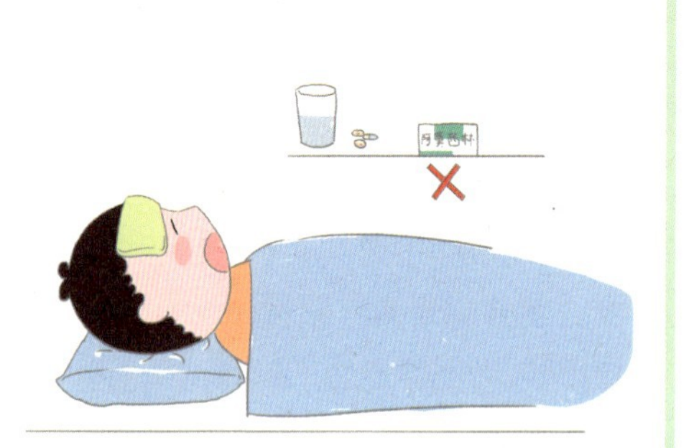

婴幼儿感冒的预防

对于婴幼儿感冒，长远来看，“防”应该大于“治”。下面给出几条预防感冒的方法，只要遵守这些规则，就能让宝宝少感冒。
①在感冒流行期，要尽量避免带宝宝外出，尤其是人多的公共场合，尤需避免。
②宝宝的好奇心强，喜欢东摸摸、西摸摸，无形中手上便染上了许多病菌，而大人的生

活圈子更广，手所碰触的事物更多，手上的病菌当然也就更可观。所以，全家都要养成常洗手的习惯，才能减少宝宝感染的概率。

③多喝水，可以加强身体的新陈代谢，对身体有益。因此在感冒流行时，让宝宝多喝水，可以有预防的效果；此外，假如宝宝真的感冒了，多让宝宝喝水，可以补充体液，让宝宝更快地恢复健康。

④密闭的空气反而会降低宝宝的抵抗力，因此，即使是冬天，也别将门窗关死，要保持室内通风，才能让宝宝更健康，更不易受病毒感染。

缓解婴幼儿感冒的妙方

蜂蜜：蜂蜜有保护、滋润嗓子的功效，有助于减轻咳嗽，但只有1岁以上的宝宝才可以采用这个方法。给宝宝吃蜂蜜时需要注意：

①1～5岁的宝宝，可以每次吃小半勺。②6～11岁的孩子，每次吃1小勺。③因为蜂蜜又粘又甜，所以吃完后一定要刷牙。④可把蜂蜜和热水混在一起，加一点柠檬汁，这样同时能提供维生素C。

缓解婴幼儿感冒的妙方

用盐水漱口：用盐水漱口来减轻嗓子疼，是一种非常经典的缓解宝宝感冒症状的家庭小妙方。这种方法也有助于清理口腔内的痰液。

①小半勺盐放进一杯温水中搅拌即可。②还可以在盐水中加一两滴新鲜的柠檬汁，能增强效果。③宝宝感冒后，每天要做到漱口三四次。

缓解婴幼儿感冒的妙方

擤鼻涕：擤鼻涕有助于宝宝呼吸，能让他睡得更踏实，通常也能让他感觉更舒服。此外，擤过鼻涕后，宝宝看起来也比流鼻涕时干净。

①教孩子擤鼻涕时，需要使用柔软的纸巾。②告诉宝宝，擤鼻涕是从里向外呼气。③还可让宝宝把一个鼻孔堵住，然后教他练习用另一个鼻孔向外慢慢呼气。④让他站在镜子前，或者在他鼻子下面放张纸巾，他就能看出自己是不是把气呼出来了。

咳嗽

宝宝咳嗽并不少见，可以分为三种：

风寒咳嗽 舌苔显白，痰稀、白、黏，鼻塞流涕。此时应该给宝宝食用一些温热、化痰止咳的食物。

风热咳嗽 舌苔显黄、红色，痰黄色而粘稠，并且不容易咳出痰，伴有咽喉痛。此时应该给宝宝食用一些清肺、化痰止咳的食物。

内伤咳嗽 长期咳嗽，且反复发作的慢性咳嗽，舌苔白。对此，应该先为宝宝调理好肠胃。

引起宝宝咳嗽的原因有很多，可分为病理性和非病理性的，细分如下：

1 有异物吸入

若宝宝在喝奶、喝饮料、进食时，食物误入气道，就会引起呛咳，这只是助于异物排出。

2 冷空气刺激性咳嗽

宝宝突然从闷热的室内进到凉爽的室内，冷空气刺激呼吸道黏膜也很容易引起刺激性咳嗽。对此，应该多带宝宝进行户外活动，锻炼身体，注意及时为宝宝添衣减衣。

3 感冒引起的咳嗽

多喂宝宝温开水、姜汁水，尽量少用感冒药，但如果遇到流感，应该及时就医。

4 过敏引起的咳嗽

由于花粉、毛发、动物的排泄物等过敏原引起的咳嗽，伴有呼吸急促、气喘，咳出的痰里有血丝的，应该及时就医诊治。

5 生理防御反射

如果宝宝早上起床时有几声咳嗽，这是正常现象，秋冬季节，宝宝呼吸道干燥，容易引起咳嗽，早起的咳嗽只是在清理晚上寄存在呼吸道的粘液，只要多给宝宝喝温开水就好。

6 呼吸道炎症引起的咳嗽

如果宝宝痰多，且呈脓性的可能是细菌感染，应该及时就医，选用适当的抗生素治疗。

7

对于有心脏病或慢性病等病史的宝宝，应格外注意，及早就医。

8 百日咳

潜伏期为1～2周，开始时宝宝会出现打喷嚏、咳嗽、流鼻水等类似感冒的症状，紧接着咳嗽会加重，发出啾啾的声音，难以呼吸。

如果宝宝半夜严重咳嗽，或者出现咳咳、啾啾等呼吸声音时，应该立刻带宝宝去医院就诊。同时，应忌食刺激性的食物，多喝水，保持宝宝房间的湿度和空气流动性。

支气管炎

婴幼儿如果患上支气管炎，会出现呼吸不均匀的状态

支气管炎是指肺部较大的气道（即支气管）出现感染或发炎。当宝宝出现感冒、嗓子疼、流感或鼻窦感染症状时，引起这些症状的病原体（病毒或细菌等）可能会扩散到支气管。一旦这些病原体进入支气管，呼吸道就会肿胀发炎，有些地方还可能充塞黏液。虽然细菌感染和香烟、烟雾、灰尘等刺激物也会引起支气管炎，但病毒是导致儿童患支气管炎最常见的原因。

1 婴幼儿支气管炎的临床表现

①一开始宝宝可能表现出感冒的症状，如嗓子疼、疲倦、流鼻涕、发冷、疼痛、低烧等。

②起初只是干咳无痰，但之后会咳出发绿或发黄的痰。还会作呕或呕吐。

③宝宝也许还会有胸痛、气短、气喘的症状。

④如果支气管炎严重，他可能会发几天烧，且要咳上几周才能完全康复。

⑤长期吸二手烟的孩子支气管炎要持续几个月，被称为慢性支气管炎。

2 婴幼儿支气管炎的防治

①如果几天过后，咳嗽加重或连续发烧，一定要告诉医生。

②如果宝宝除了咳嗽外还气喘，或者有咯血情况，也要去医院就诊。

③如果宝宝出现呼吸困难症状，就要马上送宝宝去看急诊。

④所有防止宝宝生病的方法都有利于预防支气管炎，如：勤洗手、充足的睡眠、饮食卫生、加强营养等，还要注意避免宝宝接触其他病人，增强宝宝抵抗力。

肺炎

肺炎是对肺部感染的一个统称，很多不同的病原体都可能导致宝宝得肺炎。如果发现宝宝咳嗽得很厉害，还发烧，也许就该考虑宝宝是不是得了肺炎，因为咳嗽和发烧是得肺炎后的两个主要症状。

婴幼儿肺炎的临床表现

宝宝肺炎的其他症状还包括头疼、肌肉疼、虚弱、疲倦、呕吐、腹泻、发烧、食欲不振和呼吸节律与频率改变等。肺炎可能在任何时间发病，但通常在冬、春两季，在得了感冒或其他上呼吸道感染后出现。

针对宝宝的发病，每次都要做记录，记录下宝宝发病时间、地点、程度、天气，特别是相关饮食，以便观察

婴幼儿肺炎的预防

从以下几个方面着手，可以有效地减少宝宝肺炎的发病机率。

按时注射疫苗

流感嗜血杆菌疫苗（Hib）、百白破（DtaP）疫苗、麻风腮（MMR）疫苗、流感疫苗、水痘疫苗和肺炎球菌疫苗都有助于预防宝宝肺炎。上述疫苗中有些是在0～1岁注射，另一些要到1岁以后才能打，具体注射时间一定要咨询医生。

养成良好的个人卫生习惯

教你的孩子正确的洗手方法，不要让孩子和朋友或家人共用杯子和用具。定期擦洗所有身体部位可能接触的地方，比如电话、玩具、门把手、冰箱把手等。

不要在家里抽烟

研究结果显示，生活在烟雾缭绕环境中的孩子，哪怕只是短期如此，也会更容易得肺炎、上呼吸道感染、哮喘和耳部感染等病。

婴幼儿肺炎的治疗

宝宝肺炎的治疗方法取决于感染的类型和生病的严重程度。如果是细菌性肺炎，医生会开抗生素。病毒性肺炎用抗生素没有什么作用，所以，治疗方法可能也就仅限于休息和补充水分。事实上，补充充足的水分对治疗宝宝肺炎至关重要，这样能够防止肺炎的常见副作用，如因呼吸急促和发烧等所导致的脱水现象。

为缓解宝宝肺炎的症状，爸爸妈妈们还可以考虑在他的房间里用喷雾加湿器。如果宝宝发烧了，可以给他服用对乙酰氨基酚。要是宝宝肺炎发作期间总是咳得睡不着觉，医生还可能会建议给他吃止咳药。

如果宝宝得的肺炎是细菌性的，需要住院治疗，可能需要打点滴来输入水分和抗生素，并取血来检测血氧水平。如果有必要，也许护士还会给他鼻子里插一根氧气管或戴一个氧气罩，让他更容易呼吸。

护理具有哮喘的婴幼儿，需要保持室内清洁、通风，不要在孩子面前抖面袋、拍灰尘等，还应该经常清洗或晒晒孩子的毛绒玩具

哮喘

婴幼儿哮喘是指3岁以下孩子的哮喘，在儿童哮喘发病中占有较大的比例，由于婴幼儿哮喘与一般儿童哮喘相比，临床表现多不典型，容易被误诊或漏诊，从而影响了有针对性的治疗，导致哮喘反复发作。应根据疾病特点尽早确诊并规范治疗，否则随着孩子年龄增该病所具有的一些特性。

婴幼儿哮喘的特征

①多有上呼吸道感染诱使哮喘发作的前驱症状，即1～2天的感冒症状，如发热、流鼻涕、打喷嚏、咽喉疼痛及咳嗽，症状以晨起时及活动后较重。

②随后即出现喘息。随年龄增长发作次数也增加，多不伴发热症状。

③婴幼儿哮喘发作时多有紫绀及鼻翼翕动症状，呼气延长不像年长儿童那么明显，听诊肺部可闻及哮鸣音，但其喘鸣多较粗短、低调，常同时有水泡音。

④部分患儿虽有喘息，但食欲及生长发育不受影响。有的患儿反复咳嗽、喘息，每年发作5～8次以上，往往被误诊为支气管炎或肺炎，需静脉输液或住院治疗。有时喘息持续较长时间，可达2～4周，喘息难以控制。

婴幼儿哮喘的护理

哮喘婴儿的家庭护理是一门很深的学问。护理得法，患儿就恢复得快，并能防止该病再次发作；护理不当，就会促使此病复发或导致病情加重。所以，在护理哮喘病儿时，以下几个方面需要爸爸妈妈们注意：

①为孩子建立一份病案，把孩子每次哮喘发作的时间、地点、轻重程度和发病当天的天气变化、周围环境等记录下来。注意孩子当时的情绪，有无接触化学物品，有无疲劳或剧烈活动，以及其他特殊事件，从而逐步积累经验，以便找出与哮喘发作有关的因素，采取措施加以避免。

②为孩子创造良好的生活环境，尽可能避免接触过敏原。室内要清洁、通风，严禁吸烟；尽量不用皮毛、丝棉、羽绒等制成的被褥；家里不要养动物。

③注意生活习惯。牛奶、鸡蛋、大豆是容易引起婴幼儿过敏性哮喘的食物，一旦发现某种食物会引起哮喘，就要立即停止食用。其他易引起过敏反应的食品还有鱼、虾、螃蟹、葱、韭菜等，也要少吃或不吃。

④加强幼儿身体锻炼，每天都应让他们到户外活动，多呼吸新鲜空气。婴幼儿可做被动体操，稍大一点的儿童可自己做操、散步或慢跑，这样可以锻炼肺的功能。

●婴幼儿大脑、脊髓、精神疾病

新生儿的大脑和体重相比达12%，虽然大约3周岁之前大脑的重量还会增加，但如果在此成长期间脑部出现异常，如痉挛、脑性麻痹、脑水肿等，家长们应该注重和及时就医诊治。

常见大脑疾病

脑炎

症状：发烧，且由于意识障碍而始终处于昏睡状态，时常还会有痉挛和异常举动。

原因：有麻疹及风疹的病毒所引起的脑实质的炎症。

防治：早期治疗很重要，采用消除脑部浮肿、将脑压降下来的药物。

无菌性髓膜炎

症状：与细菌性髓膜炎症状相同，紧接在夏季感冒与流行性耳下腺炎之后，而突然罹患此病。

原因：病毒而引起的炎症。

防治：为轻微的病症，应结合症状进行治疗，不会留下后遗症。

热性痉挛

症状：大约6月龄开始发作，在宝宝扁桃腺炎或患有突然发烧的疾病时，数分钟内会发生如癫痫般的痉挛，大致只有1~2次，不会延长。

原因：主要原因是发烧。

防治：①穿得宽松些。②保持房间通风。③补充水分，超过3次发作要及早就医诊治。

愤怒痉挛

症状：多发生在剧烈哭泣时，如癫痫般地发作，持续约1分钟，面部呈紫色（青紫），发作后会昏过去。

原因：大脑暂时氧气不足（脑虚血）。

防治：①将宝宝抱起以使他感觉好一些。②应在宝宝2岁前治愈。③服用抗痉挛药剂。

脑性麻痹

症状：①吃奶及进食不佳。②脖颈不能固定住。③易被声音惊吓。④不能拿住杯子。⑤夜啼增多。⑥大腿不能叉开。⑦手足僵硬。

原因：可能是产前或产后脑受伤。

防治：①3周岁后应采用专门设施进行训练。②轻微可在家中进行饮食和语言训练。

脑水肿（水头症）

症状：①头围增大。②毛发变得稀疏。③瞳仁隐入下眼睑的三白眼（落日现象）。④严重时便会发生呼吸困难、痉挛、意识障碍。

原因：分为先天性和后天性。

防治：将髓液用试管导向身体的其余部分（分流手术），以后也应定期作检查。

癫痫

症状：①突然因神志不清而倒下，全身乱颤，手足和面部微微抽动，持续约2分钟后睡去，醒来后恢复正常（大发作）。②昏厥约30秒钟，眼睑微微抽动（小发作）。

原因：原因复杂。

防治：服用抗痉挛药剂，80%均可治愈。

点头癫痫

症状：多发生在出生后的5~7月龄，头突向前倾倒（点头），两臂举起，又哭又笑，持续数秒至数十秒钟。在意识障碍的背景上，常有错觉、幻觉及自动症等。

原因：原因复杂。

防治：用副肾皮质刺激荷尔蒙药剂等。

腿脚的异常

先天性骨关节脱臼

症状：出生后3月龄前难以察觉，更换尿布时大腿不能展开，会感觉疼痛，脚的粗细大小不一致。

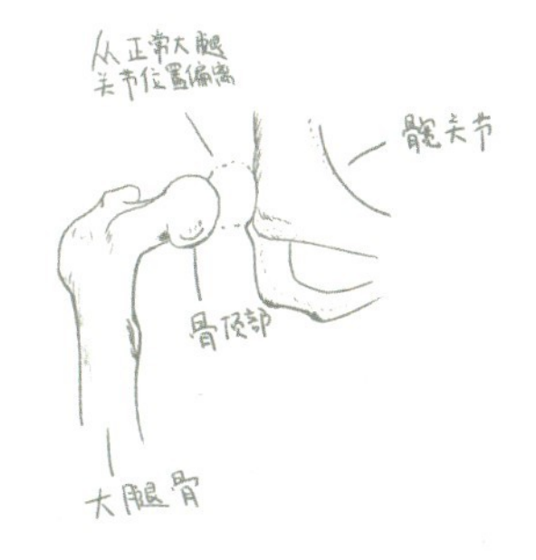

防治：①婴儿应选用固定用的T型尿布，上石膏、夹板等。症状加剧时，可在3周岁后进行关节手术。

内八字

症状：从脚踝开始前端向内侧弯曲，严重时，患者会以脚侧和脚背站立。

原因：在遗传学上属于显性遗传，脑性麻痹及脊髓灰质炎也是病因。

防治：按摩、采用器械进行矫正，用石膏固定等，严重的时候需要进行手术治疗。

扁平足

症状：①脚后跟向外侧，脚心很浅。②刚开始行走时，脚向外偏斜，容易向后跌。

防治：①先天性的则采用石膏、手术等措施。②后天性的则注意控制孩子体重，让孩子赤脚行走、脚趾站立。

单纯性股关节炎

症状：步伐不灵活，大腿感觉疼痛，股关节总是弯曲，强行掰开旋转就会感觉疼痛。

原因：股关节发炎。

防治：轻微时静养数日后便可痊愈，严重时应该住院做牵引疗法。

腿部骨髓炎

症状：大腿疼痛，突然开始跛行，逐渐恶化会严重到不能行走。

原因：由于反复受轻微外伤，股关节前端（大腿骨头）坏死。

防治：装上不会对骨骼造成负担的装置，或进行矫正骨骼的骨切除手术。

O型腿、X型腿

症状：①脚并拢站立时，膝间张开便为O型腿。②脚并拢膝盖用力站起来时，脚踝之间张开便为X型腿。

原因：先天性的或由营养障碍与代谢疾患而引起的骨软化症。

防治：虽然婴儿在体重较轻的时候容易呈X型腿，而体重重时易呈O型腿，但一般在2~3岁之前均可恢复正常。

手肘的异常

先天性肌斜颈

症状：脖子始终朝着同一方向，偏侧与另一面的脖子上有发硬的、小指大小的结节，并且这种结节会逐渐变硬。

原因：①由于脖子两侧的胸锁乳突肌一边出血、断裂而收缩，故拼命将头伸出。②出现原因不明的硬结，肌肉（索）不能伸缩。

防治：进行矫正，在1周岁过后进行手术。

脊髓破裂（二分脊椎）

症状：背骨（脊椎）出现肿疱，在哭泣时就会变大，用手按又会变小。部分背骨凹陷，长出毛来，并且会出现斑点、手足神经麻痹、痉挛等。

防治：注意不要感染形成肿瘤的细菌，进行缝合分裂部分的手术，注意一旦出现麻痹便难以治愈。

弹簧指

症状：大拇指只能弯曲，若强行将其掰开，便会发出啪的声响，多发生在两手。

原因：接连肌肉与骨骼的腱（筋）与腱鞘变厚，手指被固定下来。

防治：保持安静的环境，采用将手指固定住的器械，注射荷尔蒙药剂，进行切除手术。

肘内障

症状：手臂无力地垂下，手臂一动便感觉疼痛，不能握住物体。

原因：当手臂猛然摔动或缩回时，就会处于肘部脱臼的状态（假脱臼）。

防治：将肘部弯成直角，压住前臂，拧捏便可复原。找整形外科也可轻易治愈。

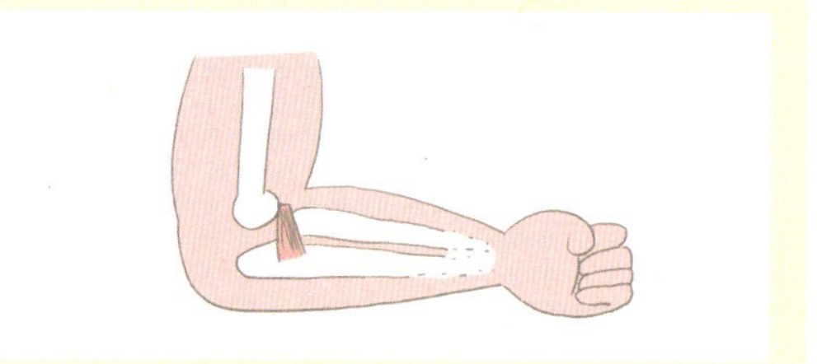

进行性肌肉萎缩症

症状：①脖子怎么也不能固定住，全身肌肉瘫软，伴有痉挛（先天性）。②行走不自然，易跌倒，不能上楼梯，腿径变粗，仅见于男孩。

原因：由于是遗传性疾病，肌肉会逐渐萎缩。

防治：如果不使用肌肉，病情会更加恶化，技能恢复非常重要。

严重肌肉无力症

症状：①眼睑下垂，眼睛无法睁开。②眼睛无法闭上（兔眼）。③脖颈、肩部、手臂肌肉无力。④一旦病情加重，就不能进食和发音。

原因：由于对肌肉发出运动指令时，神经传达物质的平衡崩溃所致。

防治：被指定为难治之症，采用药物疗法，或进行胸腺摘除手术，在家里依照医生的嘱咐进行作息。

小儿癌

小儿癌（恶性肿瘤）的特征：

①进展很快：婴幼儿的发育较快，癌的进展也很快。

②母亲易于察觉：小儿癌一般均在4岁之前发生，平常与其肌肤相亲的母亲便易发现。

③原因不明：与大人的癌症不同，小儿癌的致癌因素基本上属于原因不明。

④症状：腹部出现硬块并有浮肿，脖颈处的淋巴腺肿大，从身体内部产生的肉块增强，如同大人一样由皮肤和脏器的黏膜发生。

⑤死亡率高：对14岁以下儿童的死亡统计显示，每年有大约1500人因癌症而死亡。

① 视网膜芽细胞肿瘤

症状：如果在暗处以灯光照射，瞳孔便会像猫眼一样反射出金色、黄白色的光彩，虽然多见于单眼，但是也会向另一侧的眼睛转移。

防治：采用光凝固、眼球摘出术和反射疗法等，早期发现，早期治疗。

② 白血病

症状：多以发生原因不明的低烧、贫血、皮下出血等为三大症状。此外，本来很活泼的孩子会变得疲惫无力，食欲不佳，颈部出现淋巴腺肿大，容易有痣出现，腹部鼓起，鼻血难以抑制住，关节疼痛等。

防治：小儿癌肿40%都是白血病，吃用化学疗法（药物）、骨髓移植等，大体可恢复正常。

③ 神经芽细胞肿瘤

症状：腹部出现大的硬块，贫血、发烧、体重减少。

防治：发病或发现多在3～4周岁时，扩散很快，由于能察觉的症状不易表现出来，在6月龄左右以进行尿检和诊断时发现，手术、放射线、抗癌剂等作为治疗方式。

④ 脑肿瘤

症状：痉挛、呕吐、头痛、婴儿头部会变大，头盖骨变形。

防治：进行手术，或者采用放射线治疗和抗癌剂。

⑤ 威尔木氏肿瘤

症状：与神经芽细胞肿瘤的症状相同，在触摸腹部时有硬块，腹部肿起，感觉腹痛，全身因衰弱而削瘦，时常恶心、血尿、高血压等。

防治：除了切除手术，可采用放射线治疗、抗癌剂。

⑥ 睾丸癌（胎儿性）

症状：一边的睾丸异常肿大，无痛感，容易形成隐睾。

防治：采用放射线治疗、化学疗法。

⑦ 睾丸肿瘤

症状：睾丸发硬，膨胀、无痛感。

防治：采用手术、放射线治疗、化学疗法，治愈率相当高。

⑧ 卵巢癌

症状：生殖器出血。

原因：由于卵巢的母细胞发生癌变。

防治：因多为在身体内扩散已达相当的程度后才被发现，治疗会很困难。

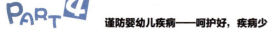

●婴幼儿心脏、血管疾病

婴儿每140人中有1人被发现患有心脏病，虽然由轻至重有不同的程度，可是其中三分之一为严重病症。

先天性心脏病

症状：轻症不易察觉出症状，可通过定期检查和诊治感冒等而发现。中等症者在孩提时，做动作会感觉透不过气来。重症者从婴儿期开始便呼吸急促，吃奶时费时较多

原因：不明，可能由遗传染色体异常，怀孕3个月左右时的风疹、照射X光，服用抗癌药物等。

防治：应注意不要过度疲劳，但一旦因此而娇生惯养，就会出现厌恶运动、饮食不节制、偏食等症状，并且体力会不足，由于并发症对心脏不利，应该以健康第一考虑。

先天性心脏病的三种类型

瓣膜异常：由于四个瓣膜及其周围异常，也会使血流产生异常，如肺动脉瓣膜狭窄症。

心壁异常：由于在将心房和心室隔开的心壁（中隔）上开有孔穴，血液会由心脏的左边流入右边（左右短路）。

流动异常：种种异常混合在一起，出现与心壁异常相反的流向，含氧量小的静脉血流遍全身，出现青紫。

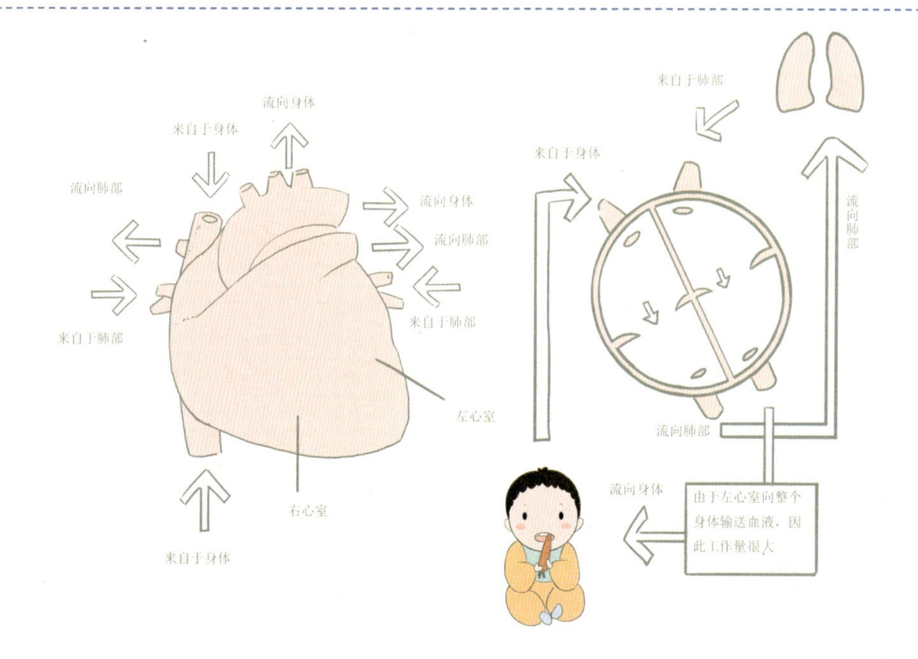

后天心脏病

（1）心外膜炎（心包炎）

症状：浮肿、肝脏肿大、呼吸困难、咳嗽、呕吐、腹痛，并会出现脉搏过速及休克状态。

原因：由于心外膜与心肌之间的渗出液瘀积，心脏充分扩张。

防治：保持绝对的安静，服用强心药，排除液体，有时需要输血。

（2）心内膜炎

症状：发生扁桃腺炎等感染症后，经过2~3周，发烧、全身发疹（风湿性）、发冷、有倦怠感、食欲不振、呼吸困难、心脏杂音（感染性）。

原因：覆盖心脏内侧的内膜发炎。

防治：服用抗生素、住院治疗和接受手术。

（3）心肌炎

症状：在患恶性感冒数日至一周后突然发生，心脏狂跳、呼吸困难，脸色变青、浮肿，有时还会出现脉搏不整、不省人事及休克的症状。

原因：促使心脏跳动的心肌发炎。

防治：初期的处置很重要，严重时应安装心脏起搏器，采用动脉扩张疗法及电击疗法等，应该注意后遗症。

（4）机能性心脏杂音（无害性心脏杂音）

症状：发出砰砰跳动的声音，多数出现在幼儿身上。

原因：由于幼儿血液流畅，其振动与漩涡的响声均会构成心脏杂音。

防治：不用担心，这与先天性心脏病及心脏瓣膜炎的啧啧声不同。

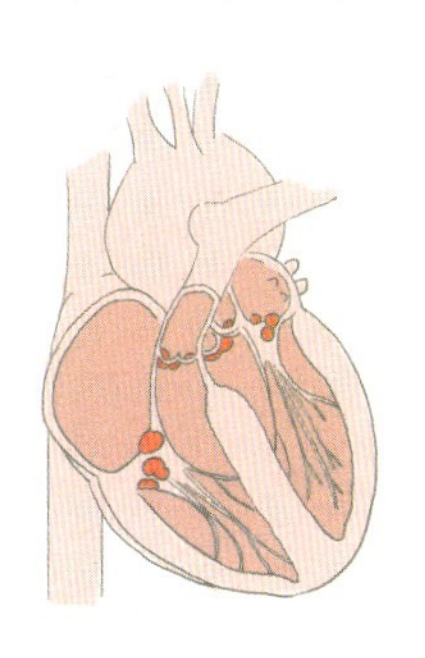

（5）心脏瓣膜炎

症状：呼吸困难，肝脏肿大，排尿量减少。

原因：因心脏的四个瓣之一发炎、闭锁不全、狭窄而造成心力衰竭。

防治：药物疗法、瓣膜形成术、瓣膜置换术（植入人工瓣膜）。

心律不整

发作性心动过速症

症状：心脏扑通扑通地跳，呼吸感觉难受，婴儿如果经过半天后，就会出现心力衰竭的症状，时常会不省人事（神志不清）。

原因：不明，心律骤然加快。

防治：接受手术。

呼吸性心律不整

症状：吃奶、剧烈哭泣、吸气时，心律加速。

原因：与呼吸一同变得快速是一件很自然的事情。

防治：如果心电图无异常，便不用担心。

WPW症候群

症状：每分钟达200次以上发作性的心律过频、剧烈悸动、意识障碍、死亡。

原因：心房和心室之间存在两条传导通路，就有可能使正常的电传导发生“短路”的危险，导致异常快的心跳（心动过速）。

防治：内服药、电冲击、心脏起搏器、切断歧路。

房室阻断

症状：①传递信号耗费较长的时间（第Ⅰ度）。②时常传递不出去（第Ⅱ度）。③根本传递不出去（第Ⅲ度）。④每分钟跳动40次以下的心动过缓。

原因：从心房发出的电气信号不能顺利地传达到心室，而使心室独自跳动。

防治：突然发作便非常危险，植入心脏起搏器。

期外收缩

症状：心脏扑通扑通地跳动，会发生暂停，心律狂乱，虽然能听到心跳声却感觉不到脉搏，精疲力竭（危险）。

原因：因心脏与预定相悖而收缩。

防治：虽然大多数情形下置之不理也没关系，但当连续发生期外收缩时，就应该采用心脏按摩法，严重的要尽快送往医院。

贫血症

（1）贫血

症状：①一般来说，贫血的宝宝面色及指甲颜色很差，眼结膜（眼睑里面）呈白色，如果一做运动，脉搏及呼吸均会加速，食欲不振、感觉不适，伴有头痛、头晕、虚脱感。②婴儿贫血常因为能够察觉的症状少而难以分辨，尤其当父母的肌肤本就白皙，孩子的皮肤也白皙，单凭面色便不能判断，要正确地判断出贫血，就有必要进行血液检查、尿样检查及粪便检查等。

原因：饮食习惯（偏食及铁质不足）、感染（结核、皮肤化脓症等）、血液疾病（紫斑病、白血病、血友病等）。

防治：婴儿由于母乳中铁质稍显不足，因此不要延迟喂养断乳食，幼儿应该多吃含铁质多的食物，并应改掉偏食的毛病。

（2）未成熟婴儿贫血

症状：体重没有增加、腹泻。

防治：虽然出生后10～12周所出现的贫

缺铁性贫血是婴幼儿贫血中最常见的，患儿会出现精神萎靡、头晕、头痛、智力下降等症状

血不用担心，由于发生在3月龄之后的铁质缺乏性贫血会演化为恶性贫血，因此，应该补充铁剂、叶酸及维生素B_{12}。

（3）**缺铁性贫血**

症状：吃奶情况不令人满意，面色深青，嘴唇发白，容易发生在断乳期（因铁质不足而引起）。

防治：检查食物种类，补充铁剂。

（4）**再生不良性贫血**

症状：黏膜、鼻腔、牙齿易出血，身高没增加，皮肤色素沉着，面色深青。

原因：不明，先天性骨髓障碍。

防治：入院输血，补充荷尔蒙剂、造血维生素，止血。

（5）**溶血性贫血**

症状：除贫血症之外，出现黄疸，脾脏变大，还会发烧。

原因：由于红血球先天性易坏死，红血球中的酵素不足，血色素异常等。

防治：进行脾脏摘除手术，补充荷尔蒙剂。

紫斑病

紫斑病：所谓的紫斑病（出血斑）是由于皮肤深处内出血而使皮肤稍微突起，并出现紫红色的斑点。

血管性紫斑病	**症状：**患感冒与扁桃腺炎约1～3周后，在从手臂与膝盖到下方的前侧出现大量的紫斑，伴有发烧、剧烈腹痛、关节及肌肉疼痛、血尿，有时还会出现呕吐。 原因：积极防治胃肠出血、肾脏障碍（紫斑病性肾炎）、肠重积症与龋齿可达到间接预防的目的。此病可认为是由过敏反应所引起的毛细血管炎症。 **防治：**如果好好休养，便会在大约1个月后痊愈。
血小板减少性紫斑病（ITP）	**症状：**全身皮肤、鼻子、眼睛、口的黏膜、牙龈等急速出现斑点状的内出血。并且出现血尿和血便（黑色便），患上麻疹与风疹等，治愈后又会突然复发（急性ITP），急性症状经过半年之后也不能治愈（慢性ITP）。 **原因：**①注意好动的婴幼儿头盖骨内出血。②感冒药会暂时削弱血小板机能，父母也应该检查血液。 **防治：**安静第一，急性症时还是应该入院治疗，并且保持安静，慢性症时孕妇补充荷尔蒙剂、免疫抑制剂及丙种球蛋白，采用输血、脾脏摘除手术等方法。

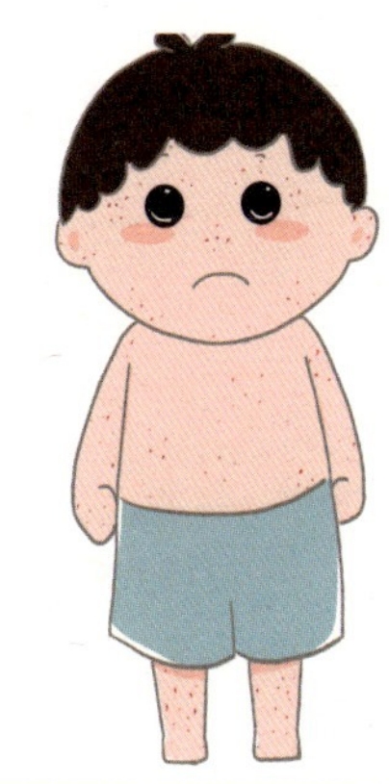

表现为全身全身皮肤、鼻子、眼睛、口的黏膜，牙龈等急速出现斑点状的内出血

婴幼儿消化道常见疾病

婴幼儿常见的消化道疾病有口角炎、鹅口疮、地图舌、肠套叠、小儿疝气、先天性肥厚性幽门狭窄、脱肛、胆道闭锁等，下面分别对这些疾病的临床表现和相应的治疗、护理方面的知识进行详细的介绍，让爸爸妈妈们对这些疾病有所认识，以便能及时地应对。

腹泻

单一症状腹泻

症状：大便很稀（软便），稍呈水样。

原因：吃奶过量，多见于以母乳喂养的婴儿。

防治：如果有精神、食欲好，就不用担心。

慢性消化不良症

症状：腹泻与便秘反复出现，体重减少，既无食欲又无精神。

原因：由普通消化不良症引起的营养失调症。

防治：选择容易消化的食物。

急性消化不良症

症状：绿褐色的腹泻便次数多，散发出甜酸气味，或刺鼻的恶臭（腐臭），呕吐，面色差，感觉不适。

原因：①肠道受细菌感染。②受感冒和中耳炎等肠道以外的感染。③对牛奶等过敏。④牛奶和断乳食的量过多。

防治：如果宝宝不呕吐，便以母乳和牛奶喂养，暂时中断断乳食，补充足够的水分，让孩子服用止泻剂、维生素。

宝宝消化不良，可以喂他吃以上食物，能够缓解病情

乳糖不耐性腹泻症（乳糖不耐症）

症状：带有酸性气味的腹泻，臀部溃烂，也会发生呕吐。

原因：由于缺乏与生俱来的、分解乳糖的酵素（乳糖酵素），感冒与细菌感染也会成为导火线。

防治：改以无乳糖代替。

消化不良性中毒症

症状：腹泻，出现中毒症状，呕吐物中带血和咖啡状物质，常出现痉挛、休克症状。严重时，脉搏微弱而过速，面色呈青白色。

原因：出现有毒物质引起的严重腹泻。

防治：禁食，补充水分，并立即送往医院。

急性胃肠炎

症状：剧烈腹泻、呕吐、腹痛，呕吐物及大便中混有血液，带酸性的强烈口臭、发烧。

原因：①吃得过多。②进食腐败的食物。③因感冒和睡觉时着凉而胃肠功能减弱时，吃难以消化的食物。④对墨鱼、虾、章鱼、螃蟹等过敏。⑤受大肠杆菌、葡萄球菌等细菌感染。

防治：禁食、安静、补充水分、喂以柔软的食物，灌肠，遵照医生的嘱咐用药。

便秘

宝宝便秘时需要先确定病因，而不是盲目以为是纤维素摄入不足所致

症状： 有食欲、活泼好动时不用担心，但如果便秘同时出现其他症状时，则应该小心谨慎对待。

原因： 原因多样。①器质性便秘：当肠道狭窄或紧闭时，如胃部前端的肠道肥厚，不能排出大便（先天性肥厚性幽门狭窄症）；结肠过粗，大便不能挤入肛门（先天性巨大结肠症）；肠子在肠内盘绕时（肠重积症）等。②习惯性便秘：母乳不足、糖分不足（四处滚动的肥皂状大便）等。③其他：因甲状腺功能低下的粘液水肿与中枢神经障碍等，而造成便秘。

防治： ①如果为器质性，应该去医院求诊。②母乳不足时，应该以人工营养补充。③如果糖分不足，就在调乳时添加蔗糖与麦芽糖浆。④灌肠只能在顽固性便秘时进行，请尽量采用自然排便方式。

脱水症

症状

①需加注意的阶段：嘴唇干燥，舌头没有湿气，眼睛塌陷。排尿量减少，体重减轻，呕吐、头痛。

②有生命危险的阶段：发生抽筋，脉搏过速、变得微弱，失去意识，手足冰凉，出现青紫（嘴唇与皮肤都会变成紫色）。

原因

①婴儿身体的80%为水分，如果水分流失，就会使血液变得浓稠，难以循环，排尿减少，身体就不能将废弃物排出体外。

②由于盐分（电解质）也会与水分一起流失，体液的渗透压会发生变化，从而使全身的细胞功能恶化。

防治

①处于“需加注意的阶段”时，如果不断地补充水分，便不会造成延误，请记住“腹泻后补充足够的水分”与“补充少量的食盐（每100毫升水3~4克）。

②进入“危险阶段”时，应该及时将宝宝送往医院进行点滴输液，及时治疗。

平时应该注意的是：

①发高烧时　②大量出汗时　③长时间待在酷热的地方时（烈日下或汽车内等）　④腹泻、呕吐剧烈时　⑤大面积烧伤等情况时，应该注意观察和补充水分、盐分

口角炎

症状

儿童口唇干裂，嘴角裂口、出血、疼痛，医学上称为“口角炎”。口角发炎是由于秋天气候干燥，婴幼儿皮脂腺分泌减少，口唇黏膜较柔嫩，口唇及周围皮肤易裂口所致。患口角炎后，嘴角周围发红发痒、糜烂、裂口、干疼。

防治

治疗口角炎首先要纠正宝宝的偏食、挑食的不良习惯，让孩子多吃蔬菜和水果，多吃奶类、动物的内脏及豆制品等富含维生素B_2的食物，嘴角涂擦紫药水可促使局部结痂，也可在嘴角涂红霉素软膏或防裂油。

地图舌

地图舌是指因舌面的黏膜上舌苔分布很不均匀，有的地方没有舌苔，能直接看到发红的舌黏膜，而其周围的舌黏膜不规则隆起呈白色，使舌面看起来像一张地图，故称为“地图舌”。

检查宝宝的口腔，查看其是否患有地图舌

宝宝出现地图舌后，一般常伴有进食不好、面黄肌瘦、盗汗夜惊、便溏或便秘等症状。地图舌通常与遗传、胃肠道疾病、过敏、炎症因素、维生素和微量元素缺乏等有关，其中B族维生素缺乏、锌缺乏、消化不良、反复呼吸道感染、肠道寄生虫等是常见的关联因素。

婴幼儿出现地图舌后，除请医生进行对症治疗外，还应注意保持口腔清洁。

脾胃阴虚的宝宝应多吃养阴生津的食物，多摄入高蛋白的食物。

对于生病时间较长的孩子，应详细了解其发病史，并注意观察其黏膜的受损情况。

肠套叠

婴幼儿肠套叠是一段肠管套入其相连的肠管腔内，是婴儿急性肠梗阻中最常见的一种，好发部位多由回肠末端套入宽大的盲肠腔内。发病与肠管口径不同、肠壁肿瘤、憩室病变、肠蠕动节律失调等因素有关。

婴幼儿肠套叠在临床上有四大表现：

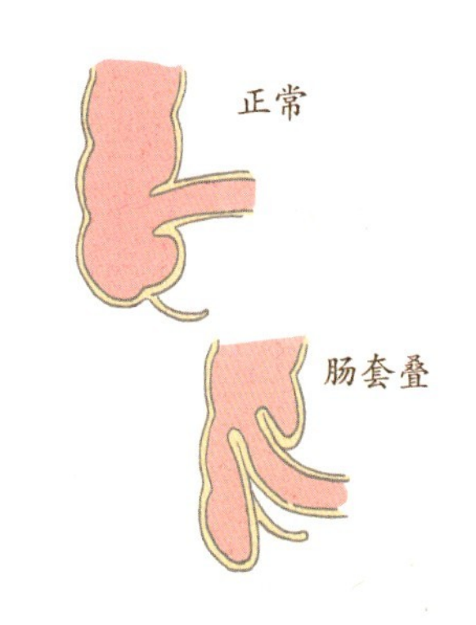

腹痛、呕吐、血样便、腹部肿物。有的病儿并不一定完全具备上述四种表现，所以往往被忽略。特别是在肠套叠的早期，如果病儿营养状况良好，体温也正常，小儿也不会说腹痛，所以最容易被忽略。但是，小儿的面容苍白比较明显，精神不振也比较突出。

治疗婴幼儿肠套叠可以采用空气灌肠法。对于婴幼儿肠套叠，关键是要提高警惕，在夏秋季千万不可当成一般的痢疾，否则会使病情加重，给治疗带来巨大困难。

要预防婴幼儿肠套叠，需要保持宝宝的肠道正常功能，不要突然改变小儿的饮食。辅助食物要逐渐添加，使小儿娇嫩的肠道有适应的过程，防止肠管蠕动异常。平时要避免小儿腹部着凉，适时增添衣被，以预防因气候变化而引起肠功能失调。

先天性肥厚性幽门狭窄

先天性肥厚性幽门狭窄是由于幽门环肌肥厚、增生，使幽门管腔狭窄而引起的机械性幽门梗阻，是新生儿、婴幼儿的常见病之一。

症状

主要表现为高位消化道梗阻症状，如呕吐，上腹部可见胃蠕动波和触到肥大的幽门肿块，患儿多伴有黄疸、体型消瘦、脱水。

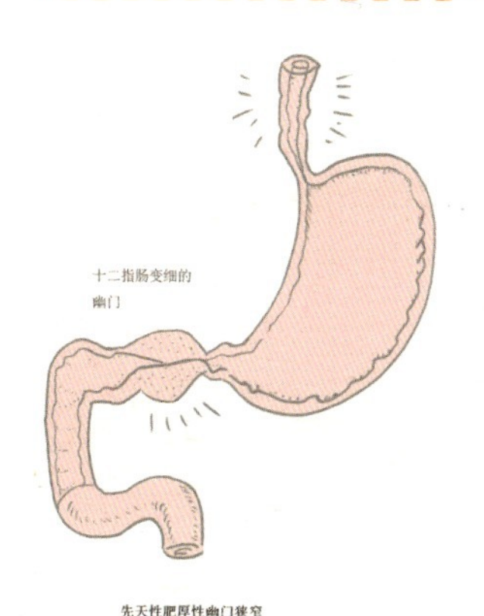

先天性肥厚性幽门狭窄

原因

先天性肥厚性幽门狭窄的病因迄今不明，大致有四种可能：

①原发性肌肥厚学说，认为幽门在发育过程中肌肉发育过度。②神经障碍学说，认为肥厚幽门的神经丛和神经节细胞有明显改变，肌间神经丛发育不全。③遗传因素学说，认为该病有遗传性。④胃肠激素紊乱，肠道激素分泌的紊乱导致了幽门环肌持续收缩，进而肥厚增生的。

防治

治疗先天性肥厚性幽门狭窄可采用外科治疗，幽门肌切开术是最好的治疗方法，疗程短，效果好。术前必须经过24～48小时的准备，纠正脱水和电解质紊乱，补充钾盐。值得注意的是，术后呕吐可能与幽门管水肿及幽门肌切开不完全有关。

本病属先天性消化道畸形，无有效预防措施，早发现早治疗是防治的关键，故需尽早进行手术，效果较好。

小儿疝气

小儿疝气就是小儿腹股沟疝气，也就是平时所谓的“脱肠”，是小儿普通外科手术中最为常见的一种疾病。

小儿疝气的防治

治疗小儿疝气最好的方法就是手术。一般情况下，需要给宝宝施以全身麻醉，采用高位结扎方法会保证手术安全且时间不会过长。如果你的宝宝出现小儿疝气，就应该及早接受治疗，以免增加手术的困难增加危险。

疝气是男宝宝常见的病症，只要治疗及时就不会影响宝宝的正常发育

小儿疝气的性别区别

小儿疝气在婴幼儿期发生的比较多，男婴得小儿疝气的概率是女婴的10倍。这是由于男婴的睾丸最初是在腹内，在宝宝快要出生的时候才降入阴囊。

女婴也会患小儿疝气，肠管及卵巢会从腹股沟降至大阴唇。倘若是卵巢降下，就会出现肿得像枇杷树种子一样大的硬块。肠管从通道降下是不会感觉到疼痛的，也不会有任何障碍。即使阴囊肿起或卵巢下降，只要治疗及时也不会影响宝宝的正常发育。

不管是男婴还是女婴，宝宝患小儿疝气还是很危险的，因为有时肠管在通道中会出现拧绞在一起的情况，这就是医学上所说的“嵌顿性小儿疝气”。

脱肛

脱肛又叫“肛门直肠脱垂”，是直肠或直肠黏膜外翻而脱出肛门外的一种病症，婴儿脱肛发病率较高，多见于3岁以下的小儿，男女发病率相等，随着年龄增长，多可自愈。

症状

早期脱肛能自行回纳，中期则反复脱出，需用手托送后才能纳入肛内。后期不仅排便时脱出，就连咳嗽、啼哭、行走也易脱出，常有局部坠胀感或有少量鲜血及黏液渗出。

危害

如果脱肛不及时回纳，有的会造成嵌顿、肿胀、疼痛、大便困难。时间太久，会发生糜烂、坏死现象，造成不良后果。

在日常生活中，一旦婴幼儿患上脱肛应该及时治疗，避免造成更严重的后果。该病的具体治疗方法有以下几种：

去除病因。婴幼儿发生脱肛，家长应首先寻找原因，如果是便秘、腹泻或百日咳所致，可采取通便、止泻和止咳等处理，以减轻腹内压，消除引起脱肛的外力。

改善病儿的生活习惯，注意饮食营养，纠正营养不良等症状，提高机体的抵抗力。

锻炼疗法。脱肛的发生与腹肌和肛周肌肉的松弛有关，故应注意加强这两部分肌肉的锻炼，增加其收缩力。

改变大便时的体位。反复发作且又能便后自动回纳的脱肛病儿，关键在于改变大便时的体位，避免蹲式排便。

当婴幼儿出现脱肛现象后，还可使用外治法来进行治疗和护理。

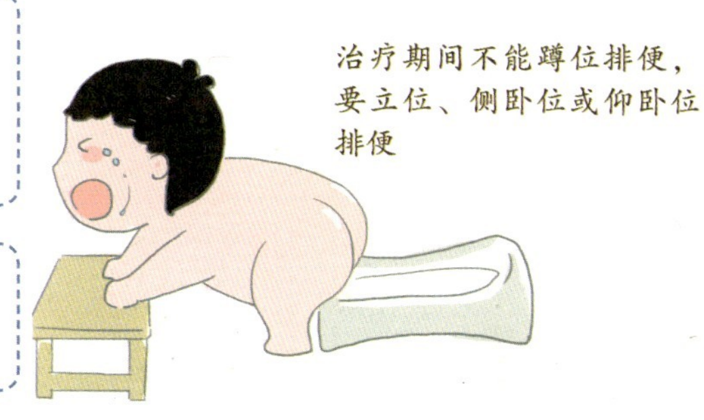

治疗期间不能蹲位排便，
要立位、侧卧位或仰卧位
排便

先天性胆道闭锁

先天性胆道闭锁是肝内胆管、肝管或胆总管可发生闭锁或不发育，胆囊也可发生闭锁或发育不良。先天性胆道闭锁一般认为与宫内病毒感染、肝内肝小管炎症继发梗阻及先天性胆道发育畸形有关。

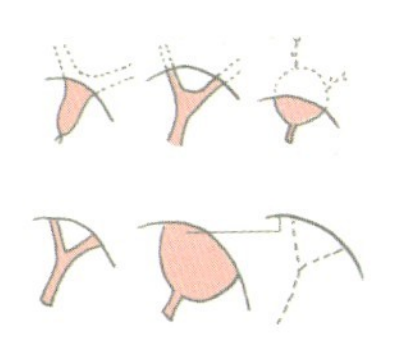

先天性胆道闭锁症常在出生后1～3周出现黄疸，持续不退，并进行性加重。胎粪可呈墨绿色，但出生后不久即排出灰白色便。严重病例由于肠黏膜上皮细胞可渗出胆红素，而使灰白色粪便外表染成浅黄色。肝脏进行性肿大，逐渐变硬。多数有脾肿大，晚期发生腹水症状。

早期病儿食欲尚可，营养状况大都尚好；晚期由于脂肪及脂溶性维生素吸收障碍，体质会逐渐虚弱。

实验室检查发现，血清结合胆红素及碱性磷酸酶持续增高。早期肝功能正常，晚期有异常改变。目前手术成功率最高的是肝门空肠吻合术，但手术的可能性及效果视畸形类型而异，肝内梗阻者手术困难。

婴幼儿泌尿系统常见疾病

婴幼儿常见的泌尿系统疾病包括泌尿系感染、急性肾炎、肾病综合征等，下面分别对这些疾病的临床表现和相应的治疗护理方面的知识进行详细的介绍，让爸爸妈妈们对这些疾病有所认识，以便能及时地应对。

泌尿系感染

“泌尿系感染”是指泌尿系统包括肾盂、膀胱或尿道发炎，是小儿常见的疾病。女孩比男孩更容易患病。

婴幼儿泌尿系感染的表现

新生儿发生泌尿系感染时多以表现淡漠、拒奶、啼哭、体重不增为主要表现，多在有患败血症、脑膜炎及全身中毒等情况下发生。婴儿发病时以全身中毒症状为突出表现：骤然高热，食欲不振，面黄肌瘦，呕吐，腹泻，有的患儿出现精神萎靡、嗜睡、烦躁不安、重者发生惊厥等症状，而尿急、尿频、尿痛等尿路刺激症状不明显。7～12周岁的小儿发病时出现尿急、尿频、尿痛、下腹坠痛，腰部及肾区有叩击痛，并有发热、全身不适等症状。

婴幼儿泌尿系感染的原因

泌尿系感染的主要原因是由解剖生理特点而决定，如女孩尿道较短，为1～2厘米；尿道口距肛门颇近，小儿又喜欢坐在地面上玩耍，再加上此期间穿开裆裤，细菌容易从尿道口侵入尿路而致感染；同时，婴幼儿的输尿管长而弯曲，其管壁发育尚不完善，容易造成尿潴留，从而有利于细菌在输尿管内生长、存留及繁衍。

婴幼儿泌尿系统感染的护理

认真做好婴幼儿外阴部护理，每次大便后应清洁臀部，尿布要常清洗，最好不穿开裆裤，勤换内裤；多饮水，少喝糖水，多喝含碱性的饮料，可碱化小便，以减轻尿路刺激症状；如果男孩的包皮过长，应注意清洗，尽量避免使用尿路器械，必要时应严格无菌操作。

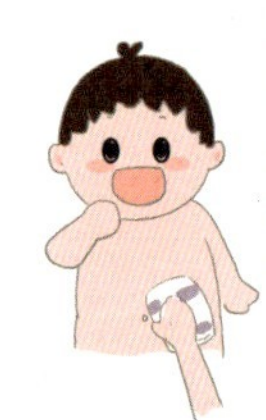

先用湿棉毛巾和温水来擦洗肚子；下面是用湿棉毛巾清洁大腿根部及阴茎部的皮肤皱褶处的画面

如发现病儿的尿路结构异常，医生会给予适当的矫治，如男孩包茎应做手术，此时父母不应拒绝。因为畸形不除，感染则难以控制和根除。

再用毛巾清洁大腿根部及阴茎部

预防泌尿感染的注意事项

注意尿布清洁，脏尿布不要乱扔，应放在专用的盆内。尿布洗干净后，最好用沸水烫过再晾，应选择阳光充足的地方悬挂晾晒。有条件的最好使用一次性尿布。婴儿不需垫尿布时，也不宜穿开裆裤，同时要勤换内裤。

保持外阴部的清洁。由于女孩阴道靠近肛门，大便后应用干净卫生纸从前向后擦拭，或用热水清洗（也是从前向后方向），以免脏物或脏水污染尿道口。洗涤时所用的盆要专人专用。

当小婴儿出现不明原因的发烧时，家长应细心观察孩子有无精神萎靡、胃口欠佳、面色灰白、烦躁不安，特别是排尿时哭闹等不正常现象，给医生提供诊断时作参考；同时不要急于给孩子服药，等医生做了尿常规检查及培养以后，再根据尿培养的细菌对哪种药物敏感选择疗效最好的药物。

急性肾炎

婴幼儿患上急性肾炎是，适宜给予宝宝高糖、含适量脂肪的无盐或少盐的饮食

急性肾炎患者一般都有浮肿、尿少、血尿及高血压四大症状。浮肿从眼睑开始，1～2日内渐及全身。浮肿时尿量明显减少，甚至无尿。几乎每个病人都有血尿，多数为镜下血尿。尿色为洗肉水色或浓茶色。血压常在130～150／80～110（毫米汞柱）之间。尿常规检查有蛋白质、红细胞、颗粒管型。严重者可引起心力衰竭、高血压脑病、急性肾功能不全等病症，必须立即送往医院进行抢救治疗。急性肾炎是由感染后免疫反应引起的。

目前对急性肾炎尚缺乏特效药，早期采取中西医综合措施，可减轻病情，促进痊愈。综合措施如下：

婴幼儿患病1～2周内，必须卧床休息，待血压正常后，才能回幼儿园，但应避免剧烈的活动。早期给予高糖、含适量脂肪的无盐或少盐的饮食，不宜多吃肉类和蛋类。

有明显感染或有慢性病患者，遵医嘱用青霉素7～10天，青霉素过敏者用红霉素。尿少者用利尿剂，血压高者服降压药。定期检查尿常规。

对急性扁桃体炎与皮肤链球菌感染应遵医嘱及早用青霉素治疗。急性链球菌感染的肾炎痊愈后，人体对该型链球菌可有永久性免疫力，因此没有长期用药物预防链球菌感染的必要。

肾病综合征

肾病综合征是指一组临床症状，包括大量的蛋白尿、低蛋白血症、高脂血症和水肿。临床特点三高一低，即大量蛋白尿（≥3.5g/d）、水肿、高脂血症，血浆蛋白低（≤30g/L）。病情严重者会有浆膜腔积液、无尿表现。

肾病综合征多发于冬节，再加上婴幼儿各种器官发育不成熟，免疫能力差，各种疾病也随之而来。要预防婴幼儿肾病综合征，爸爸妈妈们必须高度重视，多观察孩子的一举一动，这里建议爸爸妈妈们采取以下预防肾病综合征的措施。

合理膳食控制体重

许多家长认为孩子处在生长发育时期，要给予高蛋白、高能量的饮食，但过多摄入蛋白、脂肪会加重肾脏的负担。对已患有肾脏病的儿童，应给予优质低蛋白低盐饮食，忌硬食及油炸食品；宜清淡，忌辛辣刺激性食物。此外还要注意给孩子控制体重。

肥胖可导致高血压及心血管疾病，但肥胖引起的肾脏病不被人们重视。肥胖可导致蛋白尿，以及肥胖相关性肾病。

不宜食用食物

油炸食品

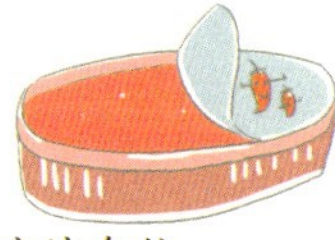

辛辣食物

谨防感冒不乱吃药

扁桃体链球菌感染可导致急性肾炎。儿童常见的IgA肾病，其肉眼血尿多在感冒（扁桃体炎等）后发生；同时，感冒还是肾病综合征等肾脏病复发的最常见诱因。如感冒后出现眼睑水肿、解小便有泡，最好到医院做筛查。许多止痛药、感冒药和中草药都有肾脏毒性，不要不经医生诊治与指导自行服用，否则很可能在不知不觉中损害肾脏。对于已患肾脏病的儿童，应该尽量避免使用对肾脏有害的药物。

女宝宝尤其要讲卫生

婴儿，尤其是女婴，由于尿道短，外阴易受粪便污染，因而尿路感染成为儿童期泌尿系统最常见的疾病之一。这与家长为孩子清洗外阴共用盆子、内外衣混洗等不良习惯而引起交叉感染有关。

如果尿液长时间滞留在膀胱，易造成细菌繁殖，使细菌通过膀胱、输尿管感染肾脏，造成肾盂肾炎，因此不要憋尿。

宝宝有尿意的表现：①双眼凝视发呆；②轻微颤抖

●婴幼儿常见皮肤病

婴幼儿常见的皮肤病有痱子、湿疹、荨麻疹等，下面分别对这些疾病的临床表现和相应的治疗、护理方面的知识进行详细的介绍。

痱子

痱子也叫“汗疹”、“热疹”，就是在宝宝过热的时候皮肤上起很多小包（有时候还有小水疱）的现象。

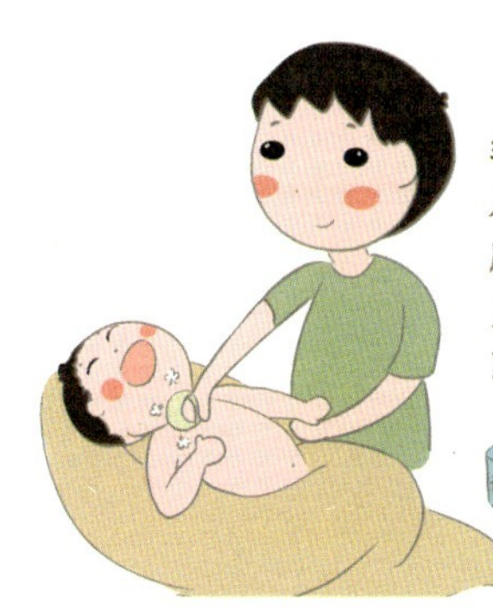

给孩子洗完澡后，在宝宝皮肤褶皱处抹上爽身粉，可预防痱子

尽管各年龄段的孩子都可能会长痱子，但在婴儿身上最常见。两三岁的宝宝长痱子的常见部位是皮肤褶皱以及身体与衣服紧密接触的部位，如胸部、腹部、脖子、胯部（大腿根部）以及屁股。戴帽子的宝宝，头皮或额头上也可能长痱子。

婴幼儿长痱子的原因

如果爸爸妈妈们拿不准宝宝长的到底是不是痱子，不妨咨询医生。如果宝宝的痱子长了好多天仍不见消退，或者宝宝的体温达到38℃以上，最好带宝宝去医院看医生。

小婴儿出汗过多，毛孔堵塞使汗液无法排出体外，就会长痱子。

炎热、潮湿的天气容易引发痱子，但冬天也可能会长。

宝宝长痱子，并不是说他得了严重的疾病，长痱子只是表明宝宝太热了。

痱子的分类

宝宝长了痱子，通常也没有疼痛感，但可能会痒得难受，有些包可能碰了会疼。临床上，痱子分为三种类型：

红痱

红痱是因汗液在表皮内稍深处溢出而成。临床上最常见，任何年龄均可发生。好发于手背、肘窝、颈、胸、背、腹部、妇女乳房下以及小儿头面部、臀部，为圆而尖形的针头大小密集的丘疹或丘疱疹，有轻度红晕。皮疹常成批出现，自觉有轻微烧灼感及刺痒感。皮疹消退后有轻度脱屑。

白痱

白痱是汗液在角质层内或角质层下溢出而成。常见于高温环境中大量出汗、长期卧床、过度衰弱的患者。在颈、躯干部发生多数针尖至针头大浅表性小水疱，壁极薄，微亮，内容清，无红晕。无自觉症状，轻擦之后易破，干后有极薄的细小鳞屑。

脓痱

痱子顶端有针头大浅表性小脓疱。临床上较为少见，常发生于皱襞部位，如四肢屈侧和阴部，小儿头颈部也常见。脓疱内常无菌，或为非致病性球菌，但溃破后可继发感染。

婴幼儿长痱子后的护理

宝宝长痱子了，就更需要爸爸妈妈们的精心护理了。

（1）给宝宝降温

解开或脱掉宝宝的衣服，把他带到通风的房间或阴凉的地方，用凉的湿毛巾冷敷生痱子的地方。

（2）食用碱缓解痱子

给宝宝用微温水盆浴加一点碳酸氢钠（食用小苏打、食用碱），每10升水加4～4.5茶匙，也可以缓解痱子。

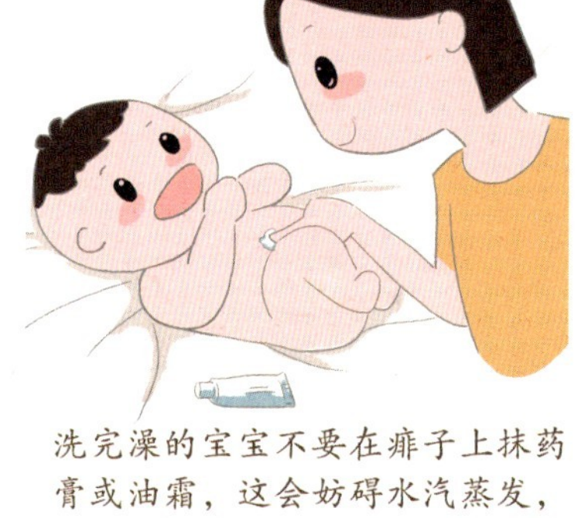

洗完澡的宝宝不要在痱子上抹药膏或油霜，这会妨碍水汽蒸发，使痱子更严重

（3）修剪宝宝的指甲

注意修剪宝宝的指甲，以免痱子发痒时，宝宝用手挠抓破皮肤。

（4）电扇风不要直吹宝宝

把电扇放远一些，只要有一点柔和的风吹到宝宝身上，让孩子感觉舒服就可以了。

预防婴幼儿长痱子的措施

给宝宝穿宽松、轻巧的衣服，让他感到凉爽舒适，尤其是在温暖、潮湿的天气里。天然纤维的服装，例如棉质，比合成纤维材料的衣服吸汗，可以让宝宝出汗后，更不容易长痱子。

给宝宝轻轻抹一层玉米淀粉做的爽身粉，可以预防宝宝皮肤皱褶里出痱子。如果使用滑石粉做的爽身粉，要注意轻轻擦在宝

花露水

痱子粉

清热解毒食物

宝身上，不要拍打，以免滑石粉末伤害他的呼吸系统。

天气炎热时，让宝宝待在屋子里或给他找个凉快、荫蔽、有微风的地方休息和玩耍。此外，要保证你的宝宝饮水充足，避免发生脱水。要经常检查一下宝宝有没有过热，如果拿不准，那么摸摸宝宝的皮肤，如果皮肤潮湿发热，那就是太热了。

湿疹

婴幼儿湿疹中医称“奶癣”，主要与婴儿体质有关，加上喂养不当，“内生湿毒，外受风邪，脾失健运”所致。所以，湿疹的出现常常是小儿消化不良的反应，是小儿常见的皮肤病。

湿疹多发生在乳儿时期，一般在出生后1～2个月发病，一般至2岁左右自动缓解。皮疹好发部位是前额、头皮、脸部、腘窝、肘窝以及颈、腕等处，有时遍及周身。开始皮肤发红，继之出现红色细小点状丘疹及疱疹，而后融合成片，渗出浆液，干燥后形成树胶状痂盖，由于痒感剧烈，患儿常烦躁啼哭。

刺激、易过敏食物

强碱肥皂、毛织衣都会刺激婴儿皮肤

婴幼儿湿疹的分类

因为引起湿疹的发病原因比较复杂，根据孩子的年龄不同、皮损的部位不同、生活的环境季节不同，湿疹的表现也是多样性的，主要可分成三型。同时值得注意的是，湿疹的分型并不是那么绝对，下面的三种类型可以同时存在。

脂溢型　3个月以内的小婴儿，前额、颊部、眉间皮肤潮红，覆有黄色油腻的痂，头顶是厚厚的黄浆液性痂。颌下、后颈、腋及腹股沟可有擦烂、潮红及渗出，我们称为脂溢性湿疹。患儿一般在6个月后改善饮食时可以自愈。

渗出型　多见于3～6个月肥胖的婴儿，两颊可见对称性米粒大小红色丘疹，伴有小水疱及红斑连成片状，有破溃、渗出、结痂，特别痒以致搔抓出带血迹的抓痕及鲜红色湿烂面。如果治疗不及时，可泛发到全身，还可引起继发感染。

干燥型　多见于6个月至1岁的小儿，表现为面部、四肢、躯干外侧斑片状密集小丘疹、红肿，硬性糠皮样脱屑及鳞屑结痂，无渗出，我们又称为干性湿疹。

婴幼儿湿疹发病过程的临床表现

除了婴幼儿湿疹的这种分类,我们还按临床上的发病过程分为三期:

急性期	起病急，皮肤表现为多数群集的小红丘疹及红斑，基底水肿，很快变成丘疱疹及小水疱，疱破后糜烂，有明显的黄色渗液或覆以黄白色浆液性痂，厚薄不一，逐渐向四周蔓延，外围可见散在小丘疹，也称卫星疹。此期病儿夜不能眠、烦躁不安，合并感染者可有低热。
亚急性期	急性湿疹的渗出、红肿、结痂逐渐减轻，皮肤以小丘疹为主，时有白色鳞屑或残留少许丘疱疹及糜烂面。此时痒感稍见轻，可持续时间很长。可由急性期演变或治疗不当而来。
慢性期	反复发作，多见于1岁以上的婴幼儿。皮疹为色素沉着，皮肤变粗稍厚，极少数可发生苔癣样化。分布在四肢，尤其四窝处较多。若发生在掌跖或关节部位则发生皲裂而疼痛。如果治疗不当，或在一定诱因下、随时复发。

婴幼儿湿疹的治疗

局部以外用药物治疗，应以消炎、止痒、预防感染为主。亚急性期如红肿减轻，渗出减少，可选用皮炎平霜或肤轻松等。对慢性湿疹应用皮质类固醇激素霜剂，如氢化可的松霜等，但激素类要少用或不用。也可以内用药治疗，最常用的有抗组胺药，同时给予钙剂及维生素C或B族维生素。具体如何治疗需由医生确定。

婴幼儿湿疹的预防

婴幼儿湿疹预防很重要，平时小儿内衣应穿松软宽大的棉织品或细软布料，不要穿化纤织物，内、外衣均忌羊毛织物以及绒线衣衫。

要密切注意患儿的消化状态，观察其是否对牛奶、鸡蛋、鱼、虾等食物过敏。母乳喂养的宝宝，母亲应避免进食这类容易引起过敏的食物。

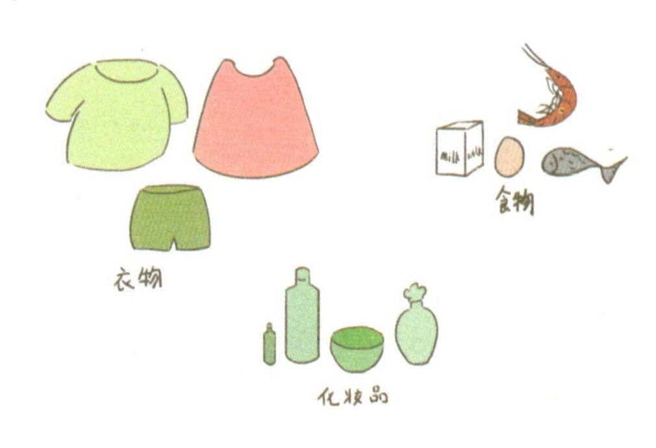

患儿要避免碱性肥皂、化妆品或者香水等物的刺激。发病期间不要作卡介苗或其他预防接种。更要避免与单纯疱疹的患者接触。

脓疱

症状：毛孔的根部红肿（在没有毛发的地方就不会出现），不久有脓出现，稍稍红肿并感觉疼痛，严重时会感觉发冷，一旦皮肤破裂而流出黄色的脓，红肿与疼痛均会消失。

原因：皮肤的毛孔受葡萄球菌感染而发炎，轻微化脓时称为毛囊炎。

防治：不要碰到化脓的部分，保持安静，当脓块自然流出时，只轻轻擦去便可痊愈，可采用软膏、冷湿布及内服抗生素等来处置，严重时应该进行手术使脓流出。

水痘

水痘患儿应利用通风、紫外线照射暴晒方法消毒

症状：潜伏期为2～3周，会有轻微的发烧，全身都会出现红色斑点，斑点中间还会出现水泡，水泡开始是透明状的，渐渐地会发白变浊，最后结成黑色疮痂。

原因：水痘常发生在春天至夏天之间，几乎所有的小朋友都要经历。

防治：①接受预防接种是最有效的方法。②将孩子指甲剪短以免抓伤。③准备易消化、刺激性少的食物。

传染性红斑（苹果病）

症状：潜伏期为1周，患者两边的脸颊都会长出鲜红色斑点，像苹果一样发红。也会有潮红、疼痛、瘙痒等症状，肩膀、手脚均会出现了像蕾丝网状模样的红色斑点。

原因：此病多发生于冬天到春天，这个时期是病菌感染的高峰期，家长应该密切留意。

防治：宝宝患病期间应该避免长时间照射太阳和洗澡时间过长，否则疹子可能会增多。如果宝宝没有发烧，脸颊却出现潮红，就要及时去看医生。

手足口病

手足口病传播途径： 画面上下结构，上方并排画毛巾、牙杯。下方并排画宝宝餐具、玩具

症状：潜伏期为3～6天，患者表现为手掌、手指腹、嘴唇、嘴里、脚底、屁股、膝盖附近会长出水泡，但不会蔓延全身，多半只是出疹子，偶有腹泻、呕吐等症状。

原因：手足口病多流行于初夏到初秋期间，传染性强。

防治：发现宝宝出现症状时，应该立即看医生诊治，并注意宝宝的个人卫生。由于此病会由喷嚏、咳嗽、粪便传染，因此，家长要特别注意宝宝的卫生，注意宝宝餐具、玩具等用具的卫生清洁。

婴幼儿心理与行为障碍

婴幼儿常见的心理与行为障碍有遗尿症、孤独症、多动症等。下面分别对这些疾病的临床表现和相应的治疗、护理方面的知识进行详细的介绍，让爸爸妈妈们对这些疾病有所认识，以便能及时地应对。

遗尿症

正常情况下，10～18个月的婴幼儿即可开始训练其自觉地控制排尿，但有些幼儿到2～2.5岁时夜间仍会无意识地排尿，这是一种生理现象。西医治疗遗尿症，可用氯酯醒、盐酸丙咪嗪、苯甲酸钠咖啡因等。

如果在3岁以后白天还不能控制排尿或不能从睡眠中醒来而自觉地排尿，这种病症称为原发性遗尿症或夜尿症。

有些小儿在2～3岁时已能控制排尿，至4～5岁以后又出现夜间遗尿现象，则称继发性遗尿症。此症多见于10岁以下儿童，偶可延长到12～18岁。

在患儿经常排尿的钟点前唤醒其排尿，可有助于训练孩子的排尿习惯

人群

遗尿症大多见于易兴奋、胆小、被动、过于敏感或睡眠过熟的儿童。个别病儿有家庭性倾向。

原因

绝大部分小儿遗尿是功能性的，是由于大脑皮质及皮质下中枢的功能失调所致。引起功能性遗尿的常见原因是精神因素，如突然受惊、过度疲劳、骤换新环境、失去父母照顾及不正确的教养习惯等。

症状

患儿常在夜间熟睡时梦中排尿，尿后不觉醒，轻则一夜一次，重则一夜多次，并且时好时坏。

患儿常感羞愧、恐惧，精神负担加重，以致产生恶性循环，增加遗尿的顽固性。

防治

自幼要用良好的方法培养、训练小儿的排尿习惯，避免不良刺激。同时要训练膀胱正规排尿，傍晚以后不用流质饮食，少喝水，临睡前排尿。建立合理的生活制度，鼓励患儿树立信心。

孤独症

主要表现为患儿精神活动与环境脱离，行为离奇、孤僻离群，易沉缅于自己的病态体验中，别人无法了解其内心的喜怒哀乐。其特征是：

极度孤独	患儿平时不愿其他孩子一起玩耍，老是呆在家里，对周围事物漠不关心，无论发生什么事都不闻不问，整天沉浸在个人的小天地里。
情感冷淡	患儿对人缺乏相应的情感体验，常避开别人的目光，缺乏与人眼对眼的注视，很少向远处张望，面部常无表情。
语言障碍	患儿语言发育迟缓，主动说话少，时常缄默不语。有的患儿不用语言表达自己的需要，而喜欢拉着别人的手去拿他想要的东西。有的患儿不理解别人的语言，不能与人交流。
适应困难	有些患儿往往强烈要求保持现状，不肯改变其所在环境、生活习惯和行为方式，如反复不断要吃同样的食物、穿同样的衣服、做同样的游戏。在吃饭或做游戏时，其用具或玩具的位置要固定不变，如有变动，即出现明显的焦虑反应或大哭大闹现象。
特殊依恋	患儿突然对人反应冷淡，但对某些无生命物体或小动物（如杯子、小鸡等）表示出特殊的兴趣，并产生依恋。如果夺走其依恋物，便显得焦虑不安或哭闹不休。

另外，有些患儿有不同程度的智力障碍，如出现恐惧、多动、少动、哭闹不止及情绪波动、睡眠障碍等。

一般来说，在2岁半左右，可以发现并确诊儿童孤独症。如果家长发现自己的孩子0～1岁时很少哭，或一直不哭，到别的孩子都能说话的时候，他还不说话，或者有文中所述的一些典型症状的话，应该带孩子到专门的医院去检查鉴定。

家长如果发现孩子患了孤独症，也不要过分担忧。无论孩子患有哪种程度的孤独症，只要及时采取针对性的教育措施，科学地改变孩子目前的生活及生活环境，便可以相对减少孩子孤独症的表现，使其得到健康的发展。近年来，儿童孤独症的治疗矫治方法可以说是层出不穷。

对症治疗或药物治疗，虽然它对孤独症患儿不一定是必需的，并不能改变孤独症的病程、结局，但是在某种程度上它可以控制患儿严重的行为和语言障碍。也就是说，对症治疗可能是对一些有行为问题儿童治疗的基础。

对孤独症来讲，行为矫治和教育训练的实施疗效更佳。

对存在注意力不集中、活动一刻不停的患儿，可试用中枢神经兴奋剂，如哌醋甲酯（利他林）和苯异妥因（匹莫林）等药物。

对有行为紊乱、刻板行为、模仿言语、情绪不稳定、尖叫等症状的患儿，可以使用抗精神病药物中的氟哌啶醇、奋乃静、氯丙嗪等。

对有严重攻击行为、冲动、活动量较多、自伤行为的患儿，可使用卡马西平、纳屈酮等治疗，前者对伴有癫痫发作的患儿效果更好。

教育训练是治疗孤独症患儿最主要、最有效的方法。教育训练操作者多为家长和特教老师。训练成功与否，首先取决于家长和老师是否对患儿有爱心、耐心和热心，能否常与孤独症患儿交往，使患儿先对训练者感兴趣，双方能相互沟通，这一阶段往往是最困难的阶段。然后，把要学的技能分成若干个细小步骤来完成，而不是一下子就全部教给他们。孤独症患儿很容易因失败而烦躁或放弃学习，所以，在训练中要边教边做边鼓励。

多动症

多动症是一个较长时间的心理问题，幼儿什么时候开始患有多动症，不像其他疾病那样能够说出确切的发病日期，但多动症的实际发病时间多半是在幼儿时期，有的甚至早在婴儿时期，但其求医就诊的年龄多数为6～12岁，此时孩子已经进入学校学习，由于课堂纪律要求严格，使其症状更为突出，从而引起父母的焦虑不安和学校老师的关注。

多动症的孩子早在婴幼儿时期就会显得多余兴奋，父母要及时发现诊治

多动症的表现

多动症的表现因年龄段不同而各异。有半数以上的患儿早在新生儿时期就会出现兴奋、多动和睡眠障碍；到幼儿时期往往表现得异乎寻常地活跃，整天动个不停，但多半无目的性，而且情绪不稳定，常常会带有冲动性。

多动症的核心问题是注意障碍，患儿常常表现出缺乏自我控制能力。无意义的多动是其最常见的表现，动作属无目的、无规定、无定向的乱动，有时带有爆发性或突击性冲动。

学习困难也是多动症的一个突出症状，50%～60%的多动症儿童有不同程度的学习困难，有的表现在语文上，有的表现在数学上，有的表现在运动协调功能方面，如写不好字、画不成画、不会做手工、经常受伤等。

不服从管理、不遵守规则是多动症患儿的另一个严重问题。有的多动症儿童从小就不听话，不服管教，不遵守规则，自行其事，存在社会适应功能障碍，人际关系紧张，日后可能会发生说谎、偷窃、逃学、斗殴、自伤、伤人以及犯罪等不良行为。

多动症儿童不宜食用： 画面上下结构，上边并排画番茄、苹果、橘子，下边画贝类、皮蛋（切开的）、爆米花

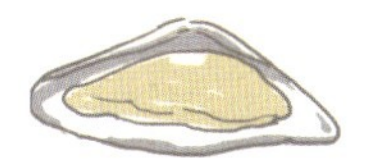
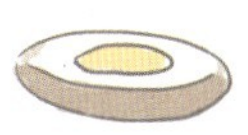

①含水杨酸盐类多的食物 ②含铅高的食物

多动症的判定标准及排除标准

到目前为止，尚无明确的病理变化作为诊断多动症的依据，所以仍主要是以患儿的家长和老师提供的病史、临床表现特征、体格检查（包括神经系统检查）、精神检查为主要依据。

症状标准：与同龄的大多数儿童相比，多动症患儿的下列症状更常见（具备下列行为中的八条即可认为有此病症）。

1. 患儿常常手脚动个不停或在座位上不停地扭动。

2. 要其静坐时难以做到，容易受外界刺激而分散注意力。

3. 在游戏或集体活动中不能耐心地排队，等待轮换上场。

4. 常常别人问话未完即抢着回答。

5. 难以按照别人的指示去做事，比如不按要求做完家务事。

6. 在做作业或游戏中难以保持注意力集中。

7. 常常一件事未做完又换另一件事去做。难以安静地玩耍，经常话多。常打断或干扰、扰乱别人的活动，如干扰其他儿童的游戏。别人和他/她说话时常常顾左右而言他。常常在学校或家中将学习和活动要用的物品（如玩具、铅笔、书和作业本）丢失。

8. 常常参与对身体有危险的活动，而不考虑可能导致的后果（不是为了寻求刺激）。

排除标准：不是由于广泛性发育障碍、精神发育迟滞、儿童期精神障碍、器质性精神障碍、神经精神系统疾病和药物反应等引起。

多动症的治疗方法

多动症治疗上应根据患儿的具体表现来制定综合性干预方案。药物治疗虽然能够短期缓解部分症状，但是更多的是要依靠心理治疗。

心理

主要有行为治疗和认知行为治疗两种方式。前者利用操作性条件反射的原理，帮助患者学会适当的社交技能；后者主要解决患者的冲动型问题，让患者识别自己的行为，选择恰当的行为方式。

家庭

家庭成员都应关心多动症儿童的问题和成长，要对他们表示理解、同情，为他们分忧，不要歧视或责怪他们。父母是儿童的第一任老师，父母的正确认识和积极心态在辅导干预过程中起关键作用。

学校

学校老师和同学对多动症儿童的问题也应有足够的认识，要关心和爱护他们，帮助他们克服困难，树立信心，有条件时可为多动症儿童建立个别化教育。听取医生的建议、指导，配合好治疗工作。

饮食

多动症的主要诱因是由于孩子体内血铅含量过高，而补锌硒可以降低体内铅的含量。平时多吃含锌、硒丰富的食品，如鱼、瘦肉、花生、芝麻、奶制品、蘑菇、鸡蛋、大蒜等都可以有效补锌排铅。

鱼虾是含锌、硒丰富的食物

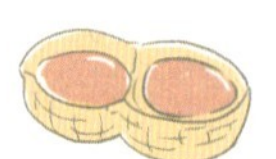

婴幼儿意外事故预防与处置

- ▲ 注意预防可能的意外事故
- ▲ 意外事故发生时的应对方法
- ▲ 各种急救方法

注意预防可能的意外事故

预防预防，妈妈要深谙未雨绸缪之道，防患于未然，把能威胁或者可能威胁到孩子健康和生命安全的隐患拦在宝宝身外，为宝宝营造一个尽可能安全的成长环境。而做到这一点，首先就要妈妈们了解和清楚宝宝通常会遇到什么样的危险事故，哪些情况会造成这些事故。

● 防止窒息事故

窒息，是一种可以无声无息给孩子造成威胁甚至夺去孩子呼吸和生命的“无影杀手”。妈妈们必须要对窒息这种危险有足够的认识。

以下给妈妈们介绍几种常见的可能造成宝宝窒息的情况：

1 被子盖得过厚

宝宝，尤其是处于婴儿时期的宝宝，他们的身子骨还很脆弱，通常都不能自主调节姿势，因此厚被子如果盖得过高，很容易压埋住婴儿的口鼻，造成窒息。

2 父母陪睡时不小心压迫到婴幼儿

有的父母即使有婴儿床也喜欢让孩子跟自己睡，但其实这样做有很大的隐患。父母的身体比宝宝重、比宝宝大、比宝宝硬，睡觉时手臂或其他部位如果堵住宝宝的口鼻或者压迫呼吸道，那么宝宝就有窒息的危险。

POINT：最好还是让宝宝自己睡婴儿床，而且就放在离自己不远的地方，以便照顾。

3 宝宝俯卧着睡

宝宝有时候会不自觉地 俯卧着睡，如果底下还铺着软厚的被子，那么危险程度便会加深。况且宝宝即使感到呼吸困难，也不会自主调节睡姿，因此妈妈必须警惕。

4 小玩具等

宝宝天性好奇和好玩，他们不知道什么是危险，因此他们经常会将随手可拿到的玩具（如奶嘴、硬币、纽扣、别针等东西，塞入口鼻，由此造成呼吸堵塞。

5 食物

婴幼儿嘴巴和喉咙都比大人脆弱狭窄，妈妈们都知道要小心喂食。但是不排除不清楚的人看见婴幼儿可爱的样子，错误的喂他们吃些粘性的食物、坚硬的豆子、润滑的果冻等。当然，也有婴幼儿不知道这些食物的危险，随手摸到自己放入喉咙的，造成喉咙堵塞，甚至窒息的。

POINT：以前就有小孩吃果冻堵塞喉咙的情况。

6 吃奶过量

有的妈妈总担心宝宝饿着，不知不觉就宝宝就被喂了过量的奶。但是其实宝宝吃奶过量很容易呛着或吐奶，让牛奶吸入气管，造成难受甚至窒息。

7 宠物压迫

很多家庭都会养宠物，但宠物又很喜欢偎着人睡。假如是体型较大的宠物大的人还好，但对于孩子，尤其是婴幼儿来说就有危险了。婴幼儿的体型很小，加之娇弱无力，如果宠物躺在他们身上睡觉，即使压住他们的口鼻，让他们不能呼吸，他们也无力推开宠物。

8 婴儿床

婴儿睡在婴儿床里，如果婴儿床的栅栏空隙过大，婴儿一旦会自主挪动，头就可能会卡在栅栏之间，造成窒息。

9 塑料袋罩头

塑料袋作为一种庞大的垃圾，随处可见。有时候起风了，我们还可以看见塑料袋像只风筝似的飘在空中。甚至，塑料袋飘着飘着，最后居然罩住婴幼儿的头，令其窒息！

10 紧衣服

孩子穿过于紧身的衣服，很容易被衣服勒住脖子，令其窒息。特别不要购买拉绳连帽衫的衣服给宝宝穿，衣服颈部的绳带可能缠绕在孩子脖子上造成窒息。而且，在游玩时，带子可能会勾住扶梯、滑梯、移动的车辆而造成危险。

● 防止坠落事故

“高不可攀”，这个成语仅仅看字面的意思，那就是告诫人们“高处的地方不可以攀爬”，凡是高的地方就潜伏着不知不觉的坠落危险。因此，我们可想而知，对于孩子而言，高处更是一个危险所在，孩子很容易就会从各种各样的高处坠落，妈妈们必须注意。

以下是宝宝可能坠落的几种情况，妈妈看了之后可要提防哦。

1 睡觉不安分

小孩生性好动，如果床没有围栏，或者甚至是在沙发上睡，一个不慎，就会跌落在坚硬的地上，结实地摔一跤。

宝宝好动，如果家中没有购买有栏杆的床，那就在地上垫上毯子，以防止宝宝摔伤

2 浴槽滑落

沐浴的时候，宝宝若全身都涂上滑腻的沐浴露或香皂，加之好动闹腾爱玩，就可能整个人滑落浴槽，磕到身体。

浴槽太滑，不适合好动的宝宝洗澡，尽量选用塑料澡盆给其洗澡

3 阳台坠落

家长有时候很喜欢抱着宝宝在阳台看风景、打电话，一个疏忽顾不上，宝宝就很容易从阳台坠落。也有的宝宝已经会爬会走，在妈妈不注意的时候，甚至妈妈不在家的时候爬上阳台的，极其危险。

4 楼梯滚落

家里有楼梯的地方，入口最好时常关好，大人如果出入，最好能随手关紧，防止会爬会走的宝宝好奇进入楼梯，甚至从楼梯上滚落下去。大的孩子如果调皮，从楼梯扶手滑落，也很可能滚落。

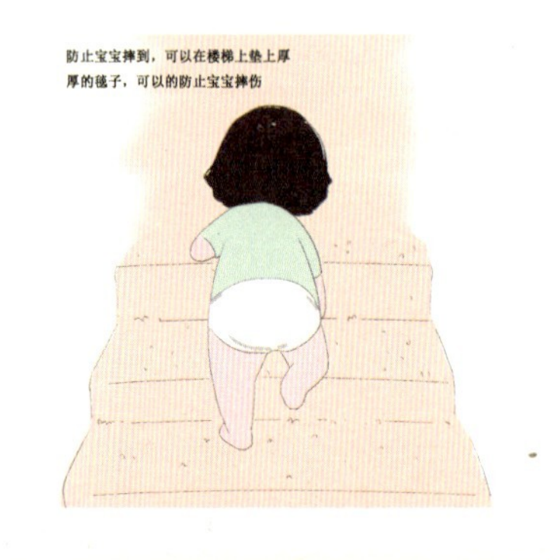

防止宝宝摔到，可以在楼梯上垫上厚厚的毯子，可以的防止宝宝摔伤

5 从溜滑梯上滚落

孩子慢慢长大，到了爱玩的年纪，自然就会很喜欢玩溜滑梯，但是一个不注意没踩好，或者直接坐在扶手上滑下来，就会发生坠落事件。

6 爬上高的地方摔倒

小孩一旦会爬会走，看到高处的稀奇东西就很容易会被吸引，从而很自然地千方百计爬上去。假如这时候底下正好有一张小凳子或者其他东西，孩子就更容易爬上去了。当然，爬上去不是问题，但孩子通常站不稳或者爬不稳，从高处摔下来，那就真是恐怖的危险。

POINT：稍大的男孩子通常都会很顽皮，他们喜欢爬树，但显然，爬树也是危险的。即使安全无恙甚至轻轻松松地爬上去了，但如果在上面站不稳，也会有摔落的危险。

9 席子上滑倒

席子通常都很滑，而且似乎越是贵的席子就越滑，如果妈妈把孩子放在席上，孩子闹腾地走来走去，蹦蹦跳跳，就会滑倒。而且，如果滑倒在坚硬的地上，那就很有可能演变成危险的滑倒。

7 窗户坠落

当孩子会爬会走的时候，无论多大，床如果靠近窗户，或者窗户很低，而且没有防护栏的话，那孩子就有可能从窗户坠落。

8 从婴儿车上跌倒

婴儿车的安全带没有系好，孩子拼命抬起脑袋的时候就可能从婴儿车上一头扎到地上。

10 怀中跌落

宝宝顽皮，尤其是3岁之后的宝宝体重加重，妈妈抱着一个不慎，宝宝就会从怀中坠落，尤其磕到头颅更是危险百倍。

POINT：以前就有妈妈抱着宝宝上楼梯，换鞋子时，小孩脸朝下磕在硬硬的楼梯上，娇嫩的小脸立刻青紫的。

防止触电事故

现代社会，电随处可在，也理所应当地成为每个家庭极其需要甚至不可或缺的东西。人们用电煮饭、用电开空调、用电看电视、用电烧水洗澡，总是离不开电。然而凡事都有两面性，有好的地方，必然有坏的地方，每年被电无情电伤和夺去生命的人不可胜数。那么家庭随处可见的电，对年幼懵懂的宝宝又存在着怎样的隐患呢？

1 湿手摸电器

宝宝的手如果碰水或者流汗之后，碰触电器便会有触电的危险。这也是宝宝最常见也最可能触电的情况。

2 雨天触电

我们都知道，电器跟水接触就有产生触电危险的可能。假如孩子雨天在阳台上玩耍，用手抓被风吹下来或者本就低矮的地线，就会触电。

3 损坏的电线

电线用的久了，或者使用不当经常破损，造成漏电。宝宝一旦碰触，便会触电。

4 散热器堵塞

空调等电器要定期清洗，否则散热器被灰尘或其他异物堵塞，很可能会自燃。

5 在有电线的地方放风筝

稍大的孩子玩耍的时候都喜欢放风筝，但是放风筝可以，要是在有电线的地方放，风筝缠到电线，那孩子就有触电的危险。

6 过分使用万能插头

家庭有喜欢使用万能插头，但是在一个万能插头上插入过多大功率的电器，就极有可能造成发热，甚至引起火灾。这时候别说是对宝宝，对大人也很有危险。

7 抠插头

婴幼儿因其天性，经常下意识地会用手指或者其他可接触的东西抠插座孔。

POINT：插座尽量放在宝宝碰不到的高处，或者将不用的插座孔空用绝缘胶布封好。

防止受伤

一个孩子的成长会经历多少次受伤？我们不知道，可是我们知道伤疤经过时间的消磨渐渐变淡，甚至早已不复存在，但当初真的很痛，无论是孩子的身体，还是妈妈的心。造成宝宝受伤的情况多的不可胜数，父母要了解常见的情况，防患于未然。

1 接触刀具

家里总会不可避免地存在各种各样的刀具（剪刀、水果刀、菜刀、指甲刀等），如果没有放好，小孩很容易被割伤，甚至有生命危险！

2 磕伤

小孩子难免会磕磕碰碰。会爬会走的孩子玩耍嬉戏间一个不留神就会被什么东西磕伤；连爬都不会走的小婴儿，行为和活动能力受限，磕伤乍一看似乎不会在他们身上发生，但事实上也存在大人们抱时没留意旁边的门等其他东西进而导致婴儿被磕伤的情况。

3 烫伤

对小孩子来说，一碗热汤、一杯热牛奶、一盆热腾腾的洗澡水，如果喝到嘴里，或者一个不慎洒在身上，都会烫伤。

4 撞到

大一点的孩子已经具备一定的行为能力，他们经常会自己跑出去，可能会在过马路的时候被车或其他东西撞到。也很有可能是在外和其他小朋友玩耍的时候，因为顾着做游戏没有注意旁边的建筑物被撞到。

5 被砸伤

家里总有一些物品被放置于高处，一旦失去平衡便会跌落。即使是轻小的东西，因为重力，从高处滑落下来砸在宝宝身上都会很危险，必须警惕！

6 碰触电风扇

夏季家中常会开风扇，小孩因着好奇的天性很容易就会将手指放入里面，使手指被旋转的扇叶弄伤。

7 刺伤

小点的婴儿将可以拿到的东西塞进嘴里，要是塞进的东西不巧是尖锐的利器，婴儿被刺伤就会发生。大点的孩子喜欢抓着稀奇的东西玩，如果拿到针等利器也会被刺伤。

8 夹伤

小孩子玩弄抽屉，或将手脚放在门缝里面，一面调皮地做开合动作，手脚就会被夹伤。

意外事故发生时的应对方法

妈妈们小心了又小心，谨慎了又谨慎，将防患于未然的工作做到几近完美了，但可恨的是，意外事故还是时而发生，让妈妈恨得咬咬牙。说到这，问题又来了，意外事故通常有哪些呢？又如何处理呢？下面我们说明几种事故及其应对方法。

吞入异物后如何处理

宝宝尚且懵懂，一个不注意，他们就会将手下可以触摸到的东西放入口中，甚至吞入喉咙。这种行为可以说是孩子饿了的自然觅食反应，也可以说是孩子好奇的天性使然。但是，妈妈可愁坏了。孩子要是吞入异物，怎么办？

催吐异物

1 检查情况

先迅速检查情况，以便决定接下来采取什么样的急救方法。注意观察孩子嘴角或者手心、四周，判断孩子吞入的异物是什么、吞入的数量、吞入的时间，以及孩子现在的身体状况（比如面色、脉搏、呼吸等）。

2 用手指取

假若孩子吞进去的是柔软的年糕等可以轻易取出的东西，可让孩子侧躺着，张开喉咙，妈妈用食指轻轻探入喉咙取出。

3 吸尘器

也可让孩子含着吸尘器的前端吸取。但是吸尘器的前端必须清洗干净，否则对孩子造成又一伤害。

4 用镊子夹

鱼刺等尖锐锋利的东西，可以改用镊子。如果不能做到小心翼翼，担心操作不当，鱼刺等尖锐锋利东西刺伤喉咙，最好送医，让专业医生取出。

5 毒物

如果判断是毒物，措施请参照P9。

6 呕吐

让孩子低下头，张开嘴，手指探入孩子的舌头根部刺激，以便引起呕吐，将异物吐出来。

7 采取海姆立克法

如果异物吞入了腹中，要想将腹中的异物吐出，可以采用海姆力克法。它是一种普遍使用，而且十分有效的方式。

● 稍大一点的孩子

将孩子放在膝盖上，让其脸往下，一手贴着孩子的前胸，手指捏住孩子的颧骨两侧，另一只托住孩子后颈，在其背轻轻拍上1～5下。

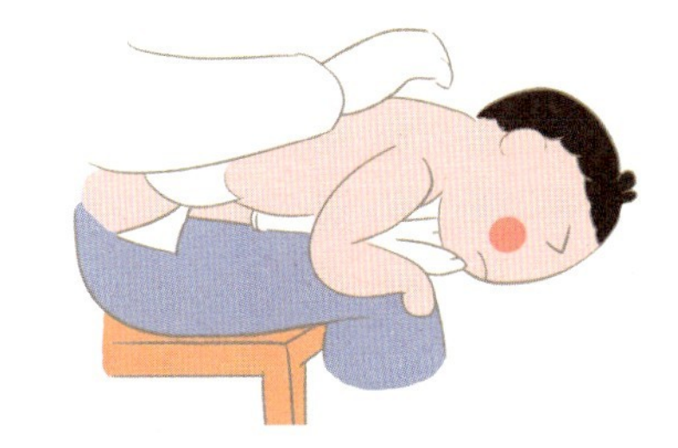

● 婴儿

a．拍背

一只手从下面穿过撑着孩子的身体，让孩子倒着，头朝下，另一只手在婴儿的背上轻拍 。

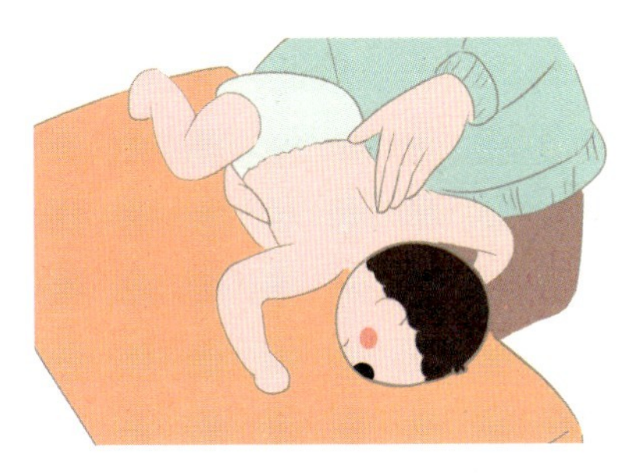

b．压胸

让婴儿躺在腿上，婴儿脸朝上，然后用两只手的食指和中指轻轻压在婴儿胸廓和肚脐之间的腹部上，快速向上重击压迫，直到异物吐出。此外，力度务必掌握好，尤其是父亲力气过大，很容易压伤婴儿。

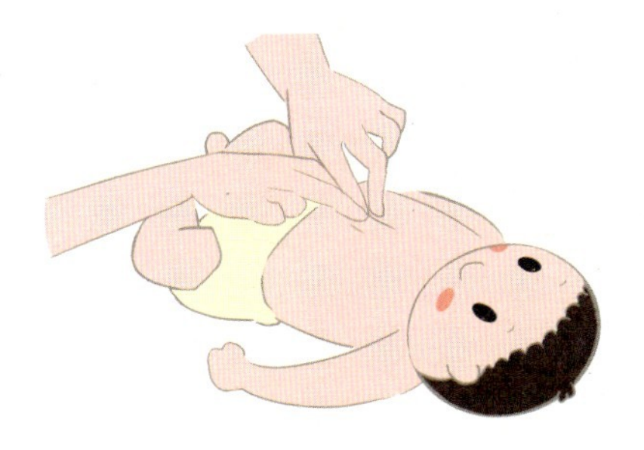

8 催吐催不出来

催吐方法无效，应该立即送医。

9 当没有呼吸时可采取的办法

孩子如果不小心吞入异物，一个最有可能发生的问题就是失去呼吸。失去呼吸就代表着随时失去生命。如果不尽快恢复呼吸，情况岌岌可危。

怎么样让孩子恢复呼吸呢?

首先拨打急救电话，等待救护车的同时，立即千方百计疏通孩子的呼吸道，按上页的方式催吐，取出异物，然后进行人工呼吸。婴儿的人工呼吸请参考P319。

吞进毒物时的处理方法

如果判断得出孩子吞入的异物是有毒的，那情况更是危急，必须尽快抓紧时间找出毒物是什么，抓紧时间将毒物弄出来，让孩子转危为安。

Step 1

喂水或牛奶，从后面抱着宝宝，使其脸稍稍朝下，一根手指探入其喉咙刺激舌根，以便其呕吐出来。但要注意有些是不能喂牛奶的，比如樟脑丸等防腐剂会和牛奶发生反应，避免用牛奶催吐，应该用水或者鸡蛋白催吐。

Step 2

有些毒物吐不出。毒物吐不出来时，要判断毒物吞入的数量和毒性的强弱。如果只吞了一点点毒性不强的毒药，先处理掉喉咙和嘴角残留的，接着观察孩子接下来的面色、呼吸有无异常，再做决定是否送医；如果吐不出来的是毒性很强的毒物，应该毫不犹豫立即叫救护车或者就近送医。

Step 3

有些是不能吐的。例如煤油和农药化学药品，一旦让婴儿吐出，就会因和气管逆流而窒息，甚至引起肺炎；又如盐酸、食醋、碱类等，若吐出会腐蚀咽喉膜。

误吞各种异物的处置方法

误吞的异物	处置方法	是否需要或者可以催吐
烟草（含有烟草的水）	立即送医	催吐
碘酒	灌米汤等淀粉类	不催吐
樟脑丸、防虫剂	喂水（不可喂牛奶）	催吐
驱蚊水、止痒水	喝浓茶	不催吐
酒精		催吐
乳液、口红等化妆品	喂水或者牛奶	不催吐也可以
洗厕所的洗厕精、漂白水、洗涤剂、农药	喂牛奶，紧急送医	不能催吐
玻璃、针、钉子	喂牛奶送医	不能催吐
感冒药、安眠药、退烧药等	喂牛奶或者水	催吐
蚊香、肥皂、体温计中的水银	会和大便排出，给宝宝多吃纤维的东西	不催吐也可以
干冰		催吐
石油、汽油、煤油、指甲油	不准孩子再喝任何东西，立即送医	不催吐

煤气中毒时的处理方法

目前很多家庭多用煤气，煤气中毒的案例也不计其数。而孩子煤气中毒的情况基本上可能是孩子看到煤气罐好奇，拧开了阀门，煤气泄漏，引起煤气中毒。也有可能是妈妈做饭炒菜之后忘了关煤气造成煤气泄漏的。此外，煤气中毒多是在密闭的空间煤气泄漏引起的，在夏天和冬天很容易发生。夏天炎热，大多家庭都选择关窗关门开冷气；冬天天冷，家家户户都恨不得关得密不透风。

煤气中毒的症状：头痛、全身无力、心跳加剧、呕吐。严重的话，嘴唇和肌肤会变樱红色，意识模糊或昏迷，甚至呼吸衰竭死亡。

如果孩子煤气中毒了

① 立刻打开通风口换气，让外面新鲜的空气进入，换掉污染了的空气。随即将孩子抱离充满煤气的地方，换一个空气新鲜的场所。

② 让孩子舒适地躺着，观察和检查孩子的情况，如呼吸、脉搏、面色等等。

③ 孩子尚有意识，即情况轻微，可不送医院，用毛毯包裹保温休息，并喂孩子喝点温水。

④ 情况严重（昏迷不醒、满脸通红）应该立即叫救护车。

⑤ 如果呼吸和脉搏微弱或者停止，叫救护车之后，等待的同时应该立即进行口对口人工呼吸和胸外按压。

异物进入眼/耳/鼻内如何处理

眼睛、耳朵、鼻子是人体内链接外面的重要通孔，因此时常有顽皮的东西通过这三个通孔进入宝宝的体内兴风作浪。假若有异物进入宝宝的眼、耳、鼻，那妈妈可要将异物统统扫出去，保护宝宝的健康和生命安全。以下为妈妈介绍取出异物的几种简单常见的好办法。

No.1 取出眼内异物的方法

首先要记住两点：绝对不能用手揉，眼睛必须朝下。

1 用水冲

用手将孩子的眼睛强行撑开，以适度的水速冲洗。注意过高的水速会损伤孩子的眼睛，甚至有失明的危险，因此必须控制好水速。

2 流泪

流泪其实一直是一种冲洗眼里的异物的有效方法。我们可以试图刺激眼睑或者用其他方法让孩子哭，流泪将异物一起流出。

3 用纱布擦

将眼睑反着别，让孩子的眼睛睁到最大，看清异物所在，然后用沾水的纱布稍稍弄尖快速擦掉异物。

4 眼睛进入刺激性东西

眼睛一旦被刺激性的东西进入，眼睛势必很难受。可以用生盐水反复冲洗，然后立即就医。

5 当眼睛被什么东西刺着时

眼睛被尖锐的东西刺着，无论是孩子自己乱动，还是妈妈胡乱采取措施，都不适宜。稍一不慎，孩子的眼睛就会被刺伤。正确的做法是让孩子的眼睛尽量不要乱动，且立即送医。

让眼睛不乱动的方法：用干净的纱布蒙住眼睛，松松地固定；或者用一个杯子扣在眼睛上固定好（注意杯子必须是干净的）。

No.2 取出鼻内异物的方法

打喷嚏	用东西刺激鼻子使其打喷嚏，将异物喷出。
用镊子	将孩子抱到明亮的地方，头颅微微后仰，待看到异物便可用镊子取出异物。
用东西吸	可以用口对着鼻子将异物吸出。也可找一根吸管放入孩子的鼻子吸出。

Tips：**如果各种办法都取不出，尽快送医。**

No.3 鼻子出血时怎么办

1 压鼻子根部止血

孩子还很小，为了防止血流回去引起呕吐甚至呛到，压住鼻子根部为其止血。

2 棉花止血

不是很小的孩子，立即让棉花塞住孩子的鼻子，帮其止血。

3 将鼻子按住

不是很小的孩子，可以轻轻捏住鼻端，然后稍稍提起来。

4 拍额头

将手弄湿，湿手轻轻而有节奏的拍着孩子地额头。此外，也可以用湿毛巾敷在孩子的额头上，轻轻地拍一下。不过，切勿让孩子将头颅后仰，以免鼻血留回喉咙呛到孩子。

5 血止不住

如果鼻血一直止不住，脖子等处的淋巴肿大，出现贫血甚至青痣，便有必要去医院。

No.4 取出耳内异物的方法

1 用棉花棒或镊子

如果异物没有在孩子耳朵很里面，可用棉花棒将其轻轻扫出，或用镊子夹出。

2 棉花吸

若是水等液体类，用棉花或棉花棒塞入耳中吸掉即可，便捷又彻底。

3 摇晃头部

让宝宝侧着躺，轻轻晃动孩子的头部，将异物震出。但要注意，摇晃的力度千万要适中，以免过于猛烈，造成孩子脑震荡，甚至脑颅受损出血。

4 单脚跳

如果孩子会走了，可以让他自己歪着脑袋，将有异物的那一侧脑袋朝下，单脚跳，将异物跳出来。

5 滴油或用电筒照

如果是小虫子，可以将油（婴儿油、橄榄油、香油等）滴入耳中，将虫杀死然后侧着耳朵取出。另外，如果是活着的虫子，也可在阴暗的地方用电筒或其他照明用具对着耳中照射，因为趋光性，虫子一般都会自己跟着亮光爬出来。

跌倒受伤

跌倒受伤，是每一个宝宝都几乎会经历的事情。虽然这点很令妈妈心痛，但谁说这不是一个宝宝成长的重要印记呢？人生不可能一帆风顺，人只有经历过跌倒，感受过受伤的疼痛，才能更好地成长。那么该如何处理宝宝跌倒受伤的事故？救护宝宝也成为每个妈妈必须了解和直到的事情。接下来就为各位妈妈介绍几种跌倒情况的快速处理方式。

1 撞到头部

撞到头部，第一时间立即拨打急救电话，等待救护车的同时，妈妈和爸爸可以采取一些紧急处理方法。

- 孩子昏迷

确认昏迷程度：轻柔地握住孩子的手，在他耳边轻轻呼唤（切忌抱起来使劲呼唤）。

确认呼吸强弱、有无：把脸挨近孩子的口鼻探呼吸，没有就看他胸部、腹部是否有起伏。有，应立即清理孩子的口鼻，保证呼吸道畅通；没有应立即进行人工呼吸。

确认脉搏强弱、有无：接触孩子的手腕根部和大腿根部的大动脉查探是否跳动，如果无，应该立即进行胸外按压法，让心脏尽快复苏。

确认出血：如果孩子的耳朵和鼻子出血，那么孩子头部内可能出血了，情况十分危急，应急方法见P312~313出血的处理。

- 孩子意识恢复，但精神缺乏，经常昏睡，可能脑组织受损，颅内出血。
- 孩子呕吐、痉挛、抽筋、面色泛青或泛紫甚至头部凹陷进去，牙关咬紧，也有可能是颅内出血。
- 孩子大声啼哭之后照常玩耍，此时情况通常乐观，妈妈不必过分紧张。
- 孩子一旦撞到头部，无论当时情况严重与否，即使孩子像是没事一样，但脑袋也有可能有损伤，应该及时上医院请医生做一个细致的检查，以免撞坏脑筋，智力变低，或者其他更严重的状况。

2 撞到手足

撞到手足，手足受伤的处理方式见P311手足受伤、骨折、脱臼等。

3 撞到胸部

孩子如果胸部这一部位很疼，甚至咳出血丝，那就可能是肋骨骨折或者伤到肺部了，此时情况严重，必须尽快叫救护车，同时让孩子靠在墙壁上，避免压迫胸部。

6 撞到腹部

一旦孩子不下心撞到腹部，妈妈千万不要轻易动孩子，先进行紧急判断处理。即使送医院也尽量不让孩子乱动。

紧急处理：观察孩子面色是否很差，是否出冷汗，是否呕吐，是否呼吸困难，是否出现血尿。如果出现以上一种或者多种情况，都应立即送医院处理。

手足受伤、骨折、脱臼等

手足是一个人最灵活的运动部位，宝宝会爬会走的时候，手足非常容易受到伤害， 甚至因为这样那样的事故造成骨折、脱臼等问题。作为一个妈妈，面对孩子受伤的手足，面对孩子无助的哭泣的呼唤，除了心疼，还应该懂得处理，为宝宝减轻痛苦。

无论怎样的伤口，首先都应该迅速检查伤势，清洗消毒，接下来按情况处理：

No.1 破损

1 **检查伤势：**伤势轻微并不严重，仅仅只是擦伤、破损或者红肿，一般不必送医。

2 **伤口脏：**上面有杂物残留，更要细致地清洁和消毒，以免引起发炎和破伤风等更严重的问题。例如，如果是被尖锐的东西刺进肌肤里面，那就要把东西从肌肤里面完整无缺地挑出来，切不可让它的“残肢破骸”留到里面。

3 **伤口红肿青紫：**敷冷水或冰充分冷却伤口，然后用碘酒或者跌打损伤药酒活血化瘀。但如果情况始终没有好转，最好还是将孩子送医。

4 **伤口出血：**参见下文的流血处理方法。

5 **伤口化脓：**如果出现这种情况，应将脓挤出，尽早看医生。

6 伤口破损一般不是很严重的问题，但也正因为它的不严重令妈妈往往容易忽视，进而引发比之前更严重的伤势。其实伤口即使是轻微的破损，也要小心处理，万万不可掉以轻心。我们尤其强调的是它的消毒清洁工作，也就是要求妈妈们充分清理干净伤口，充分消毒。

No.2 流血

一旦受伤，出血是极其普遍常见的。根据出血情况，判断应该采取的止血方式。

内出血

孩子即使没有啼哭，但如果脉搏一分钟跳动超过120次，体内就可能存在动脉出血的可能，此时应该压迫止血点，及时用止血带止血。

如果腹部鼓起，内脏可能有破裂、大出血，必须警惕!

如果即使将手脚的止血点按住，其他部位仍内出血，应该将孩子的衣服解开弄松，用东西为孩子保温，迅速送医。

轻微流血

如果只留了一点血，通常就是毛细管出血，此时用手指或者手掌按住即可止血。

如果血液慢慢变黑，此时是静脉出血，应贴上创口贴，或者用止血布盖住伤口，并用手指一直按压着，待血止住了便开始包扎。

大流血

大流血一般是动脉出血，甚至是大动脉出血，鲜红的血喷涌而出。应该要一直按压住伤口，并将伤口抬高，高于心脏。此外，即使包扎之后，也要压迫止血点。

- 假如以上办法都无法将血止住，可以用止血带（没有止血带，用围巾、手绢、毛巾等替代也可以）将伤口的部位捆住。

止血的工具，如果没有止血带，这些东西够可以代替。

大致捆绑方法如下：

将伤口包住松松打一个结——拿一根棍棒并旋转棍棒系好伤口——将止血带或毛巾之类的缠绕在棍棒上，并打结——最后拧紧止血带或毛巾，再打一个结固定棍棒。

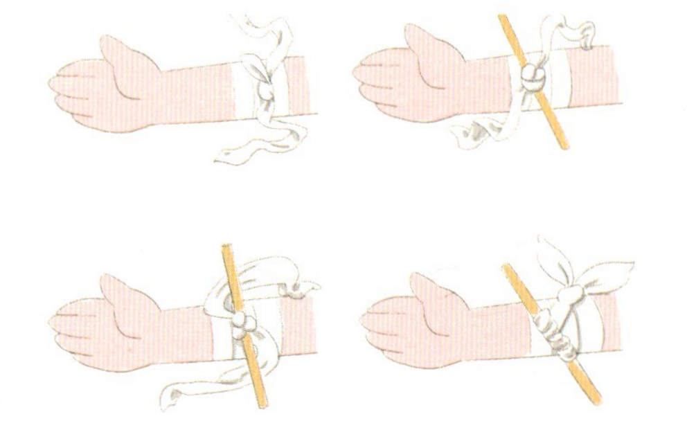

上面也说了，除了绑带包扎，还涉及到一个知识，那就是止血点和压迫方式。因此下面为妈妈们罗列几种出血部位的止血点和压迫方式。

1

出血部位：头皮

压迫点：耳朵前数厘米处

压迫方式：一只手按住，手掌和耳朵形成直角

2

出血部位：肩部到手臂

压迫点：锁骨凹陷处

压迫方式：用力朝肚脐方向推

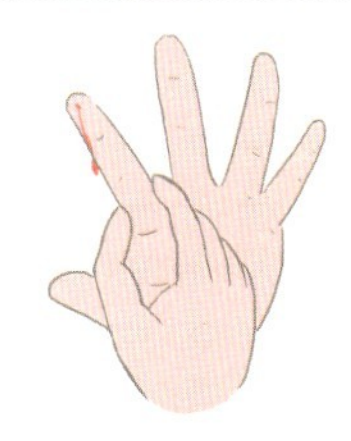

3

出血部位：指尖

压迫点：手指根部处

压迫方式：大拇指和食指用力夹住出血手指的两侧并压迫

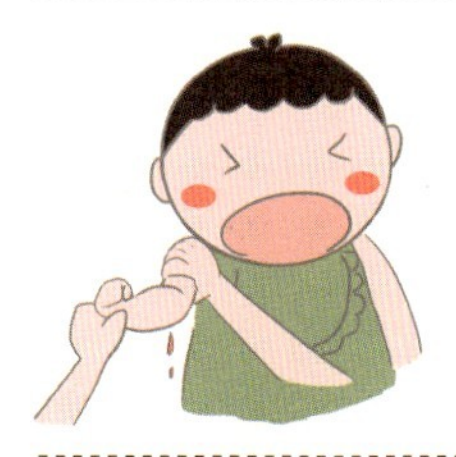

4

出血部位：肘部到手臂上方

压迫点：腋下处

压迫方式：拇指伸入腋下，其余四根手指握住手臂上方或者肘部

5

出血部位：肘部到手臂下方

压迫点：上臂内侧有脉搏的部位

压迫方式：按住即可

6

出血部位：下肢等处

压迫点：大腿根部

压迫方式：手掌放在大腿根部中央

POINT：诀窍都是用力按住。

No.3 骨折、脱臼处理法

孩子骨折、扭伤，除了迅速清洗消毒，紧急的急救处理之外，最好还是尽快送医检查。

首先要记得一点：不要随便乱动孩子。孩子骨折、脱臼，除了显而易见的骨折和脱臼部位，还有其他一时察觉不出来的。假如看到骨折和脱臼就乱动孩子，就有可能给孩子造成二度伤害。甚至，受伤的骨头靠近脆弱的心肺，刺伤或者刺破心肺，给孩子带来极大的生命威胁。

下面就为妈妈们简要介绍几种常用的绷带包扎方法，以便父母更好地保护孩子。

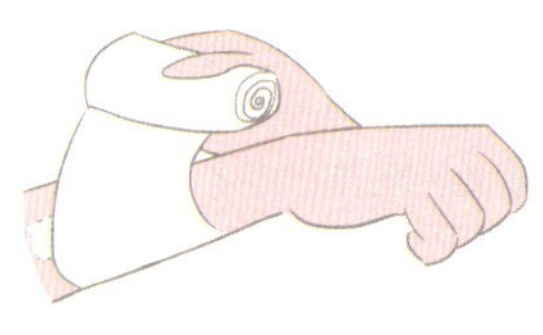

环形包扎法

环形法

适用的部位/伤势： 粗细几乎相等的部位

方法： 第一圈稍微斜缠，第二三圈做环形缠绕，同时将第一圈留出的斜边压在里面，然后重复环缠，最后将带尾剪开，分成两个头打结固定。

蛇形法

适用的部位/伤势： 用于需要夹板固定的伤

方法： 先用环形法缠上几圈，然后以绷带的宽度作间隔向上或者向下间斜缠。

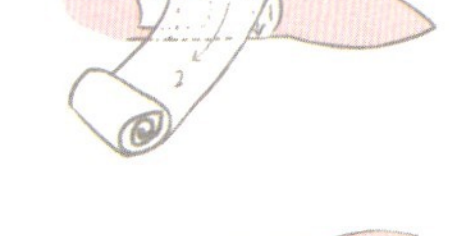

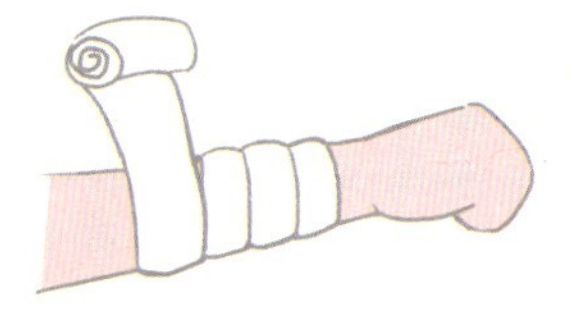

螺旋形包扎法

螺旋形法

适用的部位/伤势： 肢体等同粗细的部位

方法： 先用环形法缠绕几圈，然后每圈按照盖住前面一圈的三分之一或者三分之二缠绕，形状似螺旋。

螺旋反折法

适用的部位/伤势： 肢体粗细不等的部位

方法： 先用环形法缠几圈，然后按螺旋形法缠，缠到越来越粗的地方，每圈绷带反折，盖住前面一圈的三分之一或者三分之二，依次由上自下缠绕。

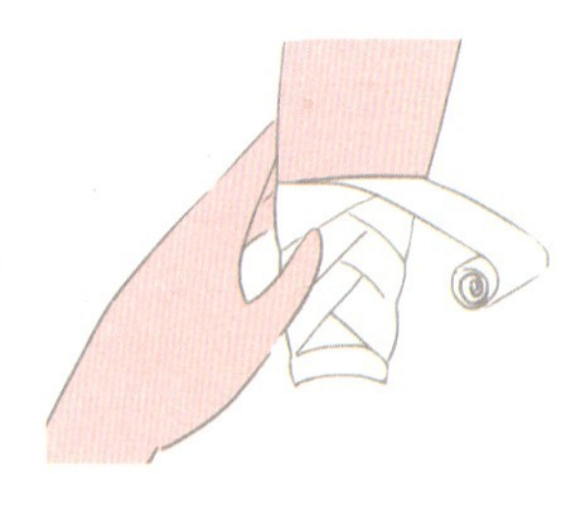

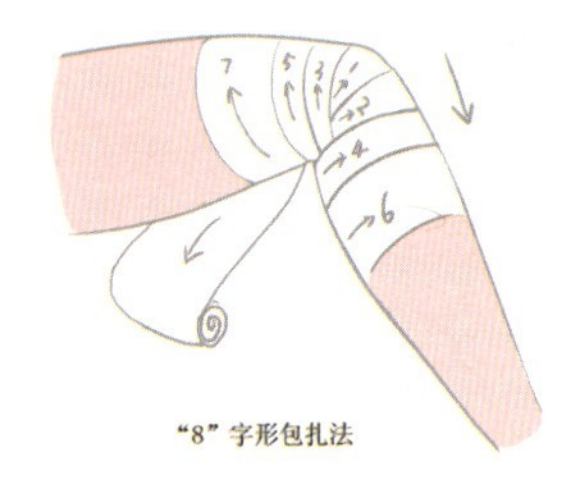

“8”字形包扎法

8字法

适用的部位/伤势： 用于固定关节

方法： 将绷带由下自上缠绕，再由上自下缠绕按8字形缠绕。

被动物咬伤，被蚊虫咬伤

No.1 动物咬伤

孩子被动物咬伤，很多时候都是因为家庭养宠物。诚然，宠物之于人来说，不仅是可爱的动物，更是陪伴和玩耍的伙伴，但是对于宝宝还小的家庭来说，宠物也是一个隐患。如果没有切实处理好宠物的卫生状况，那么宠物就很可能会给宝宝带来细菌等危害。再者，如果一个不注意，宝宝被宠物抓伤或咬伤的情况也会发生。甚至，也是最可怕的，我们不能保证宠物在面对宝宝的时候会不会将宝宝看成食物！因此，宠物虽可爱，但宝宝还小，家里最好不要养宠物。

如果养了宠物，孩子被宠物咬伤，妈妈第一时间要做的就是立即挤掉污血，清洗带病毒的伤口。将手抹上肥皂，放在自来水下充分冲洗，再用碘酒进行细致的消毒，涂上含有抗生素的药膏包扎起来。再者如果是被狗咬伤，考虑到狂犬病的恐怖，再做以上清洗消毒之后，应在24小时之内尽快将孩子送往医院，请医生为孩子注射狂犬疫苗，以绝后患。

● 注意事项：

Step 1

警惕淋巴结肿大—孩子可能会忍不住抓伤口，以至于腋下和大腿根部出现淋巴腺肿大伤口红肿的情况，这时也要去看医生。

Step 2

即使是饲养的狗已经接受过预防注射，仍然应该请医生诊断，不拿孩子的生命作百分之一或者千分之一的冒险。

Step 3

有时候宠物不是在父母的眼前咬伤和抓伤孩子的，伤口也不在显眼的位置，小宝宝因为不会说话只会哭，无法告知父母；大孩子则担心妈妈责怪不敢说，导致父母一时不知道孩子受了伤。所以，父母除了要留意孩子的表情行为外，还应温柔地告诉孩子：受伤了，就要说出来。

No.2 蚊虫叮咬

大千世界包罗万象，大自然不只是我们人类的，蚊虫这些家伙其实也生活在我们身边，离我们很近。因此，不仅我们大人会受到这些家伙的侵袭，宝宝也会。甚者，宝宝的肌肤比我们娇嫩，抵抗力比我们弱，一旦受到这些家伙的侵袭，问题可大可小。

接下来我们就来看看几种被蚊虫叮咬的应对方式。

被蜂类蜇了

很多孩子在室外看到蜜蜂，非但不躲，反而喜滋滋地上前追逐。然而蜜蜂等蜂类又岂是可以随便惹的?

一旦蜂类带着毒针，毒针刺进孩子的肌肤，毒液渗进孩子的体内，为了尽快解决孩子的疼痛和危险，妈妈们可以做以下的工作。

①拔刺

仔细检查，如果伤口留有毒刺，第一时间先将那根可恶的毒刺拔出来。可以用镊子夹取，或者用拔火罐吸取。但是注意不要挤压，以免毒液进入体内。

②吸毒

最好掐住被蜇的地方，用口反复吸，将毒液完全吸出来。吸出来的毒液要立即吐掉，并认真清洗口腔，以免不慎，有毒液残留在口中。

③清洗

将生姜或者大蒜捣烂之后取汁涂在患处，或者捣烂韭菜敷在患处，进一步清理毒液。

④冰敷

被蜂类蜇，一般会有疼痛肿胀的情况出现，孩子难以忍受，可以用冰敷的办法缓解孩子的疼痛。

⑤上药

如果还有必要的的话，可以涂点万花油、正金油。

注意事项：如果孩子对蜂毒过敏，可能会出现荨麻疹、喉头水肿、气管痉挛等状况，严重的甚至出现休克、窒息，妈妈必须警惕！严重的话，尽快送医！

被蜈蚣咬

孩子在外面玩耍，尤其是在外面的湿润草地上玩耍，或者室内经常潮湿，没有注意清洁，就有可能被蜈蚣咬。被蜈蚣咬，轻者局部疼痛、隆起、红肿；重者局部灼热肿胀，剧烈疼痛，甚至出现水泡，淋巴管和淋巴结炎明显。小孩子身体小而轻，小小的毒素也有可能造成全身都有症状，呕吐、发热，有的甚至还会抽搐、痉挛。

因此孩子若是被蜈蚣咬伤了，可按以下步骤处理：

清洗 用碱性肥皂水擦洗伤口。

吸毒 可以用被蜂类蜇了的吸毒方法吸掉蜈蚣的毒液。

消毒 可以把香烟丝捣烂沾点茶油抹在患处。

上药 用泡过的茶叶敷在伤口上。要冷的。

被蚁类、蚊子叮咬

蚊子蚁类似乎是很常见的，尤其是炎炎夏日，如果不注意保持卫生清洁，地上就会有一群接着一群像是行军赶路的蚂蚁队伍，空中就会有一只又一只专门吸血的蚊子在飞来飞去。在这种恶劣的情况下，孩子被叮咬根本不是难以想象的事情。

不过，被这些叮咬，情况基本不是很严重，妈妈不必过于担心，通常用家里常备的清凉油、风油精、花露水等涂抹即可。

但要注意的是，再怎么不成问题的叮咬被叮咬的多了，也就成了问题，所以还是要有所警惕。

被毛虫毒蛾袭击

毛虫毒蛾这两个混蛋，一旦碰触孩子，孩子就会又疼又痒。妈妈还没发觉过来，有的孩子已经下意识抓挠起来，这样后果更严重。因此妈妈不仅要尽快发现孩子的不适，更要在第一时间阻止孩子抓挠患处，立刻给孩子清洁患处并消毒，然后抹上清凉油或者皮炎平软膏等药品。

烫伤、触电

烫伤、触电，多么可怖的字眼！如果有可能，妈妈们绝对不希望孩子碰到它们。但是假如这两个问题就是那么可恨地招惹到孩子了呢？

No.1 烫伤的程度和处置

烫伤非同小可，它通常会造成肌肤坏死和扭曲，给孩子带来疼痛的同时，也会留下丑陋的疤痕和印记。如果这些疤痕和印记无法消磨，孩子就可能会自卑，甚至会自暴自弃。

那么，如果孩子遇到烫伤的问题，妈妈应该怎么办呢？

如果烫伤的伤势轻微，没有起水泡，只是被烫红，家庭自行处理即可：先用水冲20分钟以上，降低伤处的温度，缓解不适。也可以稍后用白酒反复涂抹伤处。随后用纱布等覆盖伤处，用绷带包扎好，上面放置水袋继续冷敷一段时间。

如果烫伤的部位较严重甚至很严重，即使不是大面积烫伤，也要尽快送医，但送之前可以迅速进行一些急救措施：

较严重时：不要立即强行脱衣服，要用大量的水冲洗降温，以免扩大烫伤的面积。衣服可以冲洗后用剪刀等小心翼翼地脱掉，然后裹上湿毛巾或湿棉被送医。

很严重，而且全身性的：不要用水冲，同时不要脱衣服，应该用湿毛巾或者湿棉被覆盖孩子的身体，也不要上药，迅速呼叫急救车。

POINT：如果伤的是脸甚至眼睛，那么第一个念头就是要送医院处理，第二不要用水冲伤处，而是用湿毛巾冷敷进行冷却处理之后即刻送医。

妈妈可以了解一下烫伤的等级

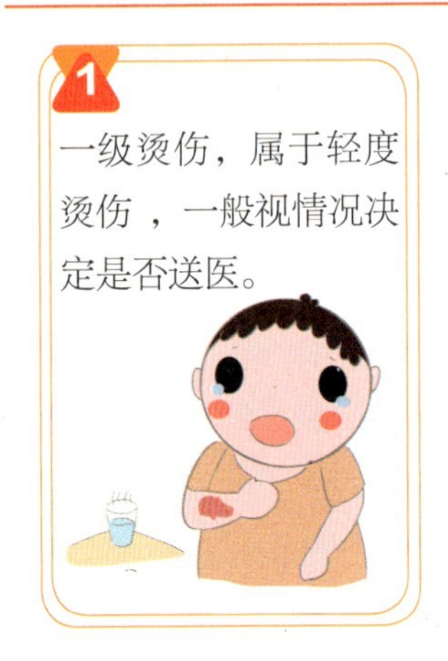

1
一级烫伤，属于轻度烫伤，一般视情况决定是否送医。

2
二级烫伤，属于中度烫伤，立即送医。

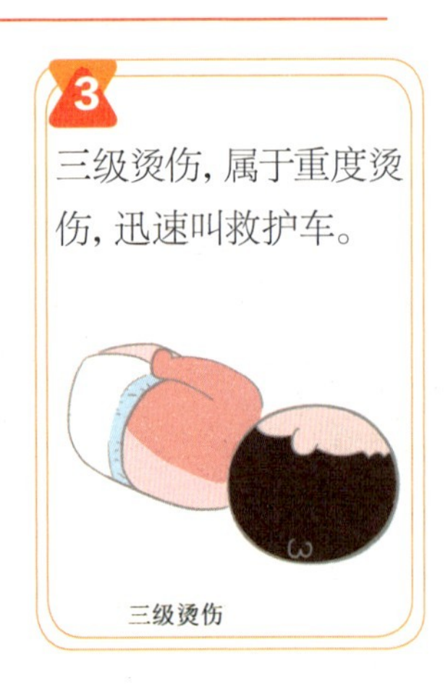

3
三级烫伤，属于重度烫伤，迅速叫救护车。
三级烫伤

No.2 触电事故的处理

目前而言，孩子触电多是孩子没有意识到电的危险，玩弄电器、电器开关、电线或者雷雨中被雷击中。

触电的危险很大，一旦触电，情况轻微的话，被触电的人会面色苍白、头晕、乏力；情况严重的，被触电的人会昏迷、全身抽搐，甚至心跳和呼吸都会停止。而且，通常的触电，稍一严重，被触电的部位都会被电流灼伤，局部组织坏死缺血。

如果孩子触电，父母可以按以下步骤处理：

1 脱离电源

迅速关闭电闸或用干燥的木棒、竹竿等绝缘物体把电线挑开。紧急时刻可用斧头砍断电线，使儿童立即脱离电源。绝对不能用手直接推、拉孩子，这样会导致自身也触电。

2 现场救护

小儿脱离电源后，首先应观察他的呼吸和脉搏。若仍有脉搏而呼吸不规则或停止时，要进行人工呼吸。注意要将孩子平放在地上或担架上，使下颌上扬，这样可以保持呼吸道通畅。在进行急救的同时，一定要迅速通知医护人员或同时送往医院。

3 善后处理

事情处理完，不要忘记找到孩子触电的原因并解决，以防事故再发生。如果是电线破损漏电则换电线，或用绝缘胶布粘住；如果是孩子用湿润的手脚碰触插孔或玩弄插孔引起触电，则将插孔放在孩子接触不到的地方；如果被雷电击到，则注意雨天防雷，教导孩子雷雨天不要呆在大树底下。

Tips：如果小儿心跳呼吸突然停止，在等待救护车的时候，要实施抢救。

1 呼吸复苏

首先清除患儿口、咽和气管内的分泌物，使呼吸通畅，随即进行口对口人工呼吸。将患儿放于硬板上呈仰卧位，稍抬起颈部，使头尽量后仰，使气管伸直。操作者一手托起患儿颈部，一手捏住其鼻孔，深吸气后，对准患儿口内吹气，直到患儿胸部稍膨起，则停止吹气，放松鼻孔，让患儿肺部气体排出。吹气与排气的时间之比应为1：2。吹气频率3岁以上为20~24次／分，3岁以内为30~40次／分。

2 心脏复苏

可采用胸外心脏接压，抢救者以手掌根部按压心前区胸骨处。3岁以内小儿心脏位置较高，应在胸骨中三分之一处按压，深度约2厘米，频率为100次／分。成功的标志是能摸到颈动脉搏动，口唇牙床颜色转红，听到心音。

溺水

水是生命之源，一切的动植物都离不开水，这句话诚然不错，但残酷的是，这个世界每年都有很多人因水而失去生命。宝宝即使活动能力有限，活动范围有限，但一样会发生可怕的溺水事件。家里水盆里的水或者外面小洼中的水就足以威胁他们的生命安全，作为妈妈不得不防。

No.1 溺水事故处理

妈妈发现的第一时间要立即捞起宝宝，然后判断宝宝的意识有无、呼吸有无、心跳有无。如果毫无反应，应立即清理宝宝的口鼻咽喉，保证呼吸道畅通。

如何清理?

用手指探入宝宝的口腔喉咙将异物抠出。

让宝宝仰面躺着，将脖子稍稍转过来，两只手的拇指伸入宝宝的口里，使其下巴向上提。如果有水涌出，要及时将宝宝的脸侧向一边，避免水流入气管。

可用海姆立克法将异物吐出来。

也可以将孩子翻转过来，使其头朝下，然后膝盖轻顶宝宝的腹部，让腹中的积水吐出来。（如果宝宝喝入腹中的水量少，可以不必强行将水逼出来）

一直进行，也可
穿插胸外按压，
直到恢复呼吸，
不要停止

做了以上工作，宝宝仍没有呼吸，应立即进行人工呼吸；如果连脉搏都没有，则要进行胸外按压的工作。两者兼做，可以做一次人工呼吸，再做五次胸外按压，如此反复，直到心脏和呼吸恢复。

注意事项：情况十分严重时，应呼叫救护车。但是等待的时候，一定要不放弃地继续急救。

No.2 被汽车撞倒

1 车祸事故发生的情况

孩子还小，行动能力和活动范围都是有限的，因此出车祸一般是婴儿车跟其他东西碰撞，或者和妈妈或者爸爸外出散步购物时被撞到，再或者就是和其他小朋友玩耍的时候没有注意到公路的车从而被撞。

2 伤势的急救

孩子一旦发生车祸，第一时间立即检查判断孩子的伤势，严重时立即拨打急救电话，并不要轻易动小孩，以免使伤势恶化。

等待救护车的时候，如果孩子尚有意识，应该让其躺下，出血的止血，骨折的装夹板、用绷带或者其他可代替的布包扎；没有意识，甚至没有呼吸时，应立即进行人工呼吸，没有脉搏再辅以心脏复苏法。

● **注意：**有一种情况是宝宝产生休克，妈妈应该要尤为警惕小心。

1休克症状：面色苍白，四肢冰冷泛白，体温下降，血压异常，意识模糊甚至丧失。

2应对：宝宝尚清醒就把他放在平整的地方，抬高下肢；宝宝已经失去知觉就让他侧着躺，脸偏向一边，以免被呕吐物、血等其他东西呛到。另外，还要注意给孩子保温！

最后一点，但并不是可有可无的一点：如果自己没有把握处理，救护车没来得及到达，可以呼叫现场有无经过的医生护士人员，请他们进行处理，以免处理不当给孩子造成二次伤害，或者延误了急救时间。

中暑

长时间在高温的地方被太阳照射，或者在紧闭的高温室内，即使是大人也会有所不适，体弱的更时常中暑晕倒，更何况娇弱的孩子自身的体温调节机能还未成熟，他们更容易中暑晕倒。

No.1 晕倒时的处理法

中暑的症状：面色红润，起初烦躁苦恼，然后筋疲力尽，头昏、没精神，呼吸脉搏加速，体温急剧升高。

发现孩子中暑，甚至晕倒，立即将孩子抱到遮荫或者阴凉的地方，解开孩子身上的衣服，同时用冷水（不要用冰）弄湿毛巾擦拭孩子的头部、手足以及全身，让其体温迅速散热。也可以给孩子喂点盐水（凉的即可）。此外，家里的常备药风油精和清凉油也可以适当涂抹在孩子的太阳穴和耳朵背上。

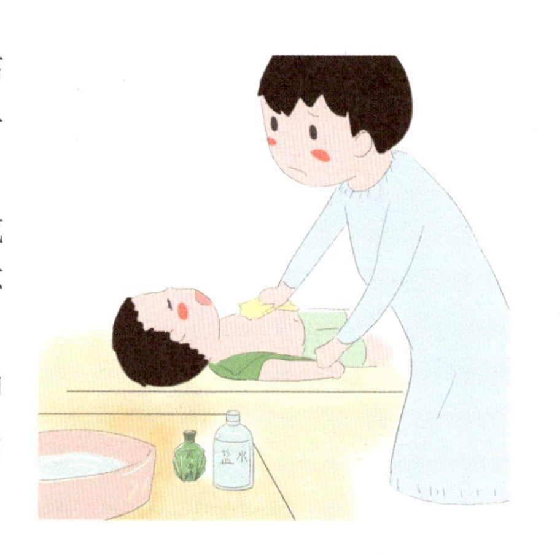

No.2 小心日射病/热射病

不要让孩子长时间暴露在强烈的太阳底下

日射病：直接在烈日的曝晒下，强烈的日光穿透头部皮肤及颅骨，引起脑细胞受损，充血、水肿；进而出现剧烈头痛、恶心呕吐、耳鸣、烦躁不安、昏迷甚至抽搐等情况。

不要把孩子长时间安置在高温的封闭空间

热射病：身体产热过多，散热不足，体温急速飙高。起初大量冷汗冒出，然后无汗、呼吸变得微弱而急快、脉搏细速、整个人神志模糊、血压下降，继而昏迷，甚至四肢抽搐。严重的可能会导致脑水肿、肺水肿、心力衰竭等。

注意事项：日射病和热射病都是中暑严重的两种情况，要立即送医院，并迅速按上面所说的解决方式散热，冷却体温。

各种急救方法

日常生活中，我们会遇到许许多多的意外和危险，更别说宝宝了，他们行动能力太弱，缺乏自我保护意识，发生意外危险的几率更大。而在等待就医的时候，就需要父母及时为孩子实施各种急救方法，帮孩子缓解疼痛与病情。

● 人工呼吸/胸外按压

“人工呼吸”和“胸外按压”，这两个名词相信很多人都不会觉得陌生，陌生的是操作方法。当然，也有不少人声称知道它们的操作方法，但事实上，很多人知道的不过是一个模糊的操作方法，并不清楚清楚正确的操作方法。因此，真正临到事了，真正会这两种技能的人少之又少。

作为妈妈，如果知道而且熟练掌握这两个技能，相信对保护孩子会有更大的自信。因为——它们是急救的两大法宝！

No.1 人工呼吸法

宝宝没有呼吸时施行。

让宝宝仰卧着，首先清除口鼻的异物，使呼吸道保持畅通状态，随即一手放在宝宝的下颌，让其头颅向后仰，一手放在宝宝的额头，俯下身子口覆住宝宝的口鼻开始呼气。一面呼气，一面观察宝宝的胸腔和腹部是否出现起伏，如果有，可以做两次平缓的呼气，再查探宝宝是否恢复呼吸和心跳。

注意事项：宝宝的肺活量比我们要小，给宝宝做人工呼吸切忌过于猛烈呼气，以免造成宝宝肺损伤。

No.2 胸外按压法

宝宝有脉动的时候，切忌胡乱施行胸外按压，以免造成宝宝心跳紊乱。

妈妈首先可以探一下宝宝是否有脉动：一手压宝宝额头，另一手的食指和中指放在宝宝的颈动脉处，仔细地感觉颈动脉是否有脉动。如果没有脉动，那么应立即进行胸外按压。

双指法

让宝宝平躺着，双膝分开跪在宝宝的肩膀和胸侧，根据宝宝体型决定用两根或一根手指按在宝宝两个乳头的水平线下方（不要压到剑突，以免造成宝宝肝脏破裂），然后垂直向下按压，一按一放，力量适中，动作均衡有节奏。

拇指法

如果宝宝很小，两手可以环抱的话，可以用双手合抱宝宝的胸部，两根大拇指在胸口下方按压，两手的其余四根手指都放在宝宝的背后。

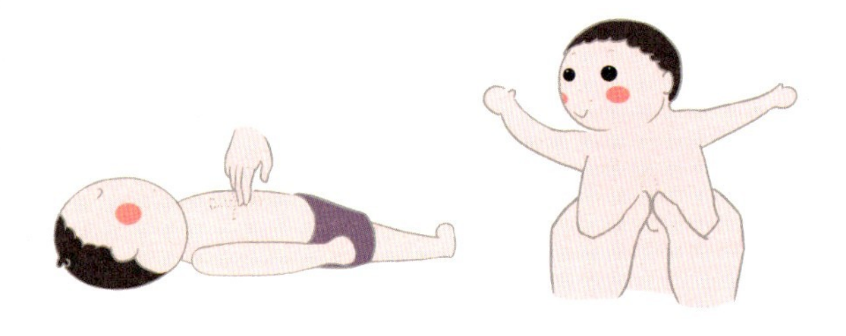

注意事项：宝宝身子脆弱，给宝宝做胸外按压，切忌用过于用力，以免造成肋骨骨折，刺伤心肺脾脏。

宝宝如果没有呼吸，也没有心跳，应该进行心肺复苏，即人工呼吸和胸外按压轮流进行。可以做一个人工呼吸、五次胸外按压，如此交替进行。

急救用品的使用方法

巧妇难为无米之炊，同样的，急救也需要用品。

有一句话叫做“磨刀不误砍柴工”，说的是“准备”的重要性。而“急救药品”之于“急救”又何尝不是一种重要的“准备”？

No.1 检查和了解药物

定期检查家庭药箱里面的药物的保质期，及时清理过了保质期的药物，并及时补充和完善药物，以免着急使用药箱，手忙脚乱之际，错误给宝宝用了过期的药物，或者直接无药可用。

了解家庭常备药物的功效：

阿莫西林	消炎
999小儿颗粒	感冒风热（也可以用葵花感冒颗粒）
云南白药	跌打损伤、活血化瘀
碘酒、酒精	消毒、消肿、降温（伤口破损时，若两者都有一般先用碘酒再用酒精）
风油精	蚊虫叮咬、头痛、皮肤瘙痒（皮肤破损最好用清凉油或者正金油代替）
皮炎平	皮肤瘙痒等皮肤炎症
创口贴	止血消炎，防止伤口感染
绷带	骨折包扎
止血带、纱布	止血包扎
棉花棒	清洁、涂药工具
镊子	夹取
体温计	量体温
水枕、冰枕	降温（发烧、中暑等）

注意事项：有的药品大致功效一样，有时可以通用，但即使可以通用，也不是任何时候都可以，妈妈要仔细阅读药品说明书，或者咨询医生，了解药物的副作用、禁忌、服用的次数和剂量。

No.2 药品的喂法

大人尚有不肯吃药的，孩子就更难喂药了。怎样将药更好地喂给孩子，或者怎样更好地让孩子乖乖吃药，这不仅需要耐心，更需要一定的技巧。

首先要清楚知道喂药的时间和喂药的次数和剂量。

其次，根据药品的不同性状喂药。

药水液体类

可以用汤匙、玻璃管将药水温柔地灌入孩子的喉咙，如果孩子觉得苦，哭闹着不愿意吃，那么混在牛奶或者白粥里面也可；或者用一个新的干净的注射器吸药水之后慢慢地向孩子嘴里推（但是注意要拔掉针头）。

药粉粉状类

用水调和，用手指站着药糊涂在孩子的口腔面，然后迅速喂点水；也可在调好的药糊里面加点葡萄糖等糖类中和药粉的苦味，孩子会更容易接受。

胶囊类、固体类

可以用手指喂进孩子的喉咙，再立刻给他喝点水，否则即使送入喉咙，孩子仍然没有吞入体内，久之甚至趁着妈妈不注意的时候将药品吐出；也可掰碎一点甚至碾成粉末用喂药粉的方式喂孩子。

注意事项：固体类药品颗粒过大，要掰成小块，以免噎到孩子。

No.3 绷带的使用

孩子难免会磕磕碰碰，难免会大伤小伤，受伤的时候很容易涉及到绷带的使用这个问题。为了迅速熟练地给孩子进行包扎，保护孩子的生命安全，妈妈自然要学好绷带的使用这个知识。

绷带按材料分，可以分为普通绷带、弹性绷带、石膏绷带。

首先要了解绷带的作用：止血、止痛、保护伤口免遭感染或者再一次受伤；固定夹板和接好的骨节，防止再错位；固定敷料。

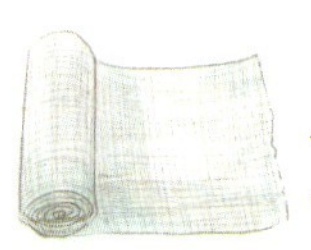

普通绷带：最为常见，可作为骨外科包扎和固定用

弹性绷带：不仅舒适，还有良好的吸收及透气性，对皮肤无过敏性，可消毒和重复洗涤

石膏绷带：由上过浆的纱布绷带，加上熟石膏粉制成，经水浸泡后可在短时间内硬化定型，有很强的塑形能力、稳定性好，适用于骨科骨折固定，畸形矫正，炎症肢体制动

包扎方法

包扎时先将绷带固定，让绷带作为头的那一端斜置于伤处的下方，缠绕一圈把斜出的带端往下折，然后开始缠绕。末了，可以用胶布或者别针固定，也可以用剪刀将带尾剪成两条打结固定。绷带的几种常用的包扎法见P314。

包扎原则和注意事项：

① 绷带绑的切忌过紧过松。过紧血液不流通，孩子难受；过松又达不到包扎止血的目的。

② 不要在伤口的位置打结，应该避开伤口。也不要在孩子坐卧或者时常摩擦到的地方打结。

③ 一般从远离心脏的一侧逐渐向近心脏的地方包扎。

④ 包扎下颌和呼吸道的时候，注意不要压到呼吸，以免造成窒息。

⑤ 第一次包扎应该适当用力止血，接下来适当放松。

⑥ 经常检查绷带的情况，出现脱落及时加固更换。

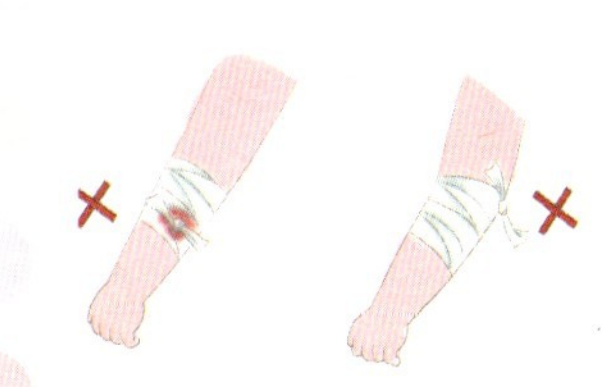

了解生活急救代用品

米酒、啤酒、料酒等酒类：替代酒精，消毒、消肿
烟丝：止血
蜘蛛网：可替代创口贴
香灰：止血
毛巾、棉被等：替代绷带包扎，止血、冷敷
食盐：用于脱水等需要补充盐分的情况、食物中毒
牛奶：误吞化妆品、漂白剂时用来催吐
肥皂：被蜂类蚊虫叮咬时涂抹在伤口上；被宠物抓伤咬伤用于清洗伤处

呼叫救护车的方法

最基本的，也是必须了解的！

救护车，某方面来说可以称之为生命的希望。懂得呼叫救护车，对妈妈保护孩子极其重要！

No.1 什么时候应该拨打？

不是任何情况都要拨打急救电话的，胡乱拨打急救电话不仅可能浪费国家资源，甚至因为一次不必要的拨打造成其他人得不到及时的救治而死亡。甚者，等待救护车需要一定的时间，有时候可以选择抱着孩子尽快送医可能更方便有效地能让孩子迅速脱离危险。

救护车赶过来会有一个时间段，如有可能，尽量就近送医，以免耽误病情。不要随意拨打救护车，以免浪费医护资源

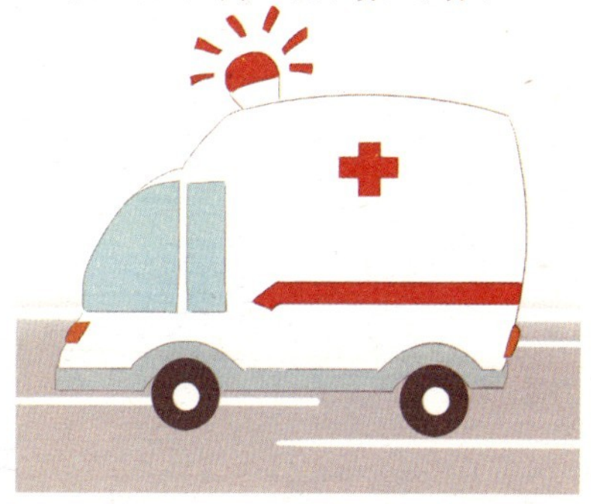

那么到底该什么时候拨打急救电话呢?

① 妈妈和爸爸没有把握对孩子进行伤势判断和施行急救不能轻易移动孩子的身体（比如内出血、肝脏受损、骨折、全身烫伤等）时。

② 大出血。

③ 脉搏和呼吸微弱甚至没有，意识丧失。

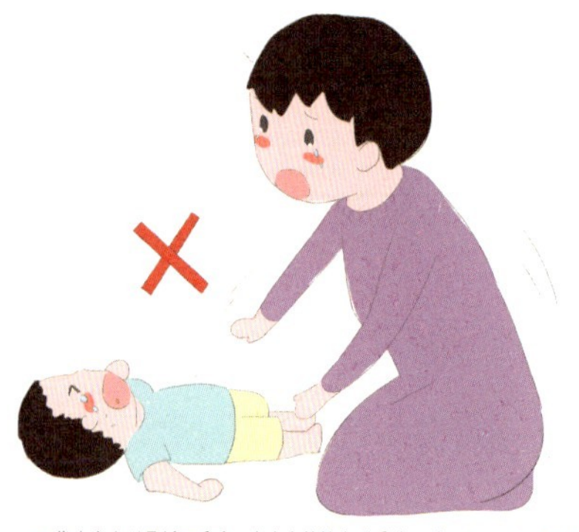

像宝宝出现骨折、昏迷、大出血等较为严重的情况时，不要随便触碰，这个时候就要及时拨打救护车

No.2 拨打时应该注意的事项

① 保持冷静，冷静而清晰的大脑是此时最需要的。

② 尽量简略而完整地说明孩子的病情和症状。

③ 尽可能地清楚明白、简短精炼地说明地址。另外，最好说明所在地方附近的显眼建筑或者标志物，以便救护车更好地找到确切的所在位置，多一份生命的保障。

④ 说明自己的电话和姓名。

No.3 拨打之后的注意事项

一

救护车一旦到达，将孩子刚才的症状清楚简洁地告诉医生，以便医生迅速而准确地做出诊断。

二

拨打之后，救护车不可能立即到达，因此等待救护车过来的时候，切忌焦躁不安、烦躁地走来走去。应该强迫自己冷静，细致注意和检查孩子接下来的情况。一旦孩子情况有变，更加危急，立即采取必要的急救措施。

救护车赶到的时间会受到交通等因素的影响。在等待的时候千万不要只是焦急等待，而是应该采取正确的急救措施，以免情况加重